I0047935

DES COLONIES

EXPOSITION UNIVERSELLE DE 1851.

TRAVAUX

DE

LA COMMISSION FRANÇAISE

SUR L'INDUSTRIE DES NATIONS.

EXPOSITION DES PRODUITS DE L'ALGERIE

n° 78

EXPOSITION UNIVERSELLE DE 1851.

TRAVAUX

DE

LA COMMISSION FRANÇAISE

SUR L'INDUSTRIE DES NATIONS,

PUBLIÉS

PAR ORDRE DE L'EMPEREUR.

TOME VII.

PARIS.

IMPRIMERIE IMPÉRIALE.

M DCCC LV.

EXPOSITION UNIVERSELLE DE 1851.

TRAVAUX
DE LA COMMISSION FRANÇAISE.

Vᴱ GROUPE.

ÉNUMÉRATION DES JURYS.

XXVIᵉ, PAPIERS DE TENTURE, MEUBLES;

XXVIIᵉ, MATÉRIAUX DE CONSTRUCTION ET DE DÉCORATION;

XXVIIIᵉ, MATIÈRES VÉGÉTALES APPROPRIÉES À L'INDUSTRIE;

XXIXᵉ, OBJETS DE FANTAISIE ET DE PARURE; SAVONS ET BOUGIES.

Ve GROUPE.

PRÉSIDENT DU GROUPE:

LORD CANNING,

PRÉSIDENT DU JURY INTERNATIONAL.

TABLE

DES MATIÈRES PRINCIPALES

CONTENUES DANS LE VII° VOLUME.

XXVIᵉ JURY.

PAPIERS DE TENTURE, MEUBLES, ETC.,

PAR M. WOLOWSKI,

MEMBRE DU JURY CENTRAL DE FRANCE, PROFESSEUR AU CONSERVATOIRE IMPÉRIAL
DES ARTS ET MÉTIERS.

COMPOSITION DU XXVIᵉ JURY.

MM. le profeseur Charles Roesner, président de l'Académie impériale des beaux-arts de Vienne, Président du jury..................................	Autriche.
Lord Ashburton, Vice-Président.................	
John Lewis Aubert, fabricant de papiers peints, à Londres....................................	Angleterre.
Charles de Beine, architecte...................	Russie.
François Coppens, idem.......................	Belgique.
J. A. Crace, décorateur d'habitations, à Londres....	Angleterre.
Charles Croco, manufacturier..................	Sardaigne.
John Jackson, fabricant d'objets en carton japonné, à Londres....................................	Angleterre.
W. Meyer.................................	Nord de l'Allemagne.
Natalis Rondot, membre de l'ambassade française en Chine et du jury central de France..........	France.
Édouard Snell, ébéniste et tapissier, à Londres....	
Jones Webb, tapissier, à Londres..............	Angleterre.

ASSOCIÉS.

le lieutenant-colonel Charles Demanet, du génie militaire...................................	
L. Gruner, architecte à Londres, membre du XXIIIᵉ jury...................................	Angleterre.
le chevalier Lencisa.........................	Sardaigne.
Wolowski, Vice-Président du XXIXᵉ Jury........	France.

« Le goût est, pour la France, le plus adroit de tous les « commerces, » a dit avec raison Necker, en rendant justice à la grande pensée dont Colbert s'était inspiré. En effet, pour

donner un brillant essor à l'industrie, ce grand ministre ne
se borna point aux encouragements dont il entoura la création des manufactures; d'accord avec les inspirations de
Louis XIV, il étendit une protection éclairée aux travaux
scientifiques, aux arts et aux lettres. Il avait compris que
la culture de l'intelligence et l'étude des grands modèles
étaient le point de départ de toute amélioration matérielle.
Plus l'esprit de l'homme se fortifie et s'étend, plus son goût
s'épure, et mieux il domine la matière, qu'il assouplit à ses
besoins. La splendeur du règne de Louis XIV vient surtout
de ce qu'il avait su comprendre cette vérité, et marquer ainsi
d'un cachet éclatant les œuvres *du grand siècle*.

Qu'on ne s'étonne point que nous ayons rencontré sur notre chemin, en commençant l'examen d'humbles produits
comme le sont les papiers peints et les meubles, ces considérations qui semblent peu en harmonie avec la tâche modeste
qui nous est dévolue. L'éclatant triomphe que ces deux industries françaises ont obtenu à l'Exposition de Londres, où,
de l'avis unanime du jury, elles ont occupé le premier rang,
à quoi est-il dû? A la perfection du dessin, au charme de la
disposition, à l'harmonie des couleurs, à l'élégance de l'ornementation, à tous ces caractères par lesquels l'industrie touche au domaine de l'art, après lui avoir fait d'heureux em-
prunts.

C'est sur ce terrain que la production française obtient
une incontestable prééminence, et ce serait une erreur de
croire qu'il ne s'agit là que de quelques branches du travail
humain, bornées dans leur importance et dans leurs résultats.
Plus la civilisation fait de progrès, plus l'aisance s'étend et
mieux on apprécie le caractère extérieur des articles livrés à
la consommation. On recherche en même temps que la satisfaction des besoins matériels, une certaine convenance
spirituelle, qui rehausse le prix des objets les plus vulgaires,
et qui acquiert ainsi une véritable valeur économique, en
devenant une source de richesse.

Une longue tradition industrielle, en même temps que la

tendance de l'esprit français, ont donné un caractère parti
culier d'élégance et de goût à de nombreux articles que nou
produisons. La prééminence qui nous appartient, sous ce rapport, a été un des grands enseignements de l'Exposition de
Londres. Les autres pays s'en sont émus; l'Angleterre notamment et la Belgique, ont voulu prendre des mesures
efficaces pour effacer leur infériorité reconnue. On établit de
tout côté des écoles de dessin, on fait des Expositions des
produits les plus parfaits, on excite l'émulation artistique afin
d'enlever à l'industrie française cette cause de prospérité.

Ces efforts doivent servir d'avertissement à nos fabricants;
ils sont arrivés à un haut degré de perfection, qu'ils ne s'en-
dorment pas sur le succès obtenu, car, aux temps où nous
vivons, qui n'avance pas, recule, ou, du moins, il risque de
voir ceux qui étaient restés loin derrière lui, se placer à ses
côtés.

Nous avons, pour des branches considérables de la production, un avantage qu'il importe de conserver, et l'étude à laquelle nous avons pu nous livrer à Londres, nous permet
d'espérer qu'on essayera vainement d'enlever à la France ce
sceptre du goût, que les grandes médailles obtenues à l'Exposition universelle ont raffermi entre ses mains,

Ces considérations générales sont déjà longues, et cependant nous ne pouvons nous empêcher d'y ajouter un souvenir personnel.

Dans une de ces excursions, que l'hospitalité anglaise mul-
tipliait pour les membres du jury, nous avons visité les
manufactures d'une des métropoles industrielles de la Grande-
Bretagne, de Birmingham. Entre autres, l'entrée d'une belle
verrerie nous fut ouverte, et là plusieurs ouvriers français,
que la révolution de 1848 avait privés de travail et que les
Anglais s'étaient empressés d'engager à des conditions très-
favorables, firent un accueil chaleureux à ceux de leurs compatriotes qu'ils reconnurent parmi les visiteurs.

Ils s'empressèrent de nous produire des échantillons de
leur habileté; mais quelle fut leur réponse aux compliments

qui leur étaient adressés? « Nous craignons fort, nous dirent-ils, que notre travail ne soit plus ce qu'il était. Quand nous étions en France, il nous venait toujours de nouvelles idées; ici nous exploitons un fonds qui s'épuise. Croyez-le bien, ce n'est pas une illusion que nous suggère le seul regret d'avoir quitté notre pays, car nous sommes décidés à nous établir définitivement ici, nous y avons trouvé une excellente position; mais il faut que nous retournions travailler quelque temps en France, pour continuer à être aussi bons ouvriers que par le passé. »

Ces paroles, que nous reproduisons presque textuellement, nous ont paru mériter de figurer dans ce rapport. Elles prouvent que certaines branches de l'industrie ont besoin d'un ensemble de circonstances extérieures, qui forment une sorte d'atmosphère indispensable à leur développement.

C'est dans cette atmosphère, que les ouvriers français de Birmingham voulaient se retremper.

C'est là que l'industrie, ennoblie et fortifiée par le contact de l'art, enfante ces merveilleux résultats, qui nous ont valu l'approbation du monde entier.

PAPIERS PEINTS.

L'industrie du papier peint est une de celles qui se plient avec le plus de facilité à tous les besoins et qui répond à la plus grande variété des positions. Depuis la mansarde du pauvre, jusqu'au salon le plus brillant, le papier peint commence à couvrir partout la nudité des murailles, en contribuant ici à la propreté, là au luxe de l'ameublement. Il se vend depuis *deux centimes* jusqu'à trois francs et au delà le mètre. Il pénètre de plus en plus dans les habitudes de la vie intérieure, en remplaçant, dans les plus humbles demeures, au grand avantage des habitants qui profitent ainsi à bon marché de l'élégance et du comfort, les moyens grossiers employés jusque-là pour les décorer ou pour les rafraîchir; en même temps le goût exquis et la richesse des décorations qu'il crée le font substituer aux tentures d'étoffes, employées auparavant dans les appartements les plus somptueux.

Sous ce rapport, rien n'égale la beauté des produits envoyés à l'Exposition de Londres par nos plus habiles fabricants, en tête desquels marchaient MM. DELICOURT et ZUBER. La section XXVI du jury avait décidé que deux grandes médailles leur seraient décernées; mais, dans la réunion du Vᵉ groupe, composé des sections XXVI, XXVII, XXVIII et XXIX, la grande médaille, acquise légitimement à M. Zuber, fut retranchée par la voix prépondérante du président, un nombre égal de suffrages s'étant prononcé pour le maintien et pour le rejet de cette distinction.

Nous avons immédiatement protesté contre cette décision, qui nous a paru mal fondée en droit et en fait.

En droit, pour rapporter une décision déjà rendue, ne fallait-il pas autre chose que l'égalité des suffrages, et le président pouvait-il user de sa voix prépondérante pour une sorte de condamnation ?

En fait, les immenses services rendus à l'industrie du papier peint par M. Zuber, et les nombreuses inventions qu'il avait appliquées à cet art (il nous est permis de nous servir de cette expression, alors qu'il s'agit d'une fabrication aussi remarquable), indiquaient naturellement la récompense à laquelle il avait droit.

M. Zuber a été récemment enlevé par une fin prématurée à l'industrie, dont il était un des plus glorieux représentants. Nous croyons remplir un devoir sacré, en réclamant, pour sa mémoire, le juste tribut d'éloges dont la grande médaille, qui lui avait été attribuée par la section spécialement chargée de l'examen des papiers peints, était la légitime expression.

Nous avons dû, à cause même de la mort récente de M. Zuber, nous hâter de mentionner ce fait, avant que de rendre compte de l'étude technique que nous avons faite de cette partie de la grande Exposition.

L'industrie du papier peint n'est pas d'origine fort an-

cienne; elle nous vient de la Chine, où elle s'est, en quelque
sorte, immobilisée dans les procédés primitifs, ce qui a été
cause, sans doute, qu'aucun produit chinois de cette catégorie
n'a figuré à Londres.

Durant la première moitié du xviiiᵉ siècle, des fabriques
de papier peint furent établies en Angleterre sur une petite
échelle et sans un succès bien éclatant. Un de nos collègues
anglais du jury de Londres, M. Crace, qui a été chargé de
faire le rapport de la XXVIᵉ section, conserve quelques échantillons curieux de ces premiers produits, ainsi que des
planches à l'aide desquelles on commença à rémplacer le
simple travail de la main. Ces planches sont très-grandes,
et en même temps légères, ayant une simple doublure de
sapin; il en est qui dépassent deux mètres de longueur.

M. Crace reconnaît à ces planches un grand mérite de
dessin. Il fait remarquer que les manufacturiers Georges et
Frédéric Eckhardt, établis, en 1786, à Chelsea, ne s'étaient pas
bornés à imprimer sur papier, qu'ils avaient également imprimé sur soie et sur toile en employant beaucoup de véritables artistes conjointement avec un grand nombre d'ouvriers
et d'enfants.

Le papier *velouté* remonte à une époque bien plus ancienne,
à ce temps où l'on s'ingéniait plus à satisfaire les caprices
du luxe qu'à pourvoir aux besoins de la grande consommation.

M. Crace revendique cette découverte pour l'Angleterre;
elle serait due, suivant lui, à Jérôme Lanyer, qui obtint, à
cet effet, sous le règne de Charles Iᵉʳ, une patente, en date du
1ᵉʳ mai 1634, et qui exerça son industrie à Londres.

Cette patente dit que le titulaire a découvert le moyen de
fixer la laine, la soie et d'autres matières, sur le drap, la toile,
la soie, le coton, le cuir et d'autres substances, afin de les
employer en *tentures*, en donnant à ce produit le nom de
Londriniana.

Cependant nous trouvons une autre indication dans le
Dictionnaire du commerce de Savary. Il y est dit que le secret

de la fabrication des papiers *veloutés ou soufflés* a été simplement transporté de France en Angleterre par des ouvriers infidèles.

En 1620, le sieur Lefrançois, établi à Rouen, en fit la découverte. On a encore actuellement les planches gravées dont il se servait et qui portent les dates des années 1620 à 1630. Son fils, mort à Rouen en 1648, soutint, pendant plus de vingt ans, la même manufacture. Il pouvait à peine suffire aux désirs des étrangers qui lui demandaient ces sortes d'ouvrages. Quelques-uns de ses ouvriers, séduits par l'espérance d'une fortune rapide, le quittèrent et allèrent s'établir en Hollande et en Angleterre.

Quoi qu'il en soit, il est certain que, dès le xviie siècle, une vive émulation s'établit entre nous et nos voisins de l'autre côté du détroit pour la fabrication des *veloutés*. M. Savary cite notamment un graveur en bois de Paris, le sieur Aubert, qui, après dix-huit mois d'un travail assidu, était parvenu à surmonter toutes les difficultés, en fabriquant des *veloutés* aussi beaux et aussi parfaits que ceux d'Angleterre, à une ou plusieurs couleurs, tous d'après les plus beaux dessins de damas.

Nous devons faire remarquer qu'en parlant du successeur du sieur Lefrançois, à Rouen, et du degré de perfection auquel il avait porté la manufacture des *veloutés,* puisqu'il imitait toutes sortes de tapisserie, soit paysages, soit histoire, et copiait les tableaux qu'on lui proposait, en rendant parfaitement, par le mélange des laines, celui des couleurs, Savary ajoute : *C'est sur toile qu'il exécute ce que tant d'autres s'amusent à faire sur le papier.*

Ces paroles montrent combien la fabrication du papier, employé comme fond du velouté, avait encore à gagner.

Un auteur français qui écrivait en 1723 dit que les tentures en papier n'étaient guère employées peu de temps auparavant que par les habitants des campagnes, pour décorer leur demeure, ou bien par les petits marchands dans leurs boutiques; mais un progrès notable fut accompli au commencement du xviiie siècle dans ce genre de fabrication. Outre une exportation considérable et de grands envois dans les principales villes du royaume, on rencontrait rarement à Paris une maison qui ne fût pas décorée de cette manière.

Les plus grandes améliorations furent introduites par *Reveillon*, dont le nom a conservé une célébrité historique, car c'est par le pillage de ses ateliers, au faubourg Saint-Antoine, que commença la révolution de 1789. Les produits de la fabrique de Reveillon jouissaient d'une grande réputation, à la fin du dernier siècle.

Paris fut le berceau véritable de cette belle industrie, qui, depuis, a tellement augmenté d'importance. En 1790, s'établit à Mulhouse la maison Auber, et, plus tard, celle de Joseph Dufour à Mâcon, transportées depuis à Paris. Quelques essais furent tentés à Lyon; mais, à l'exception du grand établissement de Rixheim, cette industrie demeura presque exclusivement parisienne, comme aussi elle s'était concentrée à Londres pour l'Angleterre, jusqu'à ces derniers temps, où le concours des machines a provoqué la fondation de quelques grandes manufactures de papier peint à Manchester.

L'Exposition de Londres nous a permis d'apprécier aussi les produits de la fabrication du papier peint dans les autres pays, parmi lesquels nous devons signaler l'Autriche, la Belgique, la Pologne et les États-Unis.

Nous pouvons le dire, sans crainte d'être accusé de partialité, la victoire remportée par cette branche de l'industrie française a été complète. Il a été constaté que les progrès réalisés dans les procédés de la fabrication sont dus presque exclusivement à la France; les autres pays ont principalement vécu d'imitation, et aucun d'eux n'a su s'élever à cette excellence de dessin, à cette largeur de composition, et à ce fini de l'exécution, qui font que nos papiers peints, de qualité supérieure, ne connaissent point de rivaux.

Il en est autrement pour les qualités inférieures : ici, les frais de transport et de commission, influant davantage sur le prix de la marchandise, la production locale obtient un incontestable avantage, surtout lorsque, comme en Angleterre et aux États-Unis, s'attachant plus à fabriquer beaucoup, vite et à bon marché, sans attribuer trop de prix à la qualité, elle a recours au puissant auxiliaire de la mécanique, qui constitue une nouvelle étape de cette industrie.

Dans l'origine, nous l'avons déjà dit, celle-ci ne s'exerçait qu'à la main; l'impression *à la planche* fut une invention européenne; maintenant l'impression au rouleau, et l'application des couleurs par la voie mécanique, donnent au travail du papier une impulsion nouvelle.

Ici encore la France a pris les devants. La belle manufacture de M. Zuber, après avoir, la première, de 1792 à 1794, produit ces *belles tentures à fleurs* composées par Malaine père, qui, encore aujourd'hui, servent de modèles aux dessinateurs sur étoffes et sur papier, après avoir, en 1804, exécuté les *grands décors à paysage*, occupant un espace de 15 à 20 mètres, continua une série d'innovations importantes, telles que : *la fabrication et l'emploi des rouleaux sans fin*, la fabrication et l'emploi du *jaune de chrôme*, du *bleu minéral*, du *vert de Schweinfurt* et de *l'outremer*. Le procédé *des teintes fondues*, dû à la collaboration de M. *Zuber* et de M. Michel *Spœrlin* de Vienne; l'impression au *cylindre de cuivre* et enfin *l'appareil à faire les rayures*.

Pour les papiers rayés, la mécanique l'emporte de beaucoup sur la fabrication à la main. Quelle que fût l'habileté de l'imprimeur, on ne pouvait éviter des défauts plus ou moins saillants dans le parallélisme des bandes.

La machine de M. Zuber a fait disparaître cet inconvénient; elle consiste en un petit réservoir composé d'autant de compartiments qu'on veut produire de bandes. Ces compartiments, percés d'ouvertures régulières, représentent une série de tire-lignes liés entre eux et immobiles. On les remplit de couleur, et, tout en pressant légèrement le papier avec un tampon, on le fait glisser par dessous. De cette manière les couleurs se transmettent sur toute la longueur du papier avec une parfaite régularité.

Mais, en ce qui concerne la fabrication des papiers peints

autres que ceux à rayures, la mécanique est loin encore
d'avoir acquis la prééminence sur l'impression à la planche.

Le doute n'existe même pas quant aux papiers d'une qualité moyenne ou supérieure. En ce qui concerne les papiers
ordinaires, tout se réduit ici à une question de prix de main-
d'œuvre.

Nous devons le dire, depuis quelques années, l'impression
au cylindre en relief, à beaucoup de couleurs, jointe au fon-
çage et au satinage mécaniques, se sont améliorés. Mais beaucoup reste encore à faire de ce côté. Le dessin ne vient jamais
d'une manière aussi nette; la couleur ne tient pas et risque
de couler; les imperfections de détail abondent.

L'Angleterre et les États-Unis, où la main-d'œuvre est à un
prix très-élevé, doivent recourir à ces moyens mécaniques,
dont l'emploi ne s'étendra que lentement sur le continent.
Là où les mains manquent, il faut bien s'adresser à la vapeur,
et se procurer pour auxiliaires ces agents inanimés, qui,
comme des génies conjurés par l'effort de la science, foncent,
satinent, impriment à la vapeur. Les produits sont assez
mauvais, mais les Américains n'y regardent pas de si près;
ce qu'il leur faut surtout, c'est aller de l'avant, produire de
grandes masses vite et à bon marché.

Depuis que les droits d'entrée ont été fortement réduits en
Angleterre, à la suite de la réforme douanière de Robert
Peel, l'industrie du papier peint, aiguillonnée par la concurrence étrangère s'est grandement développée. Les améliorations se sont rapidement succédé, tant pour la conception
des dessins, que pour l'exécution matérielle, et les prix ont
promptement diminué, surtout pour les papiers peints produits à la mécanique.

Les frères Potter ont rendu de véritables services, par leur
application ingénieuse de la machine à vapeur, par le séchage
artificiel, et l'emploi du papier sans fin : ils ont fabriqué, en
ayant recours aux procédés employés pour l'impression sur
calicot, des papiers à plusieurs couleurs, bien réussis. Cette
maison a exposé jusqu'à des papiers à *quatorze* couleurs.

MM. Heywood, Higginbottom et Cie, à Manchester ont été plus loin; ils ont envoyé des papiers à *vingt couleurs,* et MM. *Woolams* et Cie ont aussi exposé, à côté des papiers imprimés à la planche, d'autres papiers, d'un bon effet, créés par la mécanique.

Les machines peuvent imprimer, par jour, mille à quinze cents rouleaux de papier.

Mais il est facile de distinguer ces produits de ceux obtenus par les procédés ordinaires; la différence est grande, aussi bien pour la disposition des dessins, que pour la permanence des couleurs.

D'ailleurs, répétons-le, la question des salaires domine ici. Lorsque, comme en Angleterre, les ouvriers en papier peint se font payer cinq et six schellings par jour, pour un travail effectif qui ne dépasse pas huit heures, il faut bien recourir à la mécanique.

D'un autre côté, une remarque importante nous semble devoir être faite : la proportion pour laquelle le prix de la main-d'œuvre entre dans le coût du papier peint s'élève à mesure que la qualité s'améliore et que le prix du produit augmente. Or, pour les papiers peints qui dépassent les sortes communes, il est, jusqu'ici, reconnu que la mécanique ne saurait remplacer le travail à la main.

Quant aux papiers ordinaires, les ouvriers les fabriquent très-vite et à très-bon compte. On n'estime pas à plus de 2 fr. 75 cent. la façon d'une couleur, pour cent rouleaux de 8^m,75. Pour trois couleurs, ce prix s'élève à 7 fr. 25 cent. les cent rouleaux, tandis que la main-d'œuvre entre pour 75 centimes à 1 franc et au delà dans les papiers qui se débitent à 4 ou 5 francs le rouleau, et qui demande le plus de travail. Elle représente 20 à 25 p. o/o du prix de la vente en gros de ces articles de choix.

Pour le papier vendu environ 2 francs le rouleau, la main-d'œuvre ne s'élève guère qu'à 12 ou 15 p. o/o du total, et cette proportion décline encore pour les papiers tout à fait ordinaires.

Elle est à peu près la même pour les papiers dorés, veloutés, veloutés et dorés[1].

Ces indications semblent devoir conduire à marquer la limite de l'invasion du travail mécanique, dans l'industrie du papier peint.

Jusqu'ici, les procédés employés, à part quelques tours de force qui ne sont pas du travail manufacturier proprement dit, restreignent l'application de la vapeur aux produits communs. Les Américains n'avaient encore, au moment de l'Ex-

---

[1] Les prix varient suivant les difficultés de chaque dessin; mais voici les moyennes calculées par cent rouleaux :

Papiers ordinaires (les plus communs).

Dessins à une couleur...................... 2 25 à 3
————— à deux couleurs .... 4 50 à 5
————— à trois couleurs................... 7 25 à 8

Ces dessins sont vendus, par les fabricants aux marchands, de 30 à 50 centimes le rouleau.

Papiers un peu au-dessus de l'ordinaire.

Dessins à une couleur 4 50
————— à deux couleurs...................... 9 00
————— à trois couleurs 13 50

Prix de fabrique : 45 à 75 centimes le rouleau.

Papiers fins.

Dessins de deux à cinq couleurs.............. 15 à 38

Prix de fabrique : 1 fr. 50 cent. à 2 fr. 25 cent. le rouleau.

Papiers fins dorés, veloutés et dorés.

.... 50 à 128

Prix de fabrique : 5 francs à 12 francs le rouleau.

Papiers fins coloriés.

Dessins de dix-huit à trente couleurs.......... 60 à 120

Prix de fabrique : 3 francs à 8 francs le rouleau.

position de Londres, fabriqué ainsi que des papiers à trois couleurs.

Comme la fabrication à la main ne coûte pas fort cher, sur le continent, pour la création de ces articles, elle peut soutenir la concurrence, et la multiplication des machines ne paraît pas devoir être très-rapide dans cette branche de la production,

Néanmoins le regrettable M. Zuber, pour ne demeurer en arrière d'aucun progrès, s'était empressé d'installer à Rixheim la fabrication mécanique.

Le vaste champ ouvert à notre industrie du papier peint ne s'étend pas dans cette direction. Stimulée par les progrès de l'aisance générale et par l'appréciation de plus en plus répandue des objets de goût, la fabrique du papier peint de belle qualité se développe de plus en plus, en nous réservant un rang d'élite, aussi bien sur les marchés étrangers que sur le marché intérieur.

Il suffit de nommer ici MM. DELICOURT, ZUBER, MADER, GENOUX, MARGUERIE, LAPEYRE, RIOTTOT, MAGNIER, CLERC et MARGERIDON, etc., pour constater le beau triomphe que nous avons remporté à l'Exposition de Londres.

Avant de rendre compte, d'une manière plus détaillée, des articles envoyés par ces fabricants, ainsi que de ceux qui avaient été exposés par les producteurs des autres pays, nous devons rechercher, aussi exactement que possible, quelle est l'importance relative de la fabrique du papier peint, dans les divers États.

Dans des notes fort intéressantes, que feu M. Zuber avait bien voulu nous communiquer, la statistique de la production des papiers peints se trouve formulée au moyen d'un tableau, reproduit dans le rapport anglais du jury de l'Exposition universelle.

Autant que nos recherches personnelles nous permettent d'en juger, ce tableau a besoin de quelques rectifications. Il exagère quelque peu la production des États-Unis, et par contre, il amoindrit celle des États du continent.

Néanmoins, nous croyons utile de le donner ici, car il a été dressé avec autant de soin que la difficulté de se procurer des données entièrement exactes a permis de le faire.

Il importe de faire remarquer que les *tables d'impression* ne travaillent pas toute l'année; il serait donc impossible de se régler sur leur nombre pour déterminer la quantité relative de leur production, qui est aussi très-variable soit en qualité, soit en nombre de rouleaux imprimés.

Les prix indiqués par M. Zuber l'ont été sur des *moyennes*. Ici encore l'évaluation des papiers peints anglais nous semble trop forte, tandis que le prix assigné aux papiers peints français n'est pas assez élevé.

La valeur *actuelle,* admise dans le tableau général du commerce français en 1852, est, à l'exportation, de 2 fr. 10 cent. par kilogramme, poids qui équivaut à plus de deux rouleaux. On sait que ce n'est point par un taux exagéré que pèchent, en général, ces estimations. Mais alors que nous n'exportons guère que des papiers de qualité moyenne et supérieure, ce qui rehausse le niveau de la moyenne, le chiffre adopté nous semble beaucoup trop bas. Celui de 1 fr. 35 pour l'ensemble de la production est également trop réduit, car les habitudes plus difficiles et la recherche du *confort* intérieur, accroissent de plus en plus la demande, et, par conséquent, la production des bons papiers peints.

Dans ce tableau, la longueur des rouleaux est ramenée au type uniforme de 0ᵐ,50 de large sur 8ᵐ,75 de long, adoptée partout ailleurs qu'en Angleterre, où les rouleaux sont plus grands.

Voici le tableau dressé par M. Zuber :

STATISTIQUE DE LA FABRICATION DES PAPIERS PEINTS EN 1851.

PAYS.	NOMBRE de tables.	NOMBRE de machines.	NOMBRE d'ouvriers	CHEVAUX de force.	NOMBRE de rouleaux produits.	VALEUR en francs.	MOYENNE d'un rouleau.
Angleterre..	600	"	1,900	"	2,300,000	7,500,000	3f 25c
France....	1,200	à imprimer et à foncer... 20	100	30	3,200,000	2,500,000	0 75
		"	4,500	"	6,000,000	8,300,000	1 35
		diverses... 20	50	10	200,000	200,000	1 00
Zollverein..	400	idem...... 14	1,500	"	1,500,000	1,500,000	1 00
Belgique...	150	idem...... 6	600	"	600,000	1,000,000	1 65
Hollande...	50	"	200	"	250,000	300,000	1 20
Suisse.....	30	"	100	"	100,000	100,000	1 00
Autriche...	60	idem...... 4	250	"	200,000	600,000	3 00
Piémont...	40	"	150	"	200,000	200,000	1 00
Russie	100	idem...... 4	400	"	500,000	1,500,000	3 00
Suède..... Danemarck.	30	"	100	6	100,000	200,000	2 00
Espagne...	100	idem...... 2	400	"	400,000	700,000	1 75
États Unis.	400	à imprim et à satiner. 50	1,600 150	200	7,750,000	8,900,000	1 15
Totaux...	3,160	120	12,000	240	23,300,000	33,500,000	

La simple inspection de ce tableau, en laissant de côté quelques détails inexacts, pour en apprécier l'ensemble, suggère de nombreuses réflexions.

Nous voyons la France, l'Angleterre et les États-Unis marcher à peu près sur la même ligne quant à l'importance de la production, et le génie hardi des Américains prendre ici, comme partout, un rapide élan.

La quantité de papier peint consommée dans chaque pays mesure en quelque sorte les habitudes de *confort* de la population; sous ce rapport, on le voit, la population des États-Unis ne le cède pas à celle de l'Europe.

Outre leur propre fabrication, devenue tellement considérable, ils forment notre principal débouché quant à l'exportation des papiers peints.

Celle-ci, c'est élevée, chez nous, en 1852, en commerce spécial, à 1,296,189 kilogrammes, estimés, *valeur actuelle*, à 2,721,997 francs, mais s'élevant, en réalité, à un chiffre de beaucoup supérieur.

Voici la destination des principaux envois:

États-Unis....................	211,143 kilo.
Espagne....................	140,307
Belgique....................	131,202
Angleterre....................	120,450
États-Sardes....................	82,729
Pérou....................	82,160
Deux-Siciles....................	56,029
Brésil....................	53,615
Suisse....................	48,446
Rio de la Plata....................	41,151
Turquie....................	34,205
Chili....................	34,135

En somme, l'Amérique nous demande près de 500,000 kilogrammes de papier peint.

L'importation du papier peint est nulle chez nous; elle subit le régime d'un droit élevé, 121 francs les 100 kilogrammes.

La mise en consommation de papier peint étranger n'a pas dépassé, en 1852, une quantité de 178 kilogrammes; il ne s'agit donc que de simples échantillons,

Dans ses notes, rédigées avec une profonde connaissance de la matière, M. Zuber proclame hautement l'inutilité de cette protection, qui appelle, par contre-coup, des droits élevés sur nos papiers peints dans d'autres États. Il insiste énergiquement sur l'utilité qu'il y aurait d'admettre des droits modérés.

L'exemple de l'Angleterre parle éloquemment en faveur d'une telle mesure. L'abaissement considérable du droit d'entrée a donné, dans ce pays, une très-vive impulsion à la fabrique du papier peint, dont elle a rapidement accru la consommation.

Jusqu'en 1825, la prohibition empêchait, en Angleterre, l'entrée des papiers peints, qui devaient acquitter un droit de timbre fort onéreux. Avant l'adoption du papier sans fin, chaque rouleau se composait de vingt-quatre feuilles; il recevait, à l'envers, vingt-quatre timbres, plus deux timbres pour marquer les deux bouts, et acquittait ainsi un droit de 1 fr. 55 cent.

La prohibition fut supprimée en 1825, et Huskisson la remplaça par un droit de 1 schelling par yard carré, ce qui, pour un rouleau de dimension française, équivalait à 7 francs. Cependant, M. Zuber assure que, malgré ce droit exorbitant, il fit, en Angleterre, des placements considérables, et que les fabricants anglais lui disaient : *You beat us completely.*

En 1834, l'impôt du timbre sur les papiers peints fut aboli, et le droit d'entrée réduit de moitié. En 1846, Robert Peel le ramena à 2 pence par yard, soit 1 franc le rouleau; au début, nos importations doublèrent, mais la concurrence de la fabrication intérieure les refoula promptement, et aujourd'hui, en ne payant qu'un droit six fois moindre qu'en 1825, nous ne vendons pas, au delà du détroit, pour une plus forte somme de cette espèce de marchandise [1].

[1] IMPORTATION DES PAPIERS PEINTS FRANÇAIS EN ANGLETERRE.

Lorsqu'on désire éviter toute illusion économique, on se contente simplement de copier le chiffre des produits exportés à des époques dont la périodicité prévient tout choix systématique.

ANNÉES.	PAPIERS FRANÇAIS envoyés en Angleterre.	OBSERVATIONS.
1832.....................	11,006 kilogr.	
1842.....................	33,948	
1844.....................	34,106	
1846.	123,762 *	* Réforme de sir R. Peel.
1848.....................	76,161	
1850.	91,605	
1852.	120,450	

Nous ne pouvons pas donner l'exportation des papiers peints français en

L'examen des produits exposés par les fabricants anglais, a permis de constater le progrès qu'ils ont accompli, et, par conséquent, explique suffisamment l'état stationnaire de notre commerce.

Le fait est là, patent, incontestable : avec des droits fortement diminués, la fabrication anglaise a fait de très-grands progrès; nous ne pouvons l'emporter sur elle que pour les qualités de choix et les véritables articles de goût, qui ont presque une valeur artistique.

M. Zuber demandait une forte réduction et même la levée entière du droit imposé, en France, à l'entrée des papiers peints. *Une industrie qui exporte beaucoup,* disait-il, *est mûre pour le régime de la liberté.*

Le *Zollverein* a imposé, en 1842, un droit d'entrée de 45 centimes par rouleau, et, en 1846, ce droit fut doublé, par représailles contre la France. Les articles envoyés à l'Exposition prouvent que la fabrication allemande, bien qu'elle soit parvenue à enrôler un certain nombre de nos contre-maîtres et de nos ouvriers, ne s'est guère perfectionnée sous ce régime, à peu près prohibitif, puisque nous n'avons envoyé dans ces vastes États que 24,234 kilogrammes de papiers peints en 1852. Ne doit-on pas répéter avec M. Zuber que les deux pays auraient tout à gagner, si les barrières étaient levées de part et d'autre?

En Belgique, en Hollande, en Suisse et dans le Piémont, le droit d'importation ne dépasse pas 10 p. o/o de la valeur, et cependant l'industrie de ces pays s'est développée, notamment celle de la Belgique, dont la fabrication a plus que doublée dans ces dernières années.

L'Autriche, la Russie et l'Espagne, adoptèrent des droits

Angleterre pour 1825, parce qu'à cette époque le Gouvernement ne publiait point par nations le chiffre des produits exportés.

En définitive, de 1832 à 1852, les exportations de nos papiers peints, en Angleterre, ont *plus que décuplé.* Cela force à conclure que cette industrie n'a pas été stationnaire, même économiquement parlant.

Cʜ. Dᴜᴘɪɴ.

prohibitifs; leur industrie demeura stationnaire. Elle ne reçut de l'impulsion que quand la protection fut graduellement diminuée.

La Russie a successivement abaissé les droits de 8 francs à 3 francs et à 1 fr. 50 cent. par rouleau; l'Espagne est entrée dans la même voie, et, depuis 1845, l'Autriche a remplacé la prohibition par un droit d'environ 2 francs, qu'elle est au moment de réduire d'une manière considérable.

Les États-Unis ont frappé les papiers peints d'un droit de 25 p. o/o *ad valorem;* ils créent maintenant par masses, et à bas prix, les papiers communs, et ne reçoivent que des papiers de luxe, dont ils n'entendent point aborder la production.

En résumé, la France reste sans rivale pour les papiers peints de qualité supérieure; mais elle a besoin d'une vigoureuse impulsion pour les papiers ordinaires, si elle veut lutter sur les marchés étrangers. Une diminution des droits, en provoquant ailleurs des mesures analogues, ne pourrait que lui être très-profitable.

Le nombre des exposants, pour les papiers peints, s'est élevé à 54. Les deux tiers étaient des Anglais; la France avait envoyé neuf représentants de cette belle industrie; le résultat du concours n'a pas été douteux un seul instant.

Nous avons déjà dit comment la grande médaille décernée à M. Zuber, par la XXVIe section, avait été écartée dans le Ve groupe, à la suite d'un partage égal de voix, par la voix prépondérante du président. Nous ne saurions souscrire à cette décision dictée en grande partie par la pensée qu'il ne fallait pas décerner deux grandes médailles à une même industrie, dont tous les juges n'apprécièrent pas également l'importance.

A nos yeux, la grande médaille de M. Zuber a été réduite officiellement au rang de médaille de prix, par un fait accidentel, qui n'est nullement de nature à diminuer le mérite de ce fabricant distingué.

La seule grande médaille maintenue définitivement, médaille de conseil, a été décernée à M. Delicourt, dont les magnifiques produits avaient excité l'admiration générale.

En outre, la maison Mader, de Paris, a obtenu une médaille de prix, pour un beau décor, représentant un jardin. On remarquait surtout, dans un panneau, les figures des Muses, d'un fini d'exécution remarquable, ainsi que les ornements en fleurs. Les papiers d'une exécution courante, étaient également bien fabriqués.

M. Marguerie et M. Genoux ont obtenu des mentions honorables.

Les papiers veloutés, produits par un procédé particulier à la maison Marguerie, méritent d'être signalés d'une manière spéciale. Ils sont à plusieurs nuances, avec une dégradation de couleurs, bien ménagée, qui provient de ce que M. Marguerie n'a pas besoin de surcharger de tontisse certaines lignes, ce qui engendre l'inconvénient de fixer la poussière et de dégrader la tenture. Employant un fonds recouvert de vernis divers, qui donnent une teinte distincte à la laine qui s'y fixe, il obtient des papiers veloutés unis, réunissant la vivacité du coloris à la solidité des couleurs et à la facilité de la pose.

Aussi la maison Marguerie, dont le chiffre d'affaires s'élève à 400,000 francs par an, maintient-elle avec avantage ses exportations, et l'on peut rencontrer ses *veloutés* dans la plupart des maisons princières de l'Europe.

M. Genoux avait envoyé de bons dessins à plusieurs laines ; ses papiers d'application usuelle ne laissaient rien à désirer.

En dehors de ceux de nos exposants, qui ont obtenu cinq récompenses, se trouvaient MM. Lapeyre, dont on remarquait les veloutés et dorés à grand effet, notamment les brocards diamantés d'argent, et MM. Riottot et Magnier Clerc, qui ont aussi créé des papiers peints de bonne qualité.

Mais les deux exposants hors ligne, des œuvres desquels nous devons particulièrement nous occuper, étaient MM. *Zuber* et *Delicourt.*

Le grand décor à paysage et à fleurs, en colorié et à teintes fondues, représentant la flore des quatre parties du monde, est une des plus belles compositions sorties de la manufacture de Rixheim, si riche en œuvres d'une grande valeur. On ne sait ce qu'on doit y admirer davantage, de la richesse et de la vivacité des couleurs, ou de la perfection du dessin et de l'exécution matérielle.

De tels papiers peints marchent à côté de ces belles impressions des tissus, qui ont élevé si haut la réputation de Mulhouse. Pour les créer, il faut de véritables artistes.

L'établissement des papiers peints de Rixheim date de 1797; M. Zuber père en fut le fondateur, et M. Zuber fils a marché dignement sur ses traces en dirigeant les travaux de cette importante fabrique, pendant trente années. Sous l'habile impulsion qu'il a su lui donner, Rixheim est devenu le centre le plus considérable de l'industrie du papier peint, à laquelle se trouve liée la fabrication de la matière première et des produits chimiques. Plus de 500 ouvriers y reçoivent au moins 250,000 francs de salaires par an, et la valeur des marchandises créées dépasse 1 million.

Nous avons eu déjà occasion de signaler les nombreux perfectionnements dus à M. Zuber fils, qui s'était aussi associé avec ardeur et dévouement à toutes les œuvres qui ont eu pour objet le perfectionnement intellectuel et moral des populations ouvrières de l'Alsace. La fin prématurée d'un tel homme est véritablement une perte publique.

M. Delicourt est le digne émule de M. Zuber, et même il s'est montré encore supérieur sous le point de vue artistique. Sa *chasse dans la forêt* a été classée, à juste titre, parmi les œuvres les plus remarquable de l'Exposition universelle. Elle peut donner une idée de l'importance à laquelle s'est élevée l'industrie du papier peint, puisque ce seul décor à paysage a demandé, pour son exécution, plus de 4,000 planches gravées, et coûte au-delà de 40,000 francs avant la première épreuve.

Qu'on ne croie pas que ce soit là un de ces *chefs-d'œuvre* comme l'ancienne industrie se plaisait à en créer, *chefs-d'œuvre* qui profitent plus à l'amour-propre minutieux du fabricant qu'au progrès de la fabrication. Non, *la chasse* de M. Delicourt a prouvé que l'industrie du papier peint est capable de s'élever aux plus beaux effets de l'art, et qu'elle a conquis définitivement son rang parmi les plus splendides productions, approuvées par le goût.

Le papier peint n'avait pas encore conquis cette puissance de ton, cette splendeur et cette sobriété, qui distinguent les compositions de grand style. L'encadrement du paysage est très-beau; les armes de chasse et les natures mortes des pilastres font le plus grand honneur à M. Delicourt, chef d'une véritable armée d'auxiliaires habiles, qu'il inspire de sa pensée et auxquels il confie la traduction matérielle de ses conceptions, toujours marquées au coin d'un goût pur et distingué.

Depuis un quart de siècle, M. Delicourt a ouvert une nouvelle voie aux papiers peints, par l'étude sérieuse des divers styles d'ornementation. Au milieu de nombreux cartons, remplis d'innombrables gravures, il interroge sans cesse le passé, pour en reproduire les formes les plus remarquables.

En même temps, grâce aux leçons de notre illustre chimiste, M. Chevreul, M. Delicourt a étudié avec soin l'agencement et l'harmonie des couleurs.

L'Album du *Contraste des couleurs,* envoyé par lui au Palais de cristal, a été la preuve de l'éclatant profit qu'il a su tirer des leçons d'un tel maître.

Ainsi donc la science et l'art ont grandement contribué au brillant succès de M. Delicourt.

Deux sujets de sculpture en bas-relief, la *Descente de croix* et la *Résurrection,* sont des œuvres non moins remarquables, les premières de ce genre qui aient été exécutées en papier peint.

M. Delicourt ne se laisse pas absorber par ces travaux, d'un ordre plus élevé : il transporte, dans la fabrication courante de ses papiers, le même soin et le même goût, en leur imprimant le reflet de compositions plus larges et plus éclatantes.

Ses tentures, pour lesquelles il avait employé jusqu'à vingt nuances de laine, produisaient le plus bel effet.

Ses dessins de papiers d'un usage journalier rencontrent chaque jour le périlleux honneur de la contrefaçon; ils alimentent les fabriques de l'Angleterre, de l'Allemagne et de l'Amérique.

M. Delicourt occupe jusqu'à trois cents ouvriers; il crée annuellement pour plus de sept cent mille francs de produits, la plupart d'une qualité supérieure, et tous fort recherchés sur les marchés étrangers, avec lesquels il entretient des relations nombreuses et suivies.

La plus haute récompense qui ait été donnée, à l'Exposition universelle, ne pouvait s'attacher à un homme qui l'eût mieux méritée, sous tous les rapports, que M. Delicourt.

Nous terminerons ce rapport en indiquant les produits les plus remarquables que les autres pays ont envoyés.

L'Angleterre se présente la première, et par le grand nombre des exposants et par le mérite réel des productions.

Nous avons déjà parlé des papiers peints créés à la mécanique. La fabrication par les procédés ordinaires a fait également beaucoup de progrès. Les articles exposés par MM. Townsend et Parker, Hinchlif et Cie, Woollams et Turner se distinguaient entre les autres par une bonne exécution.

Les décors à l'imitation du bois, par M. Horne, étaient fort remarquables; c'est la partie dans laquelle les Anglais ont le mieux réussi.

Les exposants de ce pays, au nombre de trente-cinq, ont obtenu une médaille de prix et six mentions honorables.

Une mention honorable a été accordée à M. Devis, de Bruxelles, dont les grands dessins veloutés à plusieurs laines étaient bien réussis.

Enfin MM. Rahn et Vetter, de Varsovie, ont obtenu une médaille de prix, ils se sont placés dans un très-beau rang, par l'imitation soignée des dessins français. Leur travail est d'un grand fini, le coloris excellent.

L'Allemagne n'a envoyé que des produits fort médiocres,

à l'exception de MM. Spoerlin et Zimmermann, de Vienne ; ceux-ci ont exposé de fort beaux décors pour les plafonds, qui, joints à d'autres articles remarquables, leur ont valu une médaille de prix.

FIN.

TABLE DES MATIÈRES.

XXVIᵉ JURY.

SECONDE PARTIE.

MEUBLES,

PAR M. WOLOWSKI,

MEMBRE DU JURY CENTRAL DE FRANCE, PROFESSEUR AU CONSERVATOIRE IMPÉRIAL
DES ARTS ET MÉTIERS.

CONSIDÉRATIONS GÉNÉRALES.

Le succès éclatant remporté par les diverses branches de l'exposition française à Londres a rencontré l'assentiment universel; mais il est surtout une nature de produits, d'un usage général, d'une utilité constante, pour lesquels notre supériorité ne saurait soulever aucune contestation : nous voulons parler des *meubles*.

Qu'on ne se méprenne point, ni sur l'importance ni sur les difficultés de cette fabrication. La valeur de la production annuelle des objets qui nous environnent sans cesse dans nos demeures est très-grande, et le rôle que jouent dans leur création une application bien entendue de l'art et une délicatesse éprouvée du goût est également considérable.

Rien de plus facile que de tomber ici dans un excès également condamné par le sentiment du beau et par les exigences du *comfort*. L'ornementation d'un meuble exige un tact particulier : il ne suffit pas que le dessin soit élégant et correct, ni que l'exécution décèle une main habile; il faut encore que le meuble se prête sans effort et sans obstacle à l'usage auquel il doit servir; il faut aussi que l'idée qui préside à la conception de l'œuvre, se trouve en harmonie avec le but auquel celle-ci est destinée.

C'est ici surtout que l'on ne saurait violer impunément ce qui imprime le cachet du goût, *l'unité et la mesure;* l'objet le plus simple et le plus vulgaire y obéit aussi bien que la création la plus élevée de l'art.

Combien ne voit-on pas de ces prétendus *chefs-d'œuvre* d'ouvrages en bois divers, singulièrement contournés, hérissés d'une exubérante collection d'aspérités qui cherchent à passer pour des ornements, et dont on n'ose point approcher, de peur de compromettre ses membres ou ses vêtements! en visant à un effet prétentieux, ils n'atteignent que le ridicule! Un style simple et sévère, une ornementation discrète et convenable, un dessin qui répond à la destination du meuble, et dont les diverses parties se fondent dans un harmonieux ensemble, une grande perfection dans les moindres détails d'exécution, tout cela ne se trouve réuni que dans les *meubles français.*

Et nous ne parlons pas seulement de ces riches conceptions qui font hésiter sur la question de savoir si on devait les retenir dans le modeste domaine de la XXVIᵉ classe, ou s'il ne fallait point les classer, comme de véritables chefs-d'œuvre de sculpture sur bois, dans la XXXᵉ classe, consacrée aux beaux-arts; nous ne reportons pas en ce moment notre attention sur le buffet de FOURDINOIS, ni sur la bibliothèque de BARBEDIENNE, ni sur la chasse au sanglier de LIÉNARD, magnifiques travaux dont le jury de Londres a dignement apprécié le mérite en leur décernant la plus haute récompense du concours, la grande médaille (*council-medal*). Non, en laissant de côté cette véritable aristocratie du talent, à laquelle une place d'honneur était réservée au Palais de Cristal, en nous bornant aux produits courants qui garnissaient la salle carrée attribuée à nos fabricants de meubles, nous pouvons dire qu'ils portaient tous le cachet de la distinction, uni à l'attrait du *comfort*. Quels charmants et excellents meubles que ceux de Bellangé, de Durand, de Jolly-Leclerc, de Jeanselme, de Kriéger, de Mercier, de Tahan! qui n'a admiré cette véritable peinture sur bois que réalise l'assemblage artistique de Cremer, ou les ingénieuses dispositions dues à l'esprit inventif de Daubet et Dumarest (de Lyon), ou la mosaïque en bois de Marcelin, ou les bahuts modernes de Pretot, et les ornements en peinture sur porcelaine d'Andrieux et Rivart? Pour les meubles courants, Van-Balthoven, Balny, Beaufils (de Bordeaux), Descartes, Faure, Florange, se faisaient aussi remarquer. Partout, dans cette division, on rencontrait des objets qui flattaient l'œil et dont on pouvait se servir sans danger de les briser ou de se blesser; on n'y voyait ni ces proportions colossales qui semblaient attendre des géants pour les employer à leur usage, ni ces lits dans lesquels on craindrait de se coucher, ni ces fauteuils qui risquent de vous surprendre désagréablement par leurs saillies, ni ces tables qui déchirent vos vêtements, comme on n'en trouvait que trop ailleurs!

En un mot, ce qui distinguait nos meubles, c'est le soin avec lequel l'ornementation avait été subordonnée à l'utilité, et tel nous paraît être le caractère dont on ne doit jamais se départir quand on travaille des articles usuels. Il faut que l'ornement se lie à l'ensemble, qu'il s'harmonise bien avec les matériaux employés, et qu'il semble faire partie du meuble, au lieu d'y être arbitrairement appliqué.

Rien de plus malheureux que ces grappes de fruits, de fleurs, etc., attachés sans motifs, sans signification, aux bibliothèques, aux buffets, aux tables, etc.

Ce ne sont que festons, ce ne sont qu'astragales.

Tout contact d'un plat peut les briser, chaque livre ouvert peut les détruire; il semble qu'ils ne sont là que comme une décoration à laquelle il est interdit de toucher, et font une malheureuse concurrence au cuir estampé, à la gutta-percha et au caoutchouc durci!

Chaque mouvement est dangereux à côté de ces prétendues merveilles, auxquelles on s'accroche comme à des buissons!

C'est le goût dans la disposition qui distingue l'artiste du vulgaire ornementiste : c'est l'heureuse prédilection de nos fabricants pour le style sobre, pur, qui sait respecter les bonnes traditions, tout en ouvrant le champ libre aux innovations, sans jamais confondre les attributs empruntés à diverses époques de l'art; c'est l'élégance unie à la commodité, le fini de l'exécution sans roideur, qui leur permet d'orner leurs produits sans les surcharger, de faire ressortir la beauté des meubles au lieu de les écraser.

Les excellents résultats auxquels nos fabricants sont parvenus ont tellement frappé les autres nations, qu'à la suite de l'Exposition, l'Angleterre et la Belgique ont multiplié les efforts, soit par la création d'écoles de dessin industriel, soit par des expositions permanentes, dans le but d'épurer le goût de leurs producteurs et de rendre moins grande la distance qui les sépare, sous ce rapport, de la France.

Nous serions injustes si nous ne signalions point certains articles anglais dus à ROGERS, à SNELL, à JACKSON et GRAHAM, à DOWBIGGIN, etc., comme méritant une distinction particulière; mais c'était l'exception au milieu de l'immense quantité d'objets d'ameublement exposés dans le *département anglais*.

Sans doute LEISTLER (de Vienne) a produit une collection remarquable d'objets de haut prix; mais, à côté d'un travail excellent, combien n'avait-on pas à reprendre dans ces meubles, dont le dessin semblait rappeler les lignes monumentales de l'architecture! En général, l'exécution matérielle ne laisse rien à désirer en Allemagne, mais le goût fait défaut.

La Belgique brille par une grande habileté dans la sculpture sur bois; mais elle obéit trop à l'influence espagnole, qui se perpétue dans ses souvenirs et rend ses œuvres lourdes et tourmentées. Elles sont vraiment belles quand elles s'inspirent de la pensée religieuse, qui les ramène à des effets plus grands, parce qu'ils sont plus simples. Les stalles de la cathédrale d'Anvers prouvent que les artistes en bois n'ont

pas dégénéré à Louvain et qu'ils savent dignement maintenir
la renommée conquise à leur pays par ces chaires, ces confes-
sionnaux, ces statues en bois, qui peuplent magnifiquement
les anciennes églises !

L'originalité de la conception et la magnificence des détails
attiraient vivement l'attention sur le mystérieux salon meu-
blé par la *Compagnie des Indes* et sur le lit de parade envoyé
en présent à la reine d'Angleterre par un opulent nabab.
Mais c'étaient plutôt des *objets de curiosité* que des *meubles véritables;* ils portaient l'empreinte de cette civilisation des peuples primitifs qui allient le faste le plus éblouissant du petit
nombre avec la hideuse misère de l'ensemble de la population.

L'Italie avait envoyé des imitations plus ou moins heureuses de l'art étrusque. Les merveilleux détails d'exécution
de ses sculptures sur bois témoignent du mérite éminent
de ses artistes; mais ici trop souvent encore le meuble disparaissait sous la prodigieuse abondance des décors qui l'ab-
sorbaient.

L'Espagne brillait par une *table mosaïque* en bois d'une exécution incomparable; par malheur, elle était d'un prix extravagant, qui se nombrait par milliers de livres sterling!`

Ceci dépasse les limites d'un luxe accessible même aux
grandes fortunes.

Nous n'obéissons en aucune manière à des scrupules puri-
tains qui tendraient à proscrire tout ce qui relève l'industrie
par l'heureuse influence de l'art. Le *luxe,* que certains écrivains s'évertuent à condamner, est l'âme du progrès : certes il
peut dégénérer en fantaisies absurdes, que condamnent également la morale et le bon sens; mais on ne doit pas oublier
qu'il est essentiellement *relatif,* qu'on ne saurait, pour le mesurer, faire abstraction du temps où l'on vit, ni du développement général de la richesse et de la civilisation. Peut-on
trouver rien de répréhensible à ce que les exigences plus raf-
finées soient satisfaites, sans qu'elles entraînent une prodigalité
ruineuse? Quand les sacrifices consentis ne dépassent point

les ressources largement acquises, pourquoi se résignerait-on
à se priver toujours

> Du superflu, chose si nécessaire?

Autant vaudrait interdire toute délicatesse de sentiment,
toute finesse d'appréciation, et regarder comme des parasites
les ouvriers les plus habiles, ceux qui se dégagent le plus
d'une simple satisfaction donnée à des besoins matériels, pour
s'élever aux conceptions et aux produits de nature à créer
une satisfaction intellectuelle.

S'il en était ainsi, on commettrait un singulier contre-sens
et on tendrait une sorte de piége au travail perfectionné en
ouvrant l'arène des *expositions*.

En remontant les divers degrés que la civilisation a franchis,
on reconnaît qu'à chaque époque l'idée du *luxe* s'est modifiée dans sa signification pratique, mais que, loin de s'ampli-
fier dans ce qu'elle peut avoir de répréhensible et de dangereux, elle s'est au contraire purifiée en s'élevant.

Si l'on donne le nom de *luxe* (en s'en tenant à la mauvaise
acception du terme) à ce qui alimente des appétits désor-
donnés, nous en trouverons les plus nombreux exemples chez
les peuples peu civilisés et dans *le moyen âge* des diverses
sociétés. Mais ce que l'on recherche alors, au prix d'énormes
dépenses, ce sont des satisfactions grossières, c'est le clinquant,
c'est la destruction des valeurs, car on fait alors *de la dépense
pour la dépense,* comme une certaine école littéraire a voulu
faire *de l'art pour l'art.*

Au contraire, quand la pensée s'élève, quand les mœurs
deviennent moins rudes, quand l'art commence à exercer une
féconde influence en épurant le goût, le *luxe* devient *plus humain,* s'il nous est permis de nous exprimer ainsi : il se spi-
ritualise.

On peut craindre alors qu'il ne tombe dans un excès
opposé, dans *la mollesse* et *la manière;* mais le principe dont
il émane est meilleur, il dérive de l'esprit et de l'âme au lieu
d'être l'esclave des sens et de l'instinct : par conséquent, il est

plus facile de le discipliner et de le préserver d'une exagération funeste.

Loin de nous plaindre de ce que tout ce qui nous entoure se ressente d'une autre influence que celle d'une satisfaction telle quelle donnée à nos besoins primitifs, nous voyons dans un *luxe* bien entendu et bien ordonné le signe d'une amélioration véritable.

C'est à ce titre que nous applaudissons aux progrès réalisés par nos industriels, qui savent si bien allier l'utile et l'agréable, en donnant aux objets les plus vulgaires l'heureuse empreinte d'une culture plus avancée.

Mais il faut, en utilisant des inspirations élevées, ne pas oublier non plus le but auquel sont destinés les objets ainsi ennoblis dans leur forme. Ils sortent de la catégorie des meubles, pour en revenir à la question qui nous occupe spécialement en ce moment, s'ils obéissent à des visées trop ambitieuses et si *l'art* absorbe *l'utile.*

Chaque peuple se révèle, en quelque sorte, dans l'aspect des produits d'un usage journalier ; ceux-ci sont comme le miroir où viennent se refléter les tendances et les habitudes. C'est là ce qui donnait un vif intérêt à l'examen comparé des objets d'ameublement exposés par les diverses nations.

La question des *prix* n'est pas secondaire, car de la solution qu'elle reçoit dépendent la *demande* et la consommation. Bien que, comme pour la généralité des expositions, on ait eu à regretter l'absence des meubles d'un usage courant, sous ce rapport, comme sous celui du mérite, le *département français* occupait une place exceptionnelle : plus que dans tous les autres on y rencontrait des articles usuels d'une valeur abordable pour tout le monde, témoignages éclatants du bon goût et du *comfort* qui règnent en commun dans la plupart de nos demeures.

Les bois employés n'étaient pas d'une grande variété : le chêne, le palissandre et l'acajou dominaient à côté du bois de rose, du poirier, du noyer et de l'*ébène.*

Ce dernier était le plus employé dans les anciens temps

pour les objets de luxe : de là est venu le nom d'*ébénistes*, donné chez nous aux fabricants de meubles.

La fabrication des meubles d'acajou ne date que du dernier siècle. En 1720, un médecin célèbre de Londres, nommé Gibsons, reçut de son frère, capitaine de vaisseau, plusieurs billes de ce bois, qui avaient servi de *ballast* à son navire, venant des Indes orientales. Il voulut les employer à une construction qu'il faisait élever dans *King-street*, Covent-Garden ; mais les charpentiers se plaignirent de ce que le bois était trop dur, et il fut laissé de côté, comme n'ayant pas d'emploi. Peu de temps après, Gibsons fit appeler son ébéniste, Wollaston, et lui demanda d'utiliser ces matériaux qui gisaient dans le jardin. La réponse fut la même, la matière était trop dure pour l'employer ; mais le docteur ne se tint pas pour battu : il dit qu'on pouvait se servir d'instruments plus puissants, et après quelques essais sur de plus petits objets, Wollaston réussit à fabriquer un bureau qui émerveilla tellement le docteur Gibsons par la couleur, le poli et l'aspect général, qu'il invita ses amis à venir voir ce meuble, unique en ce moment. Dans le nombre était la duchesse de Buckingham, qui demanda un bureau pareil. Wollaston fut encore chargé de le fabriquer, et sa réputation grandit à mesure que l'usage de l'acajou se multiplia. Ce bois fut fort admiré, il devint à la mode ; comme tant d'autres, il fut d'abord un objet de luxe : bientôt le *placage* le rendit abordable aux plus modestes fortunes, et il devint d'un emploi à peu près universel.

Les ressources que la variété des veines et des ronces de l'acajou présente à l'ébéniste ont beaucoup contribué à ce succès, aussi bien que la facilité du poli et de l'entretien, la franchise des tons et la durée.

En général, les fabricants qui se livrent au travail le plus distingué ne recherchent pas beaucoup à augmenter le nombre des bois employés ; les parties chaudes, unies, et les dessins variés de ceux qui sont entrés dans l'usage habituel leur suffisent. Le goût, l'art, la décoration, sont tout dans les meubles qu'ils créent; la matière n'entre que comme un faible élément dans le prix : on ne rencontre donc pas ici l'aiguillon de la concurrence, tenue en éveil par la question d'économie. Cela explique comment alors que sous les mains de Liénard, de Tahan, de Fourdinois, etc., le métier s'élève jusqu'à l'art, la variété des matières employées ne s'accroît guère.

L'Inde a bien fourni quelques meubles précieux et odorants en bois de santal et d'autres en ivoire; mais il est inutile d'ajouter que ce sont des modèles dont la reproduction ne saurait être bien large. Peut-être y aurait-il moyen d'utiliser plutôt quelques-uns des bois dont les échantillons étaient disposés en échiquier. Dans la même exposition se trouvait une chaise longue, sculptée à Bombay, en bois noir (*dalbergia latifolia*), d'un bon effet.

La belle exposition de LEISTLER, de Vienne, a mis en œuvre avec succès le bois de *courbaril*, venant du Brésil, et a utilisé heureusement le frêne. ROGERS, de Londres, a fort bien sculpté un berceau *en bois d'oranger*. La Terre de *Van Diemen* avait envoyé une table de salon, en bois moucheté, de racine d'érable. Joignez-y quelques pièces en bois de peuplier, et la nomenclature des matières employées en dehors de l'acajou, du palissandre, de l'ébène, du chêne, du poirier, du citronnier, de l'amandier et du noyer sera à peu près complète.

Les meubles *incrustés* figuraient en grand nombre : la marqueterie d'écaille et de cuivre s'est enrichie d'autres combinaisons de bois divers, naturels ou artificiellement coloriés, que le célèbre *Boule* aurait enviés à ses rivaux d'aujourd'hui.

Pour acclimater en France la fabrication des meubles de luxe et garnir dignement les maisons royales rétablies et embellies, Colbert, *surintendant des bâtiments, jardins et manufactures de France*, rassembla les ouvriers les plus habiles, peintres, tapissiers, sculpteurs, orfévres, ébénistes, tant de France que de l'étranger, et fit l'acquisition de *l'hôtel des Gobelins* pour les y loger et faire travailler.

Sur la principale porte de cet établissement, l'édit de 1667 fit graver sur marbre le nom de *Manufacture royale des meubles de France.* C'est de là que sortirent les magnifiques ameublements de Versailles et de Marly, ainsi que ceux du Louvre et des Tuileries. Les tapisseries *de haute et basse lisse* s'y élevèrent à un haut degré de perfection, et les *meubles* proprement dits ne le cédèrent point aux *Gobelins,* sous le rapport du goût et de la richesse.

La nation, enrichie, éclairée, aimant et comprenant les œuvres d'un luxe intelligent et cultivé, est le Louis XIV d'aujourd'hui, non moins élégant, non moins fastueux que le grand monarque, et les ateliers de Grohé, de Fourdinois, de Tahan, de Ringuet-Leprince, de Cremer, de Bellangé, de Barbedienne et de tant d'autres artistes véritables ne redoutent point le parallèle avec l'ancienne *Manufacture royale des meubles de France.*

L'observation que nous a inspirée notre belle manufacture de *papiers peints* s'applique également aux objets d'ameublement; le sceptre du goût appartient incontestablement à la France : nous devons cette prééminence non-seulement à l'intelligente application des leçons puisées dans le spectacle des œuvres d'art, car les chefs-d'œuvre de toute nature abondent ailleurs; non-seulement à d'excellentes écoles de dessin, on en a fondé beaucoup en Angleterre, en Belgique, en Allemagne, etc.; non-seulement à l'habileté du *tour de main,* car nous comptons nombre d'excellents ouvriers qui nous viennent de l'autre côté du Rhin; mais au sentiment du beau et du vrai, de l'unité et de l'harmonie, qui laisse son empreinte sur les productions de l'esprit français : c'est le fruit de ce sens à la fois pratique et exquis que donne une culture supérieure et que l'habileté mécanique ne saurait remplacer. Il n'importe pas moins pour l'avancement matériel que pour le progrès moral des peuples d'élever l'âme, d'orner l'intelligence, d'étendre l'horizon de la pensée et de fortifier notre esprit : tel est le domaine de la véritable *éducation,* dont les autres enseignements ne sont que les auxiliaires.

Ces grandes vérités brillent de tout leur éclat, quel que soit

e sujet que l'on aborde, quelque humble que paraisse le tra-
ail auquel on se livre. Comme nous nous trouvons ici sur la
imite de l'industrie et de l'art, comme, en examinant les
objets qui ont mérité de hautes distinctions de la part du
ury, nous avons souvent éprouvé l'embarras de les juger au
seul point de vue du *métier,* ces observations ne paraîtront
peut-être ni trop déplacées ni trop ambitieuses.

Nous croyons que l'appréciation purement artistique
pourra largement s'exercer sur beaucoup d'ouvrages dont
nous allons parler, et cela nous permettra d'être plus bref.
D'ailleurs, il y aurait impossibilité d'énumérer ici tous les
articles dignes d'attention, car on les comptait par centaines.
Nous devons nous borner, pour les pays qui ont le plus
brillamment figuré à l'Exposition, au relevé des objets tout
à fait hors ligne, ou qui se recommandent par la nouveauté
des effets obtenus; nous commencerons par les nations
étrangères, et nous terminerons notre appréciation en rendant compte des produits les plus remarquables des fabricants
français.

ANGLETERRE.

Nous l'avons déjà dit, plusieurs meubles d'une grande distinction ont figuré dans le *département anglais,* mais au milieu
d'une foule d'autres dont le goût bizarre, la disposition étrange
et l'exécution massive ont plus d'une fois provoqué un étonnement fort étranger au sentiment de l'admiration. Que dire,
par exemple, d'un buffet (*side-board*) soutenu par des cornes
d'abondance, d'où s'épanouissent au sommet la *Jeunesse* et la
Vieillesse et qui se terminent à la base par des têtes de dau-
phins :

Desinit in piscem!.....

Et ces aigles, ces griffons, ces dragons ailés, ces vautours,
ces cigognes, ces cygnes sculptés ou dorés, toute une ména-
gerie qui envahit les bureaux, les bibliothèques, les buffets,
les lits, les fauteuils, etc. *On en a mis partout...!*

Laissons de côté ces extravagances, qui ont coûté beaucoup de temps et d'argent; laissons de côté aussi ces lits monumentaux, surplombés d'immenses baldaquins qui essayent d'être gracieux et qui ne sont que maniérés dans leur lourde architecture; ne parlons pas de ces inventions singulières qui placent un *coffre à charbon* dans un sopha ou vous réservent d'étranges surprises; passons également sous silence ces consoles, ces cadres surchargés de festons et de dorures, où la glace s'étend comme un lac au milieu de plantes et d'oiseaux aquatiques, etc.

Arrêtons-nous plutôt devant le *buffet de Kenilworth*, que l'esprit national des Anglais a vainement voulu mettre en parallèle avec le magnifique *buffet* de Fourdinois.

MM. Cooke et fils, de Warwick, ont construit ce meuble du bois d'un chêne énorme de dix pieds de diamètre qui s'élevait encore en 1842 dans le voisinage du célèbre château de Kenilworth (comté de Warwick). Tout concourait donc à imprimer un cachet particulier à ce travail, dans lequel la matière employée, le sujet reproduit et le style de l'exécution se conforment au type national et historique.

L'ornementation appartient à l'époque de la *Renaissance* anglaise, au siècle de la reine Élisabeth, car la *Renaissance* française et italienne est demeurée étrangère aux constructeurs de la Grande-Bretagne. Les sculptures rappellent les épisodes de la visite faite par Élisabeth au château du comte de Leicester en 1575, et reproduisent les statues d'hommes illustres de l'époque, Sidney, Raleigh, Shakspeare et Drake. La finesse de l'exécution nous semblait laisser à désirer, et l'aspect roide des quatre ours supportant les chapiteaux (cet animal figure dans les armes des comtes de Warwick) n'était rien moins qu'agréable.

Il est juste d'ajouter que l'ensemble ne manquait pas de grandeur; l'œuvre fait honneur à l'artiste.

Exécuté dans le même style, un buffet de MM. Jackson et Graham, de Londres, orné des figures de la Chasse, de la Pêche, de l'Agriculture et de la Culture de la vigne, présentait plus de fini et de simplicité.

Un autre meuble, d'une rare élégance, avait été envoyé par M. Dowbiggin; les dessins des incrustations se distinguaient par une grande pureté de style. Un artiste avait évidemment passé par là !

Les produits envoyés par M. Snell, de Londres (un des membres du jury), étaient pleins de distinction; une délicieuse *table à ouvrage* pour dame rivalisait dignement avec une œuvre de Tahan : c'est le meilleur éloge que nous puissions en faire.

Les produits d'un autre membre du jury, M. Webb, se faisaient également remarquer par le mérite du dessin.

Nous avons déjà mentionné le charmant berceau en bois d'oranger exposé par M. Rogers, qui avait aussi envoyé un des plus beaux cadres sculptés. Ici, la sculpture sur bois était parfaite; elle se rapprochait de la manière de Liénard.

On pense bien que l'Angleterre, le pays de la mécanique par excellence, n'a pas manqué d'essayer l'application des machines à la sculpture sur bois. M. Jordan avait exposé plusieurs objets ébauchés de cette manière, mais terminés à la main; ils ne manquaient pas de valeur.

L'application de la *gutta-percha* à l'ameublement a singulièrement favorisé les déviations du goût qui font éclore les ornementations luxuriantes et surchargées et les capricieuses arabesques. La facilité avec laquelle on arrive ainsi à imiter le bois et à exécuter les dessins les plus tourmentés a son bon côté; elle engagera peut-être à rentrer dans une meilleure voie ceux qui confondent la bizarrerie et l'enflure avec la véritable noblesse d'exécution : les beaux meubles ne voudront plus risquer d'être confondus avec ces vulgaires estampages.

En fait de meubles anglais, on pouvait étudier avec le plus de fruit les ingénieuses dispositions de nombreux systèmes de tables de salle à manger *à coulisses*. Les mécanismes adoptés étaient pour la plupart d'une grande précision et d'une extrême commodité.

N'oublions pas de mentionner, avant de finir, une belle *bibliothèque* exposée par M. Holland, de Londres.

ALLEMAGNE (ASSOCIATION DOUANIÈRE).

L'habileté des ébénistes allemands est généralement appréciée : aussi l'exécution matérielle des meubles qui appartiennent
à cette catégorie était parfaite ; le fini du travail, l'excellent
jeu de toutes les pièces en mouvement et leur exacte adhérence échappaient à toute critique ; par malheur, nous ne saurions en dire autant du goût et du dessin.

Peut-être le résultat provient-il en grande partie de l'organisation industrielle qui régit encore, plus ou moins, divers
États de l'Allemagne, et qui a laissé des racines profondes
là même où plus de liberté a remplacé le gothique édifice des
corporations. Nous n'oublions point la spirituelle explication
que nous donnait, il y a quatorze ans, un des savants distingués de l'autre côté du Rhin, quand nous l'interrogions
sur l'effet des *jurandes*. M. Karmarsch, alors directeur de l'École
polytechnique à Hanovre, nous dit : « Levez-vous et soulevez
cette chaise ; » et comme elle était fort lourde : « Nous ne possé-
dons ici, ajouta-t-il, que ce modèle et un autre qui ne vaut
guère mieux ; c'est le fruit des *corporations*. »

Disons aussi que l'Allemagne est moins riche que l'Angleterre et la France, que les mœurs y sont plus simples. L'ameublement s'en ressent ; la fabrication est toujours dominée par
la question du débouché, et, en ce qui concerne ces articles,
le débit local a la plus grande importance.

Enfin l'association douanière ne possède point de grand
centre de fabrication comme Londres, Paris ou Vienne, trois
villes auxquelles appartiennent presque tous les envois de
l'Angleterre, de la France et de l'Autriche.

Nous nommerons en première ligne deux exposants de la
Bavière :

1° Les frères BARTH, de Wurtzbourg, ont exposé un secrétaire de dame en palissandre et bois de rose (style Renaissance) et une petite table de travail (rococo) ; ces deux meubles
étaient d'un aspect agréable et d'un style assez pur.

2° M. FORTNER, de Munich, avait mérité une place d'honneur pour son secrétaire de *Boule*, véritable chef-d'œuvre d'exécution soignée. Les incrustations de métal, de nacre et d'écaille reproduisaient des emblèmes et des figures historiques, d'après les chroniques allemandes. C'était un des objets les plus remarquables de la grande salle du Zollverein.

Le Wurtemberg était représenté par un seul exposant, M. WIRTH, de Stuttgart, dont la toilette et l'armoire à glace avaient, à un haut degré, les qualités et les défauts du terroir.

M. VAN HARGEN, d'Erfurt (Prusse), avait envoyé un bel et bon secrétaire en bois de noyer, richement orné à l'extérieur et à l'intérieur, et d'un travail achevé : comme œuvre de menuiserie, l'Exposition ne présentait rien qui lui fût supérieur. MM. SPINN et MENCKE, de Berlin, méritent un pareil éloge pour la manière dont étaient exécutées les portes à glaces de leur bibliothèque de noyer.

Nous signalerons encore MM. HOFFMEISTER et BEHRENS, de Cobourg, dont le buffet de chêne et les siéges sculptés décelaient une main habile, et les petits meubles en bois de rose de M. ROCKHAUSEN (Saxe), fabriqués à des prix très-modiques.

Hambourg avait envoyé le plus grand nombre d'exposants, parmi lesquels se distinguaient surtout :

1° M. PLAMBECK, dont la table ronde, incrustée de cuivre, d'ivoire et de nacre (5,400 fr.), était digne de figurer à côté du secrétaire de M. Fortner;

2° M. RAMPENDAHL, dont les meubles en bois de cerf avaient un aspect original; un secrétaire orné de fines sculptures en ivoire ne valait pas moins de 6,000 francs.

AUTRICHE.

Une des quatre grandes médailles accordées à l'industrie des meubles a été obtenue par M. LEISTLER, de Vienne, qui avait envoyé une grande quantité de produits d'un haut prix. Ils remplissaient à eux seuls cinq grandes salles, où ils étaient symétriquement rangés, en appelant la curiosité incessante de nombreux visiteurs.

Dans la pièce d'entrée se trouvaient une table ovale en bois de noyer, une autre en *Boule*, avec des ornements de bronze doré, une table à jeu en palissandre et deux cadres à tableaux.

Le pied de la table ovale était d'une sculpture très-soignée; mais il est à regretter que tant d'art et de travail ait été dépensé pour disparaître en grande partie sous la large étendue du *dessus de table*, de manière qu'on ne pouvait apprécier la finesse des détails qu'en se condamnant à l'attitude la plus incommode : *non erat hic locus*.

La *chambre à coucher* contenait un lit, deux tables de nuit, un prie-Dieu, deux fauteuils, deux chauffeuses, huit siéges, un sopha, une table, une console, une jardinière et une grande glace psyché. Tous ces objets, par leur taille, semblaient appartenir au domaine de l'architecture : en les regardant, on se rappelait involontairement le monde anté-diluvien reconstruit par le génie sagace de Cuvier; si la taille des hommes répondait alors à celle des animaux gigantesques, ils auraient presque été servis à souhait dans la chambre à coucher de M. Leistler, qui a eu l'aimable attention d'orner le lit de deux niches, avec les statues d'Adam et Ève!

Entre la chambre à coucher et le salon s'ouvrait une porte en acajou qui, dans sa simplicité, exécutée avec une rare perfection, nous a paru une des pièces les plus remarquables de cette riche exhibition.

Après avoir dépassé cette porte, on voyait une table ronde de 8 pieds 10 pouces de diamètre en *bois de courbaril* (comme le reste de l'ameublement) et une autre plus petite de 6 pieds 3 pouces de diamètre, puis des consoles, canapés, fauteuils, bergères, chaises, etc., d'une grande richesse. Mais les lignes *zébrées* du bois de courbaril sur un grand espace; comme celui des tables rondes, sont d'un aspect monotone dans leur parallélisme; ce défaut, qui tient au choix de la matière, est moins saillant dans la longue table de la salle à manger.

L'*étagère à tableaux* est d'une conception heureuse; elle a des cadres disposés à recevoir les tableaux que l'on veut étudier, et un mécanisme ingénieux permet de varier à volonté la hauteur et l'inclinaison qu'on veut leur donner.

Une autre salle était consacrée à la *bibliothèque* en bois de *frêne de Hongrie,* disposée à servir aussi de bureau de dame. L'intérieur était décoré en frêne d'Autriche, plus pâle que celui de Hongrie, dont la teinte est rembrunie, et qui est très-richement veiné. Une table, un fauteuil et six siéges complé-taient l'ensemble de cette pièce, dans laquelle M. Leistler avait aussi exposé une bibliothèque colossale en bois de chêne, pré-sent de l'empereur d'Autriche à la reine d'Angleterre. A droite et à gauche du bureau qui fait partie de cet édifice go-thique se trouvent deux tours, destinées aux ouvrages de prix et disposées de manière à pivoter facilement pour la commo-dité de la personne qui désire consulter les livres en écri-vant.

La salle à manger, avec sa longue table *à coulisses,* admirable-ment fabriquée, son buffet de bois de courbaril et ses trente-six siéges, complétait dignement l'ensemble de cette exposition, unique dans son genre, d'un luxe prodigieux, d'une valeur énorme, mais par trop massive et lourde dans sa grandeur, quelque mérite que l'on reconnaisse à la sculpture sur bois et au travail excellent de menuiserie et d'ébénisterie.

Si nous avons cru devoir détailler les diverses pièces de la collection Leistler, c'est qu'on pourrait se faire difficilement une idée de l'impression que devait produire l'ensemble des *meubles autrichiens* de cet habile fabricant.

Le parquet des cinq pièces ornées par lui sortait égale-ments de ses ateliers et méritait un éloge sans réserve. Traité ainsi, le travail du bois sort des limites ordinaires pour s'élever au rang des grandes industries.

L'exubérante variété des meubles de Leistler ne saurait nous faire passer sous silence les produits distingués d'autres fabri-cants autrichiens, et notamment ceux de M. GRÖGGER, de Vienne. Un secrétaire de bois d'ébène, incrusté de mosaïques et orné de statuettes en ivoire qui représentaient les empe-reurs de la maison de Hapsbourg, eût été une œuvre parfaite si on n'avait point eu à lui reprocher une trop grande abondance de décors. Le prix de ce beau meuble s'élevait à 7,000 francs.

Le meuble en *palissandre,* avec d'excellentes incrustations en nacre, en écaille et en métal, de M. Thonet, de Vienne, a également attiré l'attention du jury, qui s'est surtout reportée sur ses meubles de siége, fort bien fabriqués et d'une forme hardie et légère.

Nous avons encore à signaler un cadre ovale pour glace ou tableau de M. Kölbl, de Vienne, du prix de 2,500 francs, le billard de M. Knill, de Vienne, et le bureau de M. Palhuber, de Vienne.

Les envois du royaume Lombard-Vénitien complétaient cette riche collection.

M. Speluzzi, de Milan, avait fabriqué une belle table genre Boule que nous préférions à la riche table de jeu incrustée de M. Colombo, de Milan, dont le prix s'élevait à 12,000 fr. En général, les meubles italiens sont riches, mais trop surchargés; il leur faudrait plus de simplicité et moins de *manière.*

RUSSIE.

Un autre grand empire, la Russie, n'a pas voulu rester en arrière quand il était question de faste extérieur et de magnificence. Rien ne saurait égaler, sous ce rapport, les merveilles de l'ameublement en *malachite* du comte Demidoff; mais on ne s'étonnera pas que le jury de la XXVIᵉ classe ait décliné l'honneur de se porter juge de cette précieuse collection, qui a été soumise à l'examen de la XXXᵉ classe (beaux-arts).

Nous nous bornerons ici à mentionner les portes battantes, hautes de 14 pieds et demi, larges de 7 pieds, et dont le prix (150,000 francs) semble très-modéré si on le compare à la valeur ordinaire des vases en malachite.

En fait de meubles, nous n'avons à signaler qu'un fort joli secrétaire en bois de rose, élégamment décoré de bronze et de peintures en porcelaine; M. Gambs a produit là un vrai bijou d'ébénisterie qui semblait, à s'y méprendre, être natif de notre faubourg Saint-Antoine.

Les tables et les parquets de M. MILLER, de Saint-Pétersbourg, ont obtenu l'approbation unanime des membres du jury.

Deux riches grands coffrets d'ébène avec ornements en pierres imitant les fruits, à la manière florentine, avaient été envoyés par l'empereur de Russie; on admirait surtout une *grappe de groseilles* et une *grappe de raisin,* formées d'améthystes. Ces deux meubles étaient en réalité des œuvres d'une grande valeur artistique.

TOSCANE.

Si nous plaçons la Toscane immédiatement après les grands États dont nous venons de parler, c'est par un sentiment de justice et comme *acte de réparation.*

L'Italie a été le berceau de la belle fabrication des meubles incrustés et sculptés, qu'elle importait au xvie siècle dans les diverses régions de l'Europe. C'est là qu'à l'époque de *la Renaissance* nous avons puisé pour les ciselures, pour les meubles, l'amour et la recherche du beau ; or, la Toscane nous semble avoir dignement soutenu cette antique renommée de la mère patrie.

Les meubles sculptés de M. BARBETTI, de Sienne, nous ont paru de véritables chefs-d'œuvre artistiques, malgré quelques réserves que nous avons cru devoir mentionner plus haut. Le secrétaire et le grand coffret œuvres de cet habile sculpteur sont du plus haut mérite, aussi bien sous le rapport du style que par l'excellence et le fini de l'exécution.

M. Barbetti nous semblait mériter la plus haute récompense, la grande médaille (*council-medal*). Mais nos efforts, dictés par une impartialité complète, ont échoué; nous avons vu à regret qu'on ne lui ait attribué qu'une médaille ordinaire.

Les cadres sculptés de MM. MARCHETTI et GIUSTI, de Sienne, étaient aussi fort remarquables par l'habileté de main et la correction du dessin. Nous mentionnerons encore, comme digne d'éloge, le fauteuil exécuté par les frères FALCINI, de Florence, dans le style de la Renaissance.

ESPAGNE.

Nous avons déjà parlé du guéridon en *mosaïque de bois* exposé par M. PEREZ, de Barcelone : le dessus ne compte pas moins de *trois millions* de petits carrés, dont la réunion forme les dessins les plus variés; il en entre 1,200 par pouce carré. On ne pouvait distinguer qu'à la loupe les interstices, surtout dans les parties plus foncées, tant le rapprochement de cette prodigieuse quantité de *particules* de bois était complet! Les cornes d'abondance et les fleurs étaient dessinées avec élégance. M. Perez emploie un procédé particulier pour le découpage et pour la pose de cette prodigieuse quantité de petits carrés, qui, réunis, forment un véritable pavage.

La mosaïque de bois de M. JIMENEZ (de Madrid) ne s'élève pas à la même hauteur; elle pèche surtout par le dessin.

L'absence complète de goût ressortait dans un riche secrétaire de M. MEDINA, de Madrid, coté plus de 30,000 francs, et pour lequel on avait fait de grands sacrifices de travail et d'argent. Les peintures et les arabesques ne suffisent pas pour masquer l'absence des règles les plus élémentaires de l'ébénisterie de luxe.

SARDAIGNE.

M. CAPELLO, de Turin, ne nous paraît pas avoir été très-heureusement inspiré en modelant, d'après l'étrusque, sa table et sa chaise curule; les meubles se prêtent difficilement à cette application.

M. CIANDO, de Nice, a exposé une table en bois d'olivier, ornée de mosaïques et d'incrustations, et M. SPEICH, de Gênes, une table en bois d'ébène (style Renaissance), qui ne manquaient pas de mérite.

SUISSE.

Tout le monde connaît les ouvrages en bois de la Suisse;

le canton de Berne possède, sous ce rapport, une légitime renommée, que les envois de MM. Fluekk, de Brienz, et Wetti, de Berne, ont pleinement justifiée. Néanmoins, quelque agréable que soit le souvenir des occupations et des plaisirs des Alpes, il ne faudrait pas en abuser, car on risque de manquer l'effet de l'ensemble par la multiplicité des détails.

Les *petits meubles suisses* sont jolis, coquets; mais ils ne se prêtent que rarement aux services habituels de la vie.

BELGIQUE.

L'exposition des meubles belges renfermait de belles parties; la sculpture en était soignée et habile; plusieurs pièces figuraient au nombre des meilleures qui aient orné le Palais de Cristal.

Les armes et les ustensiles de chasse ne sauraient être mieux placés que dans la belle armoire de chêne fabriquée par M. Bernaert, de Bruxelles, dans le style du xve siècle. Les bas-reliefs et les deux enfants groupés autour d'une tête de cerf formaient un ensemble satisfaisant.

M. Delevoye, de Gand, avait exposé une sorte d'*étagère circulaire*, d'une bonne application pratique. Huit rayons, sur lesquels les livres peuvent être rangés, se maintiennent dans une position horizontale, malgré le mouvement de rotation qui leur est imprimé. (Le même système s'appliquerait au service de table, et le *casier* se transformerait aisément en buffet.) De cette manière on arrive, sans se déplacer, à consulter les ouvrages ou à prendre les objets placés sur chacun des huit rayons.

M. Menge, de Bruxelles, s'est appliqué, avec plus de talent que de goût, à créer une *jardinière* sous forme de *tour gothique*, finement sculptée.

L'exposition de M. Roulé, d'Anvers, était fort variée; elle se composait de meubles de luxe en ébène, en palissandre et en chêne. Mais il est à regretter qu'un travail aussi soigné fût surchargé d'ornements prétentieux, de nature à briser l'unité de l'œuvre et à créer des dispositions incommodes.

La partie peut-être la plus remarquable de l'exposition, c'étaient d'excellents parquets de MM. Couvert et Lucas et de Keyn. Ils étaient bien ajustés, d'un goût pur et d'une exécution parfaite.

ÉTATS-UNIS.

Il est difficile de se rendre compte de l'aspect peu attrayant des meubles des États-Unis : formes roides, travail massif, absence de goût, tout se trouvait réuni dans cette collection assez nombreuse de produits, plus que médiocres. Le génie mécanique du peuple américain a seul donné quelque relief à des siéges bien disposés. Nous mentionnerons aussi une table circulaire, dont l'idée est voisine de celle de l'étagère à rotation de M. Delevoye : au milieu, se trouve une sorte de casier mobile à compartiments; en le faisant tourner, les personnes assises autour de la table peuvent sans se déranger, et en accélérant leur travail, se communiquer les papiers, notes, registres, livres, etc., dont elles peuvent avoir mutuellement besoin.

La table était exposée par la Compagnie du chemin de fer de la Caroline du Sud : on comprend l'utilité que peut avoir cette disposition ingénieuse.

Le reste ne vaut pas l'honneur d'être nommé.

POSSESSIONS ET COLONIES ANGLAISES.

Nous avons déjà mentionné la magnifique exposition des *Indes*, la seule qui, en dehors des pays européens, méritât de fixer l'attention. Nous ne saurions assez admirer le luxe exquis et l'aspect à la fois imposant et gracieux de ces meubles au style sévère, aux formes originales, pleins de richesse et de grandeur.

Le trône, sculpté en ivoire, envoyé en cadeau à la reine d'Angleterre par le rajah de Travancore était magnifiquement décoré; il formait une des plus riches curiosités du salon indien. Là, tout était indigène, style, matière, exécution.

Nous en dirons autant des lits de parade, parmi lesquels on distinguait le *Royal Bedstead* envoyé à la reine Victoria par Babo Deo Nadeyn Sing, de Bénarès : les colonnes, en bois plaqué d'argent, supportaient un riche baldaquin de velours, entremêlé de drap d'or, avec des franges en émeraudes ; un tapis rouge, lamé d'or, complétait un ensemble éclatant. Mais nous préférions encore un autre lit, celui de Lahore, tout drapé de ces merveilleux tissus que l'Inde tient en réserve pour les désirs les plus recherchés de la toilette féminine : les colonnes d'argent émaillé soutenaient des rideaux de cachemire rouge, et la couverture était en magnifique cachemire vert.

L'influence des arts européens se fait sentir dans les productions des Indes ; des meubles exécutés à Madras ont été dessinés par Rogers, de Londres. La perfection de la sculpture en ivoire et de la sculpture sur bois ne saurait aller plus loin.

Les envois de l'Australie se distinguaient par l'emploi de nombreux bois indigènes ; il était intéressant de voir le goût et les formes européennes faire école dans des contrées aussi éloignées.

Nous en dirons autant des meubles exécutés au Cap de Bonne-Espérance et au Canada.

TUNIS.

Le bey de Tunis a voulu prouver que l'art n'était pas complétement éteint dans les États barbaresques : il a fait exposer une porte battante dans le style mauresque, très-finement découpée et travaillée.

CHINE.

Les meubles chinois nous semblent mériter surtout l'admiration de ceux qui aiment la persistance des habitudes séculaires ; mais nous avouons ne pas y avoir trouvé d'autre mérite. Du reste, les ouvrages en laque sont l'objet de l'appréciation très-compétente de notre honorable collègue M. Natalis Rondot.

FRANCE.

Afin de n'être pas soupçonné de prévention dans l'opinion favorable que nous sommes appelé à émettre sur l'exposition des meubles de la France, nous reproduirons d'abord l'appréciation générale d'un juge compétent et impartial, le rapporteur de l'Association douanière, dans le travail officiel publié au nom de la commission du *Zollverein* [1] :

« Si l'on ne saurait soutenir que dans tous les genres de meu-
« bles, sans exception, la France a fourni ce qu'il y avait de plus
« remarquable à l'Exposition du Palais de Cristal, l'avis de tous
« les connaisseurs n'en a pas été moins unanime et formel pour
« reconnaître que dans ce concours la victoire appartient aux
« Français. La pureté du style, l'harmonie de la construction
« et de l'ornementation, le choix des matériaux, qui répon-
« daient toujours aux exigences du dessin, de la couleur et des
« qualités particulières du meuble aussi bien qu'aux conve-
« nances du style adopté et de la destination, une habileté
« incomparable dans le travail de menuiserie et de sculpture,
« une heureuse distribution des ornements, qui empêche de
« surcharger même les dispositions les plus riches ; toutes ces
« qualités réunies faisaient de la division des meubles français
« une des plus belles parties de l'Exposition universelle. Il
« faut leur reconnaître le mérite de l'inspiration originale, car
« on doit envisager les produits français comme les véritables
« modèles dans cette branche de l'industrie ; beaucoup de
« meubles d'autres pays n'étaient qu'une imitation.

« Le style nouveau adopté en France obéit à une direction
« qui s'éloigne des nombreuses déviations du goût qui dépa-
« raient les siècles de Louis XIV, Louis XV et Louis XVI, et
« des prétentieuses recherches du *rococo*. Les produits mis au
« jour à Londres relèvent du style de la Renaissance dans toute

---

[1] Berlin, 1853, t. III, page 416.

« sa pureté, et encore a-t-il été affranchi des éléments qui ne
« répondent plus au sentiment du beau dont s'inspire l'époque
« actuelle. Nous signalerons, par exemple, la substitution de
« figures vivantes aux cariatides, et surtout la tendance à em-
« prunter à la nature elle-même les sujets de l'ornementation. »

On le voit, l'éloge est aussi complet que possible, et il a
d'autant plus de prix qu'il témoigne du goût et des connaissances d'un juge éclairé.

M. OEchelhäuser a raison : nos fabricants ont eu le mérite
de créer des dispositions tout à fait nouvelles, en profitant
avec discernement des modèles que nous a laissés le passé.
L'inspiration, puisée aux sources de l'art, les a préservés d'une
imitation servile ; ils ont su choisir et corriger quand ils ont
emprunté des dessins appartenant à d'autres époques, et c'est
ainsi qu'en place d'une contrefaçon plus ou moins habile, qui
témoignerait d'une habileté purement matérielle, ils sont parvenus à produire des œuvres d'élite, dignes à leur tour de servir de modèles.

Il en est de l'art comme de la vie : quand on aspire à rappeler quelque chose ou quelqu'un,

> C'est par les beaux côtés qu'il faut leur ressembler.

Un choix intelligent laisse de côté les défauts qui se joignent
trop souvent aux plus belles qualités ; le grand mérite de nos
fabricants est d'avoir su se préserver de la *copie*, pour s'inspirer
de l'*idée*. C'est ainsi qu'ils ont laissé à l'écart les profils capri-
cieux et les formes bizarres pour emprunter au passé la grâce
et l'harmonie des détails. Parce qu'un art moins avancé ou un
goût moins pur ont multiplié des figures lourdes et mal posées à côté d'un attirail de cuivres disgracieux, ce n'est pas un
motif pour ne pas assouplir l'ornementation des meubles
Louis XV, par exemple ; la fantaisie qui plaît ne s'efface pas
devant une exécution plus correcte et plus habile. Aussi n'avait-
il pas tout à fait tort ce naïf industriel qui inscrivait sur son
magasin : *Fabrique de meubles anciens dans le goût le plus moderne.*

Ce que nous venons de dire s'applique aux *œuvres d'art,* dont l'exposition de meubles a fourni de nombreux modèles. On a souvent reproché à nos fabricants trop d'ambition; on a dit qu'ils feraient mieux de laisser de côté ces *meubles excep-tionnels,* qui ne sont abordables que pour le petit nombre, à cause d'un prix fort élevé, et qu'il y aurait pour eux et pour les expositions plus d'avantage à voir se multiplier les *meubles courants,* d'une exécution soignée et habile, que demande la consommation habituelle.

Nous ne saurions partager cet avis. L'influence de ces *chefs-d'œuvre,* comme on les appelle parfois, en empruntant mali-cieusement la dénomination usitée au temps des maîtrises et jurandes, cette influence maintient et élève les traditions du goût; elle empêche l'inspiration de s'éteindre. Les *meubles usuels* se ressentent de ce voisinage; ils se dégagent des formes lourdes et grossières pour prendre, au contact de l'art, un aspect plus gracieux et plus séduisant. Si l'on ne parle que du *profit matériel,* sans doute ce n'est pas dans la direction suivie par les auteurs de ces nobles et brillantes créations qui ont obtenu les applaudissements du monde entier, ce n'est pas dans cette direction qu'on arrive le plus vite à la fortune; mais le mérite des hommes qui s'affranchissent des considérations purement matérielles et qui se vouent à un labeur plein d'utiles enseignements n'en est que plus grand à nos yeux. C'est à l'impulsion qu'ils donnent que la France est redevable de cette noble prééminence que personne ne songe à lui contester, et qu'elle continue à tenir entre ses mains le sceptre du goût. Louis XIV et Colbert, en protégeant, en activant l'union des arts et de l'industrie, ne se sont pas mépris sur les exigences du génie national ni sur les intérêts du pays, car ils nous ont dotés d'une force que rien ne peut nous ravir, d'une force qui grandit à mesure que le dévelop-pement de la civilisation et de la richesse raffine les besoins et substitue les jouissances intellectuelles à la simple satisfac-tion des besoins primitifs. Nous ne saurions trop le répéter; de plus en plus, *le goût est le plus adroit de tous les commerces.*

N'est-ce pas un hommage rendu à la France que cet accord unanime des fabricants de tous les pays à donner à tout un genre d'ébénisterie et d'incrustation le nom de l'ouvrier célèbre qui répondit si bien à la pensée de Colbert et de Louis XIV? *Boule* a laissé après lui de dignes émules qui ont su maintenir le rang acquis à cette branche de l'industrie française.

Ce qui nous semble prouver le mieux l'heureuse influence des *chefs-d'œuvre* qu'un esprit trop *arbitraire* tendrait à prescrire, c'est justement notre *Exposition,* qui, à côté des pièces d'élite, a seule présenté un ensemble varié et complet de meubles *bien entendus,* d'un usage excellent, parfaitement appropriés aux besoins ordinaires de la vie, aux profils corrects, solides sans lourdeur, également remarquables par la disposition élégante et par le talent réel de l'ajustement et de l'assemblage.

Les véritables artistes sont ceux qui, initiés à tous les secrets d'une bonne fabrication, savent interpréter leur pensée par le dessin, aussi bien que l'exécuter par le ciseau; voilà ce qui fait l'honneur et la force de la belle industrie de notre faubourg Saint-Antoine.

C'est ainsi qu'elle sait se plier à toutes les exigences du caprice ou du besoin, qu'elle réussit aussi bien à créer ces meubles qui bravent les variations du climat et de la température des plus chaudes contrées de l'Amérique qu'à triompher des difficultés les plus diverses. Une originalité élégante, des effets heureux, obtenus avec des moyens simples, un jeu facile et régulier, une grande souplesse dans la satisfaction des besoins sans cesse renaissants, voilà ce qui donne le premier rang à notre ébénisterie courante et ce que le travail de l'*ébénisterie artistique* a seul pu susciter.

La fabrication des meubles constitue une de nos grandes industries. Paris seul occupe annuellement 25,000 à 30,000 ouvriers employés à ce genre de travail, et cette production y dépasse une valeur de 70 millions. On peut évaluer à 30 millions l'importance de l'ébénisterie et de la menuiserie,

dont plus des deux tiers forment le contingent du 8ᵉ arrondissement, dans lequel est situé le populeux faubourg Saint-
Antoine. En 1848, dans ce seul quartier, ce chiffre a été réduit des *trois quarts*, et la fabrication est restée au-dessous de
7 millions.

Les fabricants de fauteuils et de chaises fournissent à Paris
un contingent de plus de 5,000,000 fr.; les marqueteurs et découpeurs, 1,200,000, et les sculpteurs sur bois, pareille somme;
les sculpteurs ébénistes dépassent le chiffre de 1,000,000; la
literie est portée à 3,000,000 et demi, la marbrure pour
l'ameublement à plus de 2,000,000, les scieurs de bois pour
l'ébénisterie et les marchands de bois débité à 2,000,000 et
demi; les tapissiers fournissent 21,000,000; les tourneurs en
chaises, 2,000,000; les fabricants de billards, 1,400,000;
ceux de cadres et moulures, 4,000,000; les doreurs sur bois,
près de 5,000,000; les canniers, 250,000; les tourneurs en
bois pour ornements, près de 1,000,000.

Quelle immense quantité de salaires découle de cette source
unique, et combien la simple énumération de ces chiffres
grandit l'intérêt qui s'attache à l'étude que nous avons essayé
de faire!

Il y a longtemps qu'on a dit avec raison que les cordonniers seuls créaient en France une valeur plus considérable
que celle que donnent les mines de métaux précieux de
l'Amérique; les industries usuelles se relèvent singulièrement
de leur infériorité apparente, quand on se livre à des rappro-
chements qui échappent à une observation superficielle.

Nous ne saurions entrer dans tous les détails de notre brillante exposition des meubles au Palais de Cristal. Les récompenses que nous avons obtenues prouvent assez notre supériorité : à savoir, *trois grandes médailles* sur *quatre* qui ont été
décernées; dix-sept médailles sur cinquante-cinq, et neuf
mentions honorables sur quarante et une, en tout vingt-neuf
récompenses sur *cent, plus du quart* du total, alors que le
nombre de nos exposants, dans cette catégorie, était à peine
du dixième de ceux qui avaient envoyé leurs produits au Pa-

lais de Cristal (*environ 400;* ils avaient exposé de trois à quatre mille articles).

Encore faut-il dire que la crainte de paraître trop favoriser la France a pu faire laisser de côté des exposants très-méritants, parmi lesquels nous nous faisons un devoir de signaler M. BEAUFILS, de Bordeaux, ouvrier laborieux et intelligent, qui s'est élevé au rang de grand fabricant, et dont les produits, à la production desquels concourent plus de 120 ouvriers, rencontrent un débouché assuré tant en France qu'en Amérique et dans les colonies. Lima, Valparaiso, Saint-Pierre, l'île Maurice, apprécient bien le mérite de ces meubles commodes, de bonne forme, qui, grâce aux procédés ingénieux de M. Beaufils, résistent au climat des tropiques, ne se déjettent jamais et conservent toute l'harmonie de leur placage, quelle que soit l'élévation de la température.

Dans l'examen rapide que nous allons consacrer aux produits distingués par le jury universel, nous suivrons l'ordre même des récompenses accordées.

GRANDES MÉDAILLES.

1. M. FOURDINOIS. Le plus beau meuble de l'Exposition a été, de l'avis unanime du jury, interprète fidèle de l'opinion générale, le magnifique buffet de M. Fourdinois, une des pièces les plus remarquables qui aient paru au Palais de Cristal. Il est rare qu'une œuvre d'art réunisse une pareille unanimité des suffrages; elle mérite que nous ne nous bornions point à une simple mention du résultat obtenu.

Ce grand buffet, dans le style de la Renaissance, mis en rapport avec les exigences les plus délicates du goût de notre époque, est établi en bois de noyer, un peu bruni par places pour mieux faire ressortir la sculpture. Il mesure à peu près six mètres de hauteur sur une largeur pareille. Rien de plus noble et de plus simple d'aspect que les chiens réunis deux à deux par une chaîne légère et formant le support de la table; ces animaux, d'un dessin et d'une exécution inimitables, res-

pirent l'intelligence docile : ils n'ont rien de l'immobilité des
cariatides ; à côté de ce chef-d'œuvre de la sculpture sur bois
viennent se placer dignement le groupe en relief de gibier
mort placé au milieu, au-dessus de la table, et les quatre
statues de l'Europe, de l'Asie, de l'Afrique et de l'Amérique
qui décorent les piliers; le haut du meuble représente la
figure de l'*Abondance* répandant de ses mains prodigues les
fruits et les fleurs, accompagnée à droite et à gauche de
groupes d'enfants qui moissonnent et qui cueillent ou pressent
le raisin. Aux deux côtés du buffet se trouve la représenta-
tion allégorique de la Pêche et de la Chasse, reposant sur des
poissons et des oiseaux vivants, dont l'un surtout, plein de
vie et de mouvement, semble étendre les ailes pour s'élancer
dans les airs et quitter sa place, ce qui serait vraiment dom-
mage.

Tout se réunit dans ce *chef-d'œuvre* pour captiver l'assentiment de l'observateur : dessin correct, ordonnance pleine de
sobriété, harmonie parfaite des ornements, qui rappellent,
en l'ennoblissant, le service essentiellement gastronomique
auquel le meuble est destiné, excellence de l'exécution et
fini de la sculpture. Il nous paraît difficile d'atteindre plus
de perfection et de réaliser l'idée d'une plus splendide simplicité.

Une commode en ébène, genre Boule, avec une riche décoration d'un goût irréprochable et d'une élégance gracieuse,
témoignait, à côté du *buffet,* de la souplesse du talent de
M. Fourdinois, à qui la France doit une belle part de l'honneur que l'Exposition universelle a fait rejaillir sur notre industrie.

2. M. Barbedienne. La grande bibliothèque en bois d'é-
bène dans laquelle se trouvaient incorporés des bronzes magnifiques, reproduits d'après le système de réduction de
M. Collas, formait le digne pendant du *buffet Fourdinois*. Le
dessin de cette œuvre d'élite était dû au talent éprouvé de
M. Clesinger; on ne saurait imaginer un effet meilleur que
celui des riches reliures des grands ouvrages rangés sur les

rayons et des bronzes finement ciselés qui se détachaient
de ce fond d'ébène. Au milieu, entre les deux corps de bibliothèque, était placée une sorte de dressoir pour les œuvres
d'art, les médailles, etc.; les portes des compartiments
inférieurs étaient recouvertes de magnifiques reproductions
en bronze, d'après les chefs-d'œuvre de Michel-Ange et de
Ghiberti, et l'admirable figure du *Pensieroso* couronnait l'ensemble.

C'est là une belle application, dans une voie tout à fait nouvelle, du bronze, travaillé par la puissance mécanique, à l'a-
meublement, avec lequel il vient se fondre en quelque sorte
dans un seul corps, au lieu de se borner à le décorer. M. Barbedienne a bien mérité de l'art en créant cette riche innovation, et en réunissant le concours de tout ce qui peut grandir
l'aspect d'un meuble destiné à renfermer les trésors de l'esprit
et du génie: une *pareille bibliothèque* devient digne de ceux
dont elle conserve la pensée immortelle pour éclairer l'intelligence et cultiver l'âme des générations.

Le jury n'a pas hésité à reconnaître le mérite éminent du
travail de M. Barbedienne : le seul embarras qu'il ait éprouvé
a été de savoir si une production aussi *artistique* rentrait
dans les attributions de la XXVIe classe; mais comme le
meuble absorbait le bronze qui le décorait en s'y incrustant,
et comme la destination de l'ensemble répondait pleinement
à la magnificence de l'exécution, une *grande médaille* est venue
récompenser M. Barbedienne, en consacrant la noble application qu'il a faite des chefs-d'œuvre de la sculpture en bronze,
admirablement reproduits.

Le regard charmé du visiteur se reportait tour à tour sur
les deux pièces d'élite, le *buffet Fourdinois* et la *bibliothèque
Barbedienne,* en constatant l'immense supériorité de l'effet
produit par un style pur sur celui que provoquent les lignes
capricieuses et tourmentées du rococo.

M. Barbedienne est le seul exposant à qui soit échu l'honneur d'obtenir deux grandes médailles, car le jury de la
XXIIe section (métaux) lui a décerné une récompense pa-

reille à celle dont le jury de la XXVIe classe l'a proclamé digne, et le *conseil des présidents* a définitivement sanctionné cette double distinction.

3. M. LIÉNARD. Ici encore bornons-nous à reproduire les paroles de l'habile rapporteur de l'*Association allemande:*

« La troisième grande médaille échue à la division des meu-« bles français a été donnée, *avec pleine justice,* à M. Liénard, « le premier dessinateur pour meubles et le premier sculpteur « en bois, non-seulement de Paris, mais de tous les artistes « vivants qui contribuent à la splendeur de cette industrie. « Beaucoup d'entre les principaux fabricants de Paris exécu-« tent leurs meubles d'après les dessins et les modèles de Lié-« nard, et celui-ci peut revendiquer l'honneur d'avoir été « l'inspirateur du perfectionnement artistique de cette branche « de production. Le mérite de Liénard est d'autant plus grand, « qu'il a toujours travaillé à rétablir la pureté du goût, et qu'il « a cherché à guérir l'industrie parisienne des écarts qui ont « dégradé le style de *la Renaissance* à travers les époques de « Louis XIV, de Louis XV et de Louis XVI. »

Il est nécessaire d'ajouter que le talent de M. Liénard ne s'est pas borné à donner une heureuse impulsion au travail des meubles: presque partout où l'industrie emprunte le con-cours du dessin, l'influence de cet habile artiste s'est fait sentir; il a été aussi l'un des collaborateurs de ce regrettable orfévre de la grande école de Benvenuto Cellini, de notre excellent FROMENT-MEURICE, que la mort est venue frapper à la veille d'un nouveau triomphe; car l'Exposition universelle de Paris n'aurait pas manqué de le maintenir au rang où l avait placé la *grande médaille* de l'orfévrerie obtenue au concours du Palais de Cristal.

M. Liénard n'avait envoyé que peu d'échantillons de son admirable talent à l'Exposition de Londres, mais ils ont suffi pour le classer en première ligne. Ici encore les beaux-arts réclameront sans doute l'appréciation d'un travail aussi exquis, et nous serons bref, car notre habile et honorable collègue M. le comte Delaborde rendra bien mieux que nous

ne pourrions le faire, l'hommage dû à ces excellentes productions.

Nous nous bornerons à signaler l'admirable *Chasse au sanglier*, pleine de hardiesse et de chaleur, d'un fini de sculpture
incomparable, qui attirera et fixera le regard de celui qui
voudra chercher l'heure à la pendule destinée à utiliser ce
bloc de bois animé par Liénard. Pour notre compte, nous
ne savons rien de plus magnifique que le goût qui cherche à
s'entourer d'œuvres pareilles, que le luxe intelligent jaloux
de les avoir sans cesse devant les yeux!

MÉDAILLES DE PRIX.

1. M. RINGUET-LEPRINCE. Nous venons de parler des travaux de M. Liénard; nous sommes donc naturellement amenés
à rendre justice aux produits de M. Ringuet-Leprince, qui a
su largement utiliser le concours de cet habile artiste, notamment dans le *médailler d'ébène*, exécuté dans le style de la reine
Élisabeth. Les deux figurines de femmes penchées sur les
deux volets de ce meuble précieux sont d'une grâce charmante. Des incrustations en *lapis-lazuli* et en autres pierres de
prix, les médaillons qui rehaussaient encore l'éclat de ce petit
chef-d'œuvre de goût et de travail, expliquaient son prix
de 15,000 francs.

M. Ringuet-Leprince avait exposé en outre un beau buffet
en ébène, orné de bronze et d'ivoire sculpté, et une magnifique table oblongue incrustée. Tout ce qui sort des ateliers
de ce fabricant porte le cachet d'une grande distinction; il
aurait été proposé pour une *grande médaille* si son collaborateur M. Liénard ne l'avait pas déjà obtenue.

2. M. TAHAN. Depuis longtemps M. Tahan a mérité le titre
de prince de la *petite ébénisterie* : rien de plus charmant en
effet que ces coffrets, ces caves à liqueurs, ces guéridons, ces
corbeilles de mariage, ces boîtes à châles, à gants, à liqueurs,
ces objets délicats destinés à l'ornement d'une toilette, ces
buvards, ces jardinières, ces coffrets à ouvrage, et ces nom-

breux petits riens, pleins de séduction, auxquels on a décerné le nom générique de *nécessaires*.

On ne saurait mettre plus de goût et de variété dans ce
genre d'industrie : les articles travaillés par M. Tahan ont
un caractère qui les distingue, un style parfait; il excelle
à réduire en petit les objets d'art, et a élevé à la hauteur
d'une grande industrie cette fabrication légère en apparence.

Le progrès dans les objets d'art et de goût n'est pas comme
le progrès dans les sciences; il ne saurait se généraliser, car il
tient aux qualités personnelles : c'est pour cela que, quelque
effort qu'aient pu faire d'habiles et intelligents rivaux, la fabrication de M. Tahan a toujours conservé un cachet propre et
une incontestable supériorité.

Mais cet habile fabricant n'a pas voulu se reposer sur les
succès obtenus; il a étendu le cercle de son travail, et il a
prouvé qu'il réussissait aussi bien dans les grandes pièces d'ébénisterie que dans les petites. Son travail de marqueterie est
fort remarquable; il a exposé un petit secrétaire de dame,
orné de branchages d'une finesse incomparable et dont les
deux volets donnent la reproduction fidèle en peinture sur
porcelaine des deux *Mignon* de *Scheffer,* ces magnifiques
tableaux dont l'amitié reconnaissante du duc d'Orléans a, lors
de son mariage, voulu faire hommage à l'un de nos hommes
d'État les plus distingués, M. le comte Molé.

Les petits ouvrages en bois de rose de M. Tahan sont d'une
coquetterie incomparable; rien d'apprêté ni de maniéré ne
les dépare : il a su rester simple, tout en se pliant aux caprices
de la mode.

3. M. JOLLY-LECLERC. Nous avons défendu comme attaqués à
tort, d'une manière absolue, les *chefs-d'œuvre* de nos artistes
en meubles, car nous y voyons le type sur lequel se forme le
goût de la fabrication courante. Mais nous sommes aussi tout
prêt à reconnaître le mérite de cette ébénisterie, à la portée
de toutes les fortunes, qui habille nos demeures avec élégance,
en créant des *meubles* bien conditionnés, à des prix relative-

ment modiques, et en réunissant l'agrément de l'aspect à l'utilité.

Un ancien ouvrier, devenu maître à son tour, grâce à son
active intelligence, M. Jolly-Leclerc, était à l'Exposition de
Londres le digne représentant de cette partie de la fabrication
de notre faubourg Saint-Antoine. Son armoire à glace, en
palissandre, sobrement décorée et parfaitement travaillée,
sa charmante étagère, son meuble de salon et les autres pièces
d'*usage* qu'il avait envoyées portaient tous le cachet de la distinction uni à une exécution irréprochable. C'est ainsi que
l'on parvient à satisfaire les besoins sans cesse renaissants de
la consommation; dans ces profils simples, dans ces formes
solides et légères, on reconnaît l'influence d'une industrie
avancée sous le rapport de l'art, et qui a le mérite de conserver le sens pratique.

4. M. MERCIER. C'est au même ordre de produits qu'appartiennent les envois d'autres fabricants de l'industrieux faubourg récompensés par le jury. M. Mercier doit être mentionné d'une manière particulière pour la pureté du style, qui
lui a fait délicatement éviter tous les ornements surchargés,
dans les beaux et bons meubles qu'il a exposés. Outre son
armoire à glace, son lit et sa commode en bois d'ébène, charmant ameublement d'une chambre à coucher, on distinguait
un délicieux bureau pour bijoux, dont les sculptures, très-
finement traitées, semblaient sortir du ciseau de Liénard.

5. M. DURAND est aussi un excellent fabricant, dont on ne
saurait trop louer les bibliothèques, les buffets, et, en général, les meubles d'une grandeur qui demande une ordonnance
soignée et dont les détails risquent ou d'alourdir la masse
ou de disparaître inaperçus. Une bibliothèque en acajou avec
des *sculptures Renaissance* était un modèle de cette manière
simple, sévère, pleine de goût et de précision; à côté d'elle
venait se placer un buffet en bois de chêne présentant les
mêmes qualités.

6. M. KRIEGER semble se jouer avec toutes les difficultés
de son art : on dirait que son esprit inventif dédaigne les pro-

cédés habituels, dont il sait cependant se servir à merveille ;
il est toujours en quête de quelque nouveau mécanisme, de
quelque heureuse disposition de ressorts cachés, qui amène
des combinaisons fort utiles dans nos appartements trop res-
serrés, où la cherté des constructions fait tellement ménager
l'espace. Les meubles *à plusieurs fins* et les *meubles à secrets*
n'ont pas de faiseur plus habile : ses commodes-lavabos à
robinets qui fournissent l'eau pure et laissent écouler l'eau
employée, sans que les objets qui y sont renfermés risquent
d'absorber la moindre trace d'humidité, témoignent suffisamment du soin et de l'exactitude mis à l'ajustement des pièces.
Tous les besoins de la vie intellectuelle et matérielle ont été
prévus dans ce *grand fauteuil de malade* qui fait prendre en
patience l'impossibilité de la locomotion. Les tables à jeu, au
moyen d'un mécanisme ingénieux, se transforment en consoles,
et on voit s'élancer d'un petit cadre d'acajou, qui s'ouvre
comme un livre, tout un régiment de porte-manteaux.

A côté de ces inventions mécaniques, M. Krieger a produit
un beau buffet en bois de chêne, suivant la disposition généralement adoptée en France, qui consiste à consacrer la partie inférieure à une espèce d'armoire pour la porcelaine et les
ustensiles de ménage et la partie supérieure à un dressoir
pour les pièces d'argenterie. L'Angleterre ne fabrique que des
buffets ouverts (*open side-boards*), comme celui qu'a exposé
M. Fourdinois ; les buffets fermés (*enclosed side-boards*) con-
viennent mieux à nos appartements plus rétrécis.

7. MM. DAUBET et DUMAREST, de Lyon, marchent dignement à côté de M. Krieger pour leurs meubles *à système nouveau*, d'une commodité sans pareille.

Ils avaient exposé deux bureaux de style différent, mais
d'un mérite égal. L'un, *bureau de dame*, en tulipier rose, formant commode-étagère à glace, n'a qu'une seule serrure placée
en haut du meuble et correspondant à toutes les parties mobiles et à tous les tiroirs, de manière que pour l'ouvrir un
tour de clef suffit. La table à écrire s'avance, les portes disparaissent en même temps, et les tiroirs sont libres.

Pour refermer le bureau, il suffit de pousser la table sans déranger les objets qui y sont placés, et tout se trouve instantanément fermé de la manière la plus solide.

Les tiroirs marchent entre des *galets* placés dans tous les sens, sans paraître extérieurement; le jeu en est si facile qu'ils peuvent, avec le moindre effort, être tirés quel que soit l'état de la température. Tous ces tiroirs ont un mécanisme qui correspond à la serrure, de manière qu'ils rentrent d'eux-mêmes dans le corps du meuble et se referment du moment où l'on donne un tour de clef au bureau. Une autre clef ouvre les tiroirs sans ouvrir le bureau.

Le travail d'ébénisterie, de serrurerie et de menuiserie, dans ce meuble de luxe, du prix de 7,500 francs, fait grand honneur à MM. Daubet et Dumarest.

Ils appliquent le même système de fermeture et de *galets* à des meubles beaucoup plus simples, d'une valeur qui descend à 1,500 francs, à 1,000 francs et au-dessous, jusqu'à 300 fr. Leur système de *galets* sert à toute espèce de meubles à tiroirs, sans augmentation sensible de prix.

Le deuxième article exposé était un bureau en loupe de noyer, encadré de moulures en palissandre. La serrure *unique* est placée dans le haut. La devanture ouverte se partage en deux moitiés, dont l'une monte et disparaît, tandis que l'autre s'avance et s'abat pour former une grande surface qui peut contenir beaucoup de livres et de papiers, et se ferme avec la rapidité de la pensée, sans que rien soit dérangé.

Ces dispositions ingénieuses n'offrent pas seulement le mérite de la difficulté vaincue, mais aussi celui d'une utilité réelle.

8. M. JEANSELME aîné est un de nos meilleurs fabricants de Paris. Son secrétaire, son sopha et son ébénisterie de siége ont été également remarquables. On ne saurait rencontrer de meubles mieux confectionnés et d'un meilleur usage, avec des formes plus pures.

9. M. BELLANGÉ a dignement maintenu une réputation

honorablement acquise de longue date pour le travail *genre Boule* et toute espèce d'incrustations. Sa maison est fondée depuis soixante ans; elle a conservé de père en fils un mérite qui a rencontré sa récompense dans toutes nos expositions. Il avait envoyé deux grands meubles *Boule riche*, fond blanc argent avec cadre de cuivre, d'écaille et de bronze.

Une jardinière *Boule* en écaille incrustée de cuivre, un bureau et une console Louis XV, en amaranthe et porcelaine, formaient un très-bel ensemble.

10. M. CREMER n'a pas de rival pour la marqueterie en bois colorié; il a élevé le *placage* à toutes les hardiesses de l'art, et, sous ce rapport, sa *tête de moine* semble être le produit du pinceau d'un artiste. Il fera bien de laisser de côté l'emploi du bois injecté par les procédés Boucherie, car ils donnent des teintes maladives, tandis qu'il est facile de les remplacer par des bois naturels, aux teintes plus franchement colorées. M. Cremer a une parfaite entente dans le rapprochement des couleurs; nous n'avons qu'à lui recommander un emploi discret du bois teint.

11. M. PRÉTOT a exposé un *bonheur da jour* Pompadour, marqueterie de bois de rose avec des bronzes finement modelés; une armoire, marqueterie cuivre et noir ébène, forme cintrée; un meuble Louis XV, avec médaillons peints par FOUQUE, et un meuble à deux portes, avec médaillons de CLODION. En outre, un prie-Dieu *genre Boule*, un meuble entièrement modelé, avec figures finement ciselées et dorées, les peintures faites par NAPOLÉON FRANCO, et une petite table à volets, en marqueterie de bois, attiraient tous les regards.

12. MM. ANDRIEUX et RIVART ont créé avec un grand succès un nouveau genre d'incrustation en porcelaine. Ce ne sont pas des peintures ajoutées au meuble, c'est une véritable marqueterie en porcelaine, qui vient, au moyen d'un procédé particulier, en remplaçant le cuivre, ajouter une variété heureuse au *genre Boule*, usité jusqu'ici. L'effet produit est fort heureux : nous citerons notamment une corbeille de mariage exécutée d'après ce mode et parfaitement réussie.

13. M. THÉRET a recours à d'autres moyens pour charmer les regards; ses meubles de luxe à incrustations de pierres et de marbres ont largement mérité la médaille qui leur a été décernée par le jury.

14. M. MARCELIN fait de la *marqueterie* tout à fait hors ligne, en ayant recours à des combinaisons géométriques. Il l'applique à toutes sortes de meubles, tables, guéridons, coffrets, etc., et, également avec grand succès, aux parquets et aux portes de luxe. L'Inde ne présente rien de plus merveilleux que ce travail, dû à la puissance mécanique. Des bois, variés de couleur, sont coupés de fil; on les rapproche et on les colle, en les soumettant à une forte pression, qui ne laisse de colle que dans les pores du bois et qui donne une précision parfaite aux assemblages. Cette marqueterie est coupée ensuite à toute épaisseur; le dessin traverse la masse dans toute sa longueur, et les *mosaïques* ainsi créées sont sciées en feuillets. Ce procédé est exploité avec une grande intelligence par M. Marcelin, qui a su lui donner des applications variées.

La régularité et la simplicité du travail enfantent des dessins d'une complication qu'on a eu raison de comparer à un casse-tête chinois, tant sont nombreuses les combinaisons des prismes fournis par la machine sous divers angles.

Le choix du bois, la combinaison et la décomposition géométrique des dessins, dirigées avec beaucoup de goût, ont fixé l'attention particulière du jury. M. Marcelin arrive à établir, à un prix relativement modéré, des *parquets mosaïques* de la plus grande beauté. La précision du découpage et la régularité des incrustations donnent aux meubles ainsi fabriqués un aspect singulièrement agréable.

15. MM. LECHESNE ont sculpté un grand cadre en bois de poirier, qui figurait au nombre des plus belles pièces de l'Exposition. C'était un travail magnifique et d'un goût exquis, aussi remarquable par l'harmonie de la composition que par le fini de l'exécution.

16. M. E. KNECHT se place au niveau de MM. Lechesne

par un véritable chef-d'œuvre de sculpture en bois, représentant une figurine de femme entourée de branchages et d'oiseaux. Ses cadres en bois de chêne, forme ovale, et ses cadres dorés sont aussi d'une bonne facture.

17. Il ne nous reste plus qu'à parler de la médaille obtenue par M. BOUCHARDET, fabricant de billards. C'est là un genre à part, qui a son mérite distinct et ses exigences propres.

Un billard est à la fois un meuble et un instrument de précision ; M. Bouchardet a l'avantage de réunir une ornementation de bon goût à une fabrication de nature à satisfaire les amateurs les plus difficiles.

Sensible aux variations de la température, il faut que cet instrument soit à l'abri de tout travail du bois, afin de ne pas déranger l'exactitude mathématique des combinaisons du jeu ; c'est un meuble autour duquel on circule, contre lequel on se colle : il ne doit donc pas présenter de saillies abruptes, et il exige des incrustations à reliefs plats.

Les deux billards exposés par M. Bouchardet, ont paru répondre à ces conditions diverses. L'un, construit dans le style Louis XIV, avec un excellent travail genre *Boule,* décoré de médaillons en porcelaine de Sèvres et de mosaïques en bois, était d'un aspect riche et élégant.

Le second, sculpté en acajou, style Renaissance, se recommandait aux connaisseurs par une disposition particulière de la *table de bois,* préparée de manière à défier toutes les influences de la température.

MENTIONS HONORABLES.

1. ASSOCIATION DES OUVRIERS de la rue de Charonne. — Nous croyons devoir la placer ici en première ligne, pour la belle bibliothèque qu'elle a exposée sous le nom de *Cordonnier et compagnie.*

La précision du travail d'ébénisterie ajoutait encore au mérite de cette pièce, qui n'avait qu'un tort, celui d'être trop magnifique pour une association d'ouvriers commençant avec un faible capital, et ne pouvant point supporter les sacrifices qu'impose presque toujours la construction de ces pièces d'une richesse exceptionnelle.

2. M. GRADÉ entre dans la voie ouverte par Tahan : sa table en marqueterie et sa toilette étaient bien réussies. Nous devons signaler chez lui la tendance d'accommoder les petits meubles de luxe et de fantaisie aux exigences moins difficiles des fortunes moyennes.

3. M. LAURENT est un fabricant de parquets et de cadres sculptés d'un grand mérite. Son miroir-psyché Pompadour, son cadre style Renaissance et ses échantillons de parquets marqueterie et mosaïque, produits par le travail mécanique, ne laissaient rien à désirer. C'est des ateliers de M. Laurent que sont sortis les beaux parquets de l'Hôtel de Ville, de l'hôtel de M. William Hope et de nombre d'autres demeures splendides; ils ont été contrefaits en Russie.

Cet établissement a une grande importance; il possède de riches débouchés à l'étranger et place annuellement plus d'un million de pieds de moulures dorées, vernies, sculptées, guillochées, ainsi qu'une grande quantité de cadres.

La fabrique de M. Laurent se compose d'outils mécaniques assez ingénieux pour être employés aux divers genres d'industries qu'elle exerce; tous les travaux préparatoires sont mécaniques, et *six ouvriers* occupés à diriger ces outils, animés par une machine à vapeur, fournissent de l'ouvrage à *quatre-vingts ouvriers* employés dans ces ateliers : ainsi le débit des bois, les moulures, la sculpture, le guillochis, la découpure, la mosaïque, les coupes de toute espèce, les pièces rondes, ovales et autres de tous calibres et de tous profils, s'y font par des moyens simples, actifs et économiques; c'est par l'entente raisonnée de ces machines réunies que les genres divers de produits trouvent avantage et supériorité.

Une machine à moulures fonctionne depuis plusieurs années et permet de faire *à l'instant même* toute espèce de profil, *depuis un pouce jusqu'à un pied, soit en hauteur, soit en largeur,* avec le même fer, et sans autre apprêt qu'un simple refoulage. Cet outil breveté est, pour l'industrie de la moulure pour cadres, d'un avantage considérable et produit une économie des plus notables.

Une autre machine remplace la main-d'œuvre pour les canaux sculptés dans le blanc pour la dorure; elle économise les cinq sixièmes de la dépense et produit un travail beaucoup plus régulier que celui fait à la main jusqu'à ce jour.

Divers moyens nouveaux sont employés pour la confection des moules d'ornements, pour la pâte, le moulage et la conservation des moules, dont les reliefs sont inaltérables.

Nous avions pensé qu'en bonne justice M. Laurent méritait mieux qu'un simple mention honorable. L'étendue de sa fabrication prouve le succès *usuel* des objets qu'il a créés, en utilisant les plus heureuses combinaisons.

4. M. Balny a fait une heureuse application de la mécanique pour la fabrication des fauteuils, chaises, etc. Il a établi une machine à vapeur pour la refente et le chantournement du bois, en y joignant deux autres machines pour l'arasement des tenons et pour les mortaises. Leur précision est telle que les articles d'exportation de M. Balny s'expédient démontés; ils sont aussi solides et aussi bien faits que ceux fabriqués à la main et collés. Le travail des ouvriers est ainsi allégé, car on leur épargne la besogne la plus pénible et la plus fastidieuse.

Outre plusieurs fauteuils et chaises, M. Balny avait envoyé un *milieu de salon en bois de noyer,* d'une disposition nouvelle. Il se développe aisément de plusieurs manières, suivant les exigences de l'appartement. C'est ainsi qu'il peut former, à volonté, un très-grand canapé, ou deux canapés, ou bien encore un canapé et deux encoignures. Ces changements se font sans embarras; il n'y a que des vis à retirer. M. Balny emploie plus de 150 ouvriers.

5. M. Jeanselme jeune fabrique une très-bonne *ébénisterie de siége,* bien dessinée et solidement exécutée. Il occupe plus de 100 ouvriers menuisiers, sculpteurs, ciseleurs, fon-

deurs, etc. Ses fauteuils et ses chaises se distinguent par l'harmonie des ornements, le fini et l'élégance aussi bien que par un ajustage parfait. Il se garde bien de tomber dans le travers des fabricants anglais, belges, allemands, etc., qui rendent les siéges et les canapés inhabitables à force d'ornements en saillie.

6. M. Faure s'occupe aussi avec succès de l'ébénisterie de siége; en même temps il avait envoyé un buffet fort élégant en bois d'ébène.

7. M. Florange. Les meubles de ce fabricant rappellent ceux de M. Jolly-Leclerc; ils fournissent un bon échantillon de l'industrie courante du faubourg Saint-Antoine; son lit en palissandre était bien réussi.

Puisque nous allons quitter cette capitale de l'industrie des meubles, nous ne saurions taire que nous avons été surpris de voir passer sous silence, dans la liste des récompenses, le nom de M. Van Balthoven, dont les produits ont été très-honorablement cités dans le rapport de l'Association douanière allemande. MM. Jolly-Leclerc, Florange et Van Balthoven représentaient fort bien la fabrication habituelle et soignée de l'industrieux faubourg, cette fabrication qui attire peut-être moins les regards de la foule au milieu d'une grande exposition, mais qui est certaine de rencontrer un large débouché dans les demandes journalières de la consommation, car celle-ci apprécie avant tout l'utilité et le fini du travail sous une forme élégante, bien appropriée à la destination des divers meubles.

8. M. Descartes avait envoyé de bons et beaux sophas, chaises, fauteuils, etc. Ce fabricant se distingue par d'ingénieuses dispositions mécaniques qui rendent ses meubles très-commodes et les font servir à plusieurs fins.

9. M. Kissel, de Bordeaux, exposait un lit mécanique, d'après un nouveau système, qui présente une grande utilité dans les affections graves, où il est si difficile de *retourner* le malade.

RÉCOMPENSES.

Nous avons déjà dit que le jury de l'Exposition avait attribué aux meubles 100 récompenses, divisées comme il suit :

4 grandes médailles, dont 3 pour la France, données à MM. FOURDINOIS, BARBEDIENNE et LIÉNARD, et 1 pour l'Autriche, attribuée à M. LEISTLER, de Vienne ;

55 médailles, dont :

> 17 pour la France,
> 17 pour l'Angleterre,
> 3 pour l'Autriche,
> 2 pour la Russie,
> 3 pour la Toscane,
> 3 pour la Belgique,
> 2 pour la Bavière,
> 1 pour la Prusse,
> 1 pour la ville de Hambourg.
> 1 pour la Sardaigne,
> 1 pour l'Espagne,
> 2 pour la Chine,
> 2 pour les Indes ;

Enfin 43 mentions honorables, dont :

> 9 pour la France,
> 10 pour l'Angleterre,
> 3 pour l'Autriche,
> 3 pour la Belgique,
> 4 pour la Suisse,
> 2 pour la Toscane,
> 2 pour la Sardaigne,
> 1 pour l'Espagne,
> 1 pour la Bavière,
> 1 pour Saxe-Cobourg,
> 1 pour le Wurtemberg,

1 pour Hambourg,
1 pour la Chine,
1 pour les Indes,
1 pour l'Amérique du Nord,
1 pour Tunis,
1 pour le Cap de Bonne-Espérance.

Nous avons dit aussi que plus de quatre mille objets avaient été envoyés par trois à quatre cents exposants.

Nos fabricants ont été, de beaucoup, ceux qui ont obtenu le succès le plus éclatant; à de rares exceptions près, leurs envois ont été distingués par le jury, et ils ont obtenu les plus hautes et les plus nombreuses récompenses.

FIN.

TABLE DES MATIÈRES.

XXVIIᵉ JURY.

MATÉRIAUX DE CONSTRUCTION
ET DE DÉCORATION

EN SUBSTANCES MINÉRALES, NATURELLES ET ARTIFICIELLES,

PAR M. GOURLIER,

ARCHITECTE, MEMBRE DU CONSEIL GÉNÉRAL DES BÂTIMENTS CIVILS.

COMPOSITION DU XXVIIᵉ JURY.

MEMBRES.

M. Benedetto Pistrucci, médailliste en chef au Muséum britannique, Président....................	
Lord Suddley, Vice-Président......................	Angleterre.
MM. le docteur T. Ansted, professeur de géologie au collége royal, Rapporteur....................	
Bernardo di Bernardis, architecte..............	Autriche.
George Godwin, idem.......................	Angleterre.
Sir Charles Lemon, baronnet, M. P.............	
Emmanuel Psycha, ingénieur civil..............	Grèce.
le vicomte Héricart de Thury, membre de l'Académie des sciences...........................	France.

ADJOINTS.

MM. Barker.................................	
T. R. Henry, chimiste......................	Angleterre.
G. Lowe, ingénieur........................	

AVANT-PROPOS.

Ancien ingénieur, puis inspecteur général des mines; directeur pendant plusieurs années des travaux publics de Paris, l'un des principaux membres et rapporteurs des Jurys de nos

expositions depuis 1823; auteur de nombreux et importants
mémoires sur les marbres français et sur d'autres objets d'art
et d'industrie, M. Héricart de Thury aurait apporté à la rédaction du présent rapport les lumières réunies de la science
et de la pratique. Pour ce motif comme pour tant d'autres,
on ne saurait trop regretter la fin inopinée d'une carrière
d'ailleurs et si bien et si honorablement remplie.

Honoré moi-même par MM. les ministres de l'intérieur et du
commerce d'une mission spéciale pour Londres et son Exposition, j'avais étudié avec soin, au point de vue particulier de
l'art de bâtir, les différentes parties de l'Exposition et recueilli
les notes nécessaires pour en rendre compte; mais, désirant
en outre mettre à profit les excellents enseignements que ne
pouvaient manquer de contenir les rapports des divers jurys,
j'avais sollicité et obtenu de MM. les ministres l'autorisation
d'ajourner la rédaction de cette partie de mon travail jusqu'à
la publication de ces rapports. Je m'étais donc borné à remettre à MM. les ministres plusieurs mémoires sur le *bâtiment
de l'exposition, la ville de Londres, ses voies publiques* et la *lé-
gislation qui les régit, ses égouts* et ses *habitations particulières,*
mémoires renvoyés alors à l'appréciation si compétente et si
éclairée de M. le baron Charles Dupin, président de la commission française à Londres. C'est à cette circonstance que
j'ai dû la haute marque de confiance qu'il a bien voulu me
donner en m'associant aux travaux de tant de savants collaborateurs, en remplacement de M. Héricart de Thury; c'est de
plus une occasion précieuse pour moi de payer un respec-
tueux hommage à la mémoire d'un homme que j'ai eu l'avantage d'avoir longtemps pour chef et qui m'a honoré de son
amitié jusque dans les derniers temps de sa vie.

J'ai pris une connaissance attentive de l'*Official illustrated
catalogue* en tout ce qui se rapporte à la XXVIIᵉ classe : sans
doute les indications qui y sont contenues ne sont souvent
que l'expression d'opinions individuelles plus ou moins
exactes, quelquefois même de prétentions plus ou moins
fondées; mais souvent aussi elles présentent des renseigne-

ments précieux au point de vue spécial et local de diverses industries, et je m'attacherai alors à les faire connaître.

J'ai pris surtout une connaissance approfondie du savant et consciencieux rapport de M. le professeur Ansted; je chercherai à reproduire les observations et les considérations judicieuses qui y abondent, de même que je me ferai un devoir d'y ajouter mes propres observations, principalement au point de vue pratique, comme aussi sur les points où je me trouverais d'une opinion contraire.

Je ferai particulièrement connaître, dans les considérations générales qui suivent, ce en quoi j'ai cru devoir ou maintenir ou modifier la marche générale adoptée par M. Ansted, par suite de la différence qui existait entre le but qu'il avait à atteindre et la tâche que j'ai à remplir.

CONSIDÉRATIONS GÉNÉRALES.

On a défini depuis longtemps l'*architectare* ou *l'art de bâtir* comme une sorte de résumé, de composé de toutes les sciences, de tous les arts. Cette définition convient aussi à toute Exposition générale; à plus forte raison, à une Exposition universelle, comme ayant pour but de réunir, autant que possible, l'ensemble des *matériaux,* des *produits* et des *procédés* qui sont, dans les différents pays, à la disposition des diverses industries, et notamment de l'art de bâtir.

La XXVIIe classe ne comprend que les *produits de substances minérales* employés tant en construction proprement dite que pour décoration; mais ils sont en grand nombre et de natures assez variées. Le savant rapporteur anglais a reconnu la nécessité de les soumettre à une classification méthodique. Il a considéré non moins judicieusement que les *matières solides* (*pierres, marbres, etc.*) d'une part et les *matières plastiques* (*ciments, terres, etc.*) de l'autre, indépendamment de leur nature diverse, sont ordinairement mises en œuvre par des ouvriers, d'après des procédés et à l'aide de moyens et d'instruments différents aussi. Il en a donc formé deux grandes divisions, qu'il a sous-divisées ainsi qu'il suit, en raison de la nature, de la forme et des mains-d'œuvre diverses des objets exposés :

Ire Division. *Matières solides.*
Ier Groupe. *Pierres non polies :*

A. Pavages, dallages, etc., simplement dressés.
B. Ouvrages taillés et sculptés en pierre, granite, etc.
    a. De grandes dimensions.
    b. Plus petits, en granite.
    c. En pierre de Caen.
    d. En pierre de Bath.
    e. Ouvrages divers en pierre franche.
C. Ardoise.
D. Matières diverses.

IIe Groupe. *Pierres, marbres et autres matières analogues, polis :*

E. Marbres et albâtres.
    a. Collections générales.
    b. Chambranles de cheminée.
    c. Colonnes, piédestaux, etc.
    d. Tablettes, tables, etc.
    e. Objets divers.
F. Pierres ornementales.
    a. Serpentine, granite, porphyre.
    b. Jaspe, jade, agate, cristal, spath.
G. Mosaïques par incrustation ou de rapport.
    a. En *pietre dure.*
    b. En marbres.
    c. En malachite.
H. Ardoise polie et émaillée.

IIe Division. *Matières plastiques.*
IIIe Groupe. *Ciments, scagliola, pierres artificielles :*

I. Ciments massifs et incrustés.
    a. Ciments hydrauliques.

    b. Plâtres et scagliola.

    c. Pierres artificielles à base de silice.

    d. Ciments bitumineux.

    e. Ciment métallique.

K. Mosaïques en émaux et porcelaine.

    a. Mosaïques romaines et vénitiennes.

    b. Mosaïques en porcelaine.

IVᵉ Groupe. *Argiles :*

L. Briques et tuiles.

M. Terres cuites.

N. Argiles réfractaires non vernissées.

O. Argiles réfractaires vernissées.

Sous chacun de ces titres, M. Ansted a réuni et examiné les divers objets qui s'y rapportaient dans l'exposition de chaque nation ainsi que dans chaque exposition individuelle, suivant l'ordre résultant du degré de mérite qu'y avait reconnu le Jury et des récompenses décernées par lui.

Cette marche avait peut-être l'inconvénient de trop diviser les expositions diverses de chaque nation et même de chaque industriel, de ne pas présenter de chacune d'elles un tableau facile à saisir; mais, dans la circonstance donnée, elle avait l'avantage inappréciable de mettre parfaitement en regard les objets analogues à comparer, à juger et à récompenser. N'ayant au contraire qu'à faire connaître les résultats de ce travail, et tout au plus à exposer les observations que pourraient me suggérer quelques-uns de ces résultats, j'ai cru devoir préférer la marche suivante, qui se rapproche en partie de celle adoptée par quelques rapporteurs français et même anglais.

Je diviserai d'abord mon travail en deux parties : la première, présentant une simple *énumération* des objets exposés et des récompenses décernées; la seconde, destinée à établir des examens comparatifs plutôt d'ensemble que de détail, et à y rattacher tous les développements convenables.

La première partie ne sera donc, en quelque sorte, composée que d'*extraits méthodiques* des catalogues et des listes des récompenses. J'y parlerai d'abord de l'Angleterre et de ses diverses possessions, puis de la France; ensuite des autres nations, dans un ordre qui se trouve naturellement à peu près conforme en même temps aux positions géographiques respectives et à l'importance des expositions des diverses nations, du moins quant à la XXVIIe classe.

Pour chaque nation en particulier, je suivrai à peu près l'ordre résultant de la classification précitée, modifiée et simplifiée toutefois, afin de ne point séparer entre plusieurs articles les objets appartenant à un seul et même exposant.

J'énoncerai, dans chaque subdivision, d'abord ceux qui ont reçu des *médailles du conseil* ou des *médailles de prix*, puis ceux *mentionnés honorablement*, enfin les autres exposants. Je terminerai cet exposé, pour chaque nation principale, par un *tableau récapitulatif*.

J'espère présenter ainsi un exposé clair et complet, pour chaque nation, chaque industrie et chaque exposant.

La seconde partie sera, au contraire, divisée d'abord conformément à la classification précitée, simplifiée ainsi que je viens de le dire.

Dans chacune des subdivisions, je parlerai des différentes nations dans l'ordre qui me paraîtra le plus convenable selon l'antériorité, l'importance ou le mérite des travaux de chacune d'elles pour ce point spécial.

C'est à cette dernière partie que je rattacherai les indications puisées soit dans le catalogue, soit dans le rapport du Jury international, ainsi que les observations ou considérations que je jugerai nécessaires pour présenter, autant que possible, au moins un aperçu de la marche et des progrès, à peu près depuis le commencement de ce siècle, des différents arts de construction et de décoration.

Je suis heureux de joindre à mon travail quelques planches dues au talent de mon confrère et ami J. Bouchet, et représentant, pour la plupart des diverses nations, une partie au moins des objets les plus intéressants.

PREMIÈRE PARTIE.

ÉNUMÉRATION DES EXPOSANTS

ET DES OBJETS EXPOSÉS

QUI RENTRAIENT DANS LES ATTRIBUTIONS DE LA XXVIIᵉ CLASSE,

AINSI QUE DES RÉCOMPENSES ACCORDÉES PAR LE JURY.

———

REMARQUE PRÉLIMINAIRE.

Pour le *Royaume-Uni* (l'Angleterre, l'Écosse et l'Irlande), ainsi que pour la principale de ses possessions, les Indes Orientales, indépendamment de la répartition établie par le catalogue, le rapport anglais a eu à mentionner un certain nombre d'exposants ou d'objets exposés qui, bien que rangés dans d'autres classes (particulièrement la Iʳᵉ), rentraient plus ou moins dans les attributions de la XXVIIᵉ. J'ai dû nécessairement suivre à cet égard ses indications ; et il en a été de même pour les autres nations, au sujet desquelles aucun classement positif n'était établi au catalogue.

On verra par ce qui suit que, d'après ces données, sur le nombre total d'environ 17,000 exposants, 483 se rapportent à la XXVIIᵉ classe.

ROYAUME-UNI.

(ANGLETERRE, ÉCOSSE, IRLANDE.)

Exposants, en tout, environ....................		9,200
Dont, portés au catalogue de la XXVIIᵉ classe.....	145	
Plus, ceux des Iʳᵉ, XXIIᵉ, XXIIIᵉ, XXVIᵉ, XXIXᵉ et XXXᵉ classes, mentionnés au rapport anglais sur la XXVIIᵉ classe......................	22	167

Nota. En général, le rapport anglais n'a pas mentionné tous les exposants des différentes classes qui se rapportaient plus ou moins à la XXVIIᵉ, notamment quant à la Iʳᵉ classe (*Matériaux bruts*), dont un très-grand nombre étaient en partie travaillés. Dans ce qui va suivre, les numéros sans indication de classe sont ceux officiellement rangés dans la XXVIIᵉ.

Iʳᵉ DIVISION. — MATIÈRES SOLIDES.
(96 exposants.)

Iᵉʳ GROUPE. — PIERRES DRESSÉES OU TAILLÉES,
MAIS NON POLIES.
(49 exposants.)

Iʳᵉ SECTION. — GRANITES.
(6 exposants.)

Trois médailles de prix.

54. (Cl. I.) *Cheeswering granite Company*, Lambeth. — Colonne monolithe, chapiteau, base et piédestal d'ensemble 3 mètres de hauteur, en beau granite de Cheeswering (Cornouailles), peu exploité jusqu'ici, et susceptible de l'être en grandes dimensions; très-bien exécutés.

14. (Cl. I.) *Freeman*, Westminster. — Obélisque en un seul bloc de granite de Lamorna (Cornouailles), de près de 7 mètres de hauteur, sur un socle également monolithe, en granite de Carnsew, indiqués au rapport peser ensemble environ 52 tonnes (à peu près 52,780 kilogrammes); autres blocs et tables de grandes dimensions, de bonne qualité et d'un beau travail.

75. (Cl. I.) *Hosken*, Penryn (Cornouailles). — Obélisque sur une base, l'un et l'autre monolithes, d'ensemble près de 3 mètres de hauteur et du poids d'environ 15 tonnes ou 15,250 kilogrammes; de deux belles espèces de granite de Carnsew et Killieven.

Deux mentions honorables.

161. (Cl. I.) *Hutchison*, Peterhead. — Buste et piédestal en beau bon granite bleu de Peterhead, très-dur et très-bien travaillé.

137. (Cl. I.) *Sim*, Inverary (Argyleshire). — Beaux et durs granites, tant bruts que travaillés (et en partie polis) d'Inverary, de Bonaw et de l'île de Mull; différents usages qu'on peut en faire: pavages (celui d'Inverary particulièrement appliqué à cet usage à Glasgow), bordures, caniveaux, tablettes, balustres, etc.

Un autre exposant.

134. (Cl. I.) *Maxwel*, Craignair. — Tablette (en partie travaillée et polie), granite de Craignair.

IIᵉ SECTION. — PIERRES.

(22 exposants.)

Iʳᵉ SOUS-SECTION. — PIERRES DE DIVERSES LOCALITÉS.

(12 exposants.)

Une médaille de prix.

132. (Cl. I.) *Gowans*, Édimbourg. — Pierres de Redhall et de Binny, employées dans les constructions d'Édimbourg, etc., l'une et l'autre contenant environ 5 pour cent de protoxyde de fer, et la deuxième, du bitume ou asphalte, qui la rend très-résistante aux intempéries (ce bitume est en quantité telle qu'on en tire parti pour plusieurs usages industriels et domestiques). — Groupe en pierre de Redhall, sur un socle en pierre de Binny.

Six mentions honorables.

29. (Cl. I.) *Brown, Rusby et Booth*, Sheffield. — Grès : un bloc pesant 4 tonnes (4,060 kilogrammes). Dalles et carreaux.

13. (Cl. I.) *Sinclair*, Thurso (Écosse). — Grès de Rockhill, Caithness, etc., très-employés pour pavages et autres objets de construction à Glasgow et autres villes : dalles, cuve, partie de pavage d'environ 7 mètres sur 2 mètres, etc.

20 et 198. (Cl. I.) *Carnégie*, Arbroath (Écosse). — Dalles ou *pavages d'Arbroath*, provenant de Leysmill, Border, Balgavies, Balmashanner et Gayind, tant bruts que dressés mécaniquement.

185. (Cl. I.) *Grissels*, constructeur des nouvelles chambres du Parlement. — Calcaire magnésien et semi-cristallin d'Anston (Yorkshire), tant brut que taillé et en partie poli; choisi, d'après enquête et sur rapport spécial, pour les faces extérieures des nouvelles chambres du Parlement (voir des détails à ce sujet à la seconde partie).

136. (Cl. I.) *King*, Morpeth. — Pierre d'Artford (Northumberland) indiquée comme employée depuis six cents ans à un pont où elle porte encore les tailles du ciseau, et récemment à Londres et à Windsor.

161. (Cl. XXX.) *Montefiore*, Londres. — 2 vases en une sorte de grès des environs de Jérusalem, de 70 centimètres de hauteur, sculptés par un israélite à l'aide d'un canif, avec fruits, fleurs, figures d'animaux, inscriptions sacrées, etc.

Cinq autres exposants.

175. (Cl. I.) *Johnstone*, Édimbourg. — Pierres de Carlingnose et de Barnton, employées pour constructions, pavages, etc., et de grès quartzeux de Craigleith, pour beaux pavages, escaliers, etc.

149. (Cl. XXX.) *Werber*, Corfe-Castle. — Dessin d'une tombe en pierre sur tablette en marbre; ces pierre et marbre provenant des carrières de Purbeck, anciennement employés en Angleterre, et principalement pour constructions religieuses, mais prenant avec le temps une teinte peu agréable et ne servant plus qu'en cas de restaurations.

3. *Bendon*, Launceston. — Chambranle de cheminée et foyer en pierre dite *polyphante* et ardoise d'Ycolm-Bridge.

26 et 27. (Cl. I.) *Cassels*, Édimbourg, et *Key*, Hayhill. — Pierre compacte, feldspathique et quartzeuse d'Ailsa-Craig (Ayrshire), tant brutes que préparées pour le jeu national d'Écosse dit *Curling* [1].

II° SOUS-SECTION. — PIERRE DE CAEN (NORMANDIE).

(8 exposants.)

Trois médailles de prix.

533 (Cl. XXVI.) *Myers*, Lambeth. — Cuve baptismale et autres monuments religieux ou funéraires, presque tous dans le style du xv° siècle.

53. *Lane* et *Lewis*, Clifton. — Statue de saint Pierre, sur piédestal orné de bas-reliefs, et surmontée d'un baldaquin.

91. *Margerts* et *Eyles*, Oxford. — Cuve baptismale, sculptée de huit figures d'anges et autres ornements; style du moyen âge. (Voir pl. I.)

Une mention honorable.

52. *Brown*, Londres. — Monument sépulcral dans le style de la *période décorative*.

Quatre autres exposants.

(Obj. div.). Mistriss *Ross*, Bladensbury (Irlande). — Croix monumentale, avec bas-reliefs.

---

[1] Ce jeu est l'objet d'un club de plus de dix mille membres, sous le patronage de S. A. R. le prince Albert.

5. *Frewer*, Ipswich. — Chambranle de cheminée sculpté.

54. *Baker*, Southampton. — Monument funéraire à trois faces.

176. (Cl. I.) *Luard, Betdam et Cie*, Caen et Rothertrie.—Fragments sculptés de divers monuments religieux de Caen, Londres, etc.

IIIe SOUS-SECTION. — PIERRE DE BATH (SOMMERSET).
(2 exposants.)

20. *Vaughan*, Bath. — Vase et piédestal.

60. *Newman*, Bathford. — Buste de Milton.

IIIe SECTION. — ARDOISES POUR COUVERTURES, CONSTRUCTIONS, DALLAGES ET ARDOISES ÉMAILLÉES OU PEINTES POUR DÉCORATIONS, ETC.
(14 exposants.)

Trois médailles de prix.

9 et 209. (Cl. I.) *Stirling* jeune, Londres. — Cabinet entièrement construit en ardoises, et couvert d'un réservoir en tables de même matière, comme spécimen de construction en même temps solide, saine, incombustible; modèles de couvertures, planchers, cloisons, mangeoires, tables et tablettes, chambranles de cheminées et autres, urinoirs, trottoirs, tombes, filtres, etc. — Échantillons des diverses espèces d'ardoises des meilleures carrières d'Angleterre (Bangor, Caernarvon, Coniston, Delabole, Festinoeg, Langdale, Llanberds, Mackingleth, etc.).— Ardoises émaillées, etc.

21. *Blackburn*, île de Valentia. — Divers détails de couvertures et construction employés au bâtiment de l'Exposition; tables et tablettes (en partie polies); siéges et bancs de jardin, etc.

46. *Magnus*, Pimlico. — Nouveau procédé d'*ardoise émaillée* (*enamelled*), en imitation de marbres, jaspes, granites, porphyres, etc., de toutes couleurs, de mosaïques florentines et autres décorations, par le moyen d'un enduit passé à une haute température. — Parties de cloisons d'un cabinet de bains; chambranles de cheminées et autres; poêles, tables, billards, piédestaux, candélabres, etc. (Voir pl. II.)

Trois mentions honorables.

12. (Cl. I.) *Welsh slate Company*, Merionethshire. — Bloc brut des carrières de Festinoeg. — Tables d'ardoise sciées et dressées. — Ardoises de couverture et autres. — Dallage de l'entrée du transept du bâtiment de l'Exposition en grandes tables de belle qualité.

8. (Cl. I.) Ancienne *Compagnie Delabole*, Camelford. — Ardoises de couverture, tables, tablettes, filtres, réservoirs de la contenance de 2,000 gallons (plus de 9,000 litres), etc.

63. *Rowlands*, Bangor. — Encrier *géant*, creusé dans un bloc d'ardoise.

Huit autres exposants.

120. *Stirling* aîné, Stratford et Londres. — Ardoises de couverture. — Filtres par *ascension*.

109. *Hunt*. — Filtre en ardoise émaillée.

13. *Ekins*, Hertz. — Coffres et cercueils en ardoise avec écrous en cuivre.

208. (Cl. I.) *Dawbarn et Cie*. — Ardoises de couvertures, grandes et belles ardoises pour les écoles.

215. (Cl. I.) *Williams*, Bangor. — Faîtages, arêtiers, etc.

213. (Cl. I.) *George*, Londres. — Modèle de maison tout en ardoise, fer et verre, comme spécimen de stabilité, de durée, de propreté, d'économie d'espace, de ventilation, etc.

35. *Bradley*, Exeter. — Ardoise peinte en imitation de marbre de Devonshire.

42. *Hall*, Wolworth. — Inscription en ardoise émaillée.

IVe SECTION. — CANNEL OU PARROT-COAL ET JAIS.

Ire SOUS-SECTION. — PARROT-COAL.

(5 exposants.)

Une mention honorable.

140. *Wann*, Kirkaldy, Fifeshire. — Bloc en partie poli, siège de jardin (appartenant à S. A. R. le prince Albert), exécuté sur le dessin de M. Gruner, dans les mines de Kirkaldy.

Quatre autres exposants.

269. (Cl. I.) *Ramsay*, Newcastle. — Spécimens bruts et travaillés.

268. (Cl. I.) *Ince Hall Coal et Cannel Company*, Wigan. — Spécimens et plusieurs vases.

270. (Cl. I.) *Mitchell*, Woolwich. — Spécimens bruts et travaillés et en partie polis, vases, socles, figures, boîtes, etc.

30. *Vokins*, Pimlico. — Échiquier en cannel-coal et gypse.

IIe SOUS-SECTION. — JAIS.

(2 exposants.)

11. (Cl. I.) *Slater* et *Wright*, Whitby, et 7. (Cl. XXIII) *Green-ury*, Whitby. — Spécimens bruts et travaillés.

IIe GROUPE. — MARBRES, SERPENTINES, GRANITES ET PORPHYRES POLIS.

(47 exposants.)

—

Ire SECTION. — MARBRES.

(25 exposants.)

Trois médailles de prix.

17. *Compagnie Londonienne pour le travail du marbre et de la pierre,* Westminster. — Marbre de Carrare : chambranle de cheminée à colonnes ; cuve baptismale, style du moyen âge. Marbre de couleur, tables et tablettes. Modèle d'un escalier en marbre irlandais poli, de 41 marches, avec balustres, etc.

(Obj. div.). *Cundy,* Pimlico. — Bel albâtre d'Angleterre, employé dans la restauration du monument de Philippe de Hainaut, à Westminster.

491. (Cl. XXII.) *Noirsain,* Londres. — Chambranle de cheminée et cadre de glace au-dessus, en marbre belge, avec garnitures accessoires pour pourvoir au tirage, à l'émission de la fumée, à tout danger d'incendie, à la facilité du nettoyage, à l'économie du combustible, au bon emploi de la chaleur et à la ventilation. (Seconde médaille de prix accordée, sous ce dernier rapport, par la XXIIe classe.)

Sept mentions honorables.

37 et 38. *Hall,* Derby, et *Tennant,* Londres.— Marbres du Derbyshire, travaillés à l'aide de la vapeur : chambranle de cheminée ; vases de formes grecques et étrusques et modèle de l'obélisque de Philæ, en marbre noir ; coupes en marbre bois de rose ; vases et candélabres en albâtre oriental et en albâtre veiné (gypseux) ; ornements en fluor-spath et améthyste, dits *blue-john.*

80. *Bright*, Buxton. — Mêmes marbres du Derbyshire et du Devonshire, vases, grand trépied; calice en fluor-spath ou *blue-john;*
mosaïque composée de ces différents marbres.

(Obj. div.). *Brine* et *Sharpe.* — Chambranle de cheminée
riche.

158. (Cl. I.) *Champernowne*, Totness. — Cubes et colonnes en
beaux marbres madréporiques du Devonshire.

71. *Société Royale de Dublin.* — Bustes et piédestaux en marbres
blanc statuaire et vert de Connemars et Donegal.

70. *Lambert*, Cong Abbey (Irlande). — Tables et piédestaux en
beaux marbres verts de Connemars et Galway.

72. *L. Monteagle*, Mount Trenchard (Irlande). — Buste en beau
marbre statuaire cristallin de Dunlavey (Donegal).

Quinze autres exposants.

6. *Chanpernowne*, Totness; *Oldfield et Cⁱᵉ* et 82. *Turner*, Buxton.
— Divers objets en marbres noirs et autres du Derbyshire.

66. *Porter*, Dublin. — Divers petits objets en marbre irlandais
de Clifden.

107. (Cl. XXII.) *Pierce*, Londres. — Chambranle de cheminée
en albâtre d'Angleterre.

73 et 144. (Cl. I.) *Franklin*, Galway (Irlande). — Piédestal en
marbre noir de Galway.

59. *Rumley*, Londres. — Petits ornements de table en marbre.

61. *Whishaw.* — Échiquier de disposition nouvelle.

57. *Bell*, Londres. — Petits obélisques en oolithe.

151. (Cl. I.) *Quillam* et *Creer,* île de Man. — Tables et autres
objets en marbre noir et autres de Polwash, en partie avec incrustations.

55. *Stuart*, Plymouth. — Tables et piédestaux en marbre de
Plymouth.

126. (Cl. XXX.) *Simmons*, Londres. — Boîte à ouvrage en marbre statuaire avec bouquets de fleurs en haut relief.

276. (Cl. XXVI.) *Thomas*, architecte et sculpteur, Londres. —
Chambranle de cheminée avec figures de haut relief, médaillons et
incrustations. (Voir pl. I.)

83. *Bird*, Derbyshire. — Modèles des obélisques d'Héliopolis et
de Philæ, petit bas-relief et autres objets, en partie gravés à l'aide
de l'acide nitrique.

47. (Cl. XXX.) *Rayner,* Londres. — Autre exemple de gravure ur marbre à l'aide de l'acide fluorique.

II° SECTION. — SERPENTINES, GRANITES, PORPHYRES ET FLUOR-SPATH

(*BLUE-JOHN*).

(9 exposants.)

Quatre médailles de prix.

85. *Organ,* Penzance (Cornouailles). — Serpentine de Lizard (Penzance), belle matière très-dure, ordinairement vert foncé à taches rouges et veines blanches, pouvant s'obtenir en grande quantité et quelquefois de grandes dimensions; cuve baptismale, chambranle de cheminée, colonnes, vases, obélisques, échiquiers, etc. (Voir pl. I.)

75. *Pearce,* Truro. — Tables, candélabres, vases et colonnes en même serpentine; colonnes et piédestaux en beau granite de Lamorna; objets de même genre en *stéatite* différant peu de la serpentine, mais moins dure; chambranle de cheminée, etc.

141. (Cl. I.) *Meredith,* Fowey (Cornouailles). — Tables en beaux porphyres noir, rouge et vert, très-durs et d'un travail très-long, quoique fait à l'aide de machines; table incrustée de 54 matières différentes exploitées dans le canton.

74. *Macdonald* et *Leslie,* Aberdeen. — Vases, piédestaux et tablettes en beau granite.

Une mention honorable.

43. *Wright,* Aberdeen. — Monument funéraire en beau granite.

Quatre autres exposants.

132. *Jepson,* Derbyshire. — Vase de grande dimension en fluor-spath.

25. (Cl. I.) *Jameson,* Aberdeen. — Spécimens bruts et travaillés de granites d'Aberdeen et de Peterhead, et de pierres de Cairngorin pour bijoux.

24. (Cl. XXIII.) *Rettie et fils,* Aberdeen. — Les mêmes articles que le précédent; granites, porphyres et topazes.

12. (Cl. XXXIII.) *Ellis et fils*, Exeter.—Les mêmes articles que le précédent; granites du Devonshire.

IIIᵉ SECTION. — MOSAÏQUES EN MARBRES DU DERBYSHIRE,

À L'IMITATION DES MOSAÏQUES FLORENTINES.

(13 exposants.)

Cinq médailles de prix.

40. *Vallance*, Mattlockbath (Desbyshire). — Vases, tables, trépieds; modèles d'obélisques et autres objets en marbre noir, bois de rose et autres, fluor-spath, etc., et mosaïques en mêmes marbres et partie en malachite.

39. *Woodley*, Torquay. — Belles tables, composées des matières les mieux choisies du Derbyshire.

77. *Woodruff*, Bakewell; *idem.*

78. *Redfern*, Ashford; *idem.*

81. *Lomas*, Bakewell. — Piédestaux et chambranles de cheminée, principalement en marbre du Derbyshire, partie en marbre noir et en marbre de Sienne, partie sculptés et partie avec mosaïques.

Une mention honorable.

4. *Bovey*, Plymouth. — Chambranles de cheminée et fontaine en marbre et ornés de mosaïques.

Sept autres exposants.

161. (Cl. XXVI.) *Holland et fils*, Londres. — Mosaïque faisant partie d'une bibliothèque en bois anglais exécutée pour S. M. (Médaille de prix à la XXVIᵉ classe.)

9. *Humble*, Londres.—Mosaïques de diverses formes et grandeurs.

50. *Flows*, York; *idem.*

56. *Moon*, Surrey; *idem.*

58. *Holan*, Dublin; *idem.*

65. *Pearson*, Harrowgate; *idem.*

79. *Tomlinson*, Ashford; *idem.*

IIe DIVISION. — MATIÈRES PLASTIQUES
OU COMPOSÉES ARTIFICIELLEMENT.

(71 exposants.)

IIIe GROUPE. — CIMENTS ET PIERRES ARTIFICIELLES.

(15 exposants.)

Ire SECTION. — CIMENTS, PLÀTRES ET SCAGLIOLA.

(10 exposants.)

Sept médailles de prix.

5. (Cl. I.) et 103. *Robins, Aspdin et Cox*, Whitehall. — Ciment Portland pour pavages, constructions, modelages, etc.; blocs de ciment de grandes dimensions; briques et pierres réunies à l'aide de ciment pur ou mêlé de sable; statue; appareil pour éprouver la force du ciment.

10 et 130. (Cl. I.) *White, Hazley et fils*, Westminster. — Ciments naturels obtenus des pierres de Sheppey (Kent) et d'Harwich (Essex), ou ciment romain indiqué depuis cinquante ans par le Dr Parker, ainsi que des pierres de Christchurch, Rumsey et Hampshire, ou ciment Medina de Whitby (Yorkshire), ou ciment d'Atkinson, de Wolverhampton (Derbyshire), de Weymouth (Dorsetshire), etc. Ciment artificiel dit *Portland*, composé de calcaires et d'argiles, supérieur pour la qualité, la force et la couleur : blocs, briques, appareil d'expérimentation, panneaux de décoration, etc. Gypses du Derbyshire, du Nottinghamshire, du Cumberland, etc., donnant le plàtre dit *de Paris*, et, par diverses combinaisons, les ciments *de Keene, de Martin*, et celui dit *Parian*; divers exemples de décorations et de revêtements de sol, en partie avec imitation de mosaïque, etc.

47. *Francis et fils*, Londres. — Ciments *Medina* et *Parian*; blocs dont un du poids de 2 tonnes (2,030 kilogr.); parties de décorations avec imitation de différents marbres; portions de rails, etc.

24. *Stevens et fils*, Londres. — Décorations intérieures en ciment *Martin*, en partie colorées, etc.

28. *Iles et Cie*, Birmingham. — Piédestaux, etc., en imitation de marbres, par un procédé économique, à l'aide de matières ligneuses.

36. *Orst et Armant*, Londres. — Nouvelle lave métallique pour pavages, enduits, etc., en imitation de marbres de diverses couleurs; colonnes; tables en imitation de mosaïques, dont une pour S. A. I. le prince Louis-Napoléon. (Voir pl. III.)

45. *Dolan*, Salford. — Colonnes, arcs gothiques, etc., en une nouvelle espèce de scagliola, de toutes sortes de teintes, et pouvant être appliquée sur la pierre, le fer et le bois.

Trois autres exposants.

3. (Cl. I.) *Teagle*, Chelsea. — Statue moulée en ciment Portland, d'après une statue en bois.

99. (Cl. I.) *Greaves*, Warwick. — Buste en même ciment.

177. (Cl. I.) *Smith*, Londres. — Calcaire de Mountfield (Sussex) et blocs de ciment en provenant, indiqués comme convenables pour travaux sous-marins.

II* SECTION. — PIERRES ARTIFICIÉLLES.

(5 exposants.)

Deux médailles de prix.

(Obj. div.) *Seeley*, Londres. — Grande fontaine à plusieurs vasques superposées, bas-reliefs et figures de ronde bosse, etc., *garantie pour vingt années.* (Voir pl. III.)

97. *Ransom* et *Parsons*, Ipswich. — Spécimens à l'état poreux et compacte.

Une mention honorable.

19. (Cl. I.) *Furse*, Whitchapel. — Pierre artificielle indiquée comme hydraulique, employée depuis plusieurs années en Angleterre ainsi que sur le continent.

Deux autres exposants.

67. *Griffiths* et *Strong*, Whitby. — Pierre en ciment; modèle de cottage agricultural.

2. (Cl. I.) *Board:* et 94. *Bowen*, Bridgewald. — Quatre statues.

IVᵉ GROUPE. — ARGILES ET TERRES CUITES

DE DIFFÉRENTES NATURES.

(52 exposants.)

Iʳᵉ SECTION. — BRIQUES, TUILES ET AUTRES TERRES CUITES ORDINAIRES.

(39 exposants.)

Deux médailles du conseil.

124. *Société pour l'amélioration de la condition des classes ouvrières.* . — Modèle et spécimens de différentes parties de l'*habitation modèle* construite à Hyde-Park, aux frais de S. A. R. le prince Albert, par M. Roberts, architecte; briques creuses pour murs et cloisons, rendant les constructions plus légères, plus saines, plus à l'abri des variations de la température, etc. (Voir pl. II.)

86. *Minton*, Stock-upon-Trent (Staffordshire). — Nombreuse et magnifique collection de briques, tuiles, carreaux, socles, piédestaux, frises, vases et autres objets de construction et de décoration, dits *encaustiques*, etc., en partie colorés et vernissés, à l'imitation des objets analogues de Venise, de l'Alhambra, d'Espagne, etc., et de la chapelle royale de Bristol. (Voir pl. III.)

Douze médailles de prix.

88. *Singer et Cⁱᵉ,* Wauxhall. — Carreaux colorés et vernissés en imitation de mosaïque, pour carrelages, revêtements, etc.; ustensiles pour laboratoires de chimie.

117. *Brown,* Kingston (Surrey). — Briques et tuiles ornementales, en partie de style gothique et italien.

92. *Blanchard,* Londres. — Chapiteau ionique, pinacle gothique.

216. (Cl. XXX.) et 108. *Pulham,* Broxbourne. — Ornements gothiques et autres.

23 et 95. — *Doulton et Cⁱᵉ* et *Doulton et Watts,* Lambeth. — Vases, ornements, etc., en partie vernissés, et ustensiles pour laboratoires de chimie. (Voir pl. II.)

123. *Peake,* Tunstall. — Briques, tuiles, carreaux, vases, etc., en terres dites *métalliques,* mélangées et préparées mécaniquement: deux modèles de bâtiments entièrement construits avec ces matériaux.

127. *Haywood.* — Objets analogues.

93. *Ferguson,* Glasgow. — Tuyaux de cheminée ornés; vases, piédestaux et autres ornements, en partie vernissés.

8. *Willock et Cie,* Manchester, et 104. *Bowers,* Tunstall (Staffordshire). — Modèle complet d'une cathédrale; imitations coloriées de divers objets en bois, etc.

121. *Skinner* et *Whalley,* Stockton-on-Tees. — Pâtes vitreuses pour imitations de marbres blancs et autres, mosaïques; inscriptions de rues, de jardins, de monuments funéraires et autres, etc.

116. *Worckman,* Stamford. — Briques et autres objets de terre cuite pour constructions et autres, mises à l'abri de l'humidité aisément et à peu de frais, à l'aide d'une machine.

Douze mentions honorables.

158. (Cl. XXX.) *Stevens,* Pimlico. — Candélabres, table héraldique et autres, en une nouvelle espèce de mosaïque composée de matières vitreuses et de ciment de Portland.

114. *Haddon,* Londres.— Briques de forme rhomboïdale.

87. Le comte *de Lovelace,* Ripley (Surrey); 111. *Luff,* Ipswich; 128. *Ambrose,* Colchester. — Briques et tuiles ornementales, principalement pour tuyaux de cheminée.

99. *Grangemouth Coal Company.* — Fontaine ornée de figures; plusieurs vases et piédestaux; tuyaux de cheminée; briques réfractaires, etc.

22. *Betts,* Aylesford. — ...... *Thomas*....... et 106. (Cl. I.) *Burnett,* Newcastle-upon-Tyne. — Plusieurs vases.

58. *Philipps.*—Belle collection de vases à fleurs.

130. *Seely,* Bridgewater. — Briques de recurage, dites *bathbricks.*

116 (Cl. I) et 232 (Cl. IX). Le comte *d'Enniskillen,* Florence-Court. — Tuyaux de drainage.

Treize autres exposants.

106. *Beswick,* Stafford. — Briques de forme nouvelle.

118. (Cl. I.) *Fordham et fils,* Harts. — Briques améliorées.

119. (Cl. I.) *Fisher,* Suffolk. — *Idem* et tuyaux de drainage.

127. (Cl. I.) *North-Devon Pottery Company,* Annery. — Briques creuses, tuiles ornementales, etc.

100. *Tompson*, Wisbeck. — Briques architecturales, en partie pour édifices gothiques.

126. *Key*, Dereham. — Briques diverses, en partie de formes particulières.

98. *Sprot Marx*, Glasgow. — Fontaine et vases.

96. *Bell et Cie*, Glasgow. — Vases.

105. (Cl. I.) *Grimsley*, Oxford. — Statue.

86. (Cl. I.) *Bank Park pyropolite Works.* — Un groupe et autres objets.

131. *Brannam*, Barnstaple (Devon). — Vases, briques, etc.

113. *Westwood*, Stourbridge. — Objets divers.

89. *Rufford*, Stourbridge. — Baignoire d'une seule pièce et autres objets.

IIe SECTION. — OBJETS EN TERRE RÉFRACTAIRE, BRIQUES, CREUSETS,

CORNUES, VASES POUR LABORATOIRES, ETC.

(13 exposants.)

Trois médailles de prix.

112. *Cowen et Cie*, Newcastle-upon-Tyne.—Cornues, briques, etc.

435. (Cl. I.) *Ruel*, Londres. — Grands creusets d'essai, d'affinage, contenant une certaine quantité de plumbago et supportant une température très-élevée.

7. *Mayo et Cie*, Londres. — Siphons et autres objets.

Trois mentions honorables.

119. *Harper* et *Moore*, Stourbridge. — Briques, creusets, etc.

110. *Ramsay*, Newcastle. — Briques, cornues, etc.

122. (Cl. I.) *Pease.* — Briques réfractaires d'excellente qualité.

Sept autres exposants.

117. (Cl. I.) *Squires et fils*, Stourbridge.

Hartley, Sunderland.

291. *King*, Stourbridge.

107. *Hickmann et Cie*, Stourbridge.

115. *Polter*, Newcastle-under-Line. — Briques, creusets, cornues, etc.

1̇25. *Green et Cie*, Lambeth. — Vases et autres terres cuites, en partie vernissées.

4̇76. (Cl. XXII.) *Dowson*, Londres. — Poêle de chauffage et de ventilation, d'après le système patenté de Cundy, n'ayant aucune partie en fer à la surface extérieure.

ARTICLE SUPPLÉMENTAIRE.

COMBINAISONS DE FER ET DE VERRE.

(4 exposants.)

Une médaille de prix.

18. *Mirror Marble Company*, Southwark.

19. *Coates*, Londres. — Chambranles de cheminée *patentés*, composés entièrement de fer et de verre épais ou glace *(thick plate glaces)*, la surface du fer ou vernie *(japonned)*, mais finie d'une manière particulière, ou seulement *finie à la manière ordinaire de Berlin;* les panneaux de verre ou glace peints par derrière de façon à présenter extérieurement du marbre ; au-dessus, miroir dans un cadre en fer peint et doré.

Une mention honorable.

122. *Kent*, Chichester. — Modèle d'un nouveau système de vitrage de serres, etc., consistant tant dans la manière de préparer le fer que dans la facilité et l'économie de la pose, des réparations, du nettoyage, ainsi que de l'évaporation et de la ventilation.

Un autre exposant.

61. (I.) *Dench*. — Répétition du même système.

TABLEAU RÉCAPITULATIF POUR LE ROYAUME-UNI.

DIVISIONS ET SUBDIVISIONS.	NOMBRE des expo- sants.	RÉCOMPENSES.		
		Médailles		Men- tions honora- bles.
		du conseil.	de prix.	
Matières solides. — Ouvrages dressés et taillés, mais non polis. — Granites....................	6	»	3	2
Pierres — de diverses localités..	12	»	1	6
de Caen (Normandie).	8	»	3	1
de Bath............	2	»	»	»
Ardoises de couverture, dallage, décoration , etc............	14	»	3	3
Cannel ou parrot-coal et jais...	7	»	»	1
Ouvrages taillés, en partie sculptés et polis. — Marbres....................	25	»	3	7
Serpentine, granite, porphyre et fluor-spath (blue-john)....	9	»	4	1
Mosaïques en marbres du Derby- shire, à l'imitation des mosaï- ques florentines...........	13	»	5	1
Matières plastiques et composés artificiels. — Ciments et pierres artificielles — Ciments, plâtres et scagliola...	10	»	7	»
Pierres artificielles..........	5	»	2	1
Terres cuites de diverses sortes. — Briques, tuiles et autres terres cuites de construction et de dé- coration...............	39	2	12	12
Objets en terre réfractaire pour constructions, laboratoires, etc.	13	»	3	3
Combinaisons de fer et de verre.................	4	»	1	1
TOTAUX..............	167	2	47	39

POSSESSIONS ANGLAISES.

ILES DU CANAL DE LA MANCHE : JERSEY ET GUERNESEY.

Quarante-neuf exposants, dont les deux suivants seulement ayant quelque rapport avec la XXVIIe classe (non mentionnés aux rapports anglais de cette classe ni de la Ire, non plus qu'à la table générale à la fin des rapports) :

1. *White*, Jersey. — Spécimens géologiques des granites et syénites de Mont-Mado, Labrègue, Saint-Jean, Sainte-Marie, Saint-Breade, Saint-Clément, Saint-Aubin, Booley, la Trinité, Verclut,

Saint-Ouen et Sainte-Catherine; les quatre premières localités seules exploitées commercialement.

25. *Clugas*, Guernesey, et petites îles voisines de Herm et de Sark. — Spécimens, tant bruts que travaillés; gneiss porphyritiques de Pleimmontcliffs; syénite rouge de Roc-de-Gué, grès de Mont-de-Cuet, de Herm, bleu de Vale, porphyre noir et stéatite (pierre ollaire) de Sark; granites de Samson, très-employés pour pavages à Londres, Plymouth, etc.

ILES IONIENNES.

Collection peu nombreuse, dans laquelle se trouve seulement, en ce qui a rapport à la classe XXVII, un spécimen de pierre de Céphalonie.

MALTE.

Trente-quatre exposants, dont six, tous de la Valette, s'occupant de la mise en œuvre des pierres et marbres assez remarquables de cette île et de celle de Gozzo, et tous récompensés. (Le premier, M. Darmanin, a inséré au Catalogue, sur ces pierres et marbres, des indications qui seront reproduites dans la seconde partie.)

Trois médailles de prix.

26. *Darmanin* et *fils*. — Pierres et stalactites, pierres préparées et huilées pour pavage, filtres, vase et piédestal en marbre rouge de Gozzo, quatre tables en marbre avec incrustations.

27. *Decezase*. — Vases en partie sur piédestaux, de 5o centimètres à 2 mètres de hauteur, avec nombreux détails sculptés.

33. *Testa* (*Fortunato*). — Autres vases généralement moins grands. (Voir pl. VII.)

Trois mentions honorables.

28. *Dimech*. — Autres vases, candélabres, etc.

29. *Soler*, et 3o. *Testa*, Salvatore. — Autres vases.

(Il avait également été exposé, sous le n° 3o3 de la XXXe classe, par M. *Fosser*, de Londres, un autre vase aussi établi à Malte.)

INDES ORIENTALES.

Belle et importante collection, préparée par les soins d'un comité central et de comités locaux, et mentionnée au Catalogue par une importante et instructive notice en rapport avec la classification officielle; articles qui se rapportent plus ou moins à la classe XXVII.

(Cl. I.) Nombreux spécimens d'argiles, pierres, grès, stéatites, gypses, ardoises, marbres, roches, serpentines, syénites, granites, porphyres, albâtres, jais, jaspes, malachites, ainsi que de *pierres dures :* agates, cornalines, calcédoines, lapis-lazuli, de différentes localités, de diverses qualités, couleurs, etc., en partie travaillés, polis et même mis en œuvre, tablettes, vases, etc.

(Cl. XXVI.) Une tablette en albâtre provenant de Ninive; deux échiquiers en marbre, dont un peint en imitation de mosaïque; deux beaux siéges en marbre blanc appartenant au rajah de Nathore.

(Cl. XXVII.) Tablettes, cubes, vases, siéges, échiquiers, encriers, ornements, etc., en pierres, marbres et pierres dures, également de différentes localités et de diverses qualités et couleurs; mosaïques tant en incrustation qu'en imitation; briques de forme et de nature ordinaires, mais de bonne qualité.

Une médaille de prix décernée par la XXVII° classe à la *Compagnie des Indes Orientales* et une mention honorable au *rajah de Nathore.*

M. *Stuars,* de Londres, avait exposé, sous le n° 33 de la XXVII° classe, une table en marbre d'Agra, incrustée d'agates, cornalines et autres pierres dures, provenant du palais d'Akbar-khan, à Caboul.

CEYLAN.

Trois exposants seulement, dont un, M. *Albreigt et Cie,* avait présenté une curieuse et intéressante série de modèles de temples et autres édifices en pierres et marbres blancs, la plupart d'un beau grain et bien exécutés et en partie colorés.

POSSESSIONS ANGLAISES EN AMÉRIQUE.

CANADA.

Trois cent cinquante-cinq exposants, dont trois seulement présentant quelques articles relatifs à la XXVII° classe.

Une mention honorable.

116. *Hammond,* Montréal. — Table polie en calcaire de Montréal, employé pour les constructions importantes ainsi que pour chambranles de cheminées et autres objets de décoration.

Deux autres exposants.

5. *Ferrier*, Montréal. — (Collection minéralogique) Spécimens de gypse, etc.

20. *Quigley*, Stampton. — Spécimen d'ardoise.

NOUVEAU-BRUNSWICK.

Vingt-huit exposants, dont le huitième, M. *Gould*, de Londres, a présenté des spécimens de *jet-coal* ou asphalte récemment découvert sur les bords de la Péticodine.

NOUVELLE-ÉCOSSE.

Quatre exposants, dont le même M. *Gould* a aussi exposé du bitume ; M. *Archibald*, de Londres (collection minéralogique), des spécimens de marbres statuaire et veiné, et autres matériaux de constructions ; et le *Comité central*, des spécimens de pierres, argiles.

TRINITÉ.

Importante collection présentée par le lord gouverneur ; dans la partie minéralogique, spécimens de grès, ardoises, argiles, etc.

GUYANE ANGLAISE.

Cent soixante et un exposants, presque tous relatifs au règne végétal, et dont un seul, M. *Bée*, 5, a présenté des spécimens d'argiles et de sables pris, jusqu'à trente-cinq mètres de profondeur, dans un des nombreux puits artésiens forés dans cette contrée.

POSSESSIONS ANGLAISES DANS L'AUSTRALASIE.

AUSTRALIE MÉRIDIONALE.

Six exposants, dont trois : *Graham* et *Hallett*. — Parmi de nombreux spécimens des importantes mines de cuivre de Burra-Burra, échantillons de diverses espèces de malachites, découvertes en abondance depuis plusieurs années.

5. *Hallett et fils*, Londres. — Spécimens de diverses espèces de pierres dures, en partie polies.

TERRE DE VAN-DIÉMEN.

Environ quatre-vingt-quinze exposants, parmi lesquels :

80. *Denison*. — Pierre calcaire de l'île de Norfolk, employée dans la colonie pour filtres.

232 et 233. *Strutt* et *Boyd.* — (Mention honorable à ce dernier.) Marbres de l'île Maurice, en partie travaillés.

256, 257, 258 et 259, 260 à 263, 270 et 324. *Milligan.* — Granites de l'île de Flinders, de la côte orientale de Van-Diémen et de Hampshire; porphyres granitiques de Webb; calcaires et argiles de Marie, etc.; jais ou lignite de Marguerie, etc.

NOUVELLE-ZÉLANDE.

Quarante exposants, dont :

115. *Meurant.* — Pierre ponce du bord de la rivière Wadkato.

17. *Grenwood.* — Pierre à bâtir de Matakana, employée à Auckland en blocs de grandes dimensions; scories très-abondantes à Auckland.

19. *Smith.* — Pierre dite ciment romain, très-abondante sur les bords du Tomaki.

NATIONS AUTRES QUE L'ANGLETERRE.

FRANCE.

(Nombre des exposants, 1,741, dont 37 se rapportant plus ou moins directement à la XXVIIe classe.)

Ire DIVISION — MATIÈRES SOLIDES.

(18 exposants.)

Ier GROUPE. — PIERRES NON POLIES.

(5 exposants.)

Ire SECTION. — PIERRES CALCAIRES.

(Un seul exposant.)

Médaille de prix.

1184. *Desauges*, Tonnerre (Yonne) et Paris. — Pierre de Tonnerre : 2 mangeoires, modèles adoptés par l'administration militaire; 2 filtres; 2 chambranles de cheminée, dont un de grande dimension; carrelage mélangé de marbre blanc.

IIᵉ SECTION. — ARDOISES.

(4 exposants.)

Deux mentions honorables.

290. Ardoisières d'Angers (Maine-et-Loire); M. *Larivière*, agent. (M. O. en 1844 et rappel en 1849.) — Divers échantillons pour couvertures.

1228. *Forton, Duponceau et Cⁱᵉ*, Chatemone (Mayenne). (M. B. en 1839.) — Belle table de billard et ardoises pour couvertures, dallages, etc.

Deux autres exposants.

378 et 694. Ardoisières de Rimogne et de Saint-Louis-sur-Meuse. (M. B. en 1839 et rappel en 1844 et 1849).—Divers échantillons pour couvertures.

IIᵉ GROUPE. — MARBRES, SERPENTINES, GRANITES,

PORPHYRES, ETC., POLIS, ET EN PARTIE SCULPTÉS, INCRUSTÉS, ETC.

(13 exposants.)

Iʳᵉ SECTION. — COLLECTIONS GÉNÉRALES.

(4 exposants.)

Une médaille de prix.

162. *Dervillé et Cⁱᵉ*, Paris. — Marbres français de diverses sortes. (En voir la liste détaillée dans la seconde partie.)

Deux mentions honorables.

444. *Caffort*, Carcassonne et Paris. — Marbres du Languedoc. (Voir également dans la seconde partie.)

1564. *Colin*, Épinal. (M. A. en 1844 et rappel en 1849.) — Collection de marbres, serpentines et granites des Vosges, dont plusieurs d'une grande beauté. (Voir *ibid.*)

Un autre exposant.

1503. *Tarride et fils*, Toulouse. (M. A. en 1844.) Marbres employés au tombeau de l'Empereur. (Voir des détails à ce sujet dans la seconde partie, pl. IV et V.)

II⁰ SECTION. — MARBRES, ETC., MIS EN OEUVRE.

(6 exposants.)

Trois médailles de prix.

692 et 1693. *Séguin,* Paris. (M. A. en 1844 et O. en 1849.) —
Tables en marbres : noir et blanc grand antique, bleu turquin
de Suisse et blanc de l'Isère; marbre blanc d'Italie : grand chambranle de cheminée et plusieurs bas-reliefs, médaillons et portraits,
tous sculptés à la mécanique. Socle en quartz de Finlande et granite vert de la Haute-Saône, portant une statuette équestre de Napoléon par Marochetti. (Voir pl. IV et V.)

572. *Lebrun,* Paris. (M. A. en 1849.) — 3 chambranles en
marbre blanc sculpté.

962. *Poilleux frères,* Brest. — Monument funéraire en beau granite brun de Kersanton (Finistère).

Une mention honorable.

608. *Marga,* Paris. — 3 chambranles en marbre blanc sculpté.

Deux autres exposants.

184. *Dupuis,* Paris. (M. H. en 1849.) — 3 chambranles en
marbre.

1016. *Simon,* Paris. (M. H. en 1849.) — Clochettes, petits
vases, encriers, chambranles de cheminée en marbre. (Jolie pierre
lithographique polissable, dite *mandragore,* de Montdardier, Gard.)

III⁰ SECTION. — MOSAÏQUES.

(3 exposants.)

Deux médailles de prix.

1499. *Théret,* Paris. (M. A. 1844.) — 2 chambranles de cheminée et 2 pendules en marbre blanc et noir avec mosaïques en relief et en pierres dures; 2 coffrets à bijoux ornés de mosaïques
semblables sur ébène; 6 panneaux en marbre noir avec mosaïques,
tant à plat qu'en relief; 6 presse-papiers en jaspe, lapis, porphyre,
malachite, etc.; 2 armoires et 2 bureaux en ébène avec incrustations
et mosaïques : tous ces objets enrichis de bronze doré. (Voir pl. VII.)

773. *Bossi,* Paris. (M. B. 1849.) — Grande table incrustée de

compartiments et dessins en un grand nombre de marbres français et étrangers, albâtre, malachite, etc.

Un autre exposant.

1561. *Chrétin*, Amiens. (M. A. 1849.) — Une tête de Christ.

II° DIVISION. — MATIÈRES PLASTIQUES.
(19 exposants.)

III° GROUPE. — CHAUX, CIMENT, STUC.
(7 exposants.)

I° SECTION. — CHAUX ET CIMENTS HYDRAULIQUES.
(3 exposants, *mentions honorables.*)

2. *Agombart*, Saint-Quentin. (M. B. 1849.) — Chaux hydraulique réduite en poudre par un nouveau procédé.

1427. *Regny et C°*, Marseille. (M. B. 1849.)—Chaux et ciment hydrauliques obtenus sans addition d'aucune substance au carbonate de chaux et faisant prise aussi rapidement qu'il peut être nécessaire.

1466. Vicomte *de Ruolz*, Paris. — Nouveaux produits pour enduits et vernis hydrofuges, obtenus des résidus de la fonte du zinc de la Vieille-Montagne, à Liége; d'un emploi facile; assurant la conservation des bois, fers, plâtre, etc., et assainissant les habitations.

II° SECTION. — ASPHALTE.
(2 exposants.)

Une médaille de prix.

. . . . *Compagnie de l'Asphalte* de Seyssel. (M. B. en 1834, 1839 et 1844; A. en 1849.) — Recouvrement du sol d'une des entrées du bâtiment de l'Exposition. (Non porté au Catalogue, mais mentionné au rapport et récompensé en raison de son remarquable succès.)

Une mention honorable.

485. *Dufour*, Saumur. (M. H. en 1849.) — Spécimen de chaussées bituminées, en partie avec mosaïques.

IIIᵉ SECTION. — CIMENT MÉTALLIQUE.

(1 exposant.)

Une médaille de prix.

119. *Chénot,* Clichy (Seine). — Plusieurs séries d'*éponges métalliques* en minerais de fer et autres métaux seulement *désoxydés,*
ayant pour but, sous le rapport métallurgique, d'obtenir ainsi les
divers produits qu'on obtient par la fonte, et procurant, entre
autres applications et par le mélange avec diverses matières siliceuses, etc., des ciments durcissant à l'air comme sous l'eau, etc.,
pour revêtement de sols et autres surfaces, peintures hydrofuges,
moulage en ornements, figures et autres objets pouvant être revêtus des couleurs les plus délicates, de dorures, etc.; scellements
et réunion de toutes sortes de matériaux, etc. (Mention honorable
par la classe Iʳᵉ. — Voir des détails dans la seconde partie.)

IVᵉ SECTION. — STUC OU PEINTURE IMITANT LE MARBRE.

(1 exposant.)

190. *Évrot,* Charny (Vosges). — Nouveau procédé de stuc ou
peinture à l'huile imitant le marbre.

IVᵉ GROUPE. — TERRES CUITES DE DIVERSES SORTES.

(12 exposants.)

Iʳᵉ SECTION. — BRIQUES.

(1 exposant.)

Une médaille de prix.

417. *Borie,* Seine. (M. H. en 1849.) — Briques tubulaires de
diverses dimensions, évidées de tubes de section rectangulaire séparés par de minces cloisons, en même temps solides, légères,
non conductrices du froid, de la chaleur, de l'humidité, du son;
machine propre à la fabrication de ces briques ainsi que des tuyaux
de drainage, etc. (Voir pl. VI.)

IIᵉ SECTION. — TUILES.

(2 exposants.)

Une médaille de prix.

405. *Amuller*, Paris. — Modèle de comble couvert en tuiles de nouvelle forme.

Une mention honorable.

1232. *Fox*, Saint-Genis-Laval (Rhône). — Tuiles de nouvelle forme, fabriquées mécaniquement tant en terre cuite qu'en verre épais, afin de procurer le jour nécessaire dans les combles, etc.

IIIᵉ SECTION. — TERRES CUITES ORNEMENTALES.

(5 exposants.)

Une médaille de prix.

732. *Virebent frères*, Toulouse. (M. B. en 1834 et A. en 1844.) — Pierres artificielles en terre cuite, naturellement blanche ou chamois, et pouvant recevoir toutes les couleurs requises ; chapiteaux, figures, chambranles de cheminées et autres objets de construction et de décoration, principalement pour chapelles, églises, etc. (Voir pl. VI.)

Quatre mentions honorables.

45. *Debay*, statuaire, Paris. — Statues, groupes et ornements. (Voir pl. VI.)

233. *Garnaud*, Paris et Choisy (Seine). — Pierre artificielle en terre cuite blanche pour ornementation extérieure et pour restauration des anciens édifices, etc. (Voir pl. VI.)

876. *Holstein*. Saint-Étienne (Loire). — Moulures en terre cuite.

259. *Heiligenthal et Cⁱᵉ*, Strasbourg. (M. B. en 1849.) — Ornements en mastic-pierre fabriqué dans des moules en métal, pour décorations intérieures et pouvant également être employés à l'extérieur au moyen d'une peinture préservatrice.

Deux autres exposants.

476. *Deyeux*, Liancourt (Oise). — Creusets, ustensiles chimiques, etc.

1282. *Pawels*, Paris. — Cornues à gaz.

IV⁰ SECTION. — TERRES CUITES RÉFRACTAIRES.

(4 exposants.)

Deux mentions honorables.

427. *De Boissimon,* Langeac (Gard). — Briques, vases, etc.
1096. *Bonnet jeune,* Paris. — Creusets, appareils pour labora-toires, etc.

TABLEAU RÉCAPITULATIF POUR LA FRANCE.

DIVISIONS ET SUBDIVISIONS.			NOMBRE des exposants.	RÉCOMPENSES.	
				Médailles de prix.	Mentions honorables.
Matières solides.	Ouvrages non polis.	Calcaires............	1	1	"
		Ardoises............	4	"	2
	Ouvrages polis.	Collections générales......	4	1	2
		Marbres, serpentines, granites, porphyres, etc., mis en œuvre............	6	3	1
		Mosaïques............	3	2	"
Matières plastiques	Chaux, ciments, stuc.	Chaux et ciments hydrauliques............	3	"	3
		Asphalte............	2	1	1
		Ciment métallique.......	1	1	"
		Stuc............	1	"	"
	Terres cuites.	Briques............	1	1	"
		Tuiles............	2	1	1
		Terres cuites ornementales..	5	1	4
		———— réfractaires...	4	"	2
TOTAUX............			37	12	16

ALGÉRIE.

Soixante-treize exposants portés au Catalogue ne présentent rien de relatif à la XXVII⁰ classe.

Il a cependant été exposé quelques échantillons des beaux marbres statuaires de Felfela, d'autres marbres gris, de granites et de porphyres très-remarquables, ainsi que des pouzzolanes de Raghoun employées pour les travaux de la colonie. (Voir ce qui sera dit dans la seconde partie, particulièrement quant aux marbres.)

ESPAGNE.

Trois cents exposants, dont quinze seulement appartiennent à la XXVII° classe.

Une mention honorable.

51. *Ysasi,* Tolède. — Grande *tinaja* ou *jarre,* vase à vin, à huile, etc., en terre cuite de la manufacture de Toboso (Manche), indiquée comme la plus importante et la plus renommée; un fragment de mur de l'Alhambra.

Quatorze autres fabricants.

13, 15, 16, 17, 18, 19, 28, 29, 30 et 67. *Directions et inspections des mines* de la Manche, d'Alméria, des Asturies, Grenade, Léon, Orense, Malaga, Soria, Cordoue, Alava, etc. — Nombreux et intéressants spécimens de pierres, grès, ardoises, marbres, brèches, serpentines, albâtres, argiles, briques, pouzzolanes, etc.

31. *Bibliothèque royale* de Madrid : série de 87 espèces différentes de marbres. — Collections zoologiques et minéralogiques. (Voir quelques détails dans la seconde partie.)

33. ...... Jais de Villaviciosa, tant brut que travaillé et poli en différents articles.

54. *Teger et Cie,* Ségovie. — Carreaux de terre cuite.

53. *Compagnie Aulentia,* Madrid. — Briques réfractaires de Sargadelos, etc., dont le prix répond à 8 fr. les 100 kilogrammes.

57. *Compagnie Apolytoment,* Madrid. — Spécimens d'*apolizoo* ou marbre artificiel.

PORTUGAL.

Cent trente exposants, dont huit relatifs à la XXVII° classe.

Une médaille de prix.

Dejante, Lisbonne. — Marbres blanc, noir, rouge, violet, jaune, vert, en partie avec veines, etc., des provinces d'Alemtejo, Cintra et autres, en partie en tablettes; ardoise, aussi d'Alemtejo; briques réfractaires d'Oporto, Jarcelles, etc.

Deux mentions honorables.

Figueiredo, Lisbonne. — Autres marbres, aussi d'Alemtejo.
Manufacture de Bulhoens. — Briques réfractaires.

Cinq autres exposants.

Muséum de l'Académie royale des sciences. — 100 échantillons environ des marbres des diverses provinces ou districts.

Bonnet, Lisbonne. — Pierres, marbres, serpentines, granites, syénites, diorites, porphyres, argiles, etc., de diverses provinces, en partie en tables, tablettes, etc.
Une mosaïque de 60 espèces différentes de marbres de l'Alemtejo de la manufacture de M. Dejante.

Les Inspecteurs des travaux publics. — Argiles et scories volcaniques hydrauliques.

Le marquis *de Subserra* et *Goulard.* — Asphalte et sables bitumineux de l'Estrémadure, etc.

Bastos, Lisbonne. — Briques réfractaires, etc.; une grande *tinaja* ou jarre en terre cuite, de la contenance de 6 pipes.

MADÈRE.

Une seule série d'articles relatifs à la XXVIIe classe: spécimens de calcaires cristallins ou stalactitiques de Madère et Porto-Rico; pierre de Ribeira da Testa (île Tercère), très-sonore au choc du fer ou d'un bois dur et très-estimée pour filtres.

SUISSE.

Deux cent soixante-dix-huit exposants, dont un seul relatif à la XXVIIe classe.

49. *Pédolin,* Coire. — Stéatite ou pierre à savon, pour constructions calorifériques, etc.; pierres d'un beau grain et susceptibles de poli; marbres de diverses couleurs, en partie rares.

SARDAIGNE.

Quatre-vingt-dix-sept exposants, dont quatre pour la XXVIIe classe.

Une mention honorable.

88. *Spanna et Cie,* Turin. — Marbre artificiel préparé avec du granite et du bois.

Trois autres exposants.

2. *Zolesi,* Chiavari. (Mention honorable à la Cl. I.) — Ardoises de couverture, ardoises polies pour écoles; table ronde en ardoise polie et vernie.

3. *Pianello* (*idem*). — Une ardoise brute d'environ 1 mètre 75 centimètres en carré.

69. *Bisse frères,* Gênes. — Table ronde incrustée de pierres fines, avec médaillon représentant le char du soleil, les saisons et les signes du zodiaque.

TOSCANE.

Cent vingt-trois exposants, dont dix-sept pour la XXVIIe classe.

Quatre médailles de prix.

1 et 98. *Institut impérial et royal technologique de Florence.* — Spécimens d'une partie des nombreux et excellents matériaux de construction et de décoration de la Toscane (sur lesquels ce corps savant a fourni au Catalogue des notes dont il sera donné des extraits dans la seconde partie) :

Pietra Macigno, constituant les principales masses des Apennins.

Tufs de Livourne, Pise, Lucques, etc.

Verrucano psammetico, pierre très-fine et très-dure.

Pietra di forni ou *seachisfe; pietra di Caminino; piêtra morta* de Golfolino, Pistoie, etc., toutes plus ou moins réfractaires.

Tables et colonnes en cipolin de l'île d'Elbe; brocatelle de Caldana, près de Ravi; marbre de Porta-Santa, près de Ravi; bardiglio de Campiglia.

Terres réfractaires de Lugnano, Monte-Pisano, etc.; farine fossile de Castel del Piano, etc., pour cornues et autres objets analogues.

112. *Buoninsegni frères,* Florence. — Belle table ronde en marbre incrustée en scagliola, représentant des bouquets, guirlandes, festons, etc.; roses en calcédoines de Monte-Rufoli, convolvulus en lapis-lazuli, feuilles en cailloux de l'Arno, etc. (Voir pl. VIII.)

113. *Bianchini,* Florence. — Table en mosaïque florentine, des plus belles espèces de pierres.

114. *Dallavalle frères,* Florence et Livourne. — Deux tables en scagliola, représentant, l'une, des fleurs, des oiseaux, etc., l'autre, Milton visitant Galilée dans sa prison, et des figures allégoriques, vues, etc.; vase aussi en scagliola avec figures, etc.

Trois mentions honorables.

91. *Nobili,* Lucques. — Base de colonne en marbre de couleur de Santa-Maria del Giudice.

109. *Cherici et fils,* Volterre. — Grand vase sur un tronçon de colonne cannelée, en albâtre gypseux, avec figures en demi-relief.

118 et 119. *Romoli,* Florence et Londres. —Table rectangulaire en scagliola imitant des dessins en ivoire et en ébène; table ronde en imitation de *pierre dure.*

Dix autres exposants.

16. *Fregliani,* Lucques. — Spécimens de stéaschiste des environs de Lucques; incrustations des eaux thermales de Saint-Philippe; marbres des environs de Lucques et de Sienne; alabastrites de cette dernière localité; granites de l'île d'Elbe; pierres lithographiques et *pietre dure* de la Toscane. (*Notice importante au Catalogue sur ces différentes matières, qui sera reproduite par extrait dans la seconde partie.*)

92. *Guidotti,* Lucques. — Bases et tables rondes et carrées en marbre de couleur de Pescaglia.

93. Le comte *della Guirardesca,* Florence.—Tables en marbre rouge de la Maremme toscane.

94. *Nanni,* Prato. — Table ronde en *verde di Prato,* de carrières abondantes et pouvant fournir des blocs cubant un mètre et demi.

95. *Maffei,* Volterre. — Base en marbre de couleur de Monte-Rufoli, près de Volterre.

96. Le marquis *de Pancialichi,* Florence. — Table en lumachelle de Saccaricca, près de Florence, et deux autres en marbre très-dur de Torrente-Marnia, près de Vallombreuse.

97 et 99. *Giovannini,* Florence. — Pierres lithographiques de Folle, en partie incrustées en stuc et en partie sculptées.

111. *Manufacture ou galerie impériale et royale d'ouvrages en pietre dure.* — Table ronde de 1 mètre 75 centimètres de diamètre, appartenant à S. A. le grand-duc, représentant, sur un fond en lapis-lazuli, le char d'Apollon, avec encadrement de fleurs et de feuillages.

20. *Santi,* Montaleino. — Briques flottantes en farine fossile de Castel del Pianto.

71. *Cantagalli,* Florence. — Cheminée prussienne et colonne au-dessus, en terre cuite, avec ornements en relief.

ÉTATS PONTIFICAUX.

Trente-huit exposants, dont onze pour la XXVIIe classe.

Une médaille du conseil.

15. Le cavalier *Barberi*, Rome. — Grande et magnifique table ronde en mosaïque romaine ; vues des plus importantes villes d'Italie. (Voir pl. VIII.)

Quatre médailles de prix.

23. *Manufacture de mosaïque de Saint-Pierre.* — Belles copies, par Raphaël Castellini, du saint Jean-Baptiste du Guerchin, de 1 mètre 30 centimètres de hauteur sur 1 mètre de largeur, et du portrait de Boniface IV, d'après Bompiani, destiné à la nouvelle basilique de Saint-Paul.

20. Le cavalier *Moglia (Luigi).* — Belles mosaïques : vue de Pæstum, Saint-Georges, Apollon et les signes du zodiaque.

17. *Boschetti.* — Deux mosaïques de 1 mètre de diamètre, dans le style florentin.

19. *Della Moda*, sculpteur. — Grande et belle coupe de 1 mètre de diamètre, et 1 mètre 30 centimètres compris les anses en forme de serpents, d'un seul bloc d'albâtre oriental.

Quatre mentions honorables.

21. *Moglia (Domenico).* — Mosaïques représentant le Forum, le Colysée et les temples de Pæstum.

22. *Roccheggiani.* — Vues de Pæstum.

13. *Marchesi*, Tivoli. — Briques et tuiles en pouzzolane, avec imitation de mosaïque.

48. *Jones*, Angleterre. — Modèle de cuve ou baignoire en un seul beau morceau de lapis-lazuli oriental, de 45 centimètres de longueur sur 30 centimètres de largeur, exécuté par M. Sibillo, de Rome.

Deux autres exposants.

52, 53 et 54. *Trentanove.* — Albâtre oriental : deux vases, et un autel évidé de façon à pouvoir placer une lumière à l'intérieur (exécuté par Della Moda). Marbre blanc : deux vases et un modèle de la colonne Trajane.

27. *Pellegrini*, Rome. — Spécimens de pouzzolane de Saint-Paul.

GRÈCE.

Quarante-cinq exposants, dont sept pour la XXVIIe classe.

Une mention honorable.

20. *Le Gouvernement grec.* — Excellente pouzzolane de Santorin, pour laquelle spécialement la mention honorable a été accordée.

26 à 39, 43, 44, 46, 47, 49. — Spécimens de différents calcaires polissables, ou marbres blancs, noirs et de diverses couleurs, des carrières de l'Acropole, ainsi que de Crobée, Darnaristika, Perozo, Pyrgaro, Scyros, Sparte, Tripolitza (en partie indiquées comme abondantes et fournissant des blocs plus ou moins considérables), et notamment de *cipolino*, de *rosso antico*, de *porfiro*, *verde antico* très-rare, de Carystos, de Scutari et de Crobée; serpentine de Saint-Jean, porphyre de Crobée et albâtres de Psitalia.

Six autres exposants.

25. *Malakatasi*, Tenos. — Marbre blanc pour travaux d'architecture et de sculpture, indiqué comme abondant et pouvant s'obtenir en grandes dimensions, employé en Grèce, en Turquie, etc.

40 à 42. *Cléanthes*, Paros. — Marbre blanc, marbre *lichnite* (transparent) blanc et rosé, des carrières antiques indiquées comme encore abondantes, très-profondes et fournissant des marbres d'autant meilleurs, exportés par Rome et autres pays, au prix de 200 drachmes (environ 179 francs) le mètre cube.

45. *Le prieur de Monte-Penteli.* — Marbre pentélique, également extrait des carrières antiques et employé à la construction des édifices modernes les plus importants d'Athènes, églises, habitations, etc.

48. *Le prieur du mont Hymette.* — Marbre également extrait des carrières antiques, moins blanc que le précédent.

60 et 61. *Vitalis frères*, Athènes. — Copies, l'une en marbre pentélique et l'autre en marbre de Paros, de deux fragments de frise du Parthénon, à moitié d'exécution.

ÉGYPTE.

Un seul exposant, *le Gouvernement égyptien.* — Articles relatifs à la XXVIIe classe.

Mention honorable.

1 à 5. Trois blocs et deux tables ronde et carrée en bel albâtre

oriental des carrières antiques, actuellement réexploitées par le Gouvernement, d'une richesse de teintes et d'une transparence remarquables.

7, 12, 14 et 15. Spécimens de gypse ou pierre à plâtre et de pierres à bâtir, blanches et rouges.

TURQUIE.

Aussi un seul exposant, le *Ministre du commerce* et l'*Arsenal impérial, pour le Gouvernement.* — Articles relatifs à la XXVIIᵉ classe : spécimens de gypse, pierre bitumineuse, granite, jaspe ; porphyre et argile.

TUNIS.

Aussi un seul exposant, *Sa Hautesse le Bey.* — Spécimens de plâtre, soit pour constructions, soit en panneaux de décoration dans le style arabe ; de pierres à chaux ou à bâtir.

AUTRICHE.

Sept cent quarante-sept exposants, dont, pour la XXVIIᵉ classe : *Royaume d'Italie,* 5 ; *Empire d'Autriche,* 8.

ROYAUME D'ITALIE.

Une médaille de prix.

726. *Bottinelli,* Milan. — Trois chambranles de cheminée en marbre de Carrare sculptés, d'une bonne exécution. (Voir pl. IX.)

Trois mentions honorables.

725 et 728. *Benzoni et Motelli,* Milan. — Chacun un autre chambranle avec figures sculptées.

38. *Cristofoli,* Padoue. — Blocs pour pavage et colonnes en marbre artificiel.

Un autre exposant.

638. *Speluzzi,* Milan. — Table en mosaïque (Mention honorable de la XXVIᵉ classe).

EMPIRE D'AUTRICHE.

Une médaille de prix.

610. *Miesbach,* Vienne et Pesth. — Briques tant ordinaires que creuses, ornementales, etc., tuiles, tuyaux de drainage, etc., d'excellente qualité, de sept importantes fabriques (sur lesquelles il est fourni d'intéressants détails dont il sera donné extrait dans la seconde partie).

Une mention honorable.

724. *Gotti,* Carlsbad. — Deux vases d'environ 80 centimètres de hauteur et 50 centimètres de diamètre en tuf thermal, sculptés par les frères Knoll et non obtenus par sédiment.

Six autres exposants.

590. *Hofmann,* Prague. — Vases, en partie de grandes dimensions, en cristal imitant l'albâtre.

37. *Rohlik,* Prague. — Nouveau procédé d'imitation de marbre de Carrare pour vases, candélabres, lustres, carrelages en mosaïque, etc.

645. *Behr,* Prague. — Colonnes et piédestaux aussi en marbre artificiel.

35 et 36. *Hardtmuth* et *Schabas,* Vienne. — Pierres ponces artificielles.

612. *Bahr* et *Maresch,* Tassig-sur-l'Elbe. — Briques, pots de fleurs et autres objets en terre cuite.

BELGIQUE.

Cinq cent douze exposants, dont seize pour la XXVIIe classe.

Deux médailles de prix.

425. *Leclercq,* Bruxelles. — Marbres blanc et noir de Belgique; grand chambranle de cheminée en très-beau marbre de Carrare, richement sculpté de figures et autres ornements. (Voir pl. X.)

399. *Boucher,* Bandour. — Argile réfractaire, creusets, etc.

Six mentions honorables.

136. *Zaman et Cie,* Saint-Josse-ten-Noode. — Spécimen de pavage en pierre de Quennast et de porphyre poli.

16. Le vicomte *Desmanet de Biesmes*, Namur. — Tablettes, pilastres et colonnes en marbre noir.

423. *Quislan*, Hastière-les-Vaux. — Tables, tablettes et candélabres en même marbre.

457. *Joostens*, Essen-lez-Dixmude. — Pinacle en pierre d'ordain sculptée.

397. *Coste*, Tulleru. — Argile réfractaire à base de graphite et creusets.

398. *Small Werpin*, Huy. — Briques réfractaires et creuṣets.

Huit autres exposants.

439. *Biernaert*, Bruxelles. — Spécimen de pierre blanche employée pour une partie des constructions de l'église ·Saint-Georges, à Anvers.

5. *Colette-Doucet*, Luxembourg. — Ardoises de couverture.

10. *Fallon-Piron*, Namur. — Beaux blocs de marbre noir.

19. *Dethier*, Theux. — Blocs de marbre noir, tablettes, vases.

395. *Pastor et Cⁱᵉ*, Ardennes. — Briques réfractaires, creusets et tuyaux de drainage.

396. *Commission administrative communale*, Marchain. — Pierre poudingue réfractaire et creusets.

424. *Soetens*, St-Gilles de Bruxelles. — Pilastres, carreaux, médaillons, etc., en pierre artificielle d'une nouvelle espèce de lave fusible.

426. *Follet*, Verviers. — Colonnes en stuc.

HOLLANDE.

Cent quatorze exposants, dont aucun n'a rapport à la XXVIIᵉ classe.

PRUSSE ET DUCHÉS DE ḄADE, DE HESSE, DE LIPPE,
DE BRUNSWICK, D'ANHALT ET DE THURINGE.

Huit cent quatre-vingt-dix-sept exposants, dont vingt et un pour la XXVIIᵉ classe.

1° PIERRES.

Une mention honorable.

323. *König*, Trèves. — Grès pour constructions et sculptures : d'Aix, employé par les Romains à la porte Noire, à Trèves; d'Odel-

...angin, employé à Saint-Laurence à Trèves ; de Lorich, Meiningen, Wasserlich et Tawern.

2° MARBRES.

Cinq exposants.

Une médaille de prix.

235. *Cantian,* Berlin. — Table, piédestal, colonne, etc., en beaux marbres, granites et porphyres de Silésie, des environs d'Oderberg, etc., dont un marbre grenat, dit *rosso antico,* très-bien travaillés.

Une mention honorable.

780. *Inspection de la fonderie ducale de Brunswick.* — Tables en marbres noir, gris, rouge, etc., des carrières des environs, pouvant fournir des blocs de grandes dimensions.

Trois autres exposants.

31. *Bozzelt* et *Harperath,* Cologne. — Bloc et tables en marbre le couleur, cheminée en marbre de Carrare, style Renaissance.

845, *Laverdure,* Breslau. — 22 échantillons différents de nouvelles carrières en Silésie.

892. *Hohenberg,* Cobourg. — Tabernacle en marbre de Serravezza, style byzantin.

3° MOSAÏQUES.

Trois exposants.

415. *Wiegandt,* Cologne. — Table ronde contenant 24,700 pièces : spécimens pour carrelages.

837. *Devisse,* Berlin. — Colonnes, tables, sphères, etc., avec mosaïques florentines et vénitiennes.

847. *Kielmann,* Posen. — 3 spécimens de carrelages en mosaïques mélangées de marbres et pâtes vitreuses dans l'ancien style romain.

4° PIERRES PRÉCIEUSES.

10. *Rimann,* Hirschberg (Silésie). — Pierres des environs, brutes et polies.

5° PLÂTRE, EN PARTIE DIT *DE PARIS*.

Quatre exposants.

Une mention honorable.

418. *Noé*, Hanau. — Modèle d'un candélabre.

Trois autres exposants.

272 et 273. *Eichler* et *Drake*, professeurs; Berlin. — Copies ou réductions de sculptures anciennes et modernes de haut et bas relief.

416. *Kramer*, Cologne. — Corniche, clef d'arcade, etc.; plâtre et stuc.

6° PIERRES ET MARBRES ARTIFICIELS.

Deux exposants.

4. *Elsner*, Tarnowitz. — Carrelage en pierre artificielle de ciment dit *romain*, obtenu par le carbonate de chaux argilo-magnésien: fragment de ciment antique trouvé à 5o mètres de profondeur dans des mines près de Tarnowitz.

428. *Moosbrugger et Kobbe*, Coblentz. — Table et cassette en marbre artificiel, avec mosaïque.

7° BRIQUES ET TERRES CUITES.

Cinq exposants.

Quatre mentions honorables.

9. *Milch*, à Warbrünn. — Briques de forme nouvelle: dessin et description d'une machine pour leur fabrication.

240. *March*, Charlottenbourg. — Grand vase de style gothique et fontaine avec figures d'enfants, sur piédestaux, etc.; vases pour laboratoires, etc.

241. *Ungerer*, Hirschberg. — Tuyaux vernissés pour conduites d'eau.

778. *Arnoldi*, Gotha. — Creusets, cornues, fourneaux et ustensiles pharmaceutiques en argile des forêts de la Thuringe.

Un autre exposant.

3,19. *Von Muelmann*, Siegbourg. — Argile réfractaire, briques, creusets et ustensiles de laboratoire.

TABLEAU RÉCAPITULATIF POUR LA PRUSSE.

DIVISIONS ET SUBDIVISIONS.	NOMBRE des exposants.	RÉCOMPENSES.	
		Médailles de prix.	Mentions honorables.
Matières solides. Pierre	1	"	1
Marbre	5	1	1
Mosaïques et pierres précieuses	4	"	"
Matières plastiques. Plâtre	4	"	1
Pierre et marbre artificiels	2	"	"
Terres cuites	5	"	4
Totaux	21	1	7

BAVIÈRE.

Cent vingt exposants, dont cinq pour la XXVIIe classe.

Une médaille de prix.

28. *Kapeller et fils*, Hafnerzell. — Diverses sortes de creusets en terre noire, très-bons pour la fonte des métaux, ayant jusqu'à 60 centimètres de hauteur et 50 centimètres de diamètre.

Quatre autres exposants.

77. *Lang*, Oberrammergau. — Ornements et petits objets divers en albâtre.

84 et 88. *Halbig et Knoll*, Munich. — Gobelets en plâtre de Paris, sculptés. (Voir pl. IX.)

99. *Wagner et Cie*, Klingenberg-sur-le-Mein. — Spécimens d'argile réfractaire.

WURTEMBERG.

Cent dix exposants, dont quatre pour la XXVII° classe.

Une mention honorable.

69. *Wasserott*, Ravensbourg. — Fenêtres et ornements gothiques en belles terres cuites, et *album* d'autres objets de même genre, ainsi que de carrelages, tuiles, tuyaux et autres parties de construction et de décoration.

Autres exposants.

5. *Leube frères*, Ulm. — Ciment hydraulique durcissant en peu de minutes.

77. *Heller*, Stuttgart. — Bas-reliefs en plâtre.

78. *Seeger*, Eslingen. — Procédé de mosaïque en bitume et colorée, d'une exécution prompte et peu coûteuse (environ 23 francs le mètre), etc.

FRANCFORT-SUR-LE-MEIN.

Vingt et un exposants, dont deux pour la XXVII° classe.

16. *Hoffmann et fils.* — Cheminée-poêle en porcelaine, avec figures d'enfants, arabesques, etc. (Voir pl. X.)

21. *Tacchis.* — Grande fontaine en cristal-albâtre à quatre faces, composée d'un double socle, de quatre cuvettes, porte-lampe; vases aussi en albâtre, etc.

DUCHÉ DE NASSAU.

Treize exposants, dont deux pour la XXVII° classe.

1. *Ingénieurs des mines du Gouvernement.* — Collection importante des minéraux du duché, dont spécimens d'ardoise de bonne qualité des environs du Rhin et de la Lahn et d'argiles fort abondantes dans le duché.

5. *Manufacture de marbre*, Diez. — Colonnes, vases, chandeliers, tabatières, etc., en marbres du duché, rouge, jaune, noir, gris, etc., d'un calcaire fossilifère plutôt métamorphique que cristallin, d'une texture irrégulière et cassante, mis en œuvre dans plusieurs établissements près de la Lahn, principalement pour petits objets,

nais aussi pour chambranles de cheminée et autres objets ana-
ogues.

HAMBOURG, SAXE, HESSE, LUBECK, HANOVRE,
MECKLEMBOURG, LUXEMBOURG,
OLDENBOURG, NUREMBERG ET DANEMARK.

Nombre total des exposants, ensemble quatre cent seize, dont
aucun n'est relatif à la XXVII° classe.

SUÈDE ET NORWÉGE.

Cent dix-sept exposants, dont quatre pour la XXVII° classe.

Trois médailles de prix.

43. *Carrière de Hiula,* Norwége. — Beau porphyre syénitique
qui se trouve en blocs erratiques; vases, boîtes et autres objets.

47. *Manufacture d'ouvrages en porphyre,* Elefsdahl (Suède), établie par le roi pour procurer de l'occupation à la population pauvre.
— Deux beaux vases en porphyre sur piédestaux en granite rouge.

100. *Kulgzen,* Oddewallen (Suède). — Croix en un seul bloc de
beau granite de l'île de Malmon, sur les côtes de Suède, pouvant
s'obtenir en grandes dimensions et en quantités considérables.

Un autre exposant.

51. *S. M. le roi de Suède.*—Magnifique vase en porphyre, de près
de 2 mètres de hauteur et 1 mètre 30 centimètres de diamètre, de
la manufacture précitée d'Elefsdahl. (Exposé seulement après les
opérations du jury. La manufacture en établit jusqu'à 3 mètres
30 centimètres de diamètre.)

RUSSIE.

Trois cent quatre-vingt-huit exposants, dont neuf pour la
XXVII° classe.

Une médaille du conseil.

21 et 323. Le prince *Demidoff,* Nidjetoghilk (Sibérie) et Saint-
Pétersbourg. — Magnifiques spécimens de malachite tant bruts
que travaillés; ameublement complet plaqué en malachite; grandes
portes à deux vantaux, avec chambranles et couronnements; **grande**

cheminée; tables de diverses formes et de diverses grandeurs; fauteuils, chaises et autres siéges; vases sur piédestaux, dont plusieurs de grandes dimensions, et autres objets. (Voir pl. XII.)

Trois médailles de prix.

326. *Manufacture impériale de poli,* Ekaterinbourg (Perm). — Vase sur piédestal de près d'un mètre de hauteur et grand candélabre orné de sculptures, en jaspe verdâtre.

327. *Autre manufacture impériale,* Kołyvan (Tomsk). — Vase de 71 centimètres en carré à la partie supérieure, et la partie au-dessous arrondie, de 1 mètre 40 centimètres de hauteur, compris piédestal, en jaspe violet; autre de 1 mètre de hauteur, jaspe violet; autre de 65 centimètres en carré et 65 centimètres de hauteur, jaspe vert marbré. (Voir pl. XI.)

298. *Autre manufacture impériale,* Péterhoff, près de Saint-Pétersbourg. — Table ronde incrustée de différentes matières, en mosaïque florentine représentant des fleurs, etc.; coffret à bijoux de S. M. l'Impératrice, orné de fruits de haut-relief en pierre dure, sur ébène. (Voir pl. XI.)

Autre exposant.

6. *Établissement impérial de travaux en cuivre,* gouvernement de Perm. — Collection minéralogique des roches du système permien : spécimens de grès en partie marneux, gris, noir, etc., et plus ou moins cuivreux; briques réfractaires, en partie ayant déjà servi. Vingt-deux échantillons de minéraux de la Nouvelle-Russie, de la Bessarabie et des provinces transcaucasiennes; syénites, granites à grain gros et fin, granites syénitiques, porphyres, ardoise dioritique, grès basaltique, jaspe, calcaire grossier et compacte, marbre statuaire, marbre de Balaclava, brèche rouge et autres, albâtre oriental, tufs, argiles, etc.

ÉTATS-UNIS.

Cinq cent neuf exposants, dont dix pour la XXVIIᵉ classe.

Une mention honorable.

180. *Maryland Company Soapstone,* Baltimore. — Spécimens de *soapstone* ou stéatite (pierre à savon ou ollaire, comme employée en

ases culinaires, etc.), abondante en Amérique et principalement
ux environs de Baltimore, et pour divers objets dans les construc-
ions des usines, etc.; tuyau de bain, rouleau de colleur.

Neuf autres exposants.

5o1. *Henry,* Philadelphie. — Autre spécimen de soapstone.

249. *Penniman,* Colchester. — Spécimen de pierre calcaire.

469. *Feutchwanger,* New-York. — Nombreuse collection de minéraux américains et antiquités indiennes.

371. *État de Maryland.* — Collection des produits de cet État
dans un beau meuble en bois indigène.

Dans ces deux collections, spécimens de pierres, marbres, etc.

274 et 275. *Sims, Buckingham County.* — Spécimens d'ardoise
le couverture.

418. *Doé et Cie,* Boston. — Belle table en marbre ressemblant à
celui de Sienne.

426. *Manufacture du Phénix,* Taunton. — Creusets en plombage
pur.

233. *Black,* New-York. — Peinture dite *à l'épreuve du feu.*

252. *Lenan,* Newbury. — Poudre impalpable d'une roche chal-
cédonique de l'état de Vermont, et formant une espèce d'émeri.

315. *Basham,* New-York. — Modèle en plâtre de la Bourse de
New-York.

CHINE.

Trente-huit exposants, dont trois relatifs à la XXVIIe classe.

2. *Grande manufacture royale de porcelaine.* — Nombreuse collection des matières qui y sont employées : spécimens de *soapstone* très-
dure des districts de Luh-sin et de Kweihe, province de Kiang-si ;
soudure pour enduits, etc.

38. Collection de minéraux envoyée par le Dr Brown, consul
anglais à Hong-kong. — Tables en pierre noire calcaire de la province de Canton, pour tombes et autres usages ; grès de différentes
qualités et pour différents usages ; stéatite, gypse, malachite, argile ; jade très-dur, pouvant s'obtenir en assez grande dimension,
pour mortiers, pilons, etc.

TABLEAU RÉCAPITULATIF GÉNÉRAL EN CE QUI CONCERNE LA XXVIIe CLASSE.

NATIONS.	NOMBRE D'EXPOSANTS.	RÉCOMPENSES.		
		MÉDAILLES du conseil.	MÉDAILLES de prix.	MENTIONS honorables.
Royaume-Uni......................	167	2	47	36
Jersey et Guernesey.....	2	"	"	"
Iles Ioniennes..........	1	"	"	"
Malte.................	6	"	3	3
Indes Orientales........	2	"	1	1
Ceylan..............	1	"	"	"
Possessions / Canada..............	3	"	"	1
anglaises. Nouvelle-Écosse........	2	"	"	"
Trinité..............	1	"	"	"
Guyane anglaise.......	1	"	"	"
Australie méridionale...	2	"	"	"
Terre de Van-Diemen...	3	"	"	"
Nouvelle-Zélande.......	3	"	"	"
TOTAUX pour l'Angleterre et ses dép^{ces}.	194	2	51	41
France.........................	38	"	12	16
Espagne	15	"	"	1
Portugal.......................	8	"	1	2
Madère.........................	1	"	"	"
Suisse..........................	1	"	"	"
Sardaigne	4	"	"	1
Toscane........................	17	"	4	3
États Pontificaux..............	11	1	4	4
Grèce..........................	7	"	"	1
Égypte.........................	1	"	"	1
Turquie........................	1	"	"	"
Tunis..........................	1	"	"	"
Autriche et royaume d'Italie.........	13	"	2	4
Belgique	16	"	2	6
Prusse.........................	21	"	1	7
Bavière........................	5	"	1	"
Wurtemberg	4	"	"	1
Nassau........................	2	"	"	"
Francfort-sur-le-Mein	2	"	"	"
Suède et Norwége.................	4	"	3	"
Russie.........................	5	1	3	"
États-Unis.....................	10	"	"	1
Chine	2	"	"	"
TOTAUX..........	383	4	84	89

SECONDE PARTIE.

EXAMENS COMPARATIFS,

INDICATIONS, OBSERVATIONS ET CONSIDÉRATIONS

QUI S'Y RATTACHENT.

REMARQUES PRÉLIMINAIRES.

Ainsi que je l'ai précédemment indiqué, je diviserai d'abord cette seconde partie d'une manière analogue à la classification précitée; mais, les examens que j'ai en vue devant être plutôt d'ensemble que de détail, je ne conserverai de cette classification que les groupes principaux, savoir :

Ire Division. *Matières solides.*

Ier Groupe. *Ouvrages non polis.*

Ire Section. Pierres de construction proprement dite, ou pierres de taille.

IIe Section. Ardoises de diverses sortes pour couvertures, dallages, etc., et ardoises peintes, émaillées, etc., pour décorations.

IIIe Section. Quelques ouvrages en cannel ou parrotcoal et en jais.

IIe Groupe. *Ouvrages en matières polies ou susceptibles de poli.*

Ire Section. Marbres, serpentines, granites, porphyres, spath-fluor, jaspes, etc., tant en collections que mis en œuvre.

IIe Section. Ouvrages d'incrustement ou de rapport, en marbre et autres matières dures naturelles ou artificielles : mosaïques de différentes natures, malachites, etc.

IIᵉ Division. *Matières plastiques.*

IIIᵉ Groupe. *Chaux, ciments, pierres artificielles.*

Iʳᵉ Section. Chaux et ciments hydrauliques.
IIᵉ Section. Pierres artificielles.
IIIᵉ Section. Gypse ou plâtre.
IVᵉ Section. Marbres artificiels, mosaïques, scagliola.
Vᵉ Section. Bitume ou asphalte.
VIᵉ Section. Ciment métallique.

IVᵉ Groupe. *Terres cuites.*

Iʳᵉ Section. Briques, tuiles, carreaux, tuyaux, etc.
IIᵉ Section. Terres cuites ornementales.

Article supplémentaire. *Diverses combinaisons de fer et de verre ou glaces, etc.*

Dans chacune de ces subdivisions, je parlerai successivement des différentes nations exposantes, et je rappellerai, au moins sommairement, les principaux exposants et surtout les principaux objets exposés et les récompenses décernées, mais en suivant, pour telles ou telles subdivisions, l'ordre différent que je vais indiquer.

Pour les objets de construction proprement dite (pierres de taille, ardoises, chaux, ciments, terres cuites en général), cet ordre sera à peu près le même que dans l'*énumération* qui précède.

Mais pour les objets de décoration (marbres et autres matières analogues, mosaïques, etc.), je suivrai un ordre en quelque sorte *historique,* à peu près conforme en même temps au degré d'antériorité, d'importance et de mérite des travaux de chaque nation.

Enfin je m'efforcerai de rattacher aux différentes parties, aussi sommairement, mais aussi complétement qu'il me sera possible, tous les développements qui me paraîtront propres à former un tableau suffisamment exact des progrès des différents arts de construction et de décoration, principalement en France, depuis le commencement de ce siècle, et par conséquent depuis l'institution de nos *expositions nationales*, dont j'utiliserai souvent les glorieuses archives.

Ire DIVISION. — MATIÈRES SOLIDES.

Ier GROUPE. — OUVRAGES NON POLIS.

Ire SECTION. — PIERRES DE CONSTRUCTION PROPREMENT DITE, OU PIERRES DE TAILLE.

OBSERVATION GÉNÉRALE.

La *pierre de taille* proprement dite est sans aucun doute, considérée d'une manière générale et abstraction faite du degré de qualité de chaque espèce, la meilleure sorte de *matériaux de construction*, par la raison que, formant des blocs homogènes de plus ou moins grandes dimensions et de figures stratiformes plus ou moins régulières, il est d'autant plus facile d'en composer des constructions ayant par elles-mêmes une solidité et une stabilité considérables, indépendamment de l'accroissement qu'on peut y donner par l'appareil, la taille et les moyens de jonction, tels que les ciments, les chaînages, etc. On ne considère, du reste, ordinairement comme pierres de taille que celles en calcaire grossier ou même susceptible de poli, quelques marbres communs, des granites, ainsi que des grès, etc.; mais ce sont principalement les pierres calcaires et tout au plus quelques pierres gréseuses que nous aurons en vue dans cette section.

ANGLETERRE.

On est naturellement porté à considérer comme une des conditions à peu près indispensables pour la formation et le développement d'une grande ville une situation à portée de carrières abondantes et faciles à exploiter de bonnes pierres

de taille et autres matériaux analogues; et telle a été, en effet,
la condition dans laquelle se sont trouvées la plupart, des
villes considérables, anciennes et modernes.

Mais il n'en est aucunement ainsi à l'égard de Londres ni
de la plupart des autres villes d'Angleterre. Dans ce pays,
l'élément, les sédiments calcaires, ont été généralement beaucoup moins abondants que dans d'autres pays, et ont été
remplacés par l'abondance des sédiments argileux, siliceux
et autres.

L'Angleterre est donc mieux partagée en fait de *grès* ou
autres pierres siliceuses, principalement employées pour pavages et trottoirs, et pour plusieurs desquelles il a été accordé
des *mentions* bien motivées par la haute importance de cet
emploi. Il sera parlé plus tard des *granites,* qui y sont également employés.

Mais, en même temps que la pierre calcaire est moins abondante en Angleterre, l'atmosphère de tout le pays, de Londres
surtout, est, en général, on ne peut moins favorable à la conservation de cette espèce de pierre, ce qu'on verra avoir été
signalé dans le rapport anglais. Aussi les constructions de
cette nature y sont-elles ordinairement beaucoup moins nombreuses, beaucoup moins importantes, et, en général, beaucoup moins bien conservées que celles soit en granite, soit en
briques, etc.; aussi l'Angleterre, lorsqu'elle a eu accès sur
quelque partie de notre littoral, en a-t-elle exploité les carrières et a-t-elle continué, même jusqu'à ce jour, à en employer les produits pour une partie de ses constructions; aussi,
enfin, peu de matériaux de cette espèce tirés de son propre
sol figuraient-ils à l'Exposition universelle, tandis que plusieurs exposants anglais y avaient présenté divers objets exécutés avec notre pierre de Caen, adoptée en outre pour les
parties intérieures des nouvelles chambres du Parlement, à ce
qu'il paraît, concurremment avec la pierre de Painswick[1]. La

---

Ces deux sortes de pierres ont été payées, d'après les derniers marchés
pour l'achèvement de ces constructions, le pied cube en œuvre, compris

France pourrait jusqu'à un certain point réclamer, au moins en partie, l'honneur des récompenses accordées aux exposants dont il vient d'être parlé. J'indique sur la planche Iʳᵉ une cuve baptismale qui a reçu une de ces récompenses, et je me réserve de donner ci-après des détails sur nos diverses carrières des environs de Caen.

Quant à la pierre de Purbeck, anciennement employée pour quelques édifices religieux de l'Angleterre, son peu de durée en a réduit l'emploi à de simples restaurations; et à l'égard de la pierre de Bath, de même nature à peu près que celle de Caen, elle est beaucoup moins belle, et (dit le rapport anglais) « moins capable encore de résister à une atmo- « sphère anglaise, surtout à celle de Londres [1]. »

On a vu qu'il a été accordé une *médaille* pour une pierre que sa composition fortement bitumineuse rend très-durable, et très-précieuse dès lors pour les constructions d'Édimbourg, ordinairement beaucoup plus élevées que celles de Londres.

Si l'Angleterre est, en général, peu abondamment pourvue de pierres calcaires, il en existe cependant quelques gisements importants et de la meilleure qualité, indépendamment de la pierre de Portland, employée en certains cas pour les constructions publiques et particulières de Londres et d'autres villes, mais, à ce qu'il paraît, assez peu abondante et d'un prix élevé d'acquisition et de mise en œuvre [2]. On a vu

---

lits et joints, échafauds, montage et pose, 2 sh. 10 den. à 3 pieds de longueur, et jusqu'à 3 sh. 6 den. à 13 pieds de longueur : prix moyen, 3 sh. 2 den., ce qui correspond à 111 fr. 50 cent. le mètre cube.

[1] Cette pierre n'en est pas moins payée à Londres à peu près au même prix que celui indiqué ci-dessus pour les pierres de Caen et de Painswick.

[2] Le prix de cette pierre pour l'achèvement des chambres du Parlement ne paraît avoir été que d'environ 1/10 au-dessus de celui précédemment indiqué pour les pierres de Caen et de Painswick ; mais, pour les travaux ordinaires, il paraît être habituellement de plus de 4 shillings le pied cube en œuvre (environ 141 francs le mètre cube), dont à peu près moitié pour fourniture de la pierre : c'est, du reste, à peu près le prix que se payait, à la même époque, à Paris la pierre d'une qualité tout à fait supérieure.

qu'il a été accordé une *mention honorable* pour le *calcaire magnésien*, adopté pour les faces extérieures des nouvelles chambres du Parlement. La manière dont a été effectuée l'enquête ouverte à ce sujet est un exemple remarquable de soins intelligents et éclairés, et je crois utile d'en consigner ici un précis.

Enquête pour le choix de la pierre des façades extérieures des nouvelles chambres du Parlement.

Cette importante construction avait été l'objet d'offres pressantes de la part de fournisseurs tant de Portland que de Caen, et l'on n'avait négligé ni démarches, ni sollicitations, ni promesses, ni envois d'échantillons, de notes de prix, etc.; mais, sur les sages instances de M. Barry, l'habile architecte de ces beaux travaux, une enquête fut ordonnée et confiée à une commission composée de cet architecte même, de M. Smith, autre architecte connu par ses connaissances pratiques, et de M. de la Bèche, membre de la Société royale de Londres, etc. La commission visita, dans un rayon assez étendu autour de Londres, la plupart des édifices un peu importants, plus ou moins anciens, ainsi que les carrières d'où avaient dû être extraites les pierres qui s'y étaient le mieux conservées, et elle resta convaincue qu'un assez grand nombre d'espèces pouvaient offrir la beauté et la solidité nécessaires; mais il fallait encore réunir les conditions suivantes : situation à portée d'un cours d'eau qui pût en assurer le transport avec facilité et économie; abondance suffisante pour les besoins de l'entreprise; nature telle que la mise en œuvre pût également avoir lieu à un prix modéré. Environ cent cinquante espèces différentes furent d'abord choisies, et il en fut apporté à Londres des blocs de 18 pouces anglais sur 9 pouces en carré (45 centimètres sur 23 centimètres), des blocs de 6 pouces en tous sens, actuellement déposés au Muséum de géologie économique, puis une double série en blocs de 2 pouces, pour être analysés par les savants chimistes Daniell et Wheatstone. On constata, au moins pour toutes les espèces jugées les plus intéressantes, la pesanteur spécifique, la composition chimique, la résistance à l'écrasement, enfin la valeur de mise en œuvre. Ces diverses espèces se composaient en général principalement de carbonate de chaux et de magnésie, puis de silice, d'alumine de fer[1], etc. Elles furent reconnues d'autant meilleures qu'elles contenaient une plus forte proportion de magnésie[2], moins attaquable que la chaux par les influences atmosphériques, et qu'elles se rapprochaient davantage de la *dolomite* (ainsi nommée du nom de notre célèbre naturaliste). En définitive, aucune espèce de pierre ne parut préférable à celle employée par les Normands, il y a plus de huit siècles, pour une partie de l'église de Southwell, et présumée provenir des carrières de Bolsovermoor; on trouva en outre près de là des masses considérables de pierres entièrement semblables à Anston[3], village très-convenablement situé quant à l'exploitation et au transport. On s'arrêta donc à cette localité, qui, d'extrêmement solitaire et dénuée, en quelque sorte, de toute civilisation, est devenue le siège des travaux les plus actifs et a fourni la presque totalité des pierres des façades extérieures de Westminster. Comme cela a lieu à peu près dans toute l'Angleterre, il a été payé au duc de Leeds, propriétaire du sol, le droit d'un denier et demi par pied cube anglais (à peu près 0^f,155 ou 4 fr. 40 cent. par mètre cube); les quantités fournies se sont élevées chaque année moyennement à 4,800 tonnes anglaises ou près de 4,266 tonnes métriques, la pesanteur

---

[1] D'après les savants expérimentateurs, on trouve au moins des traces de fer dans les roches de tous les âges et de toutes les formations, même les plus blanches et les plus translucides, le marbre blanc, le spath, etc.

[2] Cette donnée se retrouve également, assure-t-on, dans les espèces de pierres les mieux conservées des restes de constructions romaines en Angleterre, et il en est, je crois, de même quant à une partie de nos meilleures pierres de taille; mais on verra ci-après qu'il ne paraît pas en être ainsi quant à nos excellentes pierres d'Aubigny (Calvados).

[3] Suivant la Commission, de *all stone, one stone* ou *ain stone*, comme signification de la nature du sol du canton, de même qu'en une situation analogue une station romaine avait reçu le nom de *Calcaria*.

moyenne étant d'à peu près 144 *pounds* le pied cube anglais
ou 2,300 kilogrammes le mètre cube. La composition est à
peu près de 52 à 53 centièmes de chaux, 44 à 45 de magnésie et 2 ou 3 de fer, etc. La main-d'œuvre se fait à un prix
un peu inférieur à celui de la pierre de Portland, et le prix
de la pierre mise en œuvre est à peu près intermédiaire à
ceux de cette dernière pierre et de la pierre de Bath.

Ainsi ont été démenties des prédictions intéressées d'après
lesquelles ces nouvelles carrières devaient ou ne pas fournir
aux besoins de l'entreprise ou occasionner des dépenses plus
considérables que celles en usage, etc.

J'extrais principalement ces détails d'une des publications
faites à ce sujet par M. Smith, l'un des membres de la commission, et illustrée par des gravures très-soignées, ainsi qu'il
est presque généralement d'usage en Angleterre (*Lithology,* etc.
Weale, 1845, in-4°).

FRANCE.

En France, les sédiments calcaires sont bien plus répandus,
bien plus abondants en général et particulièrement aux environs de la plupart de nos villes principales. Paris a dû sans
aucun doute, au moins en grande partie, le développement et
l'importance de ses constructions aux abondantes carrières
sur les excavations desquelles presque toute sa partie méridionale s'est successivement étendue. Marseille, Dijon, Bordeaux.
Caen et tant d'autres villes ont à leur proximité, ou du moins
à leur portée, des carrières non moins abondantes et souvent
plus belles encore. Lyon surtout ne doit la hauteur de ses
maisons, excessive d'ailleurs, qu'à l'excellente pierre de
Choin, etc.

Je ne mentionnerai d'une manière particulière que les carrières dont les pierres figuraient à l'Exposition universelle de
Londres : celles de Tonnerre (Yonne), par les soins de M. Desauges, qui en exploite une partie et tient un dépôt important
de leurs produits à Paris, et qui a reçu une *médaille de prix*;
celles de Caen (misès en œuvre par des exposants anglais

mêmes), en raison de l'emploi considérable qu'on en fait depuis longtemps en Angleterre.

1. Pierres de Tonnerre (Yonne).

On emploie depuis longtemps à Paris et dans d'autres villes de France les belles pierres de Tonnerre et des environs, et elles ont longtemps été réservées pour la sculpture ou au moins pour les constructions monumentales. Les carrières dont il s'agit particulièrement ici sont situées aux confins des communes de Tonnerre et de Pacy; elles ont été ouvertes il y a une trentaine d'années, pour les travaux du canal de Bourgogne; il y a été donné successivement diverses extensions et ajouté, à différentes reprises, plusieurs scieries hydrauliques, mues par la rivière d'Armançon. On annonce qu'il y a maintenant 36 châssis de 24 lames chacun, que près de 200 ouvriers y sont employés, ainsi qu'aux carrières, etc.

Les produits de ces usines sont particulièrement venus faire concurrence à Paris aux *liais de Créteil* pour dallages et carrelages, quelquefois mélangés de marbres noirs et autres. On a vu qu'elle s'employait aussi en mangeoires, en filtres, etc., et que la beauté et la finesse de son grain la rendait en tout très-propre à la sculpture.

2. Pierres de Caen et environs (Calvados).

Plusieurs des exposants anglais de monuments religieux et autres en pierre de Caen ont inséré au Catalogue, sur les carrières d'où elles proviennent, des notes qui témoignent de tout l'intérêt qu'on y attache en Angleterre. Je connaissais déjà toute leur importance; mais je dois à l'obligeance de M. le préfet du Calvados et aux connaissances de M. Morière, géologue de Caen, des renseignements positifs dont je crois utile de consigner ici le résumé suivant[1] :

« La *grande oolithe* et le *forest marble* abondent principale-

---

[1] Des renseignements analogues sur les principales carrières de France seraient d'un haut intérêt, et je saisis avec empressement cette occasion

ment dans les arrondissements de Caen, de Falaise et de Bayeux, et constituent des masses considérables de matériaux qu'on reconnaît avoir été employés dans les constructions romaines du pays, et auxquelles on doit, sans aucun doute, l'érection de monuments religieux remarquables, en plus grand nombre dans ces arrondissements que dans ceux voisins.

« Ces masses existent surtout aux environs de Caen. Lorsque les Anglais furent maîtres de cette ville, de 1407 à 1450, Henri V mit ces carrières en interdit, au profit de l'Angleterre, et les habitants furent alors obligés de ne construire qu'en bois. A cette époque remontent les nombreuses et importantes excavations du coteau qui longe la *rue des Carrières* et poursuit jusqu'à la rivière, où l'on distingue encore les lieux d'embarcation. Alors eurent lieu une partie des constructions de Westminster, comme tant d'autres à Londres, etc.

« Des carrières ont longtemps occupé une partie de l'emplacement actuel des faubourgs de Caen; et même quelques-unes, longtemps abandonnées, ont été reprises et sont encore en exploitation.

« Dans l'état des choses, on doit distinguer les carrières de Caen proprement dites, situées surtout à Allemagne (12 à 15 hectares), à la Maladrerie (3 à 4 hectares) et à Quilly (moins de 2 hectares); et celles d'Aubigny, sur l'arrondissement de Falaise (aussi moins de 2 hectares), ainsi que celles de Villers-Canivet, etc.

« Les unes et les autres sont principalement exploitées par grandes galeries souterraines, et quelques parties à ciel ouvert.

---

d'annoncer qu'un de nos ingénieurs des ponts et chaussées les plus distingués, M. Michelot, est chargé d'un travail de ce genre en ce qui concerne tous les matériaux qui sont ou pourraient être employés à Paris. Il a bien voulu m'en communiquer la première partie, en me permettant d'y puiser quelques indications que je ferai connaître plus tard. On ne saurait trop désirer, dans l'intérêt de tous les constructeurs, le prompt achèvement et la publication de cet excellent travail.

« Les carrières d'Allemagne, bien plus considérables sous ous les rapports, forment une masse qui, commençant presque ous la terre végétale, a quelquefois plus de 7 à 8 mètres le hauteur, et se compose alors ordinairement de sept bancs olacés ainsi qu'il suit, en commençant par le haut, mais lont quelques-uns disparaissent parfois d'une carrière à l'autre :

« 1° Le *banc cloutier,* de 80 centimètres de hauteur, assez lur, mais peu susceptible d'être employé à cause des nombreux silex qui s'y trouvent;

« 2° Cinq bancs bons pour constructions extérieures : le banc *pourri,* d'environ 1 mètre et de bonne qualité, mais aussi avec quelques silex; le *gros banc,* de 1 mèt. 60 cent., qu'on refend ordinairement en une partie de 1 mètre et une de 60 centimètres, uniquement pour en rendre l'exploitation plus facile, la seconde partie appelée *petit banc du grand banc;* la *pierre franche,* de 1 mètre, plus dure et très-convenable pour seuils, corniches, etc.; le *quatre-pieds,* ayant effectivement 1 m. 30 c. et très-beau; le *trente-pouces,* effectivement de 80 centimètres, bonne pierre dure, très-convenable pour la sculpture;

« 3° Enfin le *franc banc,* pour constructions intérieures seulement, de 1 mèt. 45 cent. à 1 mèt. 60 cent., que l'on refend aussi, pour plus de facilité, en deux parties, dont une d'un mètre, très-tendre dans la carrière, où il est équarri et perd de son humidité, durcissant ensuite à l'air, mais se débitant à la scie à dents, se taillant facilement et avec une grande pureté, d'un beau grain et même susceptible de poli.

« Ces diverses pierres valent sur les carrières d'Allemagne de 12 à 15 francs le mètre cube, suivant la qualité, et de 11 à 12 francs seulement sur celles de la Maladrerie.

« Les carrières d'Aubigny ne renferment généralement que deux bancs, séparés par de la pierre trop tendre pour être utilisée : le banc supérieur, d'à peu près 64 centimètres, et celui inférieur, de 40 centimètres; s'exploitant, suivant les fissures naturelles, par longueurs de 3 à 6 mètres et ordinairement à 1 mètre de largeur; se vendant, sur la carrière, de

3o à 35 francs le mètre cube; se débitant à la scie à grès, d'une pesanteur égale à celle du granite, d'un grain très-fin, très-dur, plus cristallin que celui de la pierre de Caen, et formant particulièrement de très-belles et bonnes dalles.

« Les analyses faites par un chimiste anglais, le docteur Philipps, ont donné à peu près : pour les pierres de Caen, de 86 à 88 de carbonate de chaux, 8 à 10,5 de silice, 2 à 3 d'alumine, 1 au plus de magnésie, autant de matières organiques, seulement des traces d'oxyde de fer, etc.; et pour celles d'Aubigny, près de 98 de carbonate de chaux, moins d'un pour cent de magnésie, ainsi que de matières organiques, et des traces seulement d'oxyde de fer.

« Ces pierres ont servi à l'érection des monuments de diverses époques à Caen et aux environs, tous très-bien conservés.

« On en envoie par eau non-seulement à Rouen, à Paris, etc., mais aussi dans tous les ports de la Manche, à Bordeaux, en Belgique, en Hollande, en Allemagne, surtout en Angleterre, enfin, depuis quelque temps, aux États-Unis : l'église Saint-Georges, à New-York, est en pierre d'Allemagne.

« L'exportation s'élève annuellement à près de 15,000 tonnes, environ 7,500 mètres cubes, dont à peu près les quatre cinquièmes pour Londres; elle se fait par trois maisons de commerce de Caen, qui y emploient ensemble environ cent vingt navires : la pierre revient en moyenne, rendue à bord, à 10 francs la tonne ou 20 francs le mètre cube, ce qui fait en tout une somme de 150,000 francs par an, tout entière à peu près en peines d'ouvriers. »

ESPAGNE, PORTUGAL, MADÈRE, SUISSE ET SARDAIGNE.

Il n'avait été présenté en général que quelques spécimens de *pierres de construction* pour ces différents pays, aucun même pour le dernier, la Sardaigne; mais on sait que chacun d'eux est abondamment pourvu de cette espèce de matériaux, employés avec succès dans tant de constructions plus ou moins importantes, anciennes et modernes.

Remarquons, quant à la Suisse, une première mention de la *stéatite* ou *pierre à savon*, indiquée comme propre aux constructions calorifériques. On sait qu'elle porte aussi le nom de *pierre ollaire*, comme employée dans ce pays et dans plusieurs autres (même, à ce qu'il paraît, chez les anciens) pour la fabrication de vases culinaires et autres, en raison de la facilité avec laquelle elle se travaille au tour ou autrement. Nous aurons à la citer pour quelques autres pays, mais surtout d'une manière plus importante pour les États-Unis.

TOSCANE.

Je ne puis mieux faire que de copier ici, à peu près textuellement, les intéressantes notes insérées au Catalogue au sujet de l'importante collection de matériaux présentés par l'*Institut impérial et royal technologique de Florence* :

« *Pietra macigno*, extrêmement abondante, constituant les « principales masses des Apennins et des chaînes secondaires « qui s'y rattachent; principalement exploitée à Segni et à « Monte-Ceceri près de Florence, etc.; se trouve surtout d'une « grande beauté, extrêmement favorable aux décorations architecturales, à Novoli, près de Fiesole;

« *Tufs* de Livourne, Pise, Lucques, etc., moyennement « durs et très-faciles à travailler;

« *Verrucano psammetico*, pierre très-dure et très-fine, mé-« langée de bandes ou rubans d'une espèce de ciment « quartzeux; résiste à toutes les influences atmosphériques « et convient également aux constructions intérieures;

« *Pietra di forni* ou *stéaschiste*, résistant au feu mieux que « toute autre pierre;

« *Pietra di caminino*, employée pour la construction des « fours où la chaleur est peu élevée;

« *Pietra morta*, de Golfolino, Pistoie, etc., espèce de *ma-« cigno*, mais moins calcaire, plus poreux et ne pouvant « résister à la chaleur des hauts fourneaux. »

Ajoutons à ces intéressantes indications celle des *incrustations des eaux thermales de Saint-Philippe*, présentées par un exposant dont j'aurai à citer plus tard une notice non moins importante sur les *marbres, granites, etc.,* de la Toscane, de l'île d'Elbe, etc.

ÉTATS PONTIFICAUX.

Ce n'est pas non plus faute d'excellentes et abondantes pierres de construction que l'exposition des États Pontificaux n'en présentait aucun spécimen[1].

GRÈCE.

Dans beaucoup de localités de ce pays, ce sont des *marbres* ordinaires qui sont souvent employés comme pierres de taille, ainsi que nous l'indiquerons ci-après[2].

TURQUIE.

Un spécimen de pierre *bitumineuse.*

TUNIS.

Quelques spécimens de *pierres à bâtir.*

MALTE.

Je crois devoir également donner ici l'extrait suivant d'une *notice* insérée au Catalogue par M. Darmenin, l'un des principaux exposants pour cette île :

« Le sol des îles de Malte et de Gozzo est composé à peu « généralement ainsi qu'il suit, en commençant par la partie « supérieure :

« 1° Calcaire *corallique* à nodules crétacés et veiné de jaune « et de blanc, dit *marbre de Gozzo* et très-employé en ouvrages « d'ornement ;

---

[1] D'excellentes indications à ce sujet se trouvent dans le texte du bel ouvrage de mon confrère et ami Letarouilly, *les Édifices de Rome moderne.*

[2] On trouvera également d'utiles indications à ce sujet dans le bel ouvrage de notre commission scientifique en Morée, notamment dans la partie relative à l'architecture, rédigée par M. Blouet, dont l'Institut et tous les artistes ont à regretter la perte si prématurée.

« 2° Grès et argile bleue, de 30 à 45 mètres de profon-
« deur, renfermant du fer, du gypse et du soufre;

« 3° Cinq bancs de pierre franche, d'ensemble environ
« 30 mètres de hauteur, principalement calcaires et mélangés
« de sable, très-employés en constructions, même dans beau-
« coup de ports de la Méditerranée, principalement le banc
« inférieur, le plus facile à travailler;

« 4° Calcaire semi-cristallin blanc jaunâtre, d'une profon-
« deur encore inconnue, d'une étendue d'environ 120 mètres
« sur la côte de Gozzo, très-employé pour les constructions qui
« exigent de la pierre dure. »

Ces détails font parfaitement concevoir que, dès l'antiquité
la plus reculée, les Phéniciens aient élevé sur le sol de Gozzo
ces curieux temples circulaires dont les restes y subsistent
encore; qu'en général les édifices publics, et même les habitations particulières de Malte soient bâtis en si belle pierre
et si richement travaillée; enfin que l'industrie d'une partie
assez notable des habitants consiste dans la sculpture de vases
et autres ornements remarquables sinon par un goût très-
pur, du moins par une assez grande habileté d'exécution.

On a vu que, sur six exposants de vases et autres objets
sculptés, trois avaient reçu des *médailles de prix* et trois des
mentions honorables. J'indique sur la planche VII un des vases,
non les plus grands, mais les mieux composés à mon avis.

AUTRICHE.

Aucun spécimen de *pierre à bâtir;* rappelons seulement
des *vases en tuf thermal* de Carlsbad, mentionnés honorablement comme étant *sculptés* et non moulés par sédiment. Peut-
être, cependant, ce dernier moyen, qui n'a guère été employé jusqu'ici que pour objets de fantaisie et de curiosité,
serait-il susceptible d'être employé avec avantage pour objets
de décoration.

BELGIQUE.

Deux mentions honorables pour de bons pavages en pierre

de Quennast, un pinacle bien sculpté en pierre d'Ordain, et un autre spécimen de pierre blanche [1].

HOLLANDE.

Rien.

PRUSSE.

Spécimens de grès des environs d'Aix, Trèves, etc., employés tant par les anciens que par les modernes, pour constructions et sculptures. *Mention honorable.*

BAVIÈRE, WURTEMBERG ET AUTRES ÉTATS D'ALLEMAGNE ; SUÈDE, NORWÉGE ET RUSSIE.

Aucun spécimen de pierre à bâtir.

ÉTATS-UNIS.

Rappelons surtout la *mention honorable* décernée à la compagnie formée à Baltimore pour l'exploitation de la *stéatite* ou pierre à savon, abondante en Amérique et principalement dans le Maryland, et employée en foyers d'usine et d'habitation, conduits ou réservoirs d'eaux chaudes et autres, rouleaux pour colleurs, etc., se taillant avec la même facilité et les mêmes outils que le bois [2].

Un autre exposant avait présenté un spécimen de la même pierre, et trois autres spécimens de pierres à bâtir.

CHINE.

Quelques spécimens de la même pierre (*stéatite*) et de quelques autres pierres calcaires et grès.

---

[1] On trouve d'utiles indications sur ces pierres et autres matériaux de Belgique, etc., dans le *Cours de construction à l'usage de l'École militaire de Bruxelles,* par M. le lieutenant-colonel Demanet. (Bruxelles, Wahlen, texte et atlas.)

[2] Les journaux annonçaient dernièrement l'extension de l'emploi de cette pierre aux constructions d'autres villes des États-Unis.

INDES ORIENTALES ET AUTRES POSSESSIONS ANGLAISES.

L'on remarquait aussi quelques spécimens de pierres, grès et stéatite.

———

De tout ce qui précède, on peut inférer que, en ce qui concerne les *pierres de construction proprement dites*, les pays les mieux partagés sont une partie de ceux du continent européen, et principalement la France, plusieurs contrées de l'Italie et probablement de l'Espagne, etc.

II° SECTION. — ARDOISES POUR COUVERTURES, DALLAGES, ETC., ET ARDOISES PEINTES OU ÉMAILLÉES POUR DÉCORATION, ETC.

Les *pierres schisteuses* peuvent, en certains cas, servir de *pierres à bâtir;* leur disposition *stratiforme* les rend, en général, assez propres à cet usage, et leur texture est souvent de nature à se prêter à la taille des faces ou *paremènts* des murs : mais la fissibilité de la plupart de ces sortes de pierres se prête surtout merveilleusement à ce qu'elles soient refendues en feuillets ou tables plus ou moins minces et à surfaces lisses, ainsi qu'il convient tant aux *couvertures* qu'aux *dallages, etc.* Aussi est-ce principalement à des usages de cette sorte qu'on emploie les *schistes ardoisiers,* en ayant soin de les choisir de nature à résister aux intempéries atmosphériques, à ne pas s'imbiber ou s'exfolier au contact des eaux, des neiges, etc. enfin, s'il s'agit de *dallages,* a résister aux frottements, etc. On peut aussi les employer en *cloisons minces,* en *revêtements, etc.;* enfin même en objets de décoration. Nous allons avoir à rappeler plusieurs exemples remarquables de ces diverses applications.

ANGLETERRE.

Ce pays est l'un des plus abondamment pourvus en ce genre, possédant principalement huit ou dix ardoisières des plus im-

portantes dans le pays de Galles, en Écosse, en Irlande,. etc.
Celle de Bangor occupe, dit-on, plus de 2,000 individus;
celle de l'île de Valentia forme un tunnel de 150 pieds anglais
de largeur, etc. L'ardoise est le mode en quelque sorte général de couverture à Londres et dans presque tout le surplus
de l'Angleterre. On y a, en outre, appliqué cette matière aux
différents usages qui viennent d'être indiqués; enfin l'Angleterre en exporte en Hollande, en Belgique et autres pays,
même sur quelques points de nos côtes.

1. Ardoises de couverture et de construction.

Suivant le principal exposant, Londres seule consomme-
rait annuellement la quantité énorme de 30 à 40,000 tonnes
d'ardoises, plus de 30 à 40 millions de kilogrammes, ce
qui, à une pesanteur spécifique moyenne de 2,83, donnerait
plus de 1,100 mètres cubes; et cette consommation se compo-
serait à peu près de : *un tiers* en *slabs* ou tables, tablettes, etc.;
et deux tiers en ardoises de couverture.

Les *slabs*, dressés à la mécanique sur les deux faces, varient
habituellement de 1 à 6 pieds (anglais) de longueur sur 1 à
3 pieds ou 3 pieds et demi de largeur, et se vendent soit au
poids, soit au pied carré. Dans ce dernier cas, le prix est à
peu près de 4 deniers (42 centimes) au port d'embarquement
des différentes ardoisières, et de 5 deniers (52 centimes 1/2)
à Londres, pour une épaisseur d'un demi-pouce anglais
(12 millimètres 1/2), et de 2 à 3 deniers de plus pour chaque
quart de pouce; on en établit, en outre, à des prix un peu
plus élevés, jusqu'à 8 et 9 pieds de longueur et à plus de
3 pieds et demi de largeur.

Les ardoises de couverture s'établissent en un grand nombre
d'échantillons indiqués dans le tableau ci-après :

TABLEAU DES DIVERS ÉCHANTILLONS D'ARDOISES DE COUVERTURES ÉTABLIES
PAR LES DIVERSES ARDOISIÈRES D'ANGLETERRE.

(*Nota*. Les échantillons dont les dénominations sont en caractères *italiques* ne s'établissent pas
dans toutes les carrières, ou sont d'un usage moins général : l'épaisseur est à peu près généralement de 1/4 de pouce (6 millimètres) pour les plus grands échantillons, et 1/5 (5 millimètres) pour les plus petits.)

DÉNOMINATIONS.	DIMENSIONS			
	en POUCES ANGLAIS.		en MILLIMÈTRES.	
Queens ou *Rags*........................	36	24	915	610
Impérials.............................	30	24	762	610
Duchesses	24	12	610	305
Small Duchesses...,...................	22	12	559	305
Marchionesses	22	11	559	279
Countesses.............................	20	10	508	254
Viscountesses.........................	18	10	457	254
Great Ladies...........................	16	10	406	254
Ladies.................................	16	8	406	203
Small Ladies...........................	14	8	356	203
Headers..............................	14	12	356	305
Doubles..............................	13	6 1/2	330	165
Singles..............................	11	5 1/2	279	140

Les deux premiers échantillons se vendent à peu près sur
le même pied que les *slabs*. Quant aux autres, ils se vendent
habituellement au *millier,* qui, par une assez singulière con-
vention, est en réalité de 1,200 ardoises. Le prix des *duchesses*
est habituellement, en bonne qualité, de 7 l. st. (175 francs)
aux ports d'embarquement des diverses carrières; celui des
ladies, de 2 à 3 l. st. (50 à 75 francs), et les autres échantillons en proportion. Les prix, à Londres, sont à peu près
doubles, en raison des divers frais de chargement, transport,
déchargement, emmagasinage, etc.

Les *faîtages*, les *arêtiers*, sont établis également en ardoise,
comme je l'indique sur la planche II, de façon à éviter tout
emploi de plomb, de zinc ou de mortier.

2. Ardoises pour dallages et carrelages.

Tels étaient principalement ceux de l'entrée au transsept du bâtiment de l'Exposition, établis par la *Welsh slate Company*, et, pour citer les termes du rapport anglais, « en *slabs* « de grande dimension et d'une grande beauté, qui ont sou- « tenu la rude atteinte de plusieurs millions de coups de pied « sans présenter aucune marque d'usure inégale. » Une *mention honorable* a été, à juste titre, décernée à ces beaux dallages.

3. Ardoises pour cloisons, revêtements, tables, tablettes, etc.

On sait quel important usage il en a été fait principalement pour les divisions des *bains* et *lavoirs* de Londres et d'autres villes, même pour les portes dans ces cloisons, et nécessairement alors en ardoises de près de 2 mètres sur une largeur et une épaisseur proportionnées.

4. Mangeoires, cuves, urinoirs, réservoirs, filtres, cercueils, etc.

Ces diverses applications exigent nécessairement un mode de réunion et d'assemblage particulier. Rappelons la capacité d'un des réservoirs exposés, 9,000 litres. Une partie des filtres était *per ascensum, etc.*, et ils sont indiqués comme étant en usage pour l'approvisionnement d'eau de Greenock, etc. Quant à l'emploi pour *cercueils*, le rapport anglais observe avec raison qu'il peut être préférable au plomb et plus écono- mique, mais que, comme moyen d'empêcher la décompo- sition des corps, c'est un point au moins douteux.

5. Ardoises pour écoles.

Cet emploi est fort important, et les ardoises qui y sont consacrées sont habituellement grandes, de belle qualité et bien établies.

6. Ardoises émaillées, peintes, vernies, etc.

Plusieurs exposants avaient présenté divers objets en ardoise peinte ou émaillée par un ancien procédé, mais aucun n'ap-

prochait des objets exposés par M. Magnus, de Pimlico, tous
extrêmement remarquables tant par le bon goût et la bonne
exécution des décorations, que par la grande dimension des
panneaux d'ardoise, dont une partie avait jusqu'à près de
deux mètres et demi, bien que de moins d'un centimètre et
demi d'épaisseur. On indique que ces ornementations sont
passées à une température de 3 à 500 degrés Fahrenheit et
acquièrent ainsi une solidité à toute épreuve, et qu'en même
temps ces sortes d'objets sont établis à un prix assez modéré.
La *médaille de prix* ne pouvait, sous aucun rapport, être mieux
méritée. Je donne sur la planche II l'indication d'une cloison
de bain ainsi exécutée[1].

FRANCE.

La France n'est peut-être pas moins bien fournie que l'Angleterre en fait d'ardoises, possédant des ardoisières dans
plus de dix localités différentes, les plus importantes et les
plus anciennement exploitées dans l'ouest et le nord, et quelques-unes plus récemment dans le midi. Mais, bien que des
améliorations, des perfectionnements notables aient été effec-
tués dans ces dernières années, on est encore loin d'avoir tiré
de ces utiles carrières tout le parti dont elles sont susceptibles,
ou du moins il en était ainsi lors de l'Exposition de 1851.

Les ardoisières de Rimogne et Saint-Louis-sur-Meuse (Ardennes) ont figuré à nos expositions dès 1839; elles occupaient dès lors quatre machines hydrauliques ou à vapeur et
300 ouvriers, et produisaient annuellement 27 millions d'ardoises; l'exploitation a depuis augmenté de plus d'un tiers.

Les ardoisières d'Angers, au nombre de onze, s'étaient présentées réunies à l'exposition de 1844; elles avaient dès lors
frappé l'attention du jury par l'étendue de leurs exploitations,
par leur profondeur, quelquefois de 100 mètres et plus, par
l'augmentation et le perfectionnement des moyens de fabrica-

---

[1] Voir, à la fin de cette section, l'article supplémentaire relatif aux *laves
émaillées* précédemment établies en France.

tion, qui ne consistaient autrefois qu'en quelques manéges, tandis qu'ils comprenaient dès lors 17 machines à vapeur et occupaient plus de 2,000 ouvriers, des chevaux, etc.); enfin, par l'importance de la fabrication et de la vente annuelles, environ 120 millions. Ces ardoisières étant celles qui approvisionnent Paris et toute la partie centrale de la France, j'indique ci-après les différents échantillons dans lesquels cette fabrication s est répartie jusque dans ces dernières années :

DÉNOMINATIONS.	LONGUEUR.	LARGEUR.	ÉPAISSEUR.
Première carrée, grand modèle............	0^m,325	0^m,222	0^m,003 à 4
—————— forte....................	0 ,298	0 ,217	0 ,004
—————— demi-forte.............	0 ,298	0 ,217	0 ,003
Deuxième carrée......................	0 ,298	0 ,196	0 ,003
Troisième carrée.....................	0 ,240	0 ,176	0 ,003
—————— flamande...............	0 ,254	0 ,160	0 ,003
Quatrième...........................	0 ,317	0 ,162	0 ,003
Poil taché...........................	0 ,298	0 ,162	0 ,004
——— roux...........................	0 ,244	0 ,135	0 ,002 à 4
Héridelle............................	0 ,380	0 ,108	0 ,002 à 4
Coffine..............................	0 ,298	0 ,162	0 ,003 à 4
Écaille (arrondie)....................	0 ,230	0 ,103	0 ,003

Le premier de ces échantillons, qui est le plus généralement employé, surtout à Paris, se vend habituellement à peu près 24 francs au port d'embarquement, à Angers, et 40 francs rendu à Paris, le millier (1040 ardoises).

Anciennement, l'épaisseur était toujours de 5 millimètres au moins et allait quelquefois jusqu'à 10 ; ce n'est qu'en raison des diminutions de prix, sans cesse réclamées par le commerce et pour économiser encore plus sur les frais de transport que sur la valeur de la matière, qu'on a profité ou plutôt abusé de l'extrême fissibilité de l'ardoise pour réduire aussi fortement l'épaisseur, au grand préjudice de la solidité des couvertures, et contrairement aux recommandations réitérées des jurys des expositions. Mais la vue des ardoises anglaises a déterminé l'étude d'améliorations notables tant sur ce point que quant aux autres dimensions des ardoises; et, sans nous étendre prématurément à ce sujet, nous pouvons au moins annoncer qu'à l'exposition de 1855 les ardoisières d'Angers présenteront des ardoises de couverture notablement améliorées sous tous les rapports, en même temps qu'un grand nombre d'applications nouvelles aussi bien conçues que bien exécutées. (On peut consulter dès à présent à ce sujet deux rapports faits à la Société d'encouragement, l'un par M. l'ingénieur des mines Le Chatelier, en avril 1852, l'autre par le rédacteur de ce travail en décembre 1854.).

J'ajoute qu'il a déjà été fait, en France, d'autres notables applications nouvelles de nos belles ardoises, notamment pour les *dallages* de la gare du chemin de fer de l'Ouest et des *bains* et *lavoirs* du Temple, pour les encaissements des serres du Muséum d'histoire naturelle, etc.

Les ardoisières de Chatemone (Mayenne) avaient figuré aussi avec distinction à l'exposition de 1839. Elles employaient alors 300 ouvriers et produisaient annuellement 10 millions d'ardoises. Dès lors aussi elles produisaient de grandes et belles ardoises pour tableaux, billards, etc.

Enfin, en 1844 et 1849, on avait vu figurer encore les ardoisières de Monthermé et de Fumay (Ardennes), de Promeré (Mayenne), de Traversac (Corrèze) et de Bagnères (Gers).

On sait quel important usage on fait aussi en France d'ardoises de différentes grandeurs pour les écoles primaires et autres.

SARDAIGNE.

Deux exposants de Chiavari ont présenté de belles ardoises tant pour couvertures que pour écoles, tables, etc., en partie de grandes dimensions (jusqu'à 1^m,75 en carré), en partie aussi polies et vernies, et un troisième même une table incrustée de *pierres fines* représentant le char du Soleil, etc. On

sait en effet quelle est depuis longtemps l'importance des
ardoisières de Chiavari et la beauté de leurs produits pour
couvertures, ainsi que pour divers objets de construction, de
décoration, de sculpture, etc.

BELGIQUE, ÉTATS-UNIS.

Aussi divers spécimens d'ardoises de couverture.

ESPAGNE, PORTUGAL.

Également quelques échantillons d'ardoises qui auraient
pu, sans aucun doute, être présentés également par un grand
nombre d'autres États.

Résumé en ce qui concerne l'ardoise.

L'Angleterre et la France semblent l'une et l'autre le plus
avantageusement partagées quant au nombre et à l'importance
de leurs ardoisières, à la bonté et à la beauté de leurs produits, etc. L'Angleterre, qui nous avait devancés déjà quant
aux applications de pure utilité, l'a fait encore comme objet
de décoration par ses belles ardoises émaillées. C'est à nos
habiles exploitateurs à savoir regagner le temps perdu. On
peut du reste se rendre compte, par les prix respectifs qui
ont été précédemment indiqués, que les produits de cette
nature, toutes choses égales d'ailleurs, s'établissent à peu près
aux mêmes prix en Angleterre et en France.

ARTICLE SUPPLÉMENTAIRE.

J'ai eu, dans la section qui précède, à parler des belles
ardoises émaillées de M. Magnus, de Pimlico (Londres); mais
je me fais un devoir de rappeler ici les non moins belles *laves
émaillées* de M. Mortelecque, peut-être plus solides, plus
durables encore. Dès 1820, cet habile artiste en avait déposé
au Musée céramique de Sèvres des essais qui déjà avaient reçu
les éloges de M. Brongniart, juge si compétent; aux expositions
de 1827, 1834 et 1839, elles lui ont valu des *médailles d'ar-*

gent, ainsi qu'à son successeur, M. Dubois Mortelecque, et
à MM. Hachette et Hittorff, qui y avaient prêté le concours de
leurs talents. Depuis, ce dernier (actuellement membre de
l'Institut) en a fait faire des applications d'une grande importance artistique notamment au frontispice de sa belle église
de Saint-Vincent-de-Paul ; enfin, des mémoires intéressants
ont été publiés à ce sujet par M. Jolivet, qui a fait exécuter
ces dernières peintures par M. Mirault, membre de la société
libre des beaux-arts, etc.

IIIe SECTION. — CANNEL OU PARROT-COAL, JAIS.

Je rappellerai seulement comme objets purement de curiosité ou d'agrément :

1° Les siéges, vases, socles, figures, boîtes, etc., exécutés,
quelques-uns d'une manière fort remarquable, par cinq exposants anglais en *cannel au parrot-coal,* en partie sculpté et
poli ;

2° Et ceux moins importants, en jais, présentés par deux
exposants anglais de Whitby, ainsi qu'un autre de Villa-Vi-
ciosa (Espagne), comme produits d'une industrie particulière
à ces deux villes.

IIe GROUPE. — OUVRAGES POLIS OU SUSCEPTIBLES DE POLI.

Ire SECTION. — MARBRES, SERPENTINES, GRANITES, PORPHYRES, JASPES, ETC.

Ces diverses matières, indépendamment de ce qu'une partie
d'entre elles se trouvent quelquefois réunies dans les mêmes
localités, ou du moins dans les localités plus ou moins rap-
prochées, sont surtout souvent travaillées et mises en œuvre
dans les mêmes usines et par des moyens plus ou moins analogues. Elles ont été, depuis longtemps, l'objet d'indications
importantes dans divers ouvrages, sous les différents rapports
de leurs gisements, de leurs natures, de leur emploi et de leur

mise en œuvre, etc.; mais je dois surtout citer comme travaux pratiques publiés depuis le commencement de ce siècle :

L'Art de bâtir, de Rondelet (1802), et la *Minéralogie appliquée aux arts,* de Brard (1821), qui contiennent l'un et l'autre des notions étendues et curieuses, relatives à toutes les époques et à tous les pays connus;

Les divers mémoires, rapports, etc., de M. Héricart de Thury, dès 1823, soit comme ingénieur des mines, soit comme membre de la Société d'encouragement, soit surtout comme membre et rapporteur des jurys de nos six dernières expositions nationales, et particulièrement relatifs aux marbres français, anciennement ou récemment exploités et employés, etc.;

Enfin plusieurs articles importants dans *le Moniteur,* décembre 1852 (et tirage à part), sur les *Marbres de France et d'Algérie comparés aux marbres étrangers anciens et modernes,* par M. Prisse d'Avennes, artiste et archéologue distingué.

Je m'aiderai de ces divers travaux dans l'examen rapide que je vais présenter de cette partie importante de l'Exposition de Londres; j'y joindrai l'exposé de diverses notions intéressantes contenues à ce sujet soit dans le catalogue, soit dans le rapport anglais, et de quelques autres renseignements que je dois particulièrement à M. Dervillé, l'un des exposants français à Londres. M. Henraux a bien voulu aussi me communiquer une *Notice sur les marbres,* qu'il a publiée il y a quelques années dans le *Dictionnaire du commerce et des marchandises*); il y a joint des renseignements non moins intéressants, principalement sur les exploitations de Carrare, auxquelles il coopère depuis longtemps, et sur celles de Seravezza, dont il est en partie propriétaire.

J'ai précédemment exposé les motifs pour lesquels j'ai regardé comme nécessaire d'adopter, pour cette partie de mon travail, un ordre à peu près *historique.*

INDES ORIENTALES.

On a vu que les deux collections envoyées des Indes contenaient d'intéressants spécimens de marbres, serpentines, albâtres, granites, porphyres, malachites, et même quelques curieux ouvrages, notamment les tables provenant des ruines de Ninive, du palais de Caboul, les beaux siéges en marbre blanc du rajah de Nathore, etc.

ÉGYPTE.

L'antique Égypte n'a guère employé, pour le corps de ses gigantesques constructions, que les pierres ou calcaires ou siliceuses qui constituent une grande partie de ses roches; elle a réservé, en général, ses beaux granites et quelques porphyres, etc., soit pour les revêtements d'une partie de ces constructions, soit pour ses obélisques, ses colosses, etc. Les couleurs qu'elle appliquait, presque sans exception, tant à l'intérieur qu'à l'extérieur, rendaient en quelque sorte superflu l'emploi de quelques beaux marbres qu'elle possède également et qui n'ont guère été exploités que par les Romains. Mais elle avait dès longtemps consacré aux statues de ses dieux et à d'autres usages sacrés ou funéraires le bel albâtre calcaire, dit *albâtre oriental,* dont le Gouvernement égyptien a, depuis un certain nombre d'années, ouvert et exploité de nouveau les carrières. Déjà, par un trait vraiment caractéristique de notre siècle, Méhémet-Ali avait donné à Grégoire XIV quatre colonnes de cette belle matière, dont deux monolithes et deux chacune en deux morceaux, pour le maître autel de la nouvelle basilique de Saint-Paul. La *mention honorable* décernée par le jury était, sans aucun doute, bien acquise par la grande beauté des blocs et des tables présentés à Londres.

GRÈCE.

Ce pays privilégié a, dans l'antiquité, largement employé à l'exécution non-seulement d'un nombre considérable de statues, de groupes, etc., mais aussi à l'érection de ses principaux temples, les beaux marbres blancs qui y abondent. La nuance de ces marbres, l'espèce de transparence de quelques-uns d'entre eux s'alliaient merveilleusement avec le goût et la délicatesse qui présidaient à l'étude comme à l'exécution des détails; et c'est, sans aucun doute, avec une sage mesure aussi qu'on y appliquait des tons ou des ornements colorés, peut-être par une sorte de transition des peintures conservatrices appliquées sur les édifices primitifs en bois, ou en imitation des édifices de l'Inde et de l'Égypte. Quant aux marbres de couleur que la Grèce possède aussi en grand nombre, ils ne paraissent avoir été exploités et employés que plus tard, et principalement pour les édifices romains.

On ne saurait voir sans un haut intérêt les efforts faits, tant par le Gouvernement même que par les monastères des monts Hymette et Pentélique et par plusieurs particuliers, pour remettre en honneur l'exploitation de ces diverses carrières; malheureusement les premiers essais paraissent avoir été peu satisfaisants sous divers rapports. Lorsqu'il s'est agi de la construction du tombeau de Napoléon, on avait pensé à y employer notamment du marbre de Paros, et sur la demande de notre ministre de l'intérieur, le consul général dans les Cyclades, M. de Roujoux, avait fait la visite de ces carrières et adressé un important rapport à ce sujet; mais il paraît qu'en définitive les exploitateurs n'avaient pu s'engager avec toute certitude pour les 500 mètres cubes qui avaient été jugés nécessaires.

Le rapport anglais sur l'Exposition énonce « que les échan- « tillons exposés sont décidément inférieurs à une partie de « ceux obtenus plus récemment et en plus grande abon- « dance dans de nouvelles localités, mais que, si les carrières « étaient exploitées convenablement et sur une grande échelle, « de meilleurs matériaux pourraient probablement être ob- « tenus. »

Il semblerait que des résultats de ce genre se seraient déjà réalisés. Les produits des carrières de marbre blanc sont habituellement utilisés pour une partie des principaux édifices publics et particuliers, à Athènes et dans d'autres villes; et les journaux annonçaient récemment qu'un approvisionnement de marbres de couleur était transporté pour la décoration du Musée de Berlin.

MALTE.

L'exposition de cette île comprenait quelques échantillons de marbres dont les gisements ont été indiqués dans la notice donnée par un des exposants, et précédemment mentionnée par extrait, à propos des pierres de construction.

TOSCANE.

Cette belle partie de l'Italie, qui, du temps des Romains, fournissait déjà tant de beaux matériaux de construction et de décoration, en avait présenté de belles collections.

Déjà j'ai cité les intéressantes notes données par l'Institut technologique de Florence, relativement aux pierres de construction. Je trouve également au catalogue une notice étendue de l'un des exposants, M. Fregliani, de Lucques, sur les *marbres* et autres matériaux de décoration de la Toscane. Je ne répondrais pas que cette notice n'ait été dictée par une prédilection d'ailleurs bien naturelle, et un peu en opposition avec les exploitations, toutes voisines et bien plus anciennes, de Massa-Carrara dont il n'y avait aucun exposant direct [1]; mais je n'en crois pas moins devoir donner ici l'extrait suivant de cette notice, comme pouvant fournir des renseignements utiles au commerce des marbres.

« Les montagnes de Seravezza contiennent des masses de
« beau marbre saccharoïde, exploitées et appréciées depuis
« longtemps, en partie abandonnées au commencement du
« XVIe siècle, reprises du temps de Côme Ier et de Michel-Ange [2],
« mais surtout depuis 1821, grâce au grand-duc actuel [3], à

---

[1] Voir ce qui en est dit ci-après.

[2] Et sous la direction même de ce grand artiste, à la demande de Léon X, qui portait le plus grand intérêt à ces carrières.

[3] Sur les indications de M. Henraux père, ancien commissaire du Gouvernement français près des exploitations de Carrare.

« l'excellente direction de M. Borrini et à des commandes
« considérables (un million de roubles) de l'empereur de Rus-
« sie pour la nouvelle cathédrale de Saint-Isaac. Avant 1821,
« il n'y avait qu'une seule carrière en exploitation, à la Cha-
« pelle, ne fournissant que du marbre blanc commun et du
« marbre bleu. Il n'y a pas maintenant un seul gisement qui
« ne soit continuellement exploité, et l'on extrait, indépendam-
« ment du marbre blanc, de beaux marbres de couleur et
« veinés, pour la France et l'Angleterre. Quelques cabanes de
« pêcheurs ont été remplacées par un village de 500 habitants,
« tous employés, dès le plus jeune âge, aux exploitations;
« un petit canal a été creusé par eux pour faciliter l'embar-
« quement, etc.

« Beaucoup d'autres carrières mériteraient d'être exploitées
« plus activement qu'elles ne le sont; principalement celle de
« Santa-Maria-del-Giudice, dans les montagnes du Pisan, ré-
« cemment ouverte et produisant une sorte de beau poudding
« jaunâtre à larges taches; la carrière de Campiglia, dans le
« Monte-Rombolo, qui, comme toutes les chaînes dont il fait
« partie, renferme des masses considérables de marbre ana-
« logue à celui de Carrare; et qui fournit particulièrement un
« marbre appelé le *pario*, comme ressemblant beaucoup, à
« celui de Paros; d'autres carrières à Mortaio, Guira et Medici,
« d'une exploitation facile, à cause de la déclivité de la mon-
« tagne et de la proximité de la route et de la mer; une autre
« carrière, aussi près du Monte-Rombolo, donnant du marbre
« bleu (*bardiglio*); quatre autres à Pescaglia, territoire de
« Lucques, près de Seravezza, dont on ne connaît encore que
« la partie supérieure et qui paraissent fort riches en beau
« marbre rouge d'un grain fin, presque sans taches et sans
« aucune veine capillaire.

« La *lumachella* pourrait probablement s'exploiter en grand
« en Toscane; ainsi que le *giallo di Siena, etc.* Castel-Nuovo
« fournit le plus bel *albâtre oriental.*

« L'île d'Elbe fournit le cipolin et les beaux granites qui
« forment une grande partie de son sol, et dont ont été four-

« nies un grand nombre de colonnes de dimensions considérables, notamment celles du baptistère de Florence, la cou-
« pole de Ravenne [1], le plus grand bloc de granite jusqu'à
« l'érection du piédestal de la statue de Pierre le Grand, à
« Saint-Pétersbourg. »

L'auteur même de la notice dont j'extrais ces indications,
ainsi que l'Institut technologique de Florence et d'autres exposants avaient présenté un grand nombre de tables, de
colonnes, de vases, etc., fort bien exécutés en plusieurs des
espèces de marbres mentionnées dans cette notice; j'aurai,
en outre, à parler ci-après des œuvres de six mosaïcistes,
dont plusieurs des plus habiles.

La Toscane continue donc à apprécier l'avantage de possé-
der de si belles matières, et elle s'en est montrée digne par le
rang qu'elle a su mériter à Londres.

MASSA ET CARRARA (DUCHÉ DE MODÈNE).

Les importantes carrières de Carrare n'avaient pas envoyé
directement de leurs produits à l'Exposition; mais elles y
figuraient de la manière la plus distinguée par les nombreux
objets de statuaire, de sculpture, de décoration, d'ameublement, etc., mis en œuvre et présentés par les sculpteurs et
les marbriers d'Angleterre, de France et de toute l'Europe.
Une note est donc bien due à ces monts inépuisables exploités
dès les premiers temps de l'empire romain, abandonnés en
partie sous le moyen âge, mais repris dès le XIIe ou XIIIe siècle;
où sont ouvertes plus de cent carrières habituellement ex-

---

[1] Cette remarquable coupole monolithe de 11 mètres environ de
diamètre, érigée, à ce qu'il paraît, du temps de Théodoric, a été en
effet indiquée comme exécutée en granite, jusqu'à ce que, sur la foi de
Soufflot, Choiseul-Gouffier l'ait indiquée comme étant en pierre d'Istrie.
M. Desvergers, membre correspondant de l'Institut de France, et qui habite
ordinairement près de Ravenne, m'a dit s'être parfaitement assuré qu'elle
est bien en granite, provenant très-probablement de l'île d'Elbe; et il a
bien voulu réclamer sur les lieux des renseignements précis que j'aurai probablement occasion de consigner dans la suite de ce travail, afin de fixer
ce point intéressant de minéralogie et d'archéologie.

ploitées par trois ou quatre milliers d'ouvriers, et d'où sont
sortis tant de statues du marbre le plus pur, tant de monuments ou du même marbre ou du marbre blanc clair, ainsi
qu'en quelques marbres de couleur. D'après un état officiel
qu'on a bien voulu me communiquer, dans les onze années
de 1837 à 1847 la production a été, ainsi qu'il est indiqué
ci-après :

TABLEAU DE L'EXPLOITATION DES MARBRES DE CARRARE, DE 1837 À 1847.

NATURE DES OUVRAGES.	PRODUCTION PAR AN.			QUANTITÉS totales.	POIDS.
	Minimum	Maximum	Moyenne.		
					Kilogr.
Marbre ordinaire, veiné, etc. (Mèt. cub.)	2,222	5,758	3,736	41,096	115,000,000[1]
Marbre statuaire. (Idem.)	113	796	510	5,608	15,150,000[2]
Architect. unie et tables taillées. (Quintˣ)	0	44	20	223	111,500
Tables polies. (Chars à deux bœufs.)..	930	1,325	1,119	12,309	12,400,000
Architecture ornée. (Quintaux.)	1	10	3	33	1,650
Balustrades et pilastres. (Nombre.)....	3	101	47	517	51,080
Ornements. (Chars à deux bœufs.)....	19	210	77	822	820,000
Sculptures.. { (Quintaux.)	1	15	8	84	4,150
{ (Chars à deux bœufs.)..	25	148	79	872	870,000
Tables et buffets. (Nombre.)........	10,415	17,840	13,829	152,116	8,538,000
Carreaux... { ordinaires. (Mètr. carrés.)	8,504	16,823	11,106	122,168	8,600,000
{ épars. (Idem.)	8	140	24	264	18,500
Mortiers. (Nombre.)..............	2,323	15,333	9,231	101,540	1,000,000

TOTAL GÉNÉRAL pour les onze années..............	162,564,800
Ce qui équivaut, en mètres cubes, à............................	60,092[3]
MOYENNE pour chaque année..... { en kilogrammes..........	14,778,618
{ en mètres cubes..........	5,463

[1] Pesanteur du mètre cube, 2,800 kilogrammes.
[2] Idem, 2,700.
[3] Idem, moyenne, 2,705.

ÉTATS PONTIFICAUX.

Il existe dans ces États quelques gisements de marbres ou autres matières analogues; mais il ne paraît pas en avoir jamais été fait d'exploitations, du moins de quelque importance, tant le goût des Romains pour ces moyens de décoration, dès qu'il a été développé, a trouvé à se satisfaire d'abord dans les tributs de tout le monde connu, et plus tard dans les ruines des édifices antiques. Je n'ai donc à rappeler pour le moment que les beaux ouvrages en albâtre oriental exposés surtout par l'habile sculpteur, M. Della-Moda, et ce n'est que ci-après que j'aurai à rappeler les magnifiques mosaïques romaines qu'on admirait à l'Exposition.

ROYAUME D'ITALIE.

Je rappellerai ici les chambranles de cheminée en marbre de Carrare de trois exposants de Milan, d'une bonne exécution en général, mais moins satisfaisante sous le rapport du goût; on en pourra juger par un des chambranles qui ont obtenu une *médaille de prix* à l'un des exposants; ce chambranle étant représenté sur la planche IX. Les deux autres exposants ont été *mentionnés honorablement.*

FRANCE.

La France est peut-être aussi abondamment pourvue qu'aucun autre pays du monde (sauf l'Italie) en marbres, granites, porphyres, etc., de toutes sortes, et en partie des meilleures qualités et des plus belles couleurs. Les Romains, qui ont si bien su découvrir et mettre en œuvre tout ce que les pays soumis à leur domination renfermaient de beau et de bon, n'ont pas manqué de le faire pour les marbres de presque toutes les parties des Gaules; ils en ont ouvert ou exploité les carrières, et en ont utilisé les produits dans plusieurs des édifices dont ils ont couvert notre sol, ainsi que pour plusieurs monuments de statuaire.

L'emploi de ces beaux matériaux a pu se continuer même

dans les temps de décadence de l'art antique, parce que les temps de décadence ne sont pas ceux où l'on apprécie le moins tout ce qui donne de la richesse et de l'éclat; mais est arrivé le moyen âge qui, dans ses nombreuses et importantes créations, a moins tenu, en général, à la beauté des matériaux qu'à la grandeur et à la hardiesse des constructions, et ne s'est principalement servi, quant aux décorations intérieures, que des vitraux de couleur et des peintures murales.

Le goût des décorations en marbre revint naturellement avec la Renaissance; et, par suite de nos conquêtes en Italie, ce fut d'abord de ce pays qu'on en fit venir quelques-uns, peut-être anciennement extraits de notre propre sol. Mais cela même aura pu contribuer alors à reporter l'attention sur nos propres richesses; et, successivement, nos monarques les plus célèbres par leur goût pour les arts et par leur sollicitude pour les intérêts nationaux, François Ier, Henri II, Henri IV, Louis XIV et Napoléon, aidés de leurs plus habiles ministres, ont recommandé, favorisé et récompensé l'extraction et l'emploi des marbres de France. On doit particulièrement à M. de Thury la publication de la lettre autographe par laquelle le bon Henri recommande en termes s chaleureux au connétable de Lesdiguières, *un marbrier qu'il fait venir expressément de Paris, pour visiter les lieux où il y aura des marbres beaux et faciles à transporter pour l'enrichissement de ses maisons des Tuileries, Saint-Germain et Fontainebleau en ses provinces de Languedoc, de Provence et Dauphiné.* Louis XIV en avait fait venir des quantités considérables, principalement de tout le midi de la France, en même temps que de plusieurs parties de l'Italie et du Levant; et le duc d'Antin, son intendant général, en avait fait faire des exploitations importantes dans ses propres domaines des Pyrénées. Ces approvisionnements ont défrayé non-seulement les immenses travaux entrepris par Louis XIV, mais aussi ceux exécutés sous ses successeurs, ainsi que sous le Consulat et l'Empire. Enfin Napoléon avait demandé aux ingénieurs des mines un état général de nos carrières de marbres, qui lui aurait même été remis, suivant M. de Thury; on ne saurait trop regretter la disparition de cet état à laquelle il serait désirable et possible d'obvier.

L'érection de la colonne de la grande armée à Boulogne avait été l'occasion, vers 1810, de l'ouverture de carrières assez importantes dans les environs, et de l'emploi considérable de marbres en partie assez remarquables; mais, plus tard surtout, l'on a dû en grande partie à M. de Thury comme directeur des travaux de Paris, ainsi qu'à M. de Chabrol comme préfet de la Seine, l'emploi exclusif des marbres de France dans plusieurs édifices publics, et notamment pour la décoration du palais de la Bourse, du Corps législatif, de l'église de la Madeleine, etc.; et, par suite, ces marbres ont commencé à figurer dans nos différentes expositions, à partir de 1823. Près de soixante exploitants ou sociétés d'exploitation y ont successivement ou concurremment présenté les différents marbres, non-seulement du midi de la France, mais aussi du Nord, de l'Ouest, et y ont reçu des médailles d'or (principalement la société PUGENS, pour des marbres des Pyrénées; M. GÉRUSEZ, Bouches-du-Rhône); des médailles d'argent (MM. LAYERLE-CAPEL, Pyrénées; THOMAS et DECONCHY, Languedoc, etc.; COLIN, Vosges, etc.); des médailles de bronze (MM. HENRY, Nord; VARELLE, Haute-Saône; GRIMES, Aude, etc.), sans compter un grand nombre de mentions honorables et de citations favorables.

En parcourant les listes de ces exposants, on éprouve le regret de voir la plupart des noms changer, d'une exposition à l'autre, pour les mêmes exploitations ou au moins pour les mêmes localités. Nous chercherons à apprécier tout à l'heure les causes qui ont pu s'opposer à plus de fixité et de prospérité pour un certain nombre des exploitations.

M. de Thury, qui avait formé pour lui-même une collection très-curieuse maintenant acquise pour l'École impériale des mines, avait en outre fondé, comme directeur des travaux de Paris, un établissement de la plus haute utilité : le *Dépôt des marbres du Gouvernement*. Il y avait particulièrement fait commencer une galerie d'échantillons des marbres français.

Des changements apportés aux dispositions de cet établissement ont fait suspendre la continuation de cette collection;
mais l'on doit espérer qu'elle sera complétée par les soins
éclairés de Son Exc. le ministre d'État, et par les connaissances spéciales de M. Rondelet, conservateur de ce dépôt et
digne fils du savant auteur de l'*Art de bâtir.*

En partie par la même cause, mais surtout aussi en raison
de l'éloignement, des difficultés de transport, etc., nos représentants à Londres, comme extracteurs de marbre, étaient
peu nombreux; mais ils n'en offraient pas moins un tableau,
sinon entièrement complet, du moins important et varié, de
nos richesses en ce genre, ainsi que les jurys de la Iʳᵉ et de la
XXVIIᵉ classe se sont plu à le reconnaître.

M. Dervillé surtout, chef d'un grand magasin de toutes
sortes de marbres à Paris, avait envoyé une belle série de
108 grands échantillons, énoncée au catalogue sous ces simples
mots : *Marbres français de diverses sortes.* Le rapport anglais,
tout en lui décernant à juste titre une médaille de prix, l'indique par erreur comme ne contenant que des *marbres des
Pyrénées;* elle contenait effectivement 108 espèces différentes
de seize de nos départements, principalement du midi, mais
aussi du centre, du nord, etc. Ce n'est peut-être pas là le
catalogue de tous nos marbres. M. Brard en énonçait à peu
près autant d'espèces dans trente-quatre de nos départements;
M. Rondelet, environ 130 espèces; M. Prisse d'Avesnes, plus
de 250 espèces dans trente et un départements; encore ce
dernier ne compte-t-il ni les brèches, les serpentines, les granites, porphyres et autres belles roches dures qui se trouvent
dans plusieurs de ces départements, ni les marbres communs
qui se trouvent dans une quarantaine d'autres, et ne sont
employés que sur place et plutôt comme matériaux de construction que de décoration; mais il observe, du reste, non
sans fondement, qu'un certain nombre de nos plus beaux
marbres n'ont qu'une valeur artistique et non une valeur commerciale, en raison de l'épuisement ou du peu d'importance
des carrières dont ils proviennent. Enfin, si M. Henraux n'en

énonce qu'une quarantaine, cela tient à la brièveté de sa notice et à ce qu'il ne s'est attaché à nommer que les principales espèces. Le catalogue de l'exposition de M. Dervillé a le mérite de ne contenir que des marbres français vraiment dans le commerce et de les contenir à peu près tous (y compris, comme on le verra, ceux également présentés par d'autres exposants); j'ai cru dès lors utile de l'insérer ici, en groupant les départements à peu près suivant leur position respective : près de moitié des espèces qui y sont énoncées se trouvent dans la galerie d'échantillons commencée au *Dépôt des marbres*, dont j'ai parlé précédemment.

Liste de 108 espèces de marbres français exposés par M. DERVILLÉ, comme étant principalement dans le commerce.

Hautes et Basses-Alpes. Verts : Maurin, idem foncé uni; de Seillac; jaspé. Portor bréché[1].

Var. Jaune d'Ampus. Brocatelle de Sainte-Beaume.

Bouches-du-Rhône. Brèches : Galiffet, Sainte-Victoire jaune, rouge et grands mélanges. Poudingue Sainte-Victoire.

Aude. Griotte; idem à œil de perdrix, et fleurie. Incarnat. Cervelat (rose vif). Gris agatisé, idem dit Californie.

Pyrénées et Haute-Garonne. Blanc de Saint-Béat, statuaire et ordinaire. Nankin coquille. Jaune uni. Brèches : de Cierfs; grise; infernale; Caroline (ou Médoux), grand et petit mélange; Portor; de Portugal. Bleu tigre. Bleu de ciel. Grand antique, petit mélange. Noir veiné. Solitaire. Gris perlé. Lumachelle clair, doré. Rose vif, clair. Herechede uni, à veines blanches. Griotte des Pyrénées, de Sost. Campan vert clair, isabelle, hortensia uni et mélangé, rouge, mélangé, vert foncé. Serancolin doré, couleur de chair, à flammes, foncé, clair. Beyrede[2] sanguin, sanguin bréché, fleuri. Aspin foncé. Vert rubané, Moulin.

[1] Voir ci-après une *serpentine verte* employée au tombeau de Napoléon, et provenant des mêmes départements.

[2] Du nom du duc d'Antin, qui l'a fait exploiter le premier, ainsi que beaucoup d'autres marbres des Pyrénées.

Jura. Brocatelle : jaune foncé, dite Arabie dorée, jaune clair, violette, rosée, à grands mélanges. Jaunes du Jura : fleuri, Lamartine, rose.

Vosges. Napoléon. Framont. Brèche Napoléon et Framont. Russ brun, vert. Serpentine. Chipal.

Cher. Ronceux. Lumachelle racine de buis.

Nièvre. Bourbonnais.

Sarthe. Sarancolin de l'Ouest. Gris panaché. Noir de Pont étroit. Rose Enjugeraie, idem fleuri.

Nord. Saint-Gillon. Noirs : unis, à boules de neige, à amandes, perlé. Glageon. Cousolre. Rouge. Sainte-Anne français.

Pas-de-Calais. Lunel, blanc et fleuri; Napoléon, rosé et fleuri; Caroline, rubané et contrepassé; Henriette, blond et brun; Steinkall doré.

Parmi les départements qui ne figurent pas dans la liste qui précède, il faut citer particulièrement la Corse, qui contient particulièrement de bons granites et de beaux porphyres, malheureusement d'une exploitation difficile et, en conséquence, négligée jusqu'ici, mais dont on paraîtrait devoir s'occuper prochainement. — Je dirai spécialement un mot plus tard des exploitations qui paraissent se préparer aussi en Algérie.

Des *mentions honorables* ont été décernées à juste titre aux exposants ci-après, exploitateurs de plusieurs marbres compris dans la liste qui précède :

M. CAFFORT, marbres de l'Aude, qu'il exploite avec M. Grimes;

M. COLIN, marbres, serpentines, granites et porphyres des Vosges, qu'il exploite et met en œuvre comme continuateur des opérations d'une société qui s'était constituée dès long-temps à Épinal.

M. TARRIDE, de Toulouse, ainsi que M. SÉGUIN, habile marbrier de Paris dont je parlerai particulièrement ci-après, avaient exposé des spécimens de marbres employés à la décoration de la crypte établie sous la coupole de l'église des Invalides, pour recevoir le tombeau de Napoléon Ier. Cette haute destination, et l'importance des travaux d'art et de marbrerie exécutés à ce sujet m'engagent à donner ici la courte notice qui suit. (Voir en outre les plans et la coupe, planches IV et V.)

NOTICE SOMMAIRE SUR LE TOMBEAU DE NAPOLÉON Ier.

Des opinions très-diverses avaient été émises quant au choix de l'emplacement du tombeau de l'empereur Napoléon Ier; et, lorsqu'une loi eut décidé, en juin 1841, que ce tombeau serait placé sous le dôme des Invalides, bien des partis différents aussi furent indiqués dans les quatre-vingt-un projets ou modèles présentés à ce sujet.

Une commission spéciale, en déclarant qu'aucun des projets n'était immédiatement admissible, en distingua particulièrement dix, aux auteurs desquels furent décernées des *médailles d'or* d'une valeur de 1,000 francs; et elle plaça en première ligne MM. Baltard et Visconti, qui, l'un et l'autre, avaient adopté le parti d'une crypte. La Commission faisait connaître en outre qu'elle s'était trouvée partagée en deux opinions : la majorité simple se prononçait pour le parti d'une crypte, plus convenable, à son avis, tant à raison de la destination funéraire qu'afin de ne pas nuire à l'architecture du dôme, et d'une *crypte ouverte* à peu près comme à Saint-Pierre de Rome et à Saint-Charles Borromée de Milan, afin de laisser constamment la vue du tombeau, *qui devrait être en granite ou en porphyre capable de survivre à la chute du dôme.* La minorité pensait, au contraire, qu'un monument élevé sur le sol même serait préférable et ne pourrait nuire à l'architecture existante en raison de la grande élévation du dôme, etc.

L'avis de la majorité fut adopté par l'administration supérieure; cette importante opération fut définitivement confiée au talent de M. Visconti; et les travaux, commencés en 1843,

ont été presque entièrement terminés avant sa mort, si inopinée et si regrettable. Une commission spéciale avait été, dès
l'origine, chargée de la recherche et du choix des marbres; on
aurait pu désirer que la totalité en fût fournie par le sol
français, et l'on doit penser que, s'il n'en a pas été ainsi, c'est
que des difficultés insurmontables s'y sont opposées; nous
avons eu précédemment occasion de dire qu'il en a été ainsi
quant aux marbres de Paros. En définitive, la construction a
eu lieu ainsi qu'il suit :

Blanc clair de Carrare. La totalité des murs, piliers, plafonds, balustrades, etc., de la crypte, du reliquaire et de l'escalier, ainsi que le grand emmarchement qui monte à l'autel;
le tout généralement en blocs de grandes dimensions, parmi
lesquels il faut distinguer surtout les douze piliers isolés dans
la masse desquels sont évidées les figures de Victoires en avant,
chacun de plus de 4 m. 20 cent. de hauteur sur environ
1 m. 65 cent. d'épaisseur et 1 m. 35 c. à leur plus grande
largeur; les marches, et notamment celle supérieure, de
5. m. 80 cent. de longueur.

Blanc statuaire aussi de Carrare. Les bas-reliefs dans les murs
et la statue de l'Empereur dans le reliquaire.

*Noir et blanc grand antique de la Haute-Garonne, noir de
Sainte-Luce (Isère), serpentine des Basses-Alpes.* Soubassement
de l'autel, balustrade de l'emmarchement et du palier, autel et
colonnes du baldaquin.

Lunel (Pas-de-Calais). Grand emmarchement descendant à
la crypte.

Granite vert de la Haute-Saône. Socle du sarcophage.

Quartz rouge de Finlande, choisi comme présentant particulièrement la couleur que Visconti ambitionnait pour le sarcophage; le couvercle a particulièrement 3 m. 65 cent. de
longueur, 1 m. 85 cent. de largeur et 95 centimètres de hauteur; il pèse environ 17,000 kilog. (3,300 kilog. par mètre
carré) et doit reposer sur une armature en fer et sur une doublure intérieure en *granite de Corse.*

Le sol de la crypte, du reliquaire, etc., est revêtu de compartiments composés tant des marbres précités que de *vert compan*, *bleu turquin et fleuri*, *griotte*, *portor* et *brèche-portor*, et dans la chapelle, granite d'Égypte, agate et émaux (composés par M. Paris, à Bercy); je donnerai quelques détails à ce sujet en parlant des mosaïques françaises.

L'exécution a été faite avec le plus grand soin et à l'aide des moyens mécaniques les mieux entendus, tant pour la taille et le polissage des différentes matières[1], que pour la pose et notamment pour celle des blocs de grandes dimensions qui viennent d'être indiqués; elle a valu, à juste titre, une honorable distinction à M. Seguin, déjà connu par ses précédents travaux et par les hautes récompenses qu'il avait reçues à nos précédentes expositions.

Il ne nous appartient pas de parler du haut mérite des travaux de statuaire dus au talent de MM. Dumont, Duret, Jouffroy, Pradier et Simart.

Les dépenses relatives à ce monument peuvent se résumer ainsi qu'il suit :

Translation des cendres de Napoléon . . . . . . 1,800,000^f
Construction du tombeau 4,200,000

Ensemble environ 6,000,000

Dans les frais de construction on peut distinguer particulièrement les sommes ci-après :

Acquisition des marbres de France et d'Italie . . 740,000^f
Travaux de marbrerie 900,000
Mosaïques et fourniture d'émaux, ÿ compris la restauration des anciennes parties attenantes 293,000

---

[1] Je saisis avec plaisir cette occasion d'indiquer que l'ensemble de ces moyens mécaniques, déjà mis en œuvre depuis longtemps par M. Seguin, et qui lui avaient valu une médaille spéciale à l'une de nos dernières expositions, va être très-prochainement réuni en un atelier complet, ayant pour moteur une machine à vapeur de douze chevaux, et qui formera sans aucun doute un établissement fort honorable pour la marbrerie française.

Statuaire......................... 600,000
Quartz rouge de Russie pour le sarcophage.... 165,000
Main-d'œuvre, y compris l'établissement d'une
machine à vapeur, etc.................... 159,000

Ajoutons que, lorsque le public a commencé à être admis
à visiter ce monument, le nombre des visiteurs s'est élevé
quelquefois à dix ou douze mille chaque jour d'entrée, et qu'il
est souvent encore de plus de deux mille.

La marbrerie de Paris était représentée à Londres, non-
seulement par M. Seguin, mais par M. Lebrun, qui a aussi
reçu une *médaille de prix,* et par plusieurs autres marbriers,
dont un, M. Marga, a été *mentionné honorablement.*
J'ai déjà cité les beaux granites et porphyres des Vosges
exposés par M. Collin; je dois rappeler aussi le monument
funéraire, orné d'ogives et de sculptures, envoyé par M. Poilleux, en une espèce de *roche trappéenne* dite *granite de kersanton,* qui se trouve en place dans les terrains de gneiss du
Finistère, et qui a été employée dès longtemps à des monuments d'architecture, cette roche, bien que dure, se taillant
facilement; elle est d'une belle couleur brune, prend un
beau poli et conserve bien ses arêtes. A peu près dans les
mêmes localités se trouve le beau granite gris rosé de Laber-
il-Dut, qui forme, à Paris, le piédestal de l'obélisque de Luxor.
et qu'on peut se procurer en longueurs de 15 à 25 mètres
sur de très-fortes épaisseurs.

A cet examen sommaire des marbres français, je crois
devoir ajouter le renseignement qui suit :
Dans son rapport sur cette partie de l'Exposition de 1834,
M. de Thury indiquait que, de 1823 à 1833, la valeur des
marbres étrangers importés en France avait diminué de
1,726,114 francs à 368,701 francs, et il en concluait que
« les richesses minérales de la France nous avaient permis
« de réduire de plus en plus l'achat des marbres étran-

« gers. » Des relevés, faits sur les tableaux publiés par l'Administration des douanes, depuis cette dernière époque, indiquent des résultats contraires à ces prévisions, mais qui n'en sont pas moins favorables, sous un autre rapport, à notre industrie.

L'importation, qui était, en 1833, de 4,237,487 kilogrammes bruts, plus 25,294 kilogrammes ouvrés, évalués ensemble 381,877 francs, s'est élevée successivement jusqu'à 7,163,439 kilogrammes bruts et 25,780 kilogrammes ouvrés en 1847; et, après avoir fortement diminué en 1848 et même 1849, elle est remontée, en 1850, à 5,519,326 kilogrammes bruts et 18,815 kilogrammes ouvrés. Mais en même temps, nos propres exportations qui, en 1833, n'étaient que de 110,175 kilogrammes bruts et 210,749 kilogrammes ouvrés, se sont élevées fortement; elles étaient particulièrement en 1842 de 505,668 kilogrammes bruts et 222,439 kilogrammes ouvrés; et, après avoir également diminué en 1848 et 1849, elles étaient, en 1850, de 322,411 kilogrammes bruts et 241,936 kilogrammes ouvrés.

Ces variations sont, on le voit, en rapport avec celles de la prospérité nationale et des développements plus ou moins grands qui en résultent dans notre industrie et dans nos échanges avec les autres nations; mais il importe surtout de remarquer que, tandis que, sur une période de seize années, les marbres *ouvrés* n'entrent en moyenne que pour un deux cent cinquantième dans l'importation (principalement en quelques objets d'art, etc.), ils forment près d'un dixième de nos exportations.

La France est, d'ailleurs, parfaitement disposée, sous tous les rapports, pour devenir le principal *atelier de marbrerie* de toute l'Europe, au moyen de quelques réductions sur les droits d'entrée des marbres bruts étrangers, et de quelques facilités pour leur réexportation, ouvrés, que l'Administration ne serait peut-être pas éloignée d'accorder.

Je terminerai par les réflexions qui suivent sur nos marbres en général :

Les détails qui précèdent ne doivent laisser aucun doute
sur le nombre et la variété de nos carrières; mais, il faut le
reconnaître d'abord, tandis que les principales carrières d'Italie et de Grèce sont situées à peu de distance de la mer, cette
vaste voie de communication, les nôtres en sont presque toutes
à un certain éloignement, ce qui rend leur transport long,
difficile et coûteux.

Quelquefois, en outre, on s'est fait illusion sur l'importance de certaines carrières, sur la bonté et la beauté de leurs
produits, etc.; quelquefois aussi des fournitures ont eu lieu en
produits inférieurs : de là des déceptions fâcheuses, des pré-
ventions et un éloignement plus ou moins fondés.

On a d'abord vanté, puis déprécié la convenance des marbres blancs pour la statuaire. Suivant M. Henraux, dont on
ne saurait méconnaître la profonde expérience pratique, chercher du marbre statuaire en France, c'est vouloir *trouver ce
qui n'existe pas;* et cette assertion est corroborée par l'éloignement de plusieurs de nos statuaires et par le plus haut prix
réclamé jusqu'ici par les praticiens. Mais cette dernière prétention ne paraît véritablement fondée que pour les marbres de
Lost et quelques autres, effectivement plus durs et en même
temps moins beaux. Le Saint-Béat a une analogie incontestable avec le Paros; bien choisi, il offre un *facies,* une mor-
bidesse quelquefois préférable à l'aspect toujours un peu froid
du marbre de Carrare; plusieurs de nos statuaires aussi lui
accordent une préférence motivée par la beauté de statues et
bas-reliefs sortis de leurs mains. Ce qu'il faut à Saint-Béat,
c'est une large exploitation qui, comme à Carrare, permette
de mettre au rebut tout bloc de qualité inférieure, surtout
pour les œuvres d'une haute importance.

Quant à nos marbres de couleur, on en reconnaît généralement la beauté et même la bonté, surtout pour un certain
nombre d'espèces et particulièrement pour l'*incarnat,* la
griotte, etc.; mais on objecte que, pour la plupart, ils ne
peuvent être employés à l'extérieur, et que surtout ils y perdent promptement leur poli ainsi que la vivacité de leur cou-

leur. Mais d'abord, même dans un climat plus sec et plus chaud que le nôtre, il n'y a guère que les roches dures, les *granites*, les *porphyres*, etc., qui résistent parfaitement aux influences atmosphériques et qui y gardent leur poli. Quant aux marbres, leur poli est toujours un lustre un peu factice, qui tient moins à la matière elle-même et qui résiste rarement à l'extérieur, même en Italie.

Que nos exploitateurs s'attachent donc aux carrières véritablement importantes par l'abondance, la solidité ou la beauté de leurs produits; qu'ils donnent à chacune d'elles toute l'extension possible; qu'ils ne livrent au commerce que des produits sains et ouvrables; qu'il n'en soit fait que des applications judicieuses; et l'emploi des marbres français continuera à s'accroître, peut-être même pour la statuaire; et nos exportations mêmes deviendront de plus en plus considérables, ainsi qu'on a vu qu'il en a été si notablement depuis une vingtaine d'années à l'avantage de notre industrie.

Nos richesses en marbres, en granites, en porphyres, en albâtres, etc., vont probablement s'accroître encore de celles que renferme l'Algérie, et notamment le mont Felfela; richesses aussi anciennement exploitées par les Romains; signalées par M. Henri Fournel dans sa *Richesse minérale de l'Algérie,* et par M. Ville dans ses *Recherches sur les provinces d'Oran et d'Alger* (ouvrages publiés par ordre du Gouvernement en 1849 et 1852); rappelées enfin par un mémoire de M. Coquand, professeur de minéralogie, à la Société géologique de France, et en dernier lieu par M. Prisse d'Avesnes. Il n'avait été présenté sur ce point à l'Exposition de Londres que des échantillons peu importants; mais déjà l'exposition algérienne actuelle comprend des spécimens très-remarquables, et l'on doit penser qu'ils seront surpassés encore par ceux qui figureront à notre Exposition universelle.

ESPAGNE.

J'ai précédemment indiqué les nombreuses collections minéralogiques présentées par les directions et inspections des mines des diverses provinces, ainsi que par la Bibliothèque royale de Madrid, comme contenant un grand nombre d'échantillons de marbres, brèches, serpentines, albâtres, etc.

J'extrairai d'abord du Catalogue la note suivante émanée de la Bibliothèque royale de Madrid (art. 31) : « L'Espagne « abonde en roches cristallines de toutes sortes, qui renfer- « ment une grande variété de marbres, depuis les plus beaux « marbres statuaires, jusqu'à ceux qui ne sont employés que « comme matériaux de construction. Les premiers sont princi- « palement métamorphiques et d'une époque incertaine ; ils se « trouvent principalement dans la Sierra-Nevada. Les roches « oolithiques, très-développées dans les deux Castilles, et les « roches crétacées du nord de l'Espagne, contiennent en abon- « dance des marbres plus variés et moins parfaitement cris- « tallins. »

Un certain nombre de ces marbres ont en effet été exploités, d'abord par les Romains, ensuite par les Mores, enfin dans les temps plus modernes où l'Espagne a prospéré. Il paraît, toutefois, que les marbres blancs sont en général moins beaux, moins fermes, moins durables, que ceux du continent, ce qu'on attribuerait à un excès de chaux non carbonatée.

Les exploitations sont du reste presque nulles, si ce n'est pour emploi dans les localités mêmes, soit comme simples matériaux de construction, soit pour décoration de quelques églises ou autres édifices publics. Les plus belles espèces sont cependant en général à portée des côtes et pourraient dès lors être facilement exportées.

Les divers exposants avaient donné peu d'indications sur la nature et la couleur des marbres exposés ; je chercherai à y suppléer par l'extrait suivant d'une note dont je dois la communication à M. Dervillé, comme d'autres documents précités.

Principales espèces de marbres de la collection du Musée royal
de Madrid.

Biscaye. Rouge et gris, chocolat, café au lait, rouge veiné,
blanc nacré.

Aragon. Rose, rouge, rose rouge pâle, vert foncé veiné de
rouge ou avec prismes rouges.

Catalogne. Rose foncé moucheté, blanchâtre, beau jaune, ,
rose et jaune à inscrustations, rouge, blanc et isabelle
veinés [1].

Léon. Nacré et noir à larges dessins, gris uni, blanc à petits
dessins, rosé, isabelle, etc.

Vieille et Nouvelle Castille. Gris pommelé à petits dessins,
noir, rose et jaune, isabelle et rouge, jaunâtre et rose, rouge
et jaunâtre unis, beaux jaune et rouge mouchetés, etc.

Cuïnça. Rouge grisâtre, rose, jaune de sable.

Tolède. Blanc, noir et jaune veiné, rouge et jaune, noir,
beau vert, rouge et feuille morte.

Estramadure. Blanc accidenté.

Valence. Rouge et jaune à belles ramifications, rouge veiné,
blanc tacheté de brun foncé, fauve, clair veiné, blanc, rose
et jaune veinés, noir à dessins rouges.

Murcie. Rouge, jaune, gris.

Grenade. Beau vert clair sur fond noir, chocolat, noir à
veines blanchâtres, rouge vif, blanc très-peu veiné, café au
lait à larges veines rouges, gris à petits dessins, verdâtre,
feuille morte, blanchâtre et autres imitant les veines du bois,
brun foncé à belles incrustations fauves, etc. (presque tous
jaspes durs).

Cordoue. Gris, vert et chocolat mouchetés, blanc veiné,
rouge tacheté, nacré à cimentations, etc.

---

[1] Une partie de ces marbres est particulièrement annoncée comme venant
de Tortose, et indique probablement dès lors la célèbre *brocatelle de Tortose ou d'Espagne*, qu'on s'étonnerait à juste titre de ne pas voir figurer dans
la collection du Musée royal.

Les considérations qui viennent d'être émises relativement aux marbres et autres matières analogues à l'égard de l'Espagne sont probablement plus ou moins applicables à l'égard des marbres du Portugal. On a vu que de nombreux échantillons, en partie fort beaux, en avaient été présentés tant par l'Académie royale des sciences (collection de cent échantillons différents) que par plusieurs exposants : notamment une mosaïque de soixante espèces différentes de la seule province de l'Alentejo, et sortie de la manufacture de M. DEJANTE, l'un des principaux exposants (*Médaille de prix*).

Il paraît qu'en général l'art de la marbrerie est exercé d'une manière assez importante à Lisbonne.

L'Angleterre est, en général, peu riche en *marbres* proprement dits ; elle n'en possède guère que dans les comtés de Devon, Derby, Dorset, Stafford, Cornouailles, etc., quelques-uns aussi en Irlande, en Écosse, etc.; mais ils sont l'objet d'une industrie assez active dans ces différentes localités, puisque nous avons eu à mentionner plus de trente exposants, dont plusieurs travaillent les marbres par des moyens mécaniques, et dont quinze ont reçu des *médailles de prix* et des *mentions honorables,* indépendamment de ceux dont nous aurons à parler au sujet des différentes espèces de *mosaïques.*

Les diverses espèces de marbres, indiquées comme provenant du Royaume-Uni, sont celles ci-après :

Devonshire et Derbyshire. Noir de Plymouth et autres, chocolat, bois de rose ; marbre madréporique. Spath fluor, dit *blue-john,* belle matière, mais de texture peu solide.

Dorset. Marbre de l'île de Purbeck.

Cornouailles. Belle serpentine de Lizard, d'une nature assez différente de celle de France, d'Italie, etc.

Irlande. Blanc statuaire de Conemara et de Donegal, statuaire cristallin de Dunlavay, noir de Galway, de l'île de Man,

blanc et vert de Conemara, rose et blanc de Corck, de Clifden, etc.

Le Royaume-Uni est généralement beaucoup plus riche en
roches dures, telles que :

Granites de Cheswerine, Lamoma, Carnsew, Peterhead,
Penryhn, Inverary, Benaw, Craignair, Aberdeen, ainsi que
des îles de Man, Jersey et Guernesey.

Porphyres de Fowey (Cornouailles), noir, rouge, vert, etc.

Il y a aussi dans quelques localités de l'*albâtre calcaire,* dit
oriental, et *gypseux* ou alabastrite, etc.

On a vu, du reste, qu'une partie des exposants employaient
également des marbres d'Italie, de France, de Belgique, etc.
Le travail et l'emploi des marbres n'ont, d'ailleurs, pris
une certaine extension en Angleterre que depuis un assez
petit nombre d'années, ainsi que j'aurai à le dire ci-après
de la *mosaïque.* Récemment, un numéro supplémentaire du
Penny Magazine (*Magasin pittoresque* à 10 centimes) a été
consacré tout entier à la *Compagnie des ouvrages en pierre
et en marbre,* établie à Londres dans Westminster, et que j'ai
eu à nommer en premier comme *médailliste.* On rappelle
d'abord dans cet article qu'au sein du comité formé en 1836
par le parlement, l'usage économique et dès lors plus général
des marbres avait été considéré comme favorable en principe
à la propagation du goût et de la culture des arts; on ajoute
que c'est dans cette vue que la compagnie a été instituée, depuis plusieurs années déjà, par M. Tulloch, amateur des arts
et bon mécanicien; on y décrit ensuite avec soin, à l'aide de
gravures en bois, les magasins de la compagnie ainsi que ses
ateliers, comprenant : une machine à vapeur distribuant la
force motrice; quatre corps de scies verticales; des machines
à refendre, à dresser, à tailler toutes sortes de moulures, à
tourner, à polir, etc., enfin des ateliers de taille et de sculpture
à la main. Il y a sans doute en France, en Belgique, etc.,
un assez grand nombre d'établissements analogues, et même
plus importants principalement pour le sciage de la pierre
et du marbre; mais peut-être aussi n'y en a-t-il aucun aussi

7.

complet et où se trouve ainsi réuni tout ce qui concerne le travail de ces diverses matières. J'ai donc cru utile de consigner ici ce qui précède, comme exemple de tout ce qu'on fait en Angleterre pour la propagation des procédés artistiques et industriels, et pour en répandre la connaissance dans toutes les classes de la population.

Il faut dire toutefois que, jusqu'ici, les ouvrages en marbre sont restés d'un prix assez élevé à Londres, et qu'en conséquence ils y sont d'un emploi encore assez restreint, principalement à l'extérieur des édifices. Il y a, en général, très-peu de magasins, même des plus importants, où l'on voie de ces beaux soubassements qui, depuis assez longtemps déjà, ornent tant de nos devantures de boutiques; l'on ne peut guère citer en ce genre que les grandes tables de marbre blanc sur lesquelles les *fish-mongers* exposent en vente leurs plus beaux poissons.

J'indique, sur la planche I, une des belles cheminées de M. Thomas, architecte-sculpteur, ornées de médaillons de poëtes anglais et de figures représentant des personnages de leurs œuvres; et une cuve baptismale de M. Organ, en serpentine de Lizard. Ce dernier a reçu, à juste titre, une *médaille de prix*. M. Thomas aurait certainement mérité d'être récompensé, sinon par la XXVIIᵉ classe, du moins par la XXVIᵉ classe, dans laquelle il avait été rangé.

BELGIQUE.

Cinq exposants avaient présenté des spécimens plus ou moins importants, tant bruts que travaillés, principalement des marbres noirs, si abondants en Belgique. Deux *mentions honorables* ont été décernées pour ces derniers marbres et une *médaille de prix* pour un beau et important chambranle en marbre de Carrare, par M. Leclercq, de Bruxelles; ce chambranle est indiqué sur la planche X.

PRUSSE.

Divers objets bien exécutés, ainsi qu'un assez grand nombre

d'échantillons différents de marbres de Silésie et autres localités, ont valu une *médaille de prix* à l'un des exposants et une *mention honorable* à la fonderie ducale de Brunswick.

C'est du reste à peu près tout ce que nous avons à citer en ce genre, en ce qui concerne l'Allemagne.

SUÈDE ET NORWÉGE.

On connaît depuis longtemps les porphyres syénitiques de ce pays; les vases exposés méritaient les *médailles de prix* accordées, tant par la beauté et la dureté de la matière que par l'excellence du travail et la grandeur des dimensions, inférieures encore cependant à celles que met quelquefois en œuvre la manufacture royale d'Elefdall.

Même récompense a été accordée à juste titre pour la croix monolithe en un beau granite de l'île de Malmon, envoyée par un simple particulier.

RUSSIE.

Je ne parlerai que plus tard des *mosaïques* exécutées à Saint-Pétersbourg, ainsi que des remarquables *malachites* de M. Demidoff; je n'ai à mentionner ici que les *jaspes* ou *pseudo-jaspes* fortement quartzeux et excessivement durs, qui se trouvent en Sibérie, principalement dans les monts Oural et dans l'Altaï, où l'on dit qu'il en existe une masse de 100 mètres de hauteur, etc. Ils sont mis en œuvre dans les manufactures impériales d'Ekaterimbourg et de Kolivan, à l'aide, assure-t-on, d'un système de tours et d'une combinaison de poulies, par lesquels on serait parvenu à faire agir le burin sur cette matière, de façon à exécuter avec quelque facilité toutes sortes de formes, d'ornements, de figures, etc. Le rapport anglais observe, à juste titre, qu'on n'agit sur cette matière qu'à l'aide de l'émeri. Suivant M. Théret, exposant français des plus habiles et des plus expérimentés en ce genre, *casser et user, voilà la seule manière de travailler le jaspe.*

Tout objet un peu considérable en effet est l'œuvre de plusieurs années, et les divers produits des manufactures impé-

riales sont tous réservés pour être offerts en présents à des
princes et à des personnages distingués. Les vases et candélabres exposés étaient aussi remarquables par la beauté et la
variété des matières que par la recherche et les difficultés de
leur exécution, enfin par leurs dimensions déjà fort considérables et cependant surpassées encore, à ce qu'il paraît, par
plusieurs autres produits des manufactures impériales. « Ces
« ouvrages sont tels, » a dit l'honorable président du jury de la
XXVIIᵉ classe, « que je ne connais rien de semblable, et je ne
« pense pas que rien de plus difficile et de mieux exécuté ait
« été fait par les Grecs ni les Romains. »

Des *médailles de prix* étaient bien dues aux deux manufactures impériales.

Je donne sur la planche XI une indication d'un de ces
vases.

On a vu que plusieurs collections présentaient des spécimens des granites, syénites et porphyres de diverses contrées
de la Russie, si remarquables par leur solidité, leurs couleurs
et les dimensions considérables dans lesquelles ils peuvent
être exploités [1].

ÉTATS-UNIS.

Quelques échantillons de marbre, parmi lesquels un ressemblant à celui de Sienne.

CHINE.

Jade, très-dur et susceptible de s'obtenir en assez grandes
dimensions

Quelques échantillons encore de marbres dans la Nouvelle-
Écosse, ainsi qu'à l'île Maurice; des granites et des porphyres,
dans d'autres parties de la Terre de Van-Diémen, etc.

Résumé de tout ce qui précède en ce qui concerne les marbres, granites, etc.

La Toscane et les États limitrophes occupent sans doute

[1] On trouve, à ce sujet, des détails descriptifs et magnifiques extrême-

le premier rang, tant en raison de l'abondance, de la beauté et de la variété de leurs produits, qu'à cause de l'activité et de l'importance d'une partie de leurs exploitations.

La France pourrait aspirer au second rang, comme lieu de production, si ses différentes carrières étaient exploitées avec toute l'activité dont elles seraient, au moins en partie, susceptibles; mais elle n'est certainement surpassée par aucune nation dans le travail des marbres.

La Grèce et peut-être l'Espagne et le Portugal pourraient prétendre aussi à un rang honorable.

La Belgique le mérite déjà, sinon pour la variété, du moins pour la multiplicité et l'activité de ses exploitations; et l'Angleterre, pour le parti qu'elle a su tirer du peu de marbres qu'elle possède, ainsi que pour l'extension qu'elle a apportée depuis plusieurs années au travail du marbre en général.

Il me reste à parler des différentes espèces de *mosaïques*.

IIᵉ SECTION. — OUVRAGES D'INCRUSTEMENT OU DE RAPPORT EN MARBRES ET AUTRES MATIÈRES DURES NATURELLES OU ARTIFICIELLES : MOSAIQUES DE DIFFÉRENTES NATURES, MALACHITES, ETC.

Dans la première partie de ce travail, les différentes espèces de mosaïques ont été énoncées séparément et successivement, en même temps que les autres produits des nations auxquelles elles appartiennent.

Dans le rapport anglais elles ont été classées ainsi qu'il suit : 1° celles exécutées en marbre et autres substances minérales naturelles (*pierres dures, etc.*), et principalement les mosaïques florentines et les ouvrages en malachite, dans la division des *matières solides*, et dans la section du *groupe des ouvrages polis*, consacrée aux ouvrages *par incrustation* ou *de rap-*

ment importants dans les ouvrages consacrés par M. de Montferrand, architecte, élève de l'école française, aux grands monuments qu'il a élevés à Pétersbourg : *la colonne dédiée à l'empereur Alexandre, et la cathédrale de Saint-Isaac* (ouvrages gravés et imprimés à Paris.)

port (inlaid); 2° les mosaïques romaines, dans la division des *matières plastiques.*

Je ne crois pas devoir conserver ici une distinction aussi tranchée par les deux motifs suivants : d'abord, comme on le verra ci-après, presque toujours, et surtout dans les ouvrages modernes, la mosaïque est exécutée sur dalles, ou tables de pierre, de marbre, etc.; c'est ainsi une matière solide qui en forme le fond; de plus, comme on le verra également, il peut arriver que, dans certains cas, l'artiste florentin recoure à tel ou tel produit artificiel pour obtenir l'effet que ne lui procureraient pas les substances naturelles qu'il a sous la main, ou que l'artiste romain admette quelque substance naturelle au milieu de ses émaux. Je vais donc tâcher d'exposer d'abord, d'une manière aussi générale que possible, ce qui concerne ces principales espèces et quelques autres également en usage.

La *mosaïque*, cet art de tous les temps, de toutes les époques, et, en quelque sorte, de tous les pays, a pour objet de représenter, d'une manière solide et durable, ou de simples compartiments ou des ornements plus ou moins riches, plus ou moins compliqués, ou des objets de la nature, tels que paysages, fleurs, fruits, édifices, animaux, figures humaines, etc., à peu près dans leurs couleurs propres, et ce, au moyen de pièces de rapport, soit en pierre, marbre ou autres matières minérales naturelles, soit en émail, en porcelaine ou autres produits de l'art, de formes et dimensions toujours assez petites, ou régulières et semblables, ou irrégulières et variées; soit simplement superposées, soit incrustées sur une table de pierre, de marbre ou sur tout autre fond; fixées tant entre elles que sur ce fond par un stuc ou un ciment de telle ou telle sorte; et composant en résultat une surface toujours polie, et ordinairement lisse et unie, susceptible de former des pavages ou dallages plus ou moins riches, des revêtements, des tableaux ou autres parties d'ornementation et de décoration à l'extérieur ou à l'intérieur des édifices, sur les ameublements, etc.; mais quelquefois aussi, dans ces derniers cas,

avec des saillies de bas ou de haut relief. Quelquefois encore, ou les fonds ou les dessins sont, en tout ou en partie,
en plein ou par incrustation, formés par le stuc ou ciment,
et l'ouvrage prend alors ordinairement le nom de *scagliola*.

C'est dans l'Orient, dans l'Inde surtout, qu'il faudrait rechercher l'origine des diverses sortes de mosaïques, principalement des incrustations en matières colorées; et l'on en retrouve d'intéressants spécimens dans les deux collections des
Indes orientales.

La Grèce a eu ses statues des dieux, ses simulacres revêtus
ou incrustés en matières précieuses; mais la Grèce moderne
n'avait présenté à l'Exposition rien de ce genre.

Les grandes mosaïques, si en usage chez les Romains (et
dont on trouve tant de mentions dans leurs écrivains et tant
d'exemples encore subsistant dans les divers pays qu'ils ont
occupés, ou dans nos musées) étaient plus généralement peut-
être composées de cubes en marbre et autres substances naturelles posés seulement sur les dalles ou sur les couches de
ciment qui leur servaient de base. Mais les Romains ont connu
aussi les mosaïques composées de matières plus précieuses,
ou naturelles ou artificielles, artistement taillées et incrustées
dans des tables de marbre, etc.

C'est surtout aux artistes byzantins qu'on a dû tant de belles
et riches incrustations sur les autels, les jubés et les ambons
des églises de Constantinople, de Grèce, d'Italie enfin; et
c'est de là que les différentes branches de cet art se sont particulièrement établies à Florence, à Venise et à Rome.

Je parlerai d'abord des mosaïques exécutées particulièrement en substances naturelles, et ensuite de celles en produits artificiels.

Mosaïques florentines et vénitiennes.

M. Ansted décrit cette sorte de mosaïque à peu près ainsi
qu'il suit : une table, le plus souvent en marbre noir ou
d'autre matière analogue, de la grandeur voulue et d'une
épaisseur proportionnée, est d'abord refouillée dans l'étendue

et à la profondeur qu'on veut donner aux incrustations. Suivant le dessin arrêté, on prépare les plaques, soit de beaux marbres, soit de *pierres dures* ou *pseudo-gemmes* : jaspes, quartz, calcédoines, cornalines, agates, lapis-lazuli, cailloux de l'Arno, etc., suivant les couleurs et les contours nécessaires pour représenter chaque objet ou chaque partie distincte d'un même objet; enfin on les pose avec tous les soins possibles.

La principale difficulté consiste en ce que, les différentes matières étant ordinairement plus ou moins dures les unes que les autres, un poli général pourrait les attaquer inégalement, et qu'en ce cas chaque fragment doit être poli à l'avance et posé avec assez de dextérité pour que le tout forme une surface rigoureusement plane. Une pareille œuvre d'art ne peut, d'ailleurs, jamais être sacrifiée à usage de pavé ou de dallage, et doit être réservée pour revêtement, tableau, etc.

Telles étaient d'abord : la belle table, dont une indication se trouve sur la planche VIII, qui a valu à M. Bianchini une des *médailles de prix* décernée pour les objets de ce genre; ainsi qu'une autre table provenant de la manufacture ou galerie impériale et royale. Mais il y avait des portions de *scagliola* dans les objets, du reste en partie non moins remarquables, exécutés par MM. Buoninsegni, Dalla-Valle (aussi *médailles de prix*), et Romoli (*mention honorable*).

Des mosaïques analogues ont été présentées par un exposant de Milan ainsi que par deux autres de Sardaigne : l'un de Gèvres et l'autre de Chiavari (cette dernière sur *ardoise*).

Mosaïques romaines.

Une *médaille du conseil* a été décernée au cavalier Barberi pour la table remarquable dont je donne également une indication sur la planche VIII[1].

J'extrairai d'abord ici ce qui suit de la note insérée au Ca-

---

[1] Cette composition a probablement été exécutée comme *pendant* d'une composition analogue, le *Char de l'amour*, exposée par cet habile artiste en 1823 à Rome, et dont il a publié la *Description* (Paris, Fir. Didot, 1824), dédiée à son maître Aguatti.

talogue par cet habile exposant : « Une mosaïque romaine est
« une combinaison de petites pièces oblongues de *marbre,* de
« verre (émail) et autres substances de diverses couleurs; liées
« en une masse compacte, de façon à en former une pein-
« ture solide, plus durable que toute autre et sur laquelle on
« pourrait marcher sans l'attaquer. Cet art est très-ancien,
« mais de semblables peintures n'ont été établies que depuis
« le commencement du XVIIᵉ siècle. On dit que plus de 50,000
« teintes différentes de verre sont préparées à cet effet. »

Je citerai maintenant, à l'exemple de M. Ansted, l'exposé remarquable fait sur ce sujet, au jury de la XXVIIᵉ classe, par son
honorable président, doublement compétent et comme Italien
et comme artiste : « Les verres (ou émaux), appelés quelquefois
« *smalt* et quelquefois *paste,* offrent, pour les grandes pein-
« tures, la forme de petites tablettes, et, pour de moindres
« ouvrages, celles de filets depuis la grosseur d'un fil jusqu'à
« celle du coton le plus fin. Il en est préparé des masses de
« toutes couleurs et de toutes teintes. Une planche en cuivre,
« en marbre ou en ardoise de la grandeur voulue est creusée
« à la profondeur nécessaire (d'un pouce à un huitième de
« pouce et même un soixantième seulement pour les plus
« petits objets). Ce creux est rempli en plâtre fin de *Paris* sur
« lequel le dessin est arrêté avec soin à l'encre. Les seuls outils
« nécessaires, de grandeur proportionnée à celle de l'ouvrage,
« sont de petits marteaux taillants pour couper l'enduit et
« des pinces pour placer les pièces de verre, quelquefois de
« petits outils garnis d'un diamant, etc. Au besoin, les verres
« sont amenés, à la lampe, aux dimensions exactement néces-
« saires. Chaque fragment de plâtre est successivement enlevé
« et remplacé par une pièce de verre convenable, scellée avec
« une sorte de mastic de *vitrier,* et ainsi de suite...... Les
« planches de dimensions un peu considérables sont placées
« devant l'ouvrier, comme le tableau devant un peintre,
« et les plus petites sur une table. Les dessins, le plus sou-
« vent copiés d'après les œuvres d'artistes éminents par des
« dessinateurs formant une classe distincte, sont reproduits

« en quelque sorte mécaniquement par les mosaïcistes qui,
« sans recevoir ordinairement le nom d'*artistes*, se distin-
« guent par leur habileté, leur exactitude, par un certain
« goût naturel et la sûreté de coup-d'œil; mais il est à peu
« près sans exemple qu'un mosaïciste ait travaillé d'après
« son propre dessin. Le tableau, une fois terminé, est passé
« légèrement sur une pierre parfaitement dressée. On répare,
« au besoin à l'outil et à l'aide de cire, les légers défauts que
« le tableau peut présenter; et l'habileté apportée dans cette
« dernière opération est pour beaucoup dans le degré de mé-
« rite de l'ouvrage. »

Il a, en outre, été décerné pour cet objet trois *médailles de prix* et trois *mentions honorables*, notamment une médaille à l'importante manufacture de Saint-Pierre, ordinairement chargée des tableaux destinés à la décoration des églises de la ville sainte, et à laquelle on doit d'avoir ainsi reproduit, pour la postérité, tant de chefs-d'œuvre.

Mosaïques exécutées en France.

Il ne paraît pas qu'il ait été exécuté en France des *mosaïques* proprement dites, au moins d'une manière notable et suivie, avant le commencement de ce siècle; et c'est à Napoléon qu'a été due la création, sur la proposition de son habile direc-teur du Musée, M. Denon, d'une école de mosaïque, confiée à M. Belloni, élève des plus habiles artistes de Rome et de Florence. Cet artiste a notamment exécuté au Musée impérial le magnifique tableau en marbre au devant de la niche de la Melpomène, d'après les dessins de notre célèbre Gérard. Il a exposé en 1806, 1819 et 1827, des travaux que nos jurys ont déclaré égaux à tout ce que les anciens et les modernes ont fait en ce genre; enfin, il a formé des élèves qui ont aussi paru avec distinction dans toutes nos expositions.

La mosaïque française était représentée à Londres par trois exposants, tous honorés de la *médaille d'argent* à nos précé-dentes expositions nationales, et dont deux ont reçu une *mé-daille de prix*.

Le premier, M. Théret, s'est livré toute sa vie à l'exécution des plus beaux meubles de marqueterie ainsi que des plus riches mosaïques, notamment des belles mosaïques de haut relief en *pierres dures* et autres matières précieuses, pour lesquelles il avait spécialement reçu une *médaille d'argent* de la Société d'encouragement en 1844.

Je donne sur la planche VII une indication d'un des plus beaux objets exposés par lui à Londres.

Le second, M. Bossi, occupé habituellement comme habile praticien chez l'un de nos premiers statuaires, avait laborieusement consacré à la mosaïque les longs loisirs résultant du désastre de 1848; et il en avait déjà recueilli le prix à la suite de notre exposition de 1849.

Quant au troisième, M. Chrétin, il n'a pas été mentionné à Londres, et la *tête de Christ* qu'il avait exposée n'avait, en effet, rien de très-remarquable comme exécution; mais je crois utile de faire connaître ici ses procédés, d'autant plus que je ne les crois pas étrangers à ceux d'un des mosaïcistes anglais que j'aurai à rappeler ci-après. J'extrairai donc ce qui suit d'un rapport que j'avais eu à soumettre, en 1847, à la Société d'encouragement au nom de son comité des arts économiques :

« Les procédés connus et employés jusqu'ici sont longs, « difficiles et coûteux. Cela pouvait ne pas s'opposer à l'emploi « de la mosaïque dans l'antiquité et dans le moyen âge, où la « main-d'œuvre avait peu de valeur; mais il n'en est pas de « même dans les temps modernes; aussi la mosaïque n'est-elle « plus qu'un objet de luxe presque entièrement exceptionnel. « Les procédés dont nous avons à parler ont pour but d'établir « ces produits à des prix modérés, bien qu'avec toute la per- « fection et toute la solidité nécessaires.

« M. Chrétin s'est d'abord occupé à rendre prompte et fa- « cile la division des marbres successivement en tables, en « baguettes et enfin en cubes ou prismes des dimensions vou- « lues, par des moyens mécaniques simples et ingénieux, qui « pourraient être rendus plus économiques encore en cas d'ex-

« tension de cette fabrication. Des moyens analogues sont
« employés pour se procurer, par le moulage, des cubes en
« pâte de verre, etc. Il a eu surtout en vue la préparation
« des diverses parties de mosaïque à l'atelier, leur facile trans-
« port à quelque éloignement que ce soit, ainsi que leur pose
« prompte et sûre, et il a pris à ce sujet, en 1845, un brevet
« d'invention. Le dessin ou le fragment de dessin à reproduire
« est préalablement tracé et colorié sur une toile fine bien
« tendue. Chaque portion est ensuite recouverte de cubes de la
« couleur voulue, qui y sont attachés, au moyen de colle forte
« légère, par la face polie qui doit faire partie de la surface
« vue de la mosaïque. Les parties de peu de grandeur peuvent
« être transportées dans cet état, et il peut même alors suffire
« de papier au lieu de toile. Dans le cas contraire, on se sert
« d'une espèce d'*établi* composé : 1° d'une tablette légèrement
« inclinée sur laquelle pose successivement chaque portion de
« la toile; 2° d'un cylindre antérieur, autour duquel s'enroule
« la toile non encore recouverte de cubes; 3° enfin d'un cy-
« lindre d'un diamètre plus considérable, autour duquel la
« toile s'enroule au fur et à mesure qu'elle est couverte de
« cubes et reste ainsi fixée pendant le transport. La place a dû
« être préalablement préparée au moyen d'une aire bien dressée;
« on recouvre successivement chaque partie d'une couche de
« bon mortier très-clair sur laquelle chaque partie de mosaïque
« est étendue, puis recouverte de panneaux assez pesants pour
« faire pénétrer les cubes dans le mortier, qui remonte en
« outre dans les joints. Au bout d'un ou deux jours, on mouille
« avec de l'eau chaude la toile ou le papier, de façon à pouvoir
« les enlever, et il n'y a plus qu'à faire quelques raccords, à
« remplir la partie supérieure des joints en mortier clair et à
« polir l'ensemble de la mosaïque. »

M. Chrétin a alors reçu une *médaille d'argent* de la Société
d'encouragement et une autre à l'exposition de 1849; malheureusement les événements l'ont empêché de continuer ses
travaux, et la *tête de Christ* qu'il a envoyée à Londres était
tout ce qui lui en restait.

Dans le même rapport dont je viens de donner un extrait, j'avais eu à parler des mosaïques en *cubes de porcelaine*, depuis 1 millimètre jusqu'à 2 centimètres de côté, pour lesquelles la Société d'encouragement a également décerné une *médaille d'argent* à MM. Monestrol et Sollier. Enfin, parmi d'autres habiles fabricants, M. Tourasse a établi à Paris de remarquables ouvrages, tant en *mosaïque* qu'en *scagliola*, dont il se prépare à présenter d'importants spécimens à notre prochaine Exposition universelle.

Je dois dire un mot ici des mosaïques que j'ai précédemment indiquées comme faisant partie des carrelages au pourtour du tombeau de Napoléon Ier. Ces mosaïques, qui forment principalement l'aigle, la couronne et les armes impériales, sont composées en partie de différents marbres, en partie de grandes plaques d'émaux, en partie de fonds en plus petits émaux, etc. Elles ont été exécutées par MM. Ciuli et Cagnoli, artistes italiens appelés à cet effet, et les émaux ont été fournis par M. Paris, fabricant à Bercy[1].

ANGLETERRE.

Mosaïques en marbres du Devonshire.

D'après les détails donnés par M. Ansted, depuis un assez grand nombre d'années déjà on établissait dans le Derbyshire des tables et autres objets incrustés à l'instar des mosaïques de Florence, mais sur une assez petite échelle, avec peu de perfection, et en remplaçant les *pierres dures* par des marbres de diverses sortes; depuis vingt-cinq ans environ, cette industrie s'est en même temps perfectionnée et étendue, tant dans le Derbyshire où l'on pratique particulièrement l'ancien

[1] M. Paris a reçu de la XXIIe classe du jury international une *médaille de prix* pour ses émaux et ses fers, indiquée au catalogue et au rapport comme *galvanisés*, mais qui sont les excellents fers émaillés ou *contre-oxydés*, qui lui avaient valu la *médaille d'argent* à notre exposition de 1849, et la *médaille de platine* de la Société d'encouragement.

mode d'incrustation, que dans le Devonshire où l'on opère plutôt par placage sur pierre, ardoise, etc. Ces progrès sont principalement dus au duc actuel de Devonshire, qui a mis à la disposition des artistes et des fabricants une belle collection de *mosaïques florentines*. A l'emploi des marbres du pays, notamment du *fluor spath*, se joint celui de différents marbres étrangers, de malachite, etc. Plus de cinquante personnes y sont activement employées, et il n'y avait pas moins de treize exposants en ce genre, dont cinq ont reçu des *médailles de prix* et un une *mention honorable*. J'indique sur la planche III un fragment d'une mosaïque de M. Wodruff, l'un des médaillistes.

Mosaïques à l'imitation de celles florentines.

La manufacture impériale de Peterhoff, établie il y a quelques années à l'aide d'artistes italiens, est maintenant, à ce qu'il paraît, entièrement confiée à des Russes, et a été *mentionnée honorablement*, pour un beau coffret orné de fruits en relief et en *pierre dure*, et pour une table dont la planche XI donne une indication.

Malachites de M. Demidoff.

Ce carbonate de cuivre, de formation à peu près stalagmitique, se trouve en parties peu considérables dans différents pays. Nous avons eu à en mentionner des spécimens dans les intéressantes collections des Indes orientales et de la Chine; et, suivant M. Brard, on en a trouvé même à Chessy, près de Lyon. Mais ce n'est guère qu'en Sibérie que, jusqu'en ces derniers temps, on en avait connu des dépôts importants; je crois devoir citer ici quelques-uns des détails contenus à ce sujet dans le catalogue officiel, d'après un travail de M. Erman dans les *Annales des mines de la Russie*, ainsi que d'après un ouvrage de sir Murchison (*Russia and the Ural mountains*, p. 574).

« Ces gisements existent dans les mines de cuivre des monts
« Permiens, à 100 milles sud de Bogolovosk, ainsi qu'à Fro-
« lovsk, au milieu de roches granitiques et calcaires, par masses
« plus ou moins considérables. Une masse trouvée il y a quel-
« ques années à Nijui-Taghilsk, à 84 mètres de profondeur,
« avait à son sommet à peu près 5 mèt. 1/2 de long et 3 mèt.
« de large, et était supputée, en 1843, ne pas contenir moins
« d'un demi-million de *pounds* (moins d'un demi-kilogramme)
« de malachite pure et solide; un seul bloc d'environ 16 mèt.
« sur 7 mètres et 3 mètres, pouvait contenir, déduction faite
« des vides, 3,000 pounds, et l'on a pu en obtenir des frag-
« ments de 300 à 400 pounds sans cassures, ce qui est consi-
« déré comme sans exemple et comme un fait minéralogique
« du plus haut intérêt, surtout en raison de la magnifique
« couleur turquoise de la matière. Le plus grand bloc connu
« jusqu'ici était celui trouvé, en 1783, dans les mines de
« M. Tourchaninoff, à Goumecheff; il ne pesait que 106 pounds
« et avait été placé alors dans le *cabinet* ou *corps des mines.* »
(M. Brard citait, d'après Patrin, comme le plus beau morceau
connu, celui du docteur Guthrie, à Saint-Pétersbourg, de
32 pouces sur 17 pouces et 2 pouces, sans aucun défaut, et
évalué alors à 20,000 francs.)

Du reste on ne trouve guère ordinairement que des blocs
peu considérables et qui, exposés à l'air, se fendent en fragments d'un quart de kilogramme à 2 kilogrammes au plus;
et c'est, en conséquence, presque toujours en *placage,* sur fer,
cuivre, pierre ou marbre, etc., que la malachite est mise en
œuvre.

Cette industrie a depuis longtemps été exercée en Sibérie,
mais en d'autres pays aussi, et particulièrement en France,
comme on le verra ci-après.

C'est depuis quelques années seulement qu'une manufacture spéciale a été établie à ce sujet par MM. Demidoff, à
Saint-Pétersbourg, sous la direction d'un ancien constructeur
français, M. Joffriaud; et, d'après les détails donnés par
M. Ansted, on y opère ainsi qu'il suit : la malachite est d'abord

divisée en plaques d'environ 2 millimètres d'épaisseur pour
les surfaces droites et 3 pour les surfaces courbes, à l'aide de
scies verticales contre lesquelles viennent se presser les fragments scellés sur des chariots glissant sur des rails et poussés
par des contre-poids. Pour les surfaces courbes, ces plaques
sont ramenées, dit-on, au cintre voulu par d'autres scies d'une
courbure correspondante et qui, dès lors, doivent être très-
multipliées. Les joints sont ensuite taillés au tour, suivant les
veines de la malachite, de façon à se raccorder convenablement d'une plaque à une autre, et ces plaques sont juxtapo-
sées sur la surface à recouvrir et fixées à l'aide d'un ciment
composé de poudre de malachite même, qui sert également
à raccorder les irrégularités ou autres défauts que le placage
pourrait présenter. Il ne reste plus ensuite qu'à en polir la
surface.

Indépendamment des vides des parties terreuses et autres
défauts qui peuvent se rencontrer dans les blocs de malachite,
le mode de mise en œuvre ne peut manquer d'entraîner des
pertes ou *déchets* très-considérables. Ils sont indiqués comme
étant d'abord de *moitié* par suite du sciage, puis d'une nouvelle *moitié* par suite des ajustements, etc.; c'est-à-dire qu'une
quantité donnée de matière brute se réduirait à *un quart*
étant mise en œuvre.

La malachite est indiquée comme se distinguant d'abord
suivant sa couleur *foncée, ordinaire, claire* et *pâle,* la plus foncée étant généralement la plus estimée et la plus chère; les
deux premières classes se subdivisant en *ronde* et *longue,* et
les deux autres en *ronde, longue* et *tachetée.*

Enfin le prix est indiqué comme variant, suivant ces divisions, de 21 à 15 francs le *pound* (un peu moins d'un
demi-kilogramme), et un mètre carré de placage pèserait à
peu près 27 pounds et demi.

Tels sont les principaux renseignements contenus au catalogue et au rapport anglais sur les remarquables objets en
malachite présentés à l'Exposition universelle par M. Demidoff, et qui lui ont si justement valu une *médaille du conseil.*

J'indique sur la planche XII une des grandes portes et deux
des grands vases sur piédestaux, non comme irréprochables
sous le rapport du goût, mais comme extrêmement remarquables et par leurs dimensions et par le mérite de l'exécution.

Je crois, du reste, intéressant de consigner ici les détails
suivants sur ce qui avait été fait précédemment, particulièrement en France, quant à la mise en œuvre de la malachite.

Depuis longtemps on a exécuté en Russie des ouvrages de
ce genre fort remarquables, et l'on peut notamment citer
comme tels deux vases, deux belles cuves, et plusieurs tables
envoyés par Alexandre à Napoléon après la paix de Tilsitt,
richement montés alors et enrichis de bronzes dorés par Jacob,
et actuellement encore au palais de Trianon.

Mais, dès longtemps aussi, des objets de même genre et
non moins remarquables tant par leurs dimensions que par
leur perfection, ont été établis à Paris par nos plus habiles
artistes, et ont figuré à plusieurs de nos expositions. Les rapports de nos jurys n'en contiennent pas des détails aussi circonstanciés que cela serait désirable; mais, indépendamment
de ce qui en est dit par M. Brard (tome III, 390), je dois
les indications suivantes à M. Carbonel, respectable octogé-
naire qui, d'abord comme collaborateur, puis comme associé
et gendre de M. Thomire, a présidé à l'exécution, pour le
compte de M. Demidoff père, des objets ci-après, tous enrichis de bronzes dorés :

Exposition de 1806. — Un chambranle de cheminée, une
grande pendule et deux grands candélabres (ce modèle de
chambranle a été ensuite reproduit en marbre noir, bien
plus convenable pour une pareille destination qu'un placage
en malachite, et placé dans un des salons du musée Charles X);

Exposition de 1819. — Un vase, forme Médicis, d'environ
2 mètres de hauteur, et des candélabres (une grande table
qui figurait à la même exposition avait été plaquée en Russie);

Exposition de 1834. — Une sorte de temple ou baldaquin
de 3 à 4 mètres de diamètre, composé d'un soubassement

d'environ 1 mètre de hauteur, de huit colonnes corinthiennes d'à peu près 2 mètres, et d'une coupole hémisphérique à caissons en lapis-lazuli, envoyé en Russie pour la nouvelle église de Saint-Isaac.

Enfin, plus tard, M. Denière avait fait exécuter une *psyché* qui a été offerte par la ville de Paris à la duchesse d'Orléans.

D'autres objets, moins importants, ont toujours été et sont encore journellement établis en malachite, à Paris; un objet de ce genre figurait à l'une de nos dernières expositions.

D'après les précieux renseignements pratiques que je dois à M. Carbonel ainsi qu'à M. Théret, les procédés suivis en France pour la mise en œuvre de la malachite ont toujours été à peu près les mêmes que ceux précédemment indiqués comme suivis en Russie, mais avec quelques différences cependant, qui m'ont paru mériter d'être indiquées ici : le *sciage*, comme celui de toutes les matières de quelque valeur, s'opère à l'aide d'un fil de fer d'un millimètre à un millimètre et demi, comme produisant moins de déchet que toute lame de scie; le fil est tendu par un simple fragment de cerceau, et il est constamment abreuvé d'huile et d'émeri ou de grès fin [1]. Les joints, les contours, les surfaces, etc., s'obtiennent ou par le frottement ou par la taille; le poli par les moyens ordinaires, tels que la potée, etc.; mais la pose, le scellement des plaques doit se faire avec un mastic résineux, et la poudre de malachite ne peut suffire que pour les raccords.

On a vu que la *malachite* figurait dans quelques mosaïques établies en Angleterre et à Paris; des spécimens figuraient en outre dans les intéressantes collections des Indes et de la Chine, ainsi que dans celle provenant des importantes mines de cuivre de Burra-Burra (Australie méridionale) où, depuis un certain nombre d'années, ont été trouvés des dépôts de malachite d'une assez grande importance, mais peut-être d'une

---

[1] Ces sortes de sciages se payent ordinairement, à Paris, 10 centimes le pouce carré en malachite ou autre matière aussi peu dure; 3o à 35 centimes en cristal de roche et autre substance équivalente, et 5o à 6o centimes en jaspe ou autre substance d'une grande dureté.

qualité et d'une beauté un peu inférieures à celle de Sibérie. Il n'est pas impossible que cette dernière soit prochainement mise en œuvre à Paris même, sur une assez grande échelle, par un de nos plus habiles artistes en ce genre.

En terminant cet examen des ouvrages en marbres et autres matières incrustées, etc., je dois rappeler, parmi les ouvrages anglais, deux essais de gravure ou incrustation sur marbre à l'aide des *acides;* procédé que le rapporteur anglais a reconnu ingénieux, mais qu'il n'a pas pensé pouvoir être d'une application utile. Il paraîtrait cependant qu'un procédé de ce genre aurait été employé en France, même assez anciennement; et mon confrère et ami M. Albert Lenoir tient de son père une petite plaque de marbre de Sienne, gravée et incrustée de cette manière, il y a peut-être cinquante ans, par M. Lagrenée, peintre de talent. Mais surtout un artiste strasbourgeois a pris récemment un brevet pour un procédé nouveau et perfectionné, dont il a été fait, à Paris, des applications remarquables qui doivent figurer à notre prochaine Exposition universelle.

Résumé en ce qui concerne les mosaïques et autres ouvrages d'incrustation et de rapport.

Rome occupe, sans aucun doute, le premier rang par l'importance et le mérite de ses produits; et Florence, par le mérite des siens en même temps que par la beauté des matières qui y sont employées.

Au second rang se placent : la France, sinon par le nombre, du moins par le mérite des travaux de ses exposants, et surtout par l'importance de ses précédents travaux en ce genre; l'Angleterre, par les améliorations notables opérées en ce genre depuis un certain nombre d'années; enfin, la Russie, par la création récente de deux manufactures spéciales, l'une pour la mosaïque proprement dite, l'autre pour le travail de la malachite.

II° DIVISION. — MATIÈRES PLASTIQUES.

REMARQUE GÉNÉRALE.

Nécessairement, là où il y a moindre abondance de bons matériaux de construction *naturels*, de *pierres de taille* par exemple, là aussi on a dû s'appliquer le plus à y obvier au moyen de matériaux *artificiels*, à l'aide des *matières plastiques*, des *chaux* et *ciments*, des *terres cuites* de diverses sortes ; et cela d'autant plus que le climat était plus humide et demandait, dans ces matériaux artificiels, une qualité plus parfaite.

Enfin, des besoins spéciaux ont réclamé des applications de ce genre, même dans des pays plus heureusement situés ou mieux pourvus de matériaux naturels, et elles ont dû nécessairement aussi être proportionnées aux développements de l'industrie en général.

III° GROUPE. — CHAUX ET CIMENTS ; PIERRES ARTIFICIELLES.

Ire SECTION. — CHAUX ET CIMENTS HYDRAULIQUES.

Résumé des recherches, études et applications relatives aux chaux, mortiers et ciments.

Je crois d'autant plus devoir présenter ici ce résumé, qu'indépendamment de l'importance des matières dont il s'agit, pour l'art de bâtir en général et en partie même sous le rapport de la décoration, c'est principalement depuis la fin du siècle dernier qu'il a été fait des travaux du plus haut intérêt, qui ont fondé d'une manière définitive la théorie et la pratique sur des principe fixes et sûrs.

Dès les temps les plus reculés, on avait reconnu qu'un grand nombre de pierres, par l'action d'un feu plus ou moins fort et plus ou moins prolongé suivant leurs natures diverses, perdant en général de leur poids, de leur dureté et de leur consistance, se changeaient en *chaux vive ;* que cette dernière, par l'action de l'eau ou même de l'humidité de l'air, s'échauffait, s'exfoliait et devenait de la *chaux éteinte,* ordinairement avec une augmentation de volume plus ou moins considérable; que, réduite ainsi en une pâte molle, et triturée soit avec des sables ou autres matières inertes, soit avec des *pouzzolanes* ou *ciments* naturels, soit enfin avec des ciments artificiels tels que des terres cuites pulvérisées, la chaux procurait des *mortiers* susceptibles d'adhérer aux pierres, aux briques et autres matériaux, de les réunir, de les recouvrir et de former des *enduits,* des *aires,* des *bétons,* le tout avec plus ou moins de force, de durée, soit à l'air, soit même à l'eau et à l'humidité.

Les causes, les principes de ces divers effets ont été long-temps inconnus, ou du moins mal expliqués, mal interprétés. Les anciens n'avaient pas les connaissances positives, exactes, des sciences modernes: mais ils y suppléaient en général par un soigneux esprit d'observation, par un grand talent d'expérimentation pratique; et c'est ainsi qu'ils ont su, dans tous les pays qu'ils ont occupés, se procurer d'excellents mortiers et faire des constructions, soit à l'air, soit dans l'eau, qui ont bravé les siècles et fondé la réputation du *mortier des anciens,* du *mortier romain* par excellence. D'ailleurs, nécessairement, les bons mortiers seuls ont résisté et nous sont seuls parvenus, tandis que les mortiers ou mauvais ou médiocres ont disparu avec les constructions mêmes.

Les traditions antiques, sur ce sujet comme sur tant d'autres, se sont plus ou moins perpétuées dans les siècles suivants: et l'on ne doit certes pas moins admirer un certain nombre de constructions du moyen âge et même de siècles postérieurs, moins massives en général et souvent, en même temps, plus élevées que la plupart des constructions antiques, mais qui n'en ont pas moins bien réussi, en partie grâce à l'excellence des mortiers qui en réunissaient les matériaux, en général aussi d'assez petites dimensions.

Plus tard, et particulièrement en France en raison du

nombre et de l'abondance de bonnes et belles pierres de taille que nous avons eu à y signaler, est arrivée la propension à employer les pierres à des dimensions qui en assuraient en quelque sorte à elles seules la stabilité, du moins dans la plupart des cas. Peut-être cela même a-t-il détourné longtemps d'une étude sérieuse des chaux et des mortiers; mais, de plus, on a dû longtemps d'autant moins comprendre l'importance de cette étude, à Paris surtout, en raison de l'abondance du plâtre (dont il sera parlé spécialement ci-après) et de la facilité de son emploi, qui, l'une et l'autre, l'ont fait souvent et le font encore appliquer à des usages auxquels il ne convient aucunement, c'est-à-dire partout où il est exposé à l'eau et à l'humidité.

Toutefois, en raison de l'abondance des gisements calcaires en France, on y a toujours fabriqué beaucoup de chaux. Les meilleures, ou du moins les plus avantageuses, étaient principalement, aux yeux des entrepreneurs, celles qui *foisonnaient* le plus; et nous verrons tout à l'heure que ce sont, en général, celles qui ont le moins de qualité. Mais en même temps on a toujours connu un certain nombre de chaux comme ayant des qualités supérieures, même pour les ouvrages à l'eau, et principalement celles de Metz, des environs de Lyon, plus tard surtout celle de Senonche (Eure-et-Loir), etc.

En Angleterre, si, comme nous l'avons également dit précédemment, il y a, en général, peu de masses de bonnes pierres à bâtir, il y en a en assez grande abondance de propres à fournir de la chaux; cette fabrication a dû même y avoir d'autant plus d'intérêt par ces divers motifs, qu'on n'y emploie le plus souvent que des matériaux de petites dimensions (briques, etc.); que le climat y est plus humide et plus destructeur; enfin que, par cette même raison, bien qu'on y possède du plâtre (à la vérité en moins grande abondance qu'en France, et surtout à Paris), on ne l'y emploie en général que comme moyen de revêtement et de décoration, presque toujours à couvert, et non pour construction proprement dite.

Comme on le verra par ce qui suit, c'est presque toujours

en Angleterre qu'ont été faits sur ce sujet les premiers pas,
sinon les plus importants; et, en même temps, bien que les
chimistes, les savants des divers pays aient fait, à différentes
reprises, des indications de la plus grande utilité, c'est en général à des ingénieurs, à des praticiens éclairés, que les progrès les plus importants et les plus positifs ont toujours
été dus.

Ainsi, d'abord, c'est en 1756 que le célèbre ingénieur anglais
Smeaton s'est livré à ses *Recherches expérimentales* (Bibliothèque
des arts et sciences de Londres, et traduction par M. Pictet,
publiée en 1808 par M. Lesage), au sujet de la construction
des fondations du phare d'Eddystone, pour laquelle il adopta,
avec le plus grand succès, une chaux d'Aberthaw, dans le Gla-
morganshire, chaux qu'il avait reconnue avoir la propriété de
durcir sous l'eau, mêlée, à ce qu'il paraît, dans diverses proportions, tantôt à la pouzzolane d'Italie, tantôt au trass de
Hollande, l'une et l'autre alliés de sable, dans certains cas,
pour motif d'économie. Dans ces recherches, il avait reconnu,
entre autres points, que la présence de l'argile dans la pierre
calcaire la rend propre à donner une chaux durcissant sous
l'eau; mais il n'avait point obtenu le même résultat du mélange de la chaux ordinaire avec l'argile cuite et pulvérisée.
Il ne lui aurait fallu que la pensée de mêler l'argile à la
pierre avant la calcination, pour réaliser dès lors les notables
améliorations qu'il était réservé à un ingénieur français d'indiquer et d'opérer.

De même, en 1796, Parker, chaufournier anglais, fit breveter l'idée de *calciner des pierres ou cailloux argileux qui,
broyés ensuite et gâchés avec de l'eau donneraient un mortier ou
ciment plus résistant qu'aucun autre préparé artificiellement jusqu'alors.* Malheureusement il indiquait même la *vitrification*,
ce qui nuisit au succès de sa première entreprise; mais, re-
prise sur de meilleures données, elle eut et a conservé le plus
grand succès, ainsi que plusieurs autres fabrications analogues; et, comme on l'a vu, les unes et les autres figuraient
à l'Exposition.

En 1802, un ouvrier anglais vint à Boulogne-sur-mer et y indiqua sur la grève des galets analogues, considérés comme amenés par la mer de la côte opposée; il y commença dès lors, sous le nom impropre de *plâtre-ciment,* une fabrication dont les produits furent examinés, analysés et expérimentés par la Société d'agriculture de Boulogne, ainsi que par la Société d'encouragement, alors à sa naissance. J'aurai à citer plus tard de nombreuses et importantes découvertes de même genre, faites ultérieurement en différentes parties de la France.

Mais, dès les premières années de ce siècle particulièrement, l'étude des chaux, des mortiers, des ciments et des pouzzolanes naturels ou artificiels, avait fixé l'attention de nos savants chimistes Chaptal, Gay-Lussac, Thénard et autres[1], ainsi que de nos ingénieurs les plus éclairés et les plus haut placés : Sage, Sganzin, Girard, Bruyère, etc. MM. les ingénieurs Berthier, Raucourt de Charleville et plusieurs autres, s'en occupèrent d'une manière toute spéciale; mais M. l'ingénieur Vicat surtout, guidé par les lumières et les travaux de ses prédécesseurs, aidé et encouragé par ses chefs, s'y consacra, dès 1812, tout entier et avec un zèle, un talent, un désintéressement, qui ne l'ont point abandonné maintenant même dans une glorieuse et laborieuse retraite; il a fait successivement, principalement en 1818, en 1828 et en 1846, des publications qui ont fixé d'une manière définitive la théorie et la pratique sur ces sujets si importants.

On savait déjà d'une manière générale que les chaux, considérées en quelque sorte abstraction faite de leur qualité et surtout de leur *hydraulicité,* s'obtenaient de tout calcaire, depuis le calcaire le plus pur tel que la craie ou le marbre blanc, jusqu'aux calcaires grossiers et à la plupart des marbres, pourvu qu'ils continssent environ moitié de leur poids en carbonate de chaux, et le surplus en proportions diverses d'alu-

---

[1] Citons aussi M. John, savant chimiste de Berlin, auteur d'un mémoire couronné vers 1820 par la Société des sciences de Hollande, à la suite d'un concours relatif à l'infériorité relative de la chaux de coquilles et aux moyens de l'améliorer. (Voir *Annales de chimie et de physique,* 1821.)

mine, de silice, d'oxyde de fer, etc. Mais l'on distingua dès lors d'une manière positive :

Les *chaux grasses*, foisonnant beaucoup, mais se dissolvant entièrement dans l'eau; qui, mêlées à des sables ou autres matières inertes, ne font aucune prise à l'eau ou à l'humidité, ne prennent qu'à la longue et même quelquefois jamais dans l'intérieur des maçonneries, même les plus épaisses, ne durcissent même qu'à la longue à l'action de l'air; et qui ne sont susceptibles d'une prise plus ou moins prompte dans ces différentes circonstances, qu'alliées à des ciments ou pouzzolanes, soit naturels, soit artificiels ;

Les *chaux maigres*, ne foisonnant pas ou ne foisonnant que peu, de même nature à peu près, du reste, que les chaux grasses, et ayant dès lors besoin des mêmes alliages pour faire prise ;

Enfin, les *chaux plus ou moins hydrauliques* par elles-mêmes et pouvant, en conséquence, faire prise à l'eau ou à l'humidité plus ou moins fortement ou promptement, alliées à des matières, ou inertes, ou elles-mêmes plus ou moins énergiques.

M. Vicat avait, d'ailleurs, fait reconnaître qu'un nombre beaucoup plus considérable qu'on ne le croyait de pierres calcaires, donnent naturellement des chaux et des ciments hydrauliques. Il restait à pourvoir à ce qu'on pût en obtenir, en quelque sorte, dans tous les cantons et pour tous les besoins possibles, et c'est ce qu'il a fait complétement par l'indication du mode ou du degré de calcination ; du procédé d'addition avant la calcination, aux pierres qui n'avaient pas les qualités voulues, d'une certaine proportion d'argile convenablement préparée; du mode d'extinction, du dosage et de la trituration des mortiers, etc.; enfin, d'un système facile, sûr et complet d'expérimentation et des matières premières et des produits obtenus, etc.

Ces règles ont été bientôt, et souvent sur les indications directes de M. Vicat, appliquées sur la plus grande échelle par la création d'un grand nombre de fabrications et l'emploi de leurs produits, d'un prix généralement peu élevé, dans une foule de travaux publics et particuliers. On a pu penser ainsi à des créations devant lesquelles on aurait reculé autrefois ou pour lesquelles il aurait fallu recourir, soit à quelques produits français d'un prix fort élevé, soit aux pouzzolanes d'Italie ou aux ciments anglais, tributs dont la France est désormais presque entièrement affranchie.

M. Vicat a successivement reçu, à bien juste titre : une *médaille d'or* de la Société d'encouragement en 1823 ; une autre à la suite de notre exposition de 1827 ; une pension de 6,000 fr., à titre de récompense nationale, par une loi de 1844, sur les rapports de M. Arago et de M. le baron Thénard aux deux Chambres ; enfin, en 1846, de la Société d'encouragement, sur le rapport de son président, M. Dumas, le prix de 12,000 francs fondé par M. le marquis d'Argenteuil, pour être décerné, tous les 5 ans, à l'auteur de la découverte la plus utile à l'industrie nationale.

Afin que ce rapide exposé des travaux de M. Vicat ait au moins le mérite d'être présenté sans interruption, je n'ai parlé jusqu'ici que très-sommairement des gisements de *ciments naturels* qui ont été découverts à différentes reprises et dans différentes parties de la France ; je dois en dire ici quelques mots, du moins en ce qui concerne les plus importantes de ces découvertes.

1825. *Ciments de Pouilly* (Saône-et-Loire), dont la découverte a valu à M. l'ingénieur Lacordaire une médaille de la Société d'encouragement, sur un important rapport de M. l'inspecteur général Mallet, qui contient de soigneuses recherches et expériences.

183... *Ciment de Vassy* (Yonne), exploité et fabriqué par MM. Garnier et Garriel, et qui a été l'objet, en 1835, d'un rapport de M. Dumas à la Société d'encouragement.

Diverses fabrications de natures analogues, à Boulogne-sur-mer, à Grenoble et en plusieurs autres endroits, même aux environs de la capitale.

Parmi les opérations remarquables qu'ont facilitées en si

grand nombre ces excellentes fabrications, on doit citer particulièrement les ponts à grandes arches surbaissées en meulières
appareillées, construits en plusieurs endroits, notamment
sur la Seine à Paris, d'un caractère moins monumental sans
doute que les ponts en pierre, mais d'une exécution beaucoup
moins longue, moins embarrassante et moins coûteuse, et
qu'on doit penser devoir être aussi solide et aussi durable.

Pour rendre ce résumé plus complet, il faudrait citer
encore les travaux de plusieurs autres savants ingénieurs et
notamment ceux faits, en dernier lieu, par M. l'ingénieur des
mines de Villeneuve, dont j'aurai à parler à propos d'un de
nos exposants à Londres. Je mentionnerai aussi l'habile emploi, fait par M. les officiers du génie Leblanc et Chabaud·
Latour, pour la partie des fortifications de Paris qui avoisine
Belleville, des. matières calcaires fournies par les déblais
mêmes et cuites dans des fours construits sur place.

Je passe maintenant aux *chaux et ciments hydrauliques* qui
avaient été présentés à l'Exposition.

ANGLETERRE.

Trois exposants principalement, tous récompensés de *médailles de prix*, ont présenté les divers ciments anglais, tant en
blocs de grandes dimensions (un notamment du poids de
2 tonnes, environ 2,030 kilogrammes) qu'en assemblages de
matériaux divers : pavages, grandes plates-bandes en briques
et en pierres, etc.

L'un de ces ciments a conservé le nom de son inventeur,
c'est le *Parker's cement;* et plusieurs autres portent le nom de
roman cement. Ce sont, en général, des ciments naturels obtenus de cailloux, rognons ou nodules argileux qui se trouvent
dans les masses d'argile (*London, Kimering et Oxford clay*) et
autres dépôts analogues. Le *nedina cement* n'en diffère que
par une couleur plus claire; l'*Atkinson's cement* et quelques
autres s'obtiennent du *lias* et de quelques roches analogues.
La fabrication de ces divers ciments s'élève annuellement sur
la côte d'Essex, près d'Harwich, à environ deux millions de

bushels (chacun équivalant à 36^{lit},347), et le prix en est à peu près de 30 à 40 shellings la tonne (1,015^k), ce qui peut porter le mètre cube de 52 à 60 francs.

Le *Portland cement* est de fabrication plus récente et de qualité tout à fait supérieure. Il ne doit cette dénomination qu'à une conformité de couleur avec la pierre de Portland, ne se fabriquant du reste aucunement dans l'île de ce nom. C'est un *ciment artificiel* obtenu de la calcination d'une pierre calcaire ou de la craie avec une certaine proportion de dépôts de quelques rivières roulant sur des sols argileux et crayeux. C'est donc une application des enseignements de M. Vicat; et ce dernier qui (comme je l'ai déjà indiqué) n'a point interrompu ses utiles études, a reconnu le mérite de ce ciment dans des *Observations sur les ciments brûlés, etc.,* (*Annales des ponts et chaussées,* 1851).

Le poids du ciment Portland est moitié plus considérable que celui des ciments précédents; son prix est aussi fort élevé, mais tout cela est au moins en partie compensé par son excellente qualité, attestée par les importants usages qui en ont été faits en Angleterre ainsi qu'en France, à Saint-Nazaire et à Cherbourg. Le rapport anglais indique qu'un mélange d'un dixième ou même un douzième est suffisant pour procurer un excellent *béton;* et, en même temps que ce ciment, employé pur, est d'une force tout à fait exceptionnelle, il en conserve encore une très-remarquable en le mélangeant de sable dans une proportion même plus notable que pour les autres ciments. Toutes choses égales d'ailleurs, sa force peut être considérée comme *quadruple,* d'après les différentes expériences faites à ce sujet, notamment pendant le cours de l'Exposition.

En publiant ces expériences à la suite de son rapport, le jury international de la classe XXVIIe a eu cette sage pensée, que le *limon* d'autres rivières roulant aussi sur des sols analogues pourrait être utilisé avec les mêmes avantages. Deux des habiles ingénieurs que j'ai déjà eu à nommer, ainsi qu'un fabricant expérimenté, se sont, en effet, convaincus de la possibililé de procurer à la France un ciment égal au *ciment Portland,* et il y a lieu d'espérer qu'il y sera pourvu prochainement à la proximité de la capitale.

Deux fabricants seulement, de Saint-Quentin et de Marseille, déjà récompensés à notre Exposition de 1849, avaient présenté des *chaux* et *ciments hydrauliques* pour lesquels ils ont été *mentionnés honorablement.* L'établissement de Marseille surtout est d'une grande importance, ainsi que plusieurs autres du même fabricant également dans le département des Bouches-du-Rhône, tous fondés sur les procédés de M. l'ingénieur des mines de Villeneuve.

Rome et *Santorin* (Grèce) avaient envoyé de leurs excellentes pouzzolanes, la première en partie avec *imitation de mosaïque; Ulm* (Wurtemberg), de bon ciment hydraulique; *Tarnowils* (Prusse), du *ciment romain* obtenu d'un calcaire argilo-magnésien. Une pierre, aussi dite *ciment romain,* était également envoyée de la Nouvelle-Zélande, comme très-abondante sur les bords du Tomaki.

IIe SECTION. — PIERRES ARTIFICIELLES.

Les *pierres artificielles* ne sont en quelque sorte qu'un mode particulier d'emploi des ciments. Dès 1823, M. Vicat présentait à un des concours de la Société d'encouragement ses *recherches sur la substitution des mortiers hydrauliques au plâtre dans l'art du mouleur,* et disait : « Nous ne doutons pas « qu'avec ce mortier (un de ceux qu'il indiquait) on ne puisse « fabriquer des colonnes et des parpaings d'une seule pièce, et « construire ainsi d'une manière durable des édifices pour « ainsi dire monolithes. » Et, en 1851, dans ses observations précitées sur les *ciments brûlés,* il mentionne une statue colossale, le *Génie des Alpes,* de 7 mètres de hauteur, ainsi établie à Uriage-les-Bains pour 3,000 francs par M. Sappey, sculpteur de Grenoble; il ajoute : « Cet essai ne date encore que de deux « ans; s'il continue à résister aux intempéries, la statuaire aura « trouvé, dans l'emploi des *ciments brûlés*, d'immenses res- « sources d'ornementation à bon marché. » Sans doute c'est en marbre ou en bronze qu'il faut que les grands monuments d'art soient élevés, afin que tout soit en harmonie : et la des- tination, et la création de l'artiste, et la matière même; mais l'art a su souvent élever l'argile à la hauteur d'un chef-d'œuvre, et il y a une foule de circonstances où les indications de M. Vicat pourraient encore ici trouver d'utiles applications.

L'objet le plus saillant de ce genre à l'Exposition était la fontaine dont la planche III contient une indication, et qui, placée dans la nef, y était constamment et abondamment fournie d'eau; M. Seeley en garantissait l'exécution pour *vingt années;* il a reçu à ce sujet une *médaille de prix.*

Quelques autres objets, mais beaucoup moins importants, avaient été présentés par quatre autres exposants anglais et deux autres, l'un de Belgique et l'autre de Prusse, en ciment dit *romain.*

Je rappellerai encore la *pierre ponce artificielle,* envoyée de Vienne.

III° SECTION. — GYPSE OU PLÂTRE.

FRANCE.

On connaît et l'importance des masses de *plâtre* des environs de Paris, et la qualité supérieure de ce plâtre, en tant qu'il est appliqué aux usages auxquels il convient véritablement. On ex- ploite annuellement dans les environs de Paris à peu près 500,000 mètres de pierre à plâtre; 400,000 mètres environ sont cuits sur place et transportés, moitié à peu près dans Paris pour ses constructions, et moitié dans le surplus du départe- ment et dans les départements voisins. Les 100,000 mètres restant sont transportés en pierre, la plus grande partie par les chemins de fer et une partie par eau, tant pour quelques localités de l'intérieur de la France que pour l'exportation en Angleterre, en Amérique, etc.

La cuisson du plâtre ne s'est opérée pendant longtemps et ne s'opère encore dans quelques endroits que d'une manière imparfaite et surtout inégale; mais, depuis un certain nombre d'années, de grandes améliorations ont été apportées à l'établissement des fours, au mode de cuisson, etc., et la Société d'encouragement y a contribué par ses concours et ses récompenses, ainsi que plusieurs de ses membres par leurs études et leurs enseignements, notamment M. Payen, dans son cours de chimie industrielle au Conservatoire des arts et métiers.

Notre plâtre, bien préparé et bien employé, a par lui-même toutes les qualités qu'on peut désirer pour les ouvrages à l'abri de l'humidité du sol, de l'eau, etc., par exemple pour la construction des murs à une certaine élévation; pour tous les ravalements intérieurs, et, quant à ceux extérieurs, pourvu qu'ils soient bien lisses, et, mieux encore, qu'ils soient recouverts d'une peinture conservatrice.

Le plâtre, plus soigneusement préparé encore et sans aucun mélange, est également précieux pour tous les objets de décoration, ainsi que de moulage, sa finesse et la dilatation qu'il éprouve dans l'emploi lui faisant l'une et l'autre rendre les plus légers détails et remplir les plus petites cavités du moule. J'aurai à parler plus loin du parti que les *stucateurs* tirent depuis longtemps du plâtre mélangé de diverses substances pour l'imitation des marbres, etc. Je ne m'occupe ici que du plâtre employé seul.

ANGLETERRE.

Comme je l'ai déjà indiqué, nos carrières de Paris ou de quelques autres endroits fournissent une partie du plâtre qui se fabrique et s'emploie à Londres et dans quelques autres points de l'Angleterre. Mais on y possède aussi des gypses, principalement dans le Derbyshire, le Nottinghamshire et le Cumberland, soit par couches plus ou moins épaisses, soit par masses lenticulaires, soit par veines. Comme en France, ils contiennent une quantité assez notable de chaux, ce qui est avantageux à leur qualité; et ils sont plus généralement qu'en

France cuits dans des fours fermés et sans contact avec la flamme, ce qui en assure la blancheur.

Le plâtre n'est d'ailleurs pas employé en Angleterre pour construction proprement dite, si ce n'est pour enduits et principalement à l'intérieur. Comme dans beaucoup de nos départements du reste, le *plasterer* y emploie généralement autant de chaux, de mortier, de ciments que de plâtre, et il réserve souvent ce dernier pour la surface extérieure, pour le fini de son ouvrage.

Je ne parlerai également que plus tard des *Keene's, Martin's* et *Parian cements* qu'on fait en Angleterre avec le plâtre, non plus que des exemples de décorations exécutées avec ces ciments qui figuraient en grand nombre à l'Exposition.

Le gypse ou plâtre figurait aussi dans les collections de *Montréal* (Canada), d'*Égypte* et de *Turquie*, comme matière de construction; de *Tunis*, aussi pour construction ainsi qu'un panneau de décorations arabes; de *Berlin*, de *Cologne*, d'*Hanau*, de *Munich* (voir pl. IX), de *Stuttgard* et de *New-York*, en objets d'art et de décoration; et, pour la plupart de ces dernières villes, avec la désignation de *plâtre de Paris*. La Chine aussi en avait présenté des spécimens.

IVᵉ SECTION. — STUCS, MARBRES ARTIFICIELS, MOSAÏQUES, SCAGLIOLA, ETC.

Le *stuc* et les autres modes de décoration analogues sont, comme on sait, d'origine fort ancienne. On en trouve les règles, en quelque sorte, dans les écrivains anciens, et des exemples remarquables dans les ruines de plusieurs édifices antiques, en Égypte, en Grèce, en Italie, en France, etc. Il en a été fait également dans le moyen âge, depuis la renaissance principalement en Italie; et il y a généralement en France, en Angleterre, en Allemagne, etc., des *stucateurs* d'une grande habileté.

Les chaux, quelques espèces de ciments, le plâtre, le sable fin, la poudre de grès ou de marbre, etc., convenablement préparés, ordinairement au moyen d'une solution de colle forte, et mélangés au besoin de matières colorantes, servent à l'exécution de ces sortes d'ouvrages, en plusieurs couches successives et d'après divers procédés, selon les localités ou intérieures ou extérieures, le degré de simplicité ou de variété, de richesse, etc. Ces diverses combinaisons, ne prenant en général qu'avec une certaine lenteur, laissent la possibilité de les retoucher, de les modeler, de les sculpter même; un poli plus ou moins parfait en complète ordinairement l'exécution, et elles sont susceptibles de plus ou moins de dureté et de durée suivant le choix et la qualité des matières, les soins qui y sont apportés, etc.

ANGLETERRE.

D'après le catalogue et le rapport anglais, les divers ciments de Keene, de Martin et Parian, sont principalement composés de plâtre en poudre combiné, à un degré de chaleur plus ou moins élevé, avec l'alun, le borax ou la potasse d'Amérique.

C'est avec ces ciments qu'étaient exécutés des panneaux et autres objets de décoration, en général fort importants et fort remarquables, présentés par les mêmes exposants que les ciments hydrauliques et compris dans les mêmes récompenses. Une partie des imitations de marbres de couleur était indiquée comme faite à l'aide de *matières ligneuses,* par un procédé économique; l'emploi de matières de ce genre pour le même but avait été précédemment présenté à la Société d'encouragement.

Une autre partie offrait des imitations de *mosaïques* (dont quelques-unes dites improprement en *lave métallique,* voir planche III), ainsi que de *scagliola* qu'il ne faut pas confondre avec le *scagliola* dont il a été parlé en même temps que des *mosaïques florentines.*

FRANCE.

Dès 1844, la Société d'encouragement a examiné et récompensé un procédé d'*alunage du plâtre,* par MM. Grenwood et Savoie, qui a continué depuis à être employé avec succès, et qui était probablement analogue à la composition d'un des ciments anglais qui viennent d'être mentionnés. Quant au procédé de *stuc* ou *marbre à l'huile* envoyé d'Épinal, ce n'était vraiment qu'une peinture, et nos peintres de décor en font, en général, de fort remarquables.

Je manque de renseignements sur les diverses imitations de marbres envoyés de : Madrid (*marbre apolizoo*); de Turin et de Padoue (*mentions honorables*); de Prague, Vienne et Coblentz.

V° SECTION. — BITUME OU ASPHALTE.

On sait quels divers et importants usages ont été faits de cette matière chez les peuples les plus anciens, si ce n'est positivement dans l'antiquité dite classique. C'est vers les premières années de ce siècle que l'on a commencé à en faire de nouveau usage en France, et les produits de cette nature ont été, dès 1824, présentés et récompensés à nos expositions industrielles.

La meilleure sorte de bitume ou asphalte s'obtient en général de roches calcaires qui en contiennent quelquefois jusqu'à 80 p. o/o et plus, et dont la fusion s'opère à un feu modéré, en les mélangeant avec une certaine proportion de goudron minéral et de sable.

On obtient ainsi un mastic parfaitement hydrofuge et dont on forme facilement, par une nouvelle fusion, de très-bons enduits sur un sol préalablement recouvert, ordinairement, d'une aire en maçonnerie ou en béton; sur des murs, sur des voûtes, etc.; ils réussissent moins bien sur des planchers ou des combles dont la flexibilité occasionne des fissures, en même temps que la fusibilité de l'asphalte présenterait des dangers en cas d'incendie, etc.

On s'est servi aussi, avec succès, de cette matière pour cimenter les pierres et autres matériaux employés à la construction des soubassements, afin de s'opposer à la propagation de l'humidité du sol, etc.; mais il y a alors à craindre que le poids des constructions, en comprimant les lits de bitume, n'occasionne des tassements inégaux.

L'asphalte de bonne qualité, mélangé et employé de façon à offrir une résistance suffisante, convient surtout pour le recouvrement des trottoirs et autres sols analogues, dont il forme une surface continue suns aucun joint, et, sinon aussi durable que les dalles en pierres siliceuses, du moins beaucoup plus économiques. Une des principales carrières de ce genre que nous ayons en France, celle de Seyssel (Ain), sans être comprise au catalogue de l'Exposition, avait fait recouvrir aussi le sol du vestibule d'entrée au transept, et a obtenu, à ce sujet, une *médaille de prix*.

En mélangeant le bitume de *sables* ou autres matières de diverses couleurs, on en forme une sorte de *mosaïque* ou de *scagliola*. Des exemples en avaient été envoyés tant de Saumur (France, *mention honorable*) que d'Eslingen (Bavière).

L'Angleterre emploie jusqu'ici peu le bitume en construction; on a vu toutefois qu'une pierre des environs d'Édimbourg contient une proportion de bitume qui, indépendamment de la résistance qu'elle donne à cette pierre contre les intempéries du climat, est assez considérable pour qu'on en tire partie dans quelques usages domestiques.

Il avait également été envoyé des spécimens de *jet-coal* ou asphalte de New-Brunswick et de la Nouvelle-Écosse, d'asphaltes et sables bitumineux de l'Estramadure, et de pierre bitumineuse de la Turquie.

VIᵉ SECTION. — CIMENT MÉTALLIQUE.

Ce nouveau ciment, dû à un exposant français, mérite, sous tous les rapports, quelques détails.

M. Chenot, ingénieur civil à Paris, a, depuis longtemps, soumis aux corps savants des idées qui lui sont propres sur la formation des différentes *roches;* il les considère toutes comme des *ciments natarels* formés par voie d'oxydation, et attribue à cette hypothèse l'accroissement de température depuis la surface jusque vers le centre du globe. Il en conclut surtout la possibilité : 1° de ramener tous les minerais, par une simple absorption d'oxygène ou *désoxydation*, à l'état *naissant* des métaux, c'est-à-dire d'*éponges métalliques*, poreuses, faciles à pulvériser, et, en cet état, plus ou moins inflammables; 2° et d'en recomposer, en quelque sorte, telles *roches* ou *ciments* qu'on voudra par le mélange de ces poudres avec telles ou telles matières siliceuses, et le *gâchage* de ce mélange dans une eau plus ou moins acidulée : d'où suit, dans un temps assez court, une nouvelle oxydation, un dégagement de chaleur plus ou moins considérable, et, en définitive, une solidification capable de résister soit à l'air, soit à l'eau, soit au feu. C'est ce qu'il appelle le *ciment métallique* ou *amphibie*, on pourrait dire *universel*.

Appliquant ses procédés aux minerais ou aux *battitures* de fer, moins chers à se procurer et peut-être plus faciles à traiter, M. Chenot en forme des *enduits* et des *moulages* de toutes sortes, effectivement d'un emploi commode et peu coûteux, très-durs et très-résistants, qu'on doit penser devoir être très-durables, susceptibles de recevoir par eux-mêmes l'aspect et les formes les plus simples comme les plus compliquées et les plus riches, et, en outre, d'une manière également durable, telle peinture ou dorure qu'on voudra, etc.

Déjà, à la suite de notre Exposition de 1849, M. Michel Chevalier avait exprimé le vif intérêt avec lequel le jury avait vu ces diverses applications auxquelles il accordait une *médaille d'argent*.

En juin 1850, à la séance générale de la Société d'encouragement, son savant président, signalant l'avantage dont les chaux et ciments hydrauliques en général pouvaient être pour la salubrité des *chaumières*, se demandait « si les ci- « ments remarquables de M. Chenot n'offraient pas cette pro- « priété à un plus haut degré encore. »

Le jury international de la Ire classe, examinant ces produits sous le rapport minéralogique et métallurgique, leur a accordé une *simple mention*; et M. l'inspecteur général des

mines Dufrénoy, qui s'en était déjà expliqué comme rédacteur du rapport anglais de ce jury, les a examinés de nouveau
dans le rapport français relatif à la même classe.

Quant au rapport anglais sur la XXVIIe classe, il motive
ainsi la *médaille de prix* accordée à M. CHENOT : « ..... Cette
« très-curieuse et ingénieuse combinaison (*contrivance*), si elle
« est susceptible d'être appliquée économiquement, pourra être
« importante sous certains rapports ; ce peut être une question
« si une invention de ce genre (qui n'est pas très-récente) n'a
« pas été mise en œuvre jusqu'ici, et n'a pas rencontré des
« difficultés pratiques insurmontables ; mais le jury pense qu'il
« est autorisé à conférer à M. Chenot une *médaille de prix*, par
« cette pensée qu'il a introduit un nouveau principe et pro-
« curé une matière plus durable pour pavements, etc.

J'ajouterai qu'ayant eu occasion, avec mon savant collègue
et ami M. Payen, de faire une application entièrement pratique
de ce ciment (pour des *trottoirs* extérieurs), nous avons
acquis la conviction qu'ils pouvaient être d'un emploi *facile*,
peu *coûteux* et *durable*.

Je saisis donc cette occasion de signaler ces nouveaux et
intéressants produits à l'attention de tous les constructeurs.

Je rappellerai en cet endroit, comme étant également d'o-
rigine métallique, les *enduits et vernis hydrofuges* obtenus des résidus de la fonte du zinc, présentés par M. le vicomte de RUOLZ,
et *mentionnés honorablement*. C'est une combinaison de silicates
métalliques, de corps gras et d'huiles essentielles, qui paraît
fort résistante à l'action de l'air et qui a été employée avec
succès dans plusieurs ateliers du génie militaire, de chemins
de fer, etc.

IVe GROUPE. — TERRES CUITES DIVERSES.

Il serait superflu de rappeler l'ancienneté et l'importance
de l'emploi, dans tous les temps et chez tous les peuples, des
briques, tuiles, carreaux, tuyaux et autres objets de construction, de décoration et autres usages domestiques, etc., en

terre cuite, quelquefois même *non cuite* et simplement desséchée, principalement dans les pays secs ou pour des parties entièrement à l'abri de l'eau et de l'humidité. Soit au point de vue historique, soit au point de vue technique, je ne puis mieux faire que de renvoyer au travail si lumineux et si complet de mon collègue et ami M. Salvetat (XXVᵉ jury, *Arts céramiques*). Je passe donc immédiatement à ce qui concerne chaque section.

Iʳᵉ SECTION. — BRIQUES, TUILES, CARREAUX, TUYAUX ET AUTRES OBJETS DE SIMPLE CONSTRUCTION OU UTILITÉ.

ANGLETERRE.

A cette section, appartenaient plus de 20 des exposants anglais de ce groupe. A l'exemple du rapporteur anglais, je rappellerai tout d'abord la *Société pour l'amélioration de la condition des classes ouvrières* comme ayant reçu à bien juste titre la *médaille du conseil*, en général pour les importantes améliorations qu'elle a apportées aux habitations destinées à ces classes, et particulièrement au sujet des *briques creuses* employées à la construction et aux distributions de ces habitations, en raison des avantages qu'elles offrent, sous les divers rapports de la solidité, de la légèreté, de la salubrité, etc. Ces diverses améliorations sont principalement dues, et à la sollicitude éclairée de S. A. R. le prince Albert, protecteur de cette société, et à son digne architecte honoraire M. H. Roberts.

Si je n'entre pas ici dans quelques détails sur ces objets importants, c'est que je puis renvoyer aux développements dont ils ont été l'objet dans les publications mêmes de la société, et dans l'utile traduction qui en a été publiée, par ordre du Prince président de la République et par les soins de son ministre du commerce, alors l'honorable M. Dumas. Je donne, planche III, une indication de ces *briques creuses*.

Six autres exposants anglais ont reçu des *médailles de prix*, et trois autres, des *mentions honorables*, en raison, soit de la qualité des produits, soit des améliorations et des innovations apportées à quelques-uns d'entre eux, soit enfin de l'importance des fabrications. On sait que la brique est, en général, l'espèce de matériaux la plus employée à Londres ainsi que dans presque toute l'Angleterre, pour les constructions particulières et même pour les édifices publics. La tuile et les carreaux y sont beaucoup moins usités, en raison de l'emploi presque général de l'ardoise pour les couvertures et du bois pour les planchéiages et parquetages. Mais les fours et les autres besoins de l'industrie exigent une quantité considérable de briques et autres produits en terre cuite, principalement réfractaire; enfin le *drainage* est venu encore donner une nouvelle extension à ce genre de fabrication qui, en beaucoup de cas, se fait par des moyens mécaniques.

La plupart des possessions anglaises avaient envoyé des échantillons d'*argile*, et les Indes Orientales de bonnes *briques ordinaires*.

FRANCE.

On sait qu'en France la fabrication des briques et autres objets de ce genre, sans être, en général, aussi considérable qu'en Angleterre, n'est pas sans importance non plus, tant pour les constructions que pour l'industrie; principalement dans une partie de l'ancienne Bourgogne qui, en raison des masses considérables d'excellentes terres argileuses qui s'y trouvent, est en possession d'alimenter en grande partie les pays riverains de la Seine et notamment la capitale.

Bien que j'aie contribué en quelque chose aux dispositions nouvelles assez généralement adoptées depuis un certain nombre d'années pour les briques et tuyaux de cheminée, c'est mon devoir d'historien de mentionner ici l'importance qu'a prise ce genre de fabrication, surtout à Paris.

Si le nombre de nos exposants était peu considérable à Londres, ils y ont presque tous paru avec distinction, notamment quant aux *briques tubulaires* de nouvelle invention, en même temps solides, légères, salubres, etc., et d'une fabrication fort ingénieuse. Elles ont obtenu à juste titre une *médaille de prix*, et il en est journellement fait des emplois aussi nombreux qu'importants à Paris et dans plusieurs autres villes. J'en donne la figure pl. VI.

Les tuiles sont surtout un grand objet de consommation dans presque toute la France, et elles ont été également l'objet de quelques modifications, notamment celles indiquées par deux de nos exposants, dont l'un a reçu une *médaille de prix* et l'autre une *mention honorable*. Ce dernier, dont la fabrication est mécanique, établit une partie de ses tuiles en *verre* de forte épaisseur, afin de procurer du jour à l'intérieur des combles.

Presque tous les autres pays avaient envoyé au moins des spécimens d'argiles, en partie réfractaires, et quelques-uns des briques et autres produits.

J'entrerai d'abord dans quelques détails relativement aux fabrications privilégiées, et d'une importance tout à fait exceptionnelle, de M. Miesbach à Vienne et Pesth.

D'après les indications contenues au catalogue et reproduites au rapport anglais en raison des attestations d'un membre du jury, architecte à Vienne, l'ensemble de ces fabrications comprend sept établissements différents, occupant 4,880 ouvriers, et produisant annuellement 107 millions de briques, tuiles, carreaux, tuyaux, etc.

La fabrique d'Inzersdorff, qui forme à elle seule à peu près les trois cinquièmes de la totalité, couvre environ 107 hectares; elle a à peu près 10,000 mètres de longueur de hangars, dont un quart pour moulages et trois quarts pour séchoirs; 43 fours pouvant cuire ensemble plus de 3 millions 1/2 de briques, etc.; 5 puits artésiens, des écuries pour 300 chevaux; des ateliers de forgerons, charpentiers et puisatiers, des écoles pour 120 enfants et un hôpital de 52 lits. Cette fabrique occupe près de 2,900 ouvriers et produit annuellement 65 millions 1/2 de briques, etc. Près de 275 hectares de terre, appartenant au manufacturier, fournissent les matières nécessaires et les assurent pour plusieurs siècles. Les cuissons ont lieu soit au charbon de terre, soit à l'aide de lignite provenant de nombreuses mines appartenant aussi au manufacturier. Les six autres fabriques sont, suivant leur importance relative, à peu près dans les mêmes proportions que la précédente.

Les briques sont ordinairement à peu près des dimensions suivantes : 28, 14 et 7 centimètres ; et, à qualités égales, elles se vendent proportionnellement moins cher que celles, de dimensions plus petites, usitées dans les autres pays.

M. Miesbach a souscrit pour divers travaux publics à Vienne, en 1851, deux marchés d'ensemble 60 millions de briques ; le montant annuel de ses fournitures est de 4,500,000 francs environ, et son capital d'opération de 1,500,000 francs. Une fabrication aussi considérable et de qualité généralement excellente a obtenu à juste titre une *médaille de prix*.

Je rappellerai en outre les remarquables *jarres* ou *tinnaja* des fabriques d'Espagne et de Portugal : notre beau musée céramique de la manufacture de porcelaine à Sèvres en contient une de 3 mètres de hauteur, de 1 m. 60 cent. au plus grand diamètre, et de la contenance de 4,179 litres.

Je rappellerai aussi la *farine fossile réfractaire,* de Castel del Piano, comprise dans l'intéressante collection de l'Institut technologique de Florence, et les *briques flottantes* d'un exposant de Montaleino, faites avec cette espèce d'argile blanche et très-légère. Elle avait déjà été signalée dans le Siennois par Fabroni, ainsi que par Faujas à la base du Mont-Coirou (Ardèche), et il en avait été fabriqué des briques dont la pesanteur spécifique n'était pas le *sixième* de celle des briques ordinaires.

IIe SECTION. — TERRES CUITES ORNEMENTALES.

L'emploi de la *terre cuite* comme *matière ornementale* n'est pas moins ancien et n'a pas été moins général que comme *matière de construction;* et, à toutes les époques, la matière en quelque sorte la moins précieuse et la moins consistante est souvent devenue une œuvre d'art aussi remarquable par sa perfection que par sa solidité et sa durée.

ANGLETERRE.

En tête de tous les exposants anglais de cette section, il faut placer M. MINTON, pour le nombre, la variété, le goût, la perfection et la qualité de ses produits de toutes sortes, en partie colorés et vernissés, à l'imitation des belles terres cuites des Mores, des Italiens, etc. Ils ont justement obtenu une *médaille du conseil.* Grâce aux soins si éclairés du regrettable M. Ébelmen, une belle collection de ces produits est venue enrichir le musée céramique, déjà si remarquable, de la manufacture impériale de Sèvres; quelques échantillons aussi en ont été placés à notre Conservatoire des arts et métiers. Il eût été à désirer que la même mesure fût prise en faveur de l'École des beaux-arts. Je donne sur la planche III une légère indication d'un beau compartiment de carrelage coloré placé, depuis 1851, dans le passage le plus fréquenté du musée de Sèvres.

Plus de vingt autres exposants anglais avaient présenté d'autres terres cuites ornementales, quelques-unes même approchant de la statuaire; et huit d'entre eux ont obtenu des *médailles de prix,* cinq autres des *mentions honorables.* Je donne, planche II, une indication de *souches* ou tuyaux de cheminées ornés, assez en usage en Angleterre pour des constructions d'un certain ordre.

FRANCE.

MM. VIREBENT, de Toulouse, dès longtemps honorablement récompensés dans nos Expositions nationales ainsi que par la Société d'encouragement et d'autres sociétés savantes, ont obtenu une *médaille de prix* pour le mérite et l'importance de leurs terres cuites monumentales, notamment pour une grande et belle cheminée de la composition de M. Virebent, architecte, à Toulouse, dont je donne une réduction sur la planche VI, et qui a été acquise pour être placée au musée des beaux-arts de Londres. Des *mentions honorables* ont été décernées pour des ornements et objets de statuaire à M. DEBAY, et pour des objets d'ornementation architecturale à M. GARNAUD, l'un et l'autre de Paris. Je donne également, sur la planche VII une indication des terres cuites de ces deux exposants.

Enfin, des *mentions honorables* ont aussi été décernées à MM. HOLSTEIN, de Saint-Étienne, et HELLIGENTHALL, de Strasbourg.

Divers objets de même nature se trouvaient dans l'importante exposition des manufactures de M. Miesbach, en Autriche, dont j'ai parlé précédemment.

Je dois rappeler en outre :

Une autre intéressante collection de ce genre, de M. WASSEROTT, Bavière (*mention honorable*);

Une assez jolie cheminée-poêle en une espèce de porcelaine, de M. HOFFMANN, à Francfort-sur-le-Mein (Voir pl. X);

Une fontaine ornée de figures d'enfants, etc., de M. MARCH, à Charlottembourg (pl. X);

Enfin, une fontaine en cristal imitant l'albâtre, de M. TACCHI, même ville.

ARTICLE SUPPLÉMENTAIRE.

DIVERSES COMBINAISONS DE FER ET DE VERRE,

OU GLACES ET AUTRES MATIÈRES.

Si ce n'était sortir des limites de la XXVIIe classe, je payerais d'abord un hommage bien mérité à la conception comme à la disposition et à l'exécution tout entières du bâtiment même de l'Exposition, *ce bel assemblage de fer et de glaces*, si rapidement et si heureusement élevé, si admiré par tant de millions

de visiteurs de tous pays et de toutes classes; puis, plus merveilleusement encore, transporté et transformé en un musée
à demeure de tous les arts, de toutes les sciences, de toutes
les créations divines et humaines.

Mais c'est à des voix plus compétentes qu'il appartient de
parler dignement de telles choses, et je rentre dans les attributions de la XXVIIe classe.

Je rappellerai d'abord, en ce qui concerne particulièrement l'Angleterre, plusieurs modèles *d'habitations tout en fer,
ardoise et verre,* comme pouvant en effet réunir les avantages incontestables de la solidité, de l'incombustibilité, de la
salubrité, de l'économie même et particulièrement de l'économie d'espace, etc.

Je rappellerai également un système perfectionné de construction des *serres* pour les jardins botaniques, etc., *mentionné
honorablement* par le jury de la XXVIIe classe. Je regrette de ne
pouvoir, faute de renseignements précis, entrer à ce sujet
dans quelques détails circonstanciés. Du reste, un grand
nombre de nos serruriers établissent d'une manière remarquable ces sortes de constructions; l'on peut citer particulièrement nos grandes et belles serres du Muséum d'histoire
naturelle, avant l'exécution desquelles mon confrère et ami
M. Rohault avait été chargé d'aller prendre connaissance de
ce qui avait été exécuté de mieux en ce genre en Angleterre.

J'ai maintenant à rappeler plusieurs cheminées, dont deux
anglaises et une française, qui offrent entre elles quelques
rapports.

L'une (491, XXIIe cl., Noirsain, Londres) a été comprise
dans les ouvrages en marbre, comme se composant en effet
d'un *chambranle* et d'un *cadre de miroir en marbre,* avec dispositions intérieures pour favoriser en même temps l'économie
du combustible, son bon emploi, l'émission de la fumée, le
ramonage, etc.; elle a été, sous ce dernier rapport, *mentionnée honorablement* par la XXIIe classe, et, comme bon ouvrage de marbrerie, récompensée d'une *médaille de prix* par
la XXVIIe classe. Les autres cheminées dont il me reste à

parler rentrent plus positivement dans la spécialité du présent article.

Il s'agit d'abord d'un système anglais patenté (18 et 19, XXVIIᵉ classe. *Coates et Mirror marble company*), d'après lequel les chambranles sont composés entièrement de fer verni ou poli, et de glaces ou verres épais peints par derrière en imitation de marbre. Le rapport anglais indique que ce système est très-peu coûteux, très-durable, d'un bon effet et très-employé aux États-Unis, mais nouveau en Angleterre.

Enfin, l'autre cheminée est celle de M. Luce, de Versailles. Elle a été *mentionnée honorablement* par le jury international de la XXIIᵉ classe ; mais il n'en est pas question dans le rapport français sur cette classe, M. Goldenberg n'y ayant principalement parlé que des *ouvrages en fer et autres métaux,* et des cheminées seulement où les métaux jouent un rôle plus ou moins important. Par conséquent, bien que j'aie cru d'abord ne pas devoir la comprendre dans l'énumération qui forme la première partie de mon travail, je crois devoir la rapprocher ici de la cheminée anglaise précitée, avec laquelle elle a des rapports évidents, mais à laquelle elle me paraît *antérieure.*

En effet, elle avait été présentée à notre exposition de 1849, où M. Luce a reçu une *mention honorable;* et M. Léon de Laborde, rapporteur, disait (tome III, p. 453) : « Les glaces « peuvent être prodiguées dans les appartements ; une si belle « matière est susceptible des plus heureuses applications. « M. Luce a eu l'idée de composer des cheminées avec des « glaces établies à l'entour du foyer, et gravées en dessins de « fleurs sur les montants. Une de ces cheminées, placée de- « puis deux ans à Versailles, a subi l'effet d'une chaleur vive, « continue ou interrompue, sans que l'étain ait éprouvé d'al- « tération, sans que les glaces se soient brisées. » C'est ce que j'ai constaté de nouveau sur la cheminée placée dans le magasin même de M. Luce. Le bâti en fer et les encadrements en bronze doré laissent aux glaces le peu de jeu qui leur est nécessaire : ces glaces sont de belle qualité, en partie biseautées ;

et les dessins sont gravés sur des morceaux sans tain, rapportés sur les glaces étamées qui revêtent le chambranle et forment le miroir au-dessus. Ce n'est là ni une cheminée *bon marché*, comme celles anglaises, ni une cheminée d'un style très-sévère : c'est une cheminée de luxe, de fantaisie si l'on veut, mais qui, étudiée avec goût, peut être d'un effet très-particulier, et qui peut d'ailleurs être ramenée à une exécution simple. Les revêtements en glaces des pans coupés du foyer sont susceptibles de s'allier à un chambranle en marbre, et ils offrent l'agrément de refléter de tous côtés l'image et la chaleur du feu.

RÉSUMÉ GÉNÉRAL.

Dans le travail qui m'a été confié en ce qui concerne les *matériaux de construction et de décoration en substances minérales naturelles et artificielles*, j'ai cherché :

1° A faire connaître d'une manière claire et précise, d'abord les objets que chaque nation et chaque exposant avaient présentés, puis les indications utiles fournies par quelques exposants, enfin les considérations émises dans le rapport international et les récompenses qu'elles ont motivées ;

2° A rattacher aux diverses parties de cet exposé les renseignements analogues résultant des travaux soit des jurys de nos diverses expositions, soit de la Société pour l'encouragement de l'industrie nationale qui, comme ces expositions mêmes, date de la fin du siècle dernier, et a suivi comme elles les développements et les progrès de notre industrie ;

3° A déduire de ces diverses données quelques aperçus comparatifs entre les divers travaux des principales nations pendant le demi-siècle qui vient de s'écouler, relativement aux diverses divisions, aux diverses branches dont j'ai eu à m'occuper.

J'essayerai ici de présenter quelques résumés généraux relatifs à l'Exposition universelle seulement et déduits des énoncés qui précèdent, des tableaux récapitulatifs que j'ai établis pour les principales nations et du tableau récapitulatif général, page 50.

ANGLETERRE.

Le Royaume-Uni et ses possessions comprenaient ensemble à peu près *moitié* des exposants relatifs à la XXVIIe classe, et ils ont reçu ensemble à peu près *moitié* aussi des récompenses, pour : *pierres* de diverses natures, en partie apportées de notre sol ; *ardoises* anglaises appliquées aux usages les plus variés ; *marbres* et autres matières analogues, tant d'Angleterre que d'Italie, etc., et partie en *mosaïques; ciments* et *pierres artificielles; terres cuites,* tant ordinaires qu'ornementales et réfractaires, toutes très-variées, généralement de très-bonne qualité et en partie fort remarquables.

FRANCE.

Un *dixième* seulement du nombre total des exposants, mais un *sixième* à peu près des récompenses, principalement pour *ardoises, marbres* et autres matières analogues, presque entièrement de notre sol, et *mosaïques;* quelques *chaux* et *ciments,* et notamment l'*asphalte* et le *ciment métallique français ; terres cuites,* tant de construction qu'ornementales, dont quelques-unes fort remarquables, etc.

ESPAGNE ET PORTUGAL.

Ensemble un *quatorzième* environ du nombre total des exposants, mais très-peu de récompenses : principalement des *marbres* en partie assez remarquables.

SARDAIGNE, TOSCANE, ÉTATS PONTIFICAUX ET ROYAUME D'ITALIE.

(Ensemble l'Italie) : un *dixième* du nombre total des exposants et plus d'un *huitième* récompensés; *marbres* et autres matières analogues, *mosaïques* romaines et florentines, etc.

GRÈCE, ÉGYPTE, TURQUIE.

Ensemble un *quarantième* du nombre total des exposants : nouvelles exploitations des *marbres* grecs et surtout du magnifique *albâtre* de l'Égypte.

BELGIQUE.

Un *vingt-quatrième* environ du nombre total des exposants ainsi que des récompenses, principalement pour exploitations des *marbres* du pays, etc.

AUTRICHE, PRUSSE, BAVIÈRE, WURTEMBERG, NASSAU ET FRANCFORT-SUR-LE-MEIN.

Ensemble un *neuvième* du nombre total des exposants et un *quinzième* environ des récompenses : fabrications importantes de *terres cuites*, principalement en Autriche, etc.

SUÈDE ET NORWÉGE, RUSSIE.

Ensemble environ un *quarantième* du nombre total des exposants et un *vingt-cinquième* des récompenses : beaux *porphyres* et *jaspes* ; belles *mosaïques* et *malachites*.

ÉTATS-UNIS.

Un *trente-huitième* du nombre total des exposants : quelques *pierres* et *marbres*, notamment la *stéatite*, etc.

Mais ces déductions, uniquement relatives à l'Exposition même, ne sauraient en aucune façon servir de base à des déductions plus générales.

Indépendamment des difficultés d'éloignement, quelque grand et presque général qu'ait été l'empressement à venir prendre part à ce concours, une Exposition universelle était chose trop nouvelle pour qu'elle répondît en tout entièrement à son titre ; et d'ailleurs, en ce qui concerne particulièrement l'*art de bâtir*, il sera toujours à peu près impossible d'obtenir la réunion complète des éléments d'une comparaison suffisamment exacte.

Pour établir en pleine connaissance de cause un parallèle de ce genre, il faudrait se transporter, au moins par la pensée, au sein des capitales et des principales cités de chaque État ; examiner en quoi chacune d'elles se distingue plus particulièrement sous les divers rapports qui font le véritable mérite des villes aux yeux de l'administrateur, de l'hygiéniste et de l'artiste; et comparer ce qui, dans chacune d'elles, a été fait en ce genre pendant le cours de ce demi-siècle.

En ce qui concerne l'Angleterre, on verrait principalement Londres doubler, en même temps que son étendue et sa population, le nombre de ses ponts sur son fleuve, déjà double du nôtre, de ses parcs et de ses squares qu'on a appelés ses *organes respiratoires;* fixer la moindre largeur de ses nouvelles voies publiques à vingt pieds anglais (à peu près six mètres) pour les simples *alleys* ou chemins de pied, et au double pour les *streets* ou voies carrossables, portées souvent d'ailleurs à 20 ou 25 mèt. et plus, toutes bordées de larges trottoirs sans discontinuité et asséchées par des égouts publics en communication directe et souterraine avec chaque égout particulier; créer sept grands docks ou entrepôts du monde entier; augmenter le nombre et l'importance de ses temples pour toutes les communions, de ses hôpitaux et de ses *almshouses* ou maisons de retraite pour toutes les conditions, de ses établissements de bienfaisance pour toutes les infortunes, de ses écoles, colléges, etc., pour tous les enseignements, de ses *halls* ou lieux de réunion pour toutes les professions, de ses *clubhouses* ou lieux de société pour toutes les classes, de ses théâtres et autres lieux de délassements publics, de ses cours de justice et de ses prisons; agrandir, restaurer ou reconstruire sa Trésorerie, sa Bourse, sa Banque, sa Monnaie, sa Douane, son hôtel des Postes et ses Chambres du Parlement; élever des arcs de triomphe, des colonnes monumentales et des statues à ses grands hommes; porter de trois à neuf le nombre des compagnies d'approvisionnement d'eau; établir, depuis 1812, quatorze compagnies d'éclairage par le gaz, depuis 1830 sept lignes de chemins de fer; construire plus récemment quelques marchés et quelques cimetières *extra muros,* encore en trop petit nombre; créer enfin, dans ces dernières années, ses maisons améliorées et ses bains et lavoirs si utiles aux classes pauvres et ouvrières, puis son *crystal palace* dont j'ai déjà dit un mot.

Il ne saurait y avoir qu'une voix sur la grandeur et le mérite des dispositions d'ensemble qui ont présidé à tous ces
travaux et sur l'heureuse influence qu'ils ont exercée quant à
la salubrité, à la commodité, à la sûreté, au bien-être publics;
et ces excellents résultats ne pourront que s'accroître encore
par de nouveaux travaux, par de nouvelles études, dont le
but principal, poursuivi depuis longtemps, est d'améliorer le
système des égouts et d'affranchir la Tamise de leurs incom-
mensurables souillures.

Un certain nombre des constructions monumentales précitées sont remarquables aussi sous le rapport de l'art. On sait
l'admiration de Canova pour le pont de Waterloo, qu'un juge
compétent (M. le baron Charles Dupin) a proclamé digne des
Sésostris et des Césars; et jamais peut-être il n'a été fait rien
de plus hardi que le *tunnel*, dû en grande partie à un Français, M. Brunel, mais malheureusement si peu utile jusqu'ici.
Les docks sont remarquables aussi par l'importance et la force
de leurs constructions, dans lesquelles il est toutefois regrettable qu'on n'ait pas plus généralement fait usage de matériaux incombustibles. Enfin nous avons fait connaître précédemment les soins éclairés apportés à la recherche et au
choix des matériaux pour les nouvelles chambres du Parlement, etc.

Mais en même temps quelques édifices, même assez importants, n'ont véritablement que l'apparence d'une construction
monumentale, figurée à l'aide de quelques-uns des ciments dont
nous avons précédemment parlé. Il peut en résulter une solidité et même un aspect préférables à ce qu'auraient procuré
la plupart des pierres dont on peut disposer à Londres et que
l'humidité du climat détruit ou au moins noircit bientôt. Mais
le mieux est toujours de donner aux constructions l'aspect qui
résulte naturellement des matériaux qui y sont employés,
ainsi qu'on l'a fait d'ailleurs avec talent et succès dans quelques-
uns des édifices les plus récents. Sous ce rapport, une imitation servile de l'architecture antique est encore moins motivée
peut-être en Angleterre que sur le continent; et l'architecture,

non pas du moyen âge, mais de ce qu'on peut appeler la renaissance anglaise, judicieusement employée, offre, à cet égard, beaucoup plus de convenance. (On sait que des instructions officielles avaient demandé, pour les nouvelles chambres du parlement, dans une vue très-respectable de nationalité, le style gothique ou celui d'Élisabeth).

Les habitations particulières, ne servant ordinairement qu'à une seule famille et presque jamais de maisons à loyer en commun comme les nôtres, n'ont pour la plupart que peu d'étendue, le plus généralement 7 à 8 mètres environ ou deux à trois croisées de façade, et deux ou trois étages chacun assez peu élevé au dessus du rez-de-chaussé et de l'étage de soubassement renfermant les dépendances; et dès lors, les façades sont ordinairement loin d'atteindre une hauteur égale à la largeur des rues même les plus étroites. Presque toutes ces habitations sont exécutées avec la plus grande simplicité de construction et de décoration extérieure. Quelques autres sont ornées avec plus ou moins de goût et de recherche; mais, simples ou riches, elles sont presque généralement élevées, en un certain nombre, simultanément et sur un même patron, et elles présentent ainsi en même temps l'aspect trompeur d'une grande propriété, et la monotonie quelquefois la plus désespérante. Quant à l'intérieur, le principe une fois admis de cette superposition, si opposée à la disposition de nos appartements de *plain-pied,* l'habitation même la plus simple est presque toujours disposée de la manière la plus convenable au bien être, au confort intérieur; toutes surtout sont suffisamment pourvues, aux divers étages, d'eaux qui, après avoir servi aux usages domestiques, se rendent avec les eaux pluviales et autres dans les égoûts, sans apparaître sur le sol de cours et de la voie publique.

La plupart des autres villes d'Angleterre donneraient lieu aux mêmes remarques [1]. Seulement l'Écosse et principalement

----

[1] Saint-Hélier, par exemple, chef-lieu de Jersey.

Édimbourg offrent en général des maisons plus étendues, plus importantes, plus analogues aux nôtres.

Paris, qui n'avait, il y a cinquante ans, qu'une population à peu près moitié moindre de celle de Londres, l'a doublée également depuis sans remplir entièrement l'enceinte construite avant la fin du siècle dernier; mais, à ses portes, une vingtaine de communes sont devenues autant de petites villes équivalant ensemble à un tiers de sa population et participant à son mouvement, à son commerce et à sa vie. A la fin du siècle dernier, l'autorité royale avait fixé le *minimum* de largeur de toute rue nouvelle à 30 pieds ($9^m,72$), et le *maximum* de hauteur des façades dans ces rues à 54 pieds ($17^m,50$). Dans cet état, Paris a redressé, élargi, amélioré la plupart de ses anciennes rues; en a percé un grand nombre de nouvelles dépassant généralement le minimum fixé, et parmi lesquelles il faut citer l'ensemble monumental des rues de Rivoli, de Castiglione et de la Paix; il a établi un grand nombre de nouvelles places, de nouveaux quartiers, de nouveaux boulevards et de passages couverts. Il a doublé aussi le nombre de ses ponts; débarrassé de toutes constructions riveraines et bordé de larges quais les deux côtés de son fleuve (avantage incontestable dont Londres a toujours semblé méconnaître le prix). Il a creusé près de 140,000 mètres d'égouts et commencé, pour en préserver la Seine, ces égouts latéraux dont la première idée est due à un conseiller[1] de Louis XIII; adopté dès 1820, mais trop peu généralement encore, les trottoirs; remplacé successivement l'éclairage public et une partie de l'éclairage particulier par le gaz, dont l'indication appartient aussi à un Français. Il a restauré, agrandi, complété ses églises, ses châteaux, ses musées, son palais de justice, son hôtel de ville, ses colléges et autres établissements d'instruction, ses hôpitaux et ses hospices; érigé plusieurs églises nouvelles (en partie des plus importantes) ainsi qu'un grand séminaire, plusieurs temples

---

[1] Delamberville, *Discours politiques et économiques*, etc., petit in-18.

protestants et israélites, plusieurs nouveaux hôpitaux et notamment le grand hôpital Lariboissière; deux arcs de triomphe, deux colonnes monumentales, plusieurs statues votives et plusieurs fontaines en partie aussi dédiées à nos hommes illustres; deux grands ministères et d'autres édifices de haute administration; une École des Beaux-Arts et une École normale; plusieurs théâtres et autres lieux de délassement public; la Bourse et autres établissements d'utilité générale. Il a créé un vaste système d'entrepôts, de greniers, d'abattoirs, de halles et de marchés, d'écoles primaires et de salles d'asile; des casernes, des prisons, enfin sept lignes de chemins de fer et une nouvelle enceinte fortifiée.

Ainsi ont été apportées à la salubrité, à la sûreté, à la commodité, à la beauté de la capitale, d'immenses améliorations, auxquelles s'ajoutent celles plus importantes encore que nous voyons s'accomplir avec une rapidité si merveilleuse.

Au point de vue du goût et de l'art, tout a pu ne pas être entièrement irréprochable; mais presque toujours il a été fait un judicieux emploi des excellents matériaux qui sont à la portée plus ou moins rapprochée de la capitale; dès longtemps déjà il avait été fait usage de matériaux incombustibles dans plusieurs édifices publics et particuliers, et cette sage coutume s'est étendue et s'étend encore de plus en plus. La construction de nos maisons exige d'ailleurs des soins tout particuliers en raison de leur hauteur et de leur distribution, qui varie plus ou moins de l'un à l'autre de leurs nombreux étages. Sous ce rapport comme sous celui de l'amélioration des détails intérieurs, beaucoup a été fait sans doute, mais il reste encore à faire et cela se fera. Un bon et suffisant approvisionnement d'eau est surtout nécessaire et désiré, promis depuis longtemps, et s'effectuera, on n'en doit pas douter, dans un avenir très-rapproché.

La plupart de nos villes aussi ont effectué des agrandissements, des améliorations, des embellissements, des créations analogues à ce qui a été fait dans la capitale; toutes ont plus ou moins augmenté leur étendue et leur population, assaini leurs quartiers primitifs, établi des quartiers nouveaux, érigé de nouveaux édifices de toutes sortes: Naturellement mieux renseigné en ce qui concerne la France que pour tout autre pays, il m'est possible de citer ici, à peu près pour chaque espèce d'édifices, une partie des plus importants qui aient été construits dans nos principales villes : *Cathédrales* presque entièrement reconstruites à Rennes, à Nantes, etc. — *Grande église paroissiale* à Nîmes. — *Temples protestants* à Marseille, Orléans, etc. — *Palais de justice* et *Prisons*, à Lyon, Tours, etc. — *Hôtels de préfecture* à Angoulême, Épinal, Niort, etc. — *Hôtels de ville* à Moulins, etc. — *Bibliothèques et Musées* à Amiens, à Tours, au Havre, etc. — *Collèges* à Rochefort, etc. — *Observatoire* à Toulouse. — *Écoles vétérinaires* à Alfort, Toulouse et Lyon. — *Hôpitaux* à Bordeaux, Nantes, etc. — *Asiles d'aliénés* à Rouen, Charenton, Dijon, etc. — *Établissements thermaux* au Mont-d'Or, à Vichy, à Plombières, à Bagnères, etc. — *Entrepôts* et *Marchés* à Lyon, au Havre, etc. — *Épuration et distribution d'eau* à Dijon, à Toulouse, etc. — *Maisons centrales de détention* à Melun, à Caen, etc. — *Colonies agricoles et pénitentiaires* près de Tours et de Strasbourg. — *Colonne monumentale* à Boulogne. — *Théâtres* à Nantes, Strasbourg, Dijon, etc. — *Ponts* en pierre à Bordeaux, Rouen, Roanne, etc. — *Ponts* suspendus à Saint-André-de-Cubzac, la Roche-Bernard, Beaucaire, etc. — *Embarcadères* dans toutes nos principales villes. — *Tunnels* et *Viaducs* sur toutes nos lignes de chemins de fer. — *Canaux, Ports, etc.* — *Phares* à Belle-Isle, à Bréhat, à Barfleur, etc.

Si l'on essaye de jeter également les yeux sur les principaux États étrangers, on ne trouvera malheureusement rien d'important à citer dans presque toute l'Espagne et le Portugal en fait d'édifices de ce siècle, si ce n'est à Madrid le Musée de peinture et de sculpture, un hôtel des ministères, un grand théâtre inachevé et qui sert de palais aux Cortès, en attendant celui qu'on leur construit, etc.

La Suisse, par sa situation et sa composition politique, ne

peut créer de très-grands édifices. Cependant, on doit citer :
à Genève un muséum d'histoire naturelle, un jardin botanique, une académie de dessin, un pénitencier et une maison
de correction, une belle distribution d'eau, des quais, un
pont, etc. — A Fribourg : deux immenses ponts suspendus ;
à Neufchâtel : un Hôtel de ville, un temple, un gymnase
(collége et musée), les hôpitaux Pourtalès et Pary ; à Berne :
le palais fédéral (encore en construction), et une maison de
correction ; à Bâle : un musée, les hôpitaux, une douane ;
à Zurich : la poste, l'hôpital, etc. — On sait aussi quelles
grandes et belles hôtelleries se sont élevées dans presque
toutes les parties de la Suisse.

L'Italie, déjà si riche en monuments des siècles antérieurs,
et dont la mission principale est de les conserver pour l'admiration et l'enseignement des temps modernes, en a élevé
aussi un certain nombre de nouveaux, en partie dus à la domination française. Citons principalement : à Chambéry, une
belle rue à portiques, un hôpital et un grand théâtre ; à Turin,
de beaux ponts et plusieurs établissements de bienfaisance ;
à Gênes, des portiques surmontés d'une terrasse publique ;
à Milan, l'ancien forum Bonaparte, plusieurs arcs de triomphe en marbre, un grand théâtre construit par actions, un
beau passage couvert, etc. ; à Parme, deux ponts et un théâtre
(construits sous Marie-Louise) ; à Lucques, un aqueduc et un
théâtre : à Rome : l'arrangement de la place du Peuple et la
promenade du Pincio, la villa Poniatowski, le palais et la
villa Torlonia, de nouvelles salles aux musées, le théâtre de
Tordinona, la reconstruction de Saint-Paul, un grand hôpital
en construction, etc. ; à Naples : l'église et toute la place devant le château royal, la reconstruction du grand théâtre
Saint-Charles, un observatoire au pied du Vésuve, des routes,
des chemins de fer, etc. ; à Messine, le palais communal et
plusieurs palais particuliers [1], un nouveau théâtre, etc. ; à
Palerme, un grand et bel asile d'aliénés, une université ou

---

[1] Voir le bel ouvrage de M. Hittorff, *Architecture moderne de la Sicile*.

palais des sciences et des arts, etc. La continuation des curieuses et instructives fouilles de Pompéi et d'Herculanum ne méritent pas moins d'être citées.

La Grèce a dû d'abord à des artistes bavarois : le palais du Roi (avec de beaux jardins), une université (*Panépistémion*), un observatoire (sur la colline des Nymphes), un hôpital militaire, une institution pour les filles d'officiers (nommée *Arzacéion*, du nom du riche Grec aux frais duquel elle a été établie) ; puis, à des Grecs formés à l'école de ces artistes, un certain nombre d'édifices particuliers, tous presque entièrement construits en marbre blanc, et naturellement dans une sorte de renaissance grecque [1].

A Constantinople, il faudrait citer principalement de beaux palais pour le sultan et les grands de sa cour; de nouvelles résidences pour les représentants des principales puissances, notamment la Russie, la France, etc.

En Égypte, on sait tout ce qu'Alexandrie et le Caire particulièrement ont dû de beaux et utiles édifices à Méhémet-Ali et à ses successeurs, aux artistes et ingénieurs français et autres qu'ils ont d'abord employés, enfin aux élèves formés par ces derniers ou dans nos propres écoles.

Revenant vers le nord, on trouve la Belgique, et d'abord sa capitale qui, à peu près comme Paris, a presque doublé sa population dans son ancienne enceinte, d'où elle déborde dans dix faubourgs, aussi devenus de petites villes ayant ensemble une population égale à moitié de celle de la ville même. Bruxelles aussi a amélioré ses anciennes voies publiques, en a formé de nouvelles, a construit des édifices remarquables en partie dus à des artistes français, en partie à des artistes belges : un grand et un petit théâtre, une salle de concert, un jardin botanique, un entrepôt, un beau marché, un ma-

---

[1] Je dois ces notes et une partie de celles qui suivent à M. Beullé, que ses belles découvertes archéologiques en Grèce n'ont pas empêché d'en apprécier les créations nouvelles.

gnifique passage couvert, un observatoire, des hospices, des fontaines, les têtes de ses deux grands chemins de fer, enfin une grande église en mémoire de sa reine regrettée. Bruxelles est depuis longtemps parfaitement éclairée au gaz; mais, plus que Paris encore, elle a besoin d'améliorer ses approvisionnements d'eau et, beaucoup plus encore, les moyens d'écoulement et le système de ses égouts.

Plusieurs autres villes de la Belgique donneraient également lieu à citer des constructions, des créations importantes, en partie datant de la domination française, notamment : à Anvers, le port, les bassins, le théâtre; à Gand, une université, un entrepôt, etc.; à Liége, un théâtre, un pont, etc.; à Mons, un palais de justice, un théâtre, etc.

Je manque de renseignements précis relativement à la Hollande ainsi qu'à une grande partie de l'Allemagne; mais je puis parler avec quelques détails de Munich et de Berlin.

Munich a dû successivement à son dernier souverain un agrandissement et des améliorations considérables, et à son souverain actuel, aidé d'une pléiade d'artistes distingués, des édifices aussi nombreux qu'importants, tous de style plus ou moins différents ainsi qu'on en jugera par l'énoncé qui suit: *style égyptien,* obélisque de 100 pieds de hauteur, en bronze; — *gréco-romain,* glyptothèque; — *romain,* basiliques de Saint-Louis et de Saint-Boniface; — *byzantin,* église de Tous les Saints; — *ogival,* Notre-Dame-de-Bon-Secours; — *italien,* nouvelle résidence royale, Odéon, Bibliothèque; — *néo-gréco-romain,* musée des artistes modernes, plusieurs édifices d'administration et palais particuliers, grand théâtre, bazar; — *moderne,* église évangélique, synagogue, *frohsinn* (grand club); monuments à plusieurs princes, au poëte Behr, aux montagnards bavarois; un beau pont, une maison de force, etc.

On peut ne pas approuver cette reproduction de tant de styles divers, en partie dans des données si différentes de celles qui leur étaient propres; on peut blâmer quelques détails de disposition ou d'exécution; mais on ne saurait

qu'admirer la munificence avec laquelle il a été pourvu à tant
de travaux, ainsi que le talent et la science qui y ont été apportés[1].

Ces réflexions s'appliqueraient les unes et les autres à ce
majestueux et colossal temple grec, élevé près de Ratisbonne,
sous le nom de *Walhalla,* aux grands hommes de toute l'Allemagne.

Il a été élevé aussi un grand nombre d'édifices importants
à Berlin, ainsi que dans les résidences royales de Postdam et
de Charlottembourg, mais, en même temps, avec moins de
recherche archéologique, moins de variété de styles et peut-
être quelquefois plus de pureté artistique. Citons principalement : la basilique de Saint-Jacques, les églises de Saint-Pierre,
de Werder, et de la Paix; les monuments au grand Frédéric
et à des généraux modernes, ainsi que celui sur la montagne
de la Croix; plusieurs palais; le corps de garde royal et la ca-
serne; les deux musées, le théâtre royal, l'École d'architecture; l'académie de chant; les habitations et galeries pour les
artistes; le jardin d'hiver; des ponts, des embarcadères, etc.

En général, l'Allemagne tout entière suit, dans l'art de bâtir
et dans tous les arts qui s'y rattachent, un mouvement de progrès très-marqué. Sans abandonner entièrement les constructions en briques dont elle a longtemps principalement fait
usage, elle s'applique aussi à mettre en œuvre les pierres calcaires et principalement gréseuses qu'elle possède dans plusieurs de ses parties, ainsi que les granites, les porphyres,
les marbres, qui se trouvent dans quelques autres. L'extension des chemins de fer a amené et développe chaque jour
l'usage des charpentes en fer. Enfin, l'extérieur, comme l'intérieur des édifices publics et particuliers, tend à s'améliorer
de plus en plus.

Londres, Paris et presque toutes les autres capitales, n'a-

---

[1] Une partie de ces édifices a été judicieusement appréciée par mon
confrère et ami M. Lequeux, dans des lettres adressées de Munich, en 1845,
à la *Revue d'architecture.*

vaient qu'à ajouter aux créations d'un long et glorieux passé ;
·Saint-Pétersbourg au contraire, d'origine presque toute récente, avait en quelque sorte tout à créer, et y a pourvu d'une
manière remarquable, en grande partie à l'aide d'artistes
français et autres. Je dois à l'obligeance de mon confrère
M. Jacot, qui y a longtemps construit et professé, des notes
dont j'extrais la longue énumération qui suit (j'y comprends
les environs de Saint-Pétersbourg, et notamment Péterhoff,
qui a pris dans ces derniers temps un accroissement considérable) : les deux grandes cathédrales de Casan et de Saint-
Isaac (cette dernière surtout reconstruite avec une grande
richesse de matériaux et notamment de colonnes monolithes
en granite, que j'ai déjà eu occasion de mentionner) ; près de
soixante autres églises, dont quelques-unes d'une grande importance, en partie dans le style gréco-russe, en partie aussi pour
le culte réformé, etc.; un grand nombre de palais, notamment
la reconstruction du palais d'hiver, l'agrandissement de celui
de l'Ermitage, des palais pour les membres de la famille impériale et autres grands personnages, pour le saint synode,
le Sénat, le cabinet impérial ; l'amirauté, avec ses vastes dépendances et sa haute flèche servant de phare pour toute la
capitale ; — deux grands ministères, l'hôtel des postes, les ins-
tituts des ponts et chaussées et des demoiselles nobles ; l'état-
major et ses immenses dépendances, quatre grandes casernes
et le beau manége des gardes à cheval ; — la bibliothèque impériale et la bibliothèque publique ; — l'académie impériale
de médecine avec hôpitaux adjacents, plusieurs grands hôpitaux et autres tant dans la ville qu'à l'extérieur de la ville ;—
la Bourse avec toutes ses dépendances, et les deux Banques
du commerce et des Lombards : — le grand théâtre et deux
autres, avec toutes leurs dépendances : administrations, magasins, ateliers, etc.; un cirque olympique ; — une colonne
monolithe de la hauteur de la colonne Trajane ; — de beaux
quais en granite, deux grands arcs accompagnés de sphinx,
dont une partie amenée d'Égypte ; un magnifique pont, ainsi
qu'un grand nombre d'autres ponts tant dans les environs de

Saint-Pétersbonrg que sur plus de 2,000 kilomètres de chaussées, et 800 kilomètres de chemins de fer construits dans diverses directions à partir de cette capitale.

Moscou aussi a vu s'élever d'importantes constructions, surtout depuis 1815 : l'immense cathédrale du Sauveur, commencée d'abord sur une montagne voisine, puis, à raison des
difficultés causées par de nombreuses sources, exécutée à l'in-
rieur de la ville et dans le style gréco-russe; un riche palais
dans l'intérieur du Kremlin; plusieurs autres églises; la grande
salle d'exercice; un vaste bazar; le grand théâtre, incendié
tout récemment; la banque des Lombards, etc.

A tant de constructions et de créations nouvelles dans l'ancien monde, sont venus se joindre les travaux de conservation,
de réparation, de restauration, de reconstruction partielle ou
de complément et de continuation d'édifices ou de monuments religieux et autres des diverses époques précédentes.
On ignore trop généralement que la France avait donné, dès
les premières années de ce siècle, le signal et l'exemple de ces
utiles et intéressantes opérations; sans doute à cette époque,
et même pendant longtemps après, ces opérations n'ont pas
toutes été faites avec une entière intelligence des divers styles
auxquels elles se rattachaient, ce qui tenait à l'absence (malheureusement subsistante encore) d'un enseignement public
sur ces différents styles; mais les fautes mêmes que cela a pu
occasionner ont servi d'avertissement, d'enseignement pour les
opérations ultérieures, généralement plus satisfaisantes, qui
ont eu lieu principalement depuis 1820 et 1830. L'Angleterre,
l'Allemagne, etc., ont suivi d'ailleurs avec empressement
l'exemple de la France dans cette noble voie; Constantinople
aussi, par la belle et intelligente restauration de Sainte-
Sophie, due à un architecte italien. Autant il est peu sage, en
architecture comme en tout, de vouloir remonter le cours des
âges, de chercher à faire revivre les principes d'une époque
passée, quelle qu'elle soit, et de présenter comme un type
par excellence l'un des développements, des épisodes de l'art;

autant il est bien de s'attacher à renouer la chaîne des temps, et de conserver au respect, à l'admiration de l'âge actuel et des âges à venir ces spécimens des âges précédents.

Enfin, franchissant les mers, si nous recherchons ce qui a été fait dans le nouveau monde, principalement en Amérique et surtout aux États-Unis, ce ne sont plus des quartiers nouveaux qu'il faudra décrire, mais des villes entières ou presque entières; toutes divisées régulièrement, trop régulièrement même, par des rues longues, larges, droites, se coupant presque toutes à angles droits; bordées en général de maisons peu étendues et peu élevées, d'un aspect simple mais d'un intérieur confortable, ordinairement bien pourvues d'eau et rappelant en tout les habitations anglaises. Il a été exécuté aussi, dans chacune des principales villes, un grand nombre de constructions publiques plus ou moins importantes : églises et temples pour toutes les religions, pour toutes les sectes; palais non pour les gouvernants, mais pour les autorités et les administrations; édifices d'enseignement, de bienfaisance, de commerce, d'utilité, de réunion, de délassement, de répression; monuments commémoratifs des grands hommes et des grands événements; ponts, aqueducs, routes et chemins de fer. On y a copié, imité tous les styles : égyptien, grec, gréco-romain, moyen âge, etc.; on les a quelquefois mêlés et confondus. Mais, en général, ces édifices publics sont grandement conçus et largement exécutés, quelquefois même en beaux matériaux de grandes dimensions : pierre, marbre, granite, etc. Les constructions en fer aussi commencent à être employées avec succès et talent : le *Crystal Palace* de New-Yorck en a été une preuve remarquable, bien que de petites dimensions[1].

Le Brésil, le Mexique, le Chili, d'autres pays encore, donneraient lieu à des remarques analogues.

---

[1] Les États-Unis se distinguent, en outre, par de nombreuses publications sur l'*art de bâtir* comme sur toutes les autres connaissances humaines, faites en général avec soin et même avec luxe, et cependant éditées à des prix respectivement très-modérés. C'est ce que fera connaître prochainement l'installation, à l'hôtel de ville de Paris, de la *Bibliothèque américaine,*

Ce qui précède n'est qu'une indication, une esquisse d'é-
tudes, qu'il serait intéressant, et sinon facilé du moins possible, de développer et de compléter, surtout lors de la réunion prochaine, à Paris, de tant de choses intéressantes et de
tant d'hommes éclairés de toutes les parties du monde; on
arrivérait ainsi à former un tableau convenablement développé de l'ensemble des productions de cet *art de bâtir* qui,
je demande à le rappeler en terminant, emprunte le secours
de tous pour pourvoir aux besoins de tous; pour élever les
temples, les palais, les habitations, les lieux d'administration,
d'enseignement, de réunion, de secours; en un mot les édifices
d'utilité, comme les monuments qui consacrent et perpétuent
la gloire des nations, de leurs chefs et de leurs grands hommes.

composée de dix milliers de volumes offerts à notre capitale par les divers
États, grâce aux soins persévérants de M. Wattemare, depuis plus de
quinze ans, pour *l'union intellectuelle des peuples par l'échange des productions
de l'esprit humain.* Une décision toute récente de notre corps municipal en
assure la prompte réalisation.

EXPLICATION DES PLANCHES.

PLANCHE I.

ANGLETERRE. 91. Margerts et Eyles. — Cuve baptismale en pierre de Caen; *médaille de prix*, pages 10 et 55.

—————— 85. Organ. — Autre cuve en serpentine; *médaille de prix*, pages 15 et 100.

—————— 276. Thomas. — Cheminée en marbre; *médaille de prix*, pages 14 et 100.

PLANCHE II.

—————— 46. Magnus. — Cabinet de bain en ardoise émaillée; *médaille de prix*, pages 11 et 71.

—————— 124. Société en faveur des classes ouvrières.—Briques creuses pour constructions et distributions; *médaille du conseil*, pages 19 et 136.

—————— 23. Doulton. — Tuyau de cheminée en terre cuite ornée; *médaille de prix*, pages 19 et 140.

—————— 9. Stirling et autres. — Faîtages et arrêtiers en ardoise, pages 11 et 69.

PLANCHE III.

—————— 77. Wodruff. — Mosaïque en marbres du Derbyshire; *médaille de prix*, pages 112 et 69.

—————— 86. Minton. — Carrelage en terre cuite colorée et vernissée, dite *encaustique*: *médaille du conseil*, p. 19 et 140.

—————— 36. Orsi et Armani. — Imitation de mosaïque en lave métallique; *médaille de prix*, pages 18 et 131.

—————— 11. Seeley. — Grande fontaine en pierre artificielle; *médaille de prix*, pages 18 et 128.

PLANCHES IV ET V.

FRANCE..... Plans et coupe du tombeau de Napoléon Ier sous le dôme des Invalides. — Marbres français et autres. — 1503. Tarride. — 692. Séguin; *médailles de prix*, pages 29 et 89.

PLANCHE VI.

—————— 732. Virebent frères, à Toulouse. — Grande cheminée en terre cuite; *médaille de prix*, pages 32 et 140.

FRANCE..... 417. Borie, à Paris. — Briques creuses; *médaille de prix,*
pages 31 et 138.

PLANCHE VII.

—————— 45, Debay, et 233, Garnaud, à Paris. — Terres cuites ornementales; cuve baptismale, balustrade, ordre d'architecture; *mentions honorables,* pages 32 et 141.

—————— 1499. Théret, à Paris. — Coffret à mosaïques en relief; *médaille de prix,* pages 29 et 109.

PLANCHE VIII.

FLORENCE... 112. Buoninsegni. — Table en mosaïque; *médaille de prix,*
pages 36 et 106.

ROME....... 15. Cavalier Barberi. — Table ronde en mosaïque; *médaille
du conseil,* pages 38 et 106.

PLANCHE IX.

MILAN ..... 728. Bottinelli. — Cheminée en marbre; *médaille de prix,*
pages 40 et 83.

MALTE..... 33. Testa.— Vase sculpté; *médaille de prix,* pages 24 et 64.

MUNICH .... 88. Knoll. — Gobelet en plâtre; pages 45 et 130.

PLANCHE X.

BRUXELLES.. 425. Leclercq. — Cheminée en marbre ; *médaille de prix,*
pages 41 et 100.

FRANCFORT.. 16. Hoffmann. — Cheminée-poêle en porcelaine, pages 46
et 141.

PRUSSE..... 240. — March, à Charlottembourg. — Fontaine en terre
cuite; *mention honorable,* pages 44 et 141.

PLANCHE XI.

RUSSIE..... 327. Manufacture impériale de Kolivan. — Vase et piédestal
en jaspe violet; *médaille de prix,* pages 48 et 102.

—————— 298. Manufacture impériale de Péterhoff. — Table mosaïque
en marbre; *médaille de prix,* pages 48 et 112.

PLANCHE XII.

—————— 323. Demidoff. — Grande porte et grands vases sur piédestaux
plaqués en malachite; *médaille du conseil,* pages 48 et
115.

NOTA. Les planches ont toutes été réduites et dessinées par M. Jules Bouchet, architecte, et
gravées par lui et par M. Ribeauld.

CORRECTIONS ET ADDITIONS.

Page 7, ligne 13, *au lieu de :* 483, *lisez :* 383.

—— 8, —— 29, *au lieu de :* Bonaw, *lisez :* Bonan.

—— 13, —— 3,
—— 10, —— 28, } *au lieu de :* Whitby, *lisez :* Whilby.
—— 75, —— 18,

—— 14, —— { 9, } *au lieu de :* Connemars, *lisez :* Connemara.
{ 10, }

—— 15, —— 29, *au lieu de :* Cairngorin, *lisez :* Cairngorm.

—— 16, —— 1 *au lieu de :* (Cl. XXXIII.), *lisez :* (Cl. XXIII.)

—— 16, —— 13, *ajoutez :* (Voir pl. III.)

—— 18, —— 1, *au lieu de :* Orst et Armant, *lisez :* Orsi et Armani.

—— 24, —— 23, *au lieu de :* Dccczase, *lisez :* Decesaro.

—— 24, —— 26, } *au lieu de :* (Voir pl. VII.), *lisez :* (Voir pl. IX.)
—— 65, —— 23,

—— 28, —— 6, } *au lieu de :* Chatemonc, *lisez :* Chatemoue.
—— 73, —— 18,

—— 34, —— 13, *au lieu de :* fabricants, *lisez :* exposants.

—— 36, —— 21, *au lieu de :* seachisfe, *lisez :* stéachiste.

—— 37, —— 9, *au lieu de :* pierre, *lisez :* pietre.

—— 39, —— 21, *au lieu de :* par, *lisez :* pour.

—— 44, —— 26, *ajoutez :* (Voir pl. X.)

—— 47, —— { 13, }
{ 21, } } *au lieu de :* Elefsdahl, *lisez :* Eledahl.
—— 101, —— 12,

—— 47, —— 16, *au lieu de :* Kulgzen, *lisez :* Kullgren.

—— 49, —— 16, *au lieu de :* plombage, *lisez :* plombago.

—— 63, —— 18, *au lieu de :* Ceceri, *lisez :* Ciceri.

—— 64, —— 18, *au lieu de :* Darmenin, *lisez :* Darmanin.

—— 66, —— 11, *ajoutez :* (Voir ce qui sera dit au *Résumé général.*)

—— 75, —— { 7, }
{ 8, } *au lieu de :* par M. Jolivet, qui a fait exécuter ces der-
nières peintures par M. Mirault, *lisez :* par M. Jo-
livet, qui a exécuté ces dernières peintures, par
M. Mirault.....

—— 77, —— 23, *au lieu de :* Grégoire XIV, *lisez :* Grégoire XVI.

Page 90, ligne 34, *au lieu de* : carré, *lisez* : cube.
—— 98, —— 10, *au lieu de* : Alentejo, *lisez* : Alemtejo.
—— 102, —— 33, *supprimez les mots* : et magnifiques.
—— 113, —— 18, *au lieu de* : ou, *lisez* : du.
—— 130, —— 18, *au lieu de* : un panneau, *lisez* : en panneaux.
—— 133, —— 11, *au lieu de* : aussi, *lisez* : ainsi.

TABLE DES MATIÈRES.

SECONDE PARTIE.

EXAMENS COMPARATIFS, INDICATIONS, OBSERVATIONS ET CONSIDÉRATIONS
QUI S'Y RATTACHENT.

TABLE DES MATIÈRES.

276. Thomas, Marbre, pag. 14 et 100.

85. Organ, Serpentine, pag. 15 et 100.

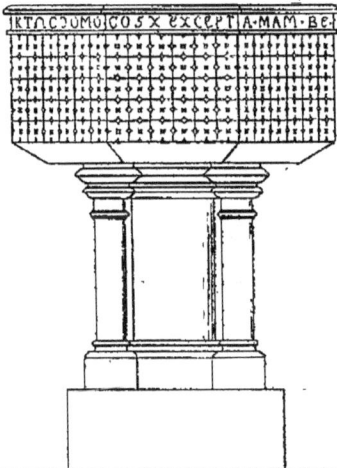

91. Nargerts et Isyles, Pierre de Caen, pag. 10 et 55.

Gautier dir.   J. Bouchet del   J. Ribault sculp.

Pl. II.

23. Doulton.
Tuyau de cheminée
en terre cuite.
pag. 49 et 140.

46. Magnus. Cabinet de bain en ardoise émaillée.
pag. 11 et 74.

24. Société en faveur
des classes ouvrières.
Briques creuses.
pag. 49 et 236.

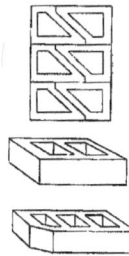

120. Stirling, faîtage en ardoise.
pag. 12 et 69.

3 mètres.

Boucher dir.

J. Bouchet sculp.

77. *Wodruff.*
Mosaïque en marbres du Derbyshire, pag. 112 et 69.

158. *Stevens.*
Mosaïque en matières vitreuses, pag. 20.

36. *Orsi et Armani.*
Mosaïque en lave métallique, pag. 18 et 131.

86. *Minton.*
Terre cuite encaustique, pag. 19 et 140.

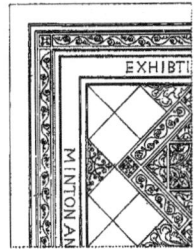

EXHIBTI

MINTON AN

11, Seeley, Fontaine en pierre artificielle, pag. 18 et 118.

TOMBEAU DE NAPOLÉON Iᵉ SOUS LE DÔME DES INVALIDES.

Marbres français et autres. — 1563, Tarride; et 692, Seguin, pages 29 et 89.

Plan au sol de l'Église.

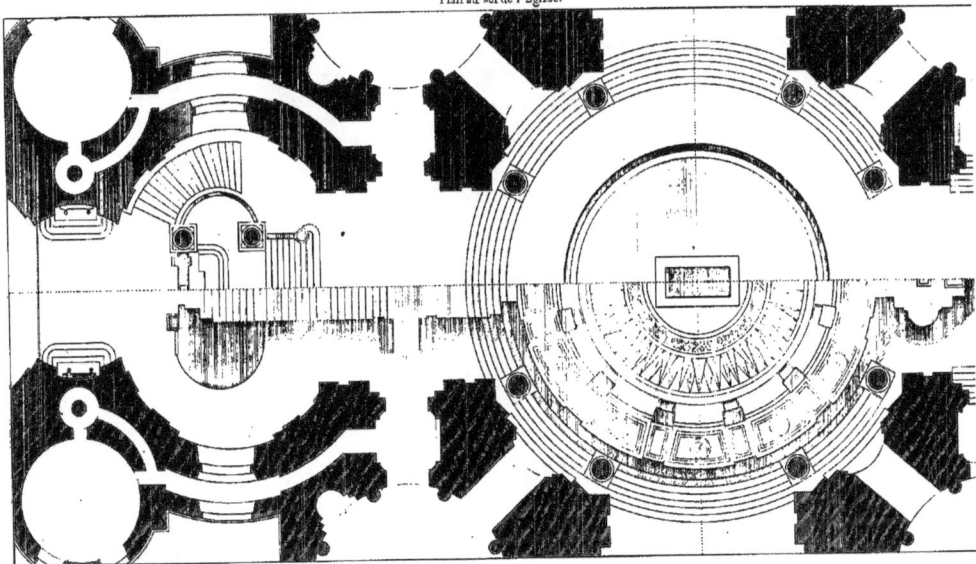

Marbres français et autres. — 1803, Turride et 692, Seguin, pages 29 et 89.

Coupe.

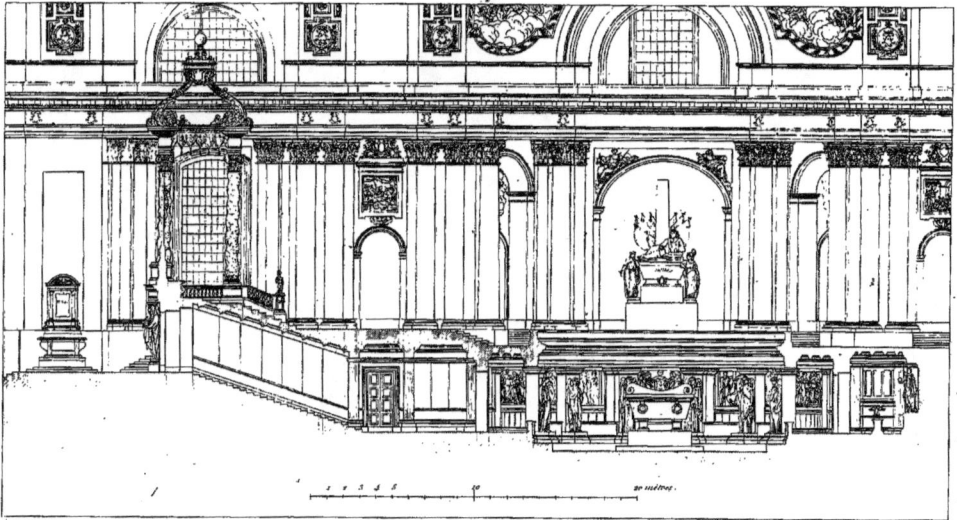

732, Virebent, Toulouse, Terre cuite, pag. 32 et 140.

417, Borie, Paris, Briques creuses, pag. 31 et 138.

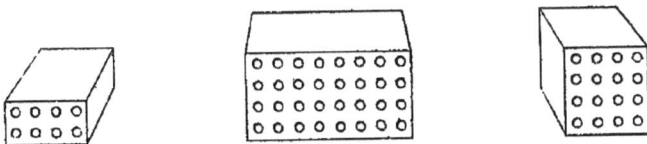

Gourlier dir

S. Bouchet del.

A. Ribault sculp.

Pl. VII

233, Garnaud, Terre cuite.

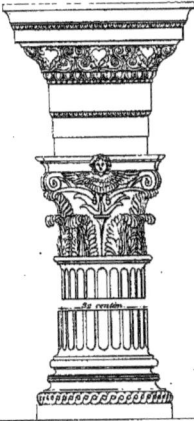

1499. Théret, Mosaïque en relief.

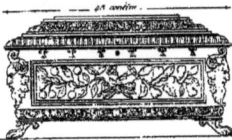

45 centim.

pag. 29 et 109.

30 centim.

pag. 32 et 141.

45. Debay, Terres cuites, pag. 32 et 141.

Gourlier dir.

J. Pouchet sc.

Pl. VIII.

16. Barberi. Mosaïque romaine, pag. 38 et 106.

112. Buoninsegni. Mosaïque florentine, pag. 38 et 106.

Gourlier dir.

J. Bouchet sculp.

Malte. 33, Resta, Pierre.
pag. 24 à 64.

Milan, 728. Bottinelli, Marbre.
pag. 40 et 83.

Munich, 88, Knoll.
Plâtre, pag. 45 et 139.

Courtier dir.

J. Bouchot del.

C. Hibaule sculp.

Belgique. *125. Leclerq, Marbre, médaille de prix, pag. 41 et 100.*

Francfort. *16. Hofmann*
Porcelaine, pag. 46 et 140.

Prusse, *240, March. Terre cuite,*
men.ⁿ honor.
pag. 44 et 141.

Courlier dir   *J. Bouchet del.*   *A. Ribault sculp*

327, *Manufacture impériale de Kolivan; Vase en jaspe,*
pag. 48 et 101.

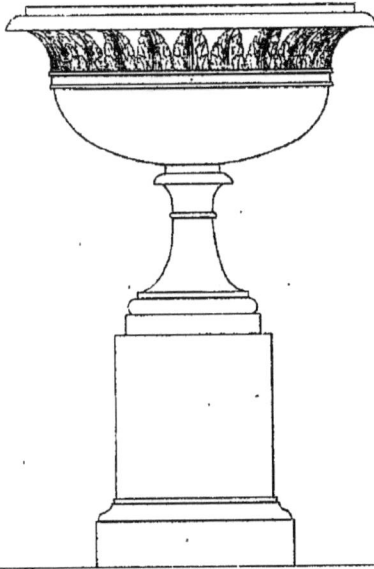

6, *Manufacture impériale de Peterhoff. Mosaïque florentine,*
pag. 48 et 112.

Courtier dir.   *J. Bouchet sculp.*

Pl. XII.

3=3. Malachites du prince Demidoff, pag. 47 et 112.

gauthier del.

J. Bouchet sculp.

XXVIIIᵉ JURY.

MATIÈRES VÉGÉTALES

APPROPRIÉES A L'INDUSTRIE,

PAR M. BALARD,

MEMBRE DE L'INSTITUT.

COMPOSITION DU XXVIIIᵉ JURY.

MEMBRES.

Don Joaquin ALFONSO, Président, directeur du Conservatoire des arts, à Madrid............................	Espagne.
MM. J. E. GRAY, Vice-Président, conservateur du Musée géologique britannique, à Londres............... le Dʳ LANKESTER, Rapporteur, secrétaire, membre de la Société royale de Londres..................	Angleterre.
le Rév. Gorham D. ABBOTT......................	États-Unis.
BALARD, membre de l'Institut..................	France.
MILLER, marchand, à Londres.................	Angleterre.
Georges PETERSON, membre du Comité scientifique pour les domaines de l'empire................	Russie.
T. A. WISE, à Londres.........................	Angleterre.

ASSOCIÉ.

M. Natalis RONDOT, membre de l'ambassade de France en Chine..............................	France.

§ Iᵉʳ. CAOUTCHOUC.

Un grand nombre de végétaux contiennent un suc particulier qui s'écoule en gouttelettes blanches quand on déchire les vaisseaux dans lesquels il est contenu. Ce caractère, que chacun a pu constater dans le suc du figuier de nos contrées, se retrouve à un haut degré dans des plantes de diverses familles naturelles, pour lesquelles il constitue un caractère saillant.

Ce suc, que l'on appelle suc laiteux parce qu'il a l'apparence du lait, en a aussi la constitution physique. C'est un liquide aqueux chargé de principes solubles et dans lequel flottent des gouttelettes d'une matière insoluble dans l'eau, gouttelettes que leur ténuité maintient suspendues dans le liquide, pour lequel elles n'ont aucune adhésion, et semblables ainsi au beurre qui reste suspendu dans le lait. De la différence du pouvoir réfringent de ces deux liquides, dont chacun pris isolément serait incolore et transparent, dérivent l'opacité de la liqueur et sa couleur blanche, qui lui a fait donner à juste titre le nom de suc laiteux.

On voit se continuer les analogies que ce suc présente avec le lait des animaux et les émulsions végétales dans la manière dont il se comporte quand on l'abandonne à lui-même. Extravasé à l'air ou recueilli et conservé dans des vases clos, il se sépare en deux couches comme le ferait le lait lui-même. La partie aqueuse est surnagée bientôt par une partie insoluble qui se rassemble à la partie supérieure comme la crême vient surnager le lait.

Mais c'est à ces ressemblances physiques que s'arrêtent les analogies. Ce qui dans le lait et les émulsions produites par les graines se rassemble à la surface de la liqueur aqueuse est un corps gras proprement dit, tandis que l'espèce de crême qui surnage le suc laiteux des plantes abandonné à lui-même est presque entièrement formé d'un de ces carbures d'hydrogène, genre de composés si répandu dans le règne organique. Ce produit, extrait avec abondance du suc de certaines plantes des régions tropicales, a conservé en Europe le nom indien de *caoutchouc,* sous lequel le connaissent les peuplades voisines du Pérou. Ce caoutchouc, liquide, ou tout au moins fortement distendu dans les vaisseaux propres de la plante et dans le suc qui s'en est écoulé, semble, après s'en être séparé, perdre de cette fluidité qui lui permettait de circuler librement dans les organes qui le contiennent. Sa consistance se modifie, et il éprouve un changement qui n'est peut-être pas sans analogie avec la coagulation de la fibrine ou du caséum.

D'abord épais et dans un état de mollesse qui lui permet de recouvrir comme un vernis les surfaces sur lesquelles on l'applique, il acquiert peu à peu par la dessiccation au contact de l'air, qui l'altère et le brunit, la couleur, l'apparence et la consistance du cuir.

Les expériences récentes de M. Payen ont prouvé que le caoutchouc n'était pas une substance homogène, comme on l'avait cru jusqu'alors, mais qu'il renferme plusieurs corps de même composition chimique, mais doués de propriétés diverses et que l'on peut isoler par l'action des dissolvants. Le caoutchouc est très-poreux, et quand on le met en contact avec l'eau, dans laquelle il est insoluble, il peut aisément s'imprégner de ce liquide en en absorbant près du quart de son poids. Il devient ainsi blanc et opaque comme de la porcelaine; la dessiccation lui rend sa translucidité et la couleur brune qu'il possède ordinairement. Il est aussi insoluble dans l'alcool parfaitement privé d'eau : ce menstrue ne lui enlève que quelques millièmes de matières grasses; mais l'éther, le sulfure de carbone, les carbures d'hydrogène liquides, les corps gras, etc., opèrent la dissolution d'une partie du caoutchouc que l'on soumet à leur action, partie qui varie de 0,3 à 0,7, selon les échantillons, et laissent l'autre partie sous la forme d'une matière insoluble, mais extrêmement distendue et d'une contexture réticulée. Il ressemble, en un mot, à beaucoup de substances organiques qui simulent une véritable solution sans en éprouver une réelle.

Mou et élastique à la température ordinaire, le caoutchouc acquiert, à une température de quelques degrés au-dessus de la glace fondante, une rigidité presque égale à celle du bois. Une température de 100°, au contraire, le ramollit sans l'altérer; il se soude alors sur lui-même avec la plus grande facilité, et deux sections fraîchement obtenues se réunissent sans

qu'on puisse retrouver le point où cette réunion a eu lieu.
Mais la température s'élève-t-elle et s'approche-t-elle de 150°,
il se transforme en une matière visqueuse et demi-fluide à laquelle le refroidissement ne rend plus les propriétés primitives qui caractérisent le caoutchouc et dont une longue exposition à l'air n'altère que peu la consistance.

Dans cet état de coagulation récente, et quand il est encore
à l'état pâteux, le caoutchouc jouit d'une plasticité qui permet de lui communiquer, au moyen de moules, les formes
les plus variées. La plus grande partie de celui qu'on livre au
commerce est obtenu par les naturels du pays sous la forme
de masses amorphes, ramassées au pied de l'arbre qui a été
incisé ou coupé pour en extraire le suc, ou bien solidifiées
dans une tranchée faite dans le sol et coagulées dans ce moule
grossier en prismes souvent comparables par leurs dimensions
au tronc d'un gros arbre; mais une partie nous arrive sous
d'autres formes que l'industrie naissante des naturels essaye de
leur communiquer. Modelant avec de l'argile plastique des
figures d'animaux, des simulacres de pieds d'hommes et des
masses pyriformes, trempant ensuite ces moules grossiers dans
le caoutchouc épaissi, et renouvelant l'immersion quand la
première couche est solidifiée par l'exposition à l'air ou la fumée, ils parviennent, en cassant ensuite le moule et le faisant
sortir par fragments d'une ouverture convenablement ménagée, à livrer au commerce européen des poires creuses, des
figures d'animaux, des pantoufles brutes, etc., et à faire ainsi
servir le caoutchouc pour la confection d'objets pour lesquels
nous employons nous-mêmes les membranes animales et le
cuir.

Quoique employé depuis longtemps chez les naturels des
régions tropicales de l'ancien et du nouveau monde, le caoutchouc n'a été cependant connu en Europe que vers le milieu
du siècle dernier. C'est à la suite d'un voyage fait au Pérou
par les académiciens français pour y mesurer cet arc du
méridien dont la longueur devait servir à fixer la forme de la
terre, qu'on eut connaissance de ce singulier produit. Dès

1736, de La Condamine écrivait à Bouguer l'usage qu'il avait vu faire pour l'éclairage de bâtons d'une résine élastique qui paraissait connue de tout temps dans le pays, et qui, roulés dans des feuilles de bananier, constituaient un flambeau improvisé d'un emploi assez commode. Il la retrouva plus tard employée à Quito pour la fabrication de quelques vêtements imperméables, et dans son retour en Europe par la rivière des Amazones, il étudia les procédés par lesquels les sauvages l'utilisaient de temps immémorial pour la confection d'objets divers, et notamment de poires creuses et minces dont ils avaient déjà su tirer pour la thérapeutique un parti qui n'a été imité que plus tard en Europe et que caractérise suffisamment le nom de *Pao di Xiringa*, arbre à seringue, que lui avaient donné les Portugais habitants du Para. Mais quoique de La Condamine eût fait connaître ces résultats à l'Académie en 1753, que l'ingénieur Fresneau eût découvert dans la Guyane française l'arbre qui produit le caoutchouc, et que Macquer eût reconnu dans l'éther sulfurique un dissolvant qui permettait de l'appliquer à la surface des corps, ce produit resta longtemps dans les collections comme une matière singulière, et rien ne pouvait faire soupçonner les services qu'il était appelé à rendre plus tard à l'hygiène et à l'industrie.

Deux sources principales fournissent aujourd'hui au commerce le caoutchouc, dont la consommation s'accroît aujourd'hui rapidement chaque année; elles l'y versent dans des états physiques et sous des formes un peu différentes. Les Indes Orientales fournissent du caoutchouc dont on a vu des spécimens nombreux envoyés par la compagnie des Indes; il y provient de l'exploitation du *Ficus elastica*, arbre très-répandu dans le royaume d'Assam. On importe aussi de Java des quantités notables de caoutchouc, provenant des incisions du *Ficus radula* et du *Ficus prinoides*. Ce caoutchouc est souvent glutineux et moins estimé que celui que produisent les régions équatoriales de l'Amérique, où il est surtout fourni par le *Syphonia elastica*. Le Mexique, mais surtout la province de Para au Brésil, sont les pays d'où nous arrivent les plus grandes quantités de caoutchouc. On trouve, en consultant les tableaux de douane, que le caoutchouc du Brésil entre dans la consommation européenne pour une proportion plus que décuple de celle du caoutchouc provenant des Indes Orientales.

Le caoutchouc nous arrive tantôt en masses plus ou moins volumineuses, d'un blanc mat, et à l'état opaque, tantôt en feuilles irrégulières, légèrement jaunâtres et translucides ; il en vient aussi en feuilles épaisses ou masses globuleuses, tantôt creuses, tantôt pleines, tantôt brunes et opaques, tantôt jaunes et translucides. Celui qui arrive en feuilles globuleuses creuses ou en poires est généralement préféré, et quand il est pur et que les couches diverses qui le constituent sont bien adhérentes, il peut être immédiatement employé à divers usages, et c'est même le seul caoutchouc que l'on ait employé pendant longtemps. Mais il arrive souvent que les couches dont la superposition forme des masses pyriformes sont mal soudées : les poires, dans ce cas, sont dites *lardeuses*.

Il devient alors nécessaire, pour tirer parti de ce produit, de le remanier par une espèce de pétrissage, et de l'obtenir en masses cohérentes et homogènes. Cette opération devient surtout indispensable lorsque, ainsi que cela arrive le plus ordinairement, le caoutchouc est en masse volumineuse, impur et mêlé de sable et de débris végétaux. Ces impuretés ne proviennent pas en totalité des sillons pratiqués dans le sol où l'on a écoulé le suc et où on l'a laissé s'épaissir et se solidifier ; mais leur quantité et leur introduction entre les couches de masses pyriformes montrent que c'est surtout à une manœuvre frauduleuse exercée par les naturels qui obtiennent ce produit qu'il faut attribuer cette impureté. Le caoutchouc ainsi altéré ne peut être employé à aucun usage qu'après avoir éprouvé une purification préalable.

Cette purification, inventée par Nickel en 1837, s'exécute en soumettant le caoutchouc impur à l'action de cylindres munis de dents tournant en sens inverse avec une vitesse inégale et qui lui font éprouver une espèce de mastication. Si les matières qui rendent le caoutchouc impur ont pour lui beaucoup d'adhésion quand elles sont sèches, cette adhésion devient nulle dès qu'elles sont mouillées. On conçoit dès lors qu'en faisant arriver dans ces appareils un petit filet d'eau, on doit entraîner peu à peu les matières étrangères écrasées par le laminoir, tandis que les morceaux de caoutchouc purifié se soudent les uns aux autres.

En exposant ensuite à une nouvelle mastication, mais faite cette fois à sec, ces masses informes de caoutchouc purifié, elles se ramollissent par la chaleur que développe la forte compression à laquelle le soumettent les machines puissantes qui servent à cet usage. Par ce traitement, le caoutchouc, qui se ramollit sans se liquéfier, constitue bientôt une masse homogène, que l'on obtient sous la forme de blocs rectangulaires en la plaçant dans des moules de fonte à parois très-épaisses, de 20 centimètres de diamètre environ, où on la comprime fortement au moyen de presses hydrauliques très-puissantes, jusqu'à ce que le refroidissement en soit complet, blocs que la pression a ainsi privés de cavités, de bulles d'air, etc., et a rendus parfaitement homogènes. Quand le caoutchouc est suffisamment comprimé, on le sort du moule, mais on le maintient à l'épaisseur à laquelle on l'a réduit, en le comprimant au moyen de vis en bois, jusqu'au moment où on va lui faire subir une division ultérieure.

Ce caoutchouc, ainsi régénéré, ne présente pas absolument toutes les qualités du caoutchouc naturel: la trame organique dont se compose la portion que les menstrues peuvent gonfler et non dissoudre se trouve brisée; le produit est aussi modifié d'ailleurs par la chaleur que développe la compression exercée par ces fortes machines, qui, pour la malaxation de 25 kilogrammes de matière, exigent deux à trois chevaux de force. Le caoutchouc, en devenant ainsi plus soluble dans les menstrues, a perdu une partie notable de sa ténacité, circonstance qui fait toujours préférer l'emploi du caoutchouc du commerce quand il est assez pur pour être employé directement.

C'est avec ce caoutchouc ainsi purifié qu'on parvient à obtenir ces bandes propres à la confection des fils ainsi que ces feuilles dont les laboratoires de chimie ont su tirer un si bon parti. Tantôt on fait passer le caoutchouc non encore solidifié entre les deux cylindres d'un laminoir: on en obtient ainsi des couches d'épaisseurs variées qui peuvent être aussi minces qu'une feuille de papier, aussi larges que le permet le laminoir, et dont rien ne limite la longueur; mais le plus souvent on détache ces feuilles des blocs eux-mêmes par des moyens mécaniques et au moyen de couteaux mus par un mouvement très-rapide et dont le tranchant se trouve sans cesse arrosé par un mince filet d'eau. Quand la feuille est séparée, le couteau va reprendre sa place primitive en remontant d'une hauteur égale à l'épaisseur de la feuille détachée. On obtient par ce procédé des feuilles aussi minces que par la méthode précédente, mais dont les dimensions sont limitées et sur lesquelles on aperçoit encore les traces du couteau qui les a détachées. Si ces lames ont été obtenues à un centimètre d'épaisseur et qu'elles soient ensuite subdivisées en petits parallélipipèdes, elles constituent ces objets employés par les dessinateurs pour enlever la trace du crayon et remplacer les fragments des poires mêmes dont on s'est servi d'abord.

C'est de cet usage, le seul auquel on sût pendant longtemps employer le caoutchouc en Europe, que dérive le nom qu'il porte en Angleterre, où l'on a substitué au nom que lui donnaient les naturels du Pérou celui d'*India rubber*, l'effaceur indien.

Servir à effacer la trace des crayons, à former ces pantoufles grossières dont la toilette indienne pouvait bien s'accommoder, mais auxquelles on ne pouvait donner une forme acceptable en Europe, tels furent, en effet, les seuls emplois du caoutchouc jusqu'en 1820. A cette époque, on parvint à en faire deux applications importantes : on parvint en Angleterre à le ramollir de manière à l'étendre en lames très-minces, et à le faire ainsi servir à la formation des tissus imperméables; on apprit en Autriche et en France à l'étirer en fils déliés pour la fabrication des tissus élastiques.

C'est à Mackintosh que nous sommes redevables de l'application du caoutchouc à l'imperméabilité des tissus et de la fabrication de ces vêtements, qui, répandus, on peut le dire, dans le monde entier, ont rendu à l'hygiène des services incontestés, et font que le nom de leur inventeur est devenu si justement populaire. Besson avait essayé de les fabriquer en France dès 1793, ainsi que Champion en 1811; mais ce n'est que par suite des travaux de Mackintosh, de Glasgow, que le problème de la fabrication économique de ces étoffes, rendues imperméables par le caoutchouc, a été complétement résolu. On sait en quoi consistent ces sortes de vêtements appelés *mackintosh;* formés de deux étoffes recouvertes de caoutchouc sur l'une de leurs faces et réunies l'une à l'autre par cette substance adhésive, ils présentent une imperméabilité complète à l'humidité, dont on a su tirer tant de parti, en même temps qu'une flexibilité qu'on n'aurait jamais pu obtenir par l'emploi d'autres vernis également hydrofuges.

Les Européens établis au Brésil avaient depuis longtemps employé à cet usage le suc du caoutchouc fraîchement extrait de la plante qui le fournit. Pour obtenir dans nos pays des produits analogues, on commença même d'abord à importer certaines quantités de ce suc, introduit, à sa sortie de l'arbre, dans des vases hermétiquement bouchés ensuite, comme on le pratique dans la méthode d'Appert. Mais on dut bientôt renoncer à ce moyen et chercher à obtenir ces lames minces par la redissolution. Les dissolvants à employer étaient naturellement indiqués. A la place de l'éther qu'avait d'abord employé Macquer, et que son prix ne permettait pas d'utiliser en grand, on dut s'adresser, pour dissoudre ce carbure d'hydrogène solide, aux carbures d'hydrogène liquides. Barnaud, de Greenwich, en cherchant à rendre des câbles inaltérables à l'eau en les imprégnant de caoutchouc, s'aperçut que le meilleur dissolvant de ce produit était l'huile volatile qu'il donne par la dissolution sèche; mais ce dissolvant étant trop coûteux pour qu'on pût en faire usage, des produits d'un prix moindre, l'essence de térébenthine, les produits les plus volatils du goudron de houille, furent essayés avec succès. Il fallait, à la vérité, pour obtenir une mince couche de caoutchouc desséché, employer une masse de dissolvant dont la condensation ultérieure fort incomplète entraînait des pertes et rendait le procédé coûteux: aussi faisait-on, pour économiser ces menstrues, des efforts qui furent enfin couronnés de succès. On parvint, en malaxant le caoutchouc au moyen de puissantes machines avec de l'essence de térébenthine et de l'huile de houille, à l'imprégner de ces menstrues sans l'y dissoudre, à le ramollir seulement sans le rendre liquide, et en étendant sur les étoffes, avec un laminoir, ce caoutchouc devenu pâteux, mais trop peu fluide pour qu'il pût traverser l'étoffe, on parvint à éviter l'évaporation en pure perte d'une quantité considérable de dissolvant. Le vêtement imperméable, devenu d'un prix plus abordable, put ainsi s'introduire dans les habitudes de toutes les classes et recevoir un emploi des plus étendus.

Ce genre de vêtement présentait cependant un défaut notable qu'on n'a su éviter que plus tard, et qui dérivait des propriétés inhérentes au caoutchouc lui-même. Ce corps, qui dans les circonstances ordinaires est d'une élasticité très-grande, qui justifie le nom par lequel on le désigne en France, *gomme élastique,* perd cette élasticité à une température voisine de la glace fondante, et cette souplesse, qui ferait presque confondre une lame de caoutchouc avec une membrane animale fraîche et lubréfiée, fait tout à coup place à la rigidité qui caractérise ces tissus animaux quand ils ont été desséchés. Cette propriété apportait, par les temps froids, un obstacle très-grave à l'emploi des étoffes rendues imperméables par le caoutchouc.

Cette propriété singulière avait été au contraire utilisée de la manière la plus heureuse à Vienne, mais surtout à Paris, à la suite des travaux de MM. Ratier et Guibal, dans la confection des jarretières, des bretelles, etc., et d'autres objets dans lesquels l'élasticité du caoutchouc est venue remplacer celle qu'on avait obtenue jusque là par l'emploi des spirales métalliques.

On se procura d'abord des fils de caoutchouc en découpant les poires à la main et avec des ciseaux, méthode fort peu expéditive, et qui ne permettait guère à un ouvrier de faire plus de 90 à 100 mètres de fil par jour. La poire était d'abord découpée en spirale, et chaque bande divisée en plusieurs fils plus fins. Pour augmenter cette finesse, MM. Ratier et Guibal imaginèrent de distendre avec une pompe les poires ramollies dans l'eau bouillante, et de les laisser dans un lieu froid pour que ce caoutchouc, ainsi distendu, ne revînt pas sur lui-même et pût donner lieu à des bandes et dès lors à des fils plus minces.

On emploie aujourd'hui pour cette fabrication des machines appropriées. Pour obtenir ces fils de caoutchouc qui servent à la fabrication des tissus élastiques, on emploie ou des poires de caoutchouc naturel, coupées en deux et aplaties par la pression, ou bien ces masses cylindriques de caoutchouc purifié que l'on débite en lames continues détachées de la surface latérale par des couteaux arrosés d'un léger filet d'eau ; ces lames sont à leur tour divisées en lanières, celles-ci subdivisées ensuite en bandes très-étroites qui, par une division nouvelle, servent enfin à obtenir les fils employés pour la confection des tissus.

Si, par une légère élévation de température, on augmente l'élasticité naturelle du caoutchouc, on peut alors distendre ces bandes étroites en fils d'une longueur décuple, en les étirant d'abord et en les enroulant ensuite sur des bobines ou des dévidoirs. Mais on conçoit que le maniement ultérieur et le tissage de ces fils seraient difficiles s'ils restaient élastiques ; heureusement les molécules du caoutchouc finissent par s'accommoder à la position forcée qu'on leur a fait prendre, et la température basse à laquelle on a soin d'ailleurs de les exposer accélère beaucoup ce résultat. Les fils ayant ainsi perdu leur élasticité peuvent alors, comme des fils ordinaires, être introduits dans la confection des étoffes. On peut aussi les

revêtir d'un fil étranger en les enroulant, au moyen du métier
à lacet, d'une spirale composée de six à sept fils de coton, de
soie, etc., qui garantit le fil de caoutchouc contre les dents
du peigne. Ce fil composé peut alors être à son tour introduit dans la confection des tissus pour lesquels on emploie
ordinairement le métier à la Jacquart.

Dans toutes ces opérations, le caoutchouc a conservé toute
sa rigidité; mais cette élasticité, qu'une longue distension et
une basse température lui ont enlevée, peut lui être rendue
par une chaleur convenable. L'étoffe ainsi tissée est-elle
exposée à une chaleur de 60 à 70° centigrades par le passage
d'un fer chaud; chaque fil reprend, avec sa longueur primitive, le diamètre qu'il avait d'abord. L'étoffe diminue d'un
tiers environ en longueur sans s'élargir; le tissu dès lors se
resserre, et le caoutchouc qui a repris son élasticité la communique d'une manière permanente à ces tissus dont l'usage
est devenu si général. La fabrication de ces fils de caoutchouc
constitue maintenant une industrie distincte de celle qui les
utilisant, soit nus, soit recouverts de soie ou de coton, les as-
socie avec des fils ordinaires par la voie du tissage, et de même
que les fabricants des étoffes de toile ou de coton achètent leurs
fils tout confectionnés, les fabricants de ces tissus élastiques
se procurent le caoutchouc en bobines et constituant des fils
de différents numéros, dont les derniers présentent déjà un
grand degré de finesse.

M. Gérard, dans ces derniers temps, est parvenu à les obtenir avec un degré de finesse supérieur encore. Quand, au
lieu d'exposer au froid des fils de caoutchouc distendus, on
les chauffe au contraire à la température de 100°, ils s'accou-
tument encore plus vite à la nouvelle dimension qu'on leur a
fait acquérir; on peut alors, par une nouvelle traction, les
allonger encore, et l'on conçoit qu'en les soumettant de nouveau à 100°, et recommençant cette opération, on peut arriver
à un degré d'allongement extrême. M. Gérard, en soumettant
des fils de caoutchouc à ces extensions successives, renouvelées
six fois, a pu les amener à une longueur 16,000 fois plus

grande que celle qu'ils avaient d'abord, et à n'avoir qu'un diamètre de 0,^{m}001.

On conçoit que, par leur mode même de fabrication, les fils de caoutchouc obtenus par ces extensions doivent être nécessairement anguleux; mais le même M. Gérard, dans ces derniers temps, a indiqué un procédé pour les obtenir cylindriques. En imprégnant le caoutchouc avec du sulfure de carbone mêlé d'un peu d'alcool aqueux, et qui ne peut alors que le gonfler sans le dissoudre, il obtient une matière pâteuse qui, soumise à la pression dans un appareil semblable à celui qui sert à obtenir le vermicelle et le macaroni, fournit des fils cylindriques et des tubes sans soudures. En réfléchissant à la longueur limitée des bandes étroites avec lesquelles on fabrique ces fils, on pressent la nécessité de les réunir bout à bout pour en faire des fils continus. Une propriété remarquable du caoutchouc rend la chose facile : il se soude avec la plus grande facilité sur lui-même, pour peu qu'il soit chaud, et deux surfaces récemment obtenues en coupant en biseau les deux bouts du fil avec un instrument bien tranchant, peuvent adhérer par la pression avec une cohésion égale à celle qui réunit les autres portions.

Si, dans cette circonstance, cette propriété du caoutchouc de se souder sur lui-même a pu être utilisée, c'était dans l'autre un véritable défaut qui venait s'ajouter à ceux dont il a été déjà parlé, l'élasticité trop limitée du caoutchouc et la rigidité que lui communique une température basse...! Toutes ces propriétés, nuisibles à son emploi, disparaissent dans cette association du caoutchouc avec le soufre, qui, appelé, à cause de cette circonstance, du nom de *caoutchouc volcanisé*, présente des propriétés si spéciales qu'elles en font en quelque sorte un corps nouveau. C'est en Amérique que cette transformation du caoutchouc a été obtenue en premier lieu.

Tandis qu'en Angleterre on développait l'emploi du caoutchouc surtout au point de vue de l'imperméabilité des étoffes et qu'en France on profitait de son élasticité pour la fabrication de certains tissus, on en tirait parti aux États-Unis au point de vue surtout des chaussures imperméables, en utilisant les procédés découverts par M. Charles Goodyear, qui depuis 1836 s'occupe des moyens de tirer parti du caoutchouc avec une habileté et une persévérance qui ont porté les plus heureux fruits. Ce n'est pas que des essais pour façonner selon le goût européen le soulier indien fait avec le caoutchouc n'eussent été fréquemment tentés dans nos pays; mais on ne parvenait guère à leur donner des formes acceptables, et leur enraidissement par le froid rendait d'ailleurs leur emploi peu commode.

En Amérique, au contraire, M. Charles Goodyear parvint à façonner en soulier le caoutchouc brut purifié et à obtenir des chaussures tout à fait irréprochables, complétant ainsi par la fabrication de ses chaussures imperméables le service que Mackintosh avait rendu à l'hygiène par l'invention des vêtements qui portent son nom. Dès 1842, M. Goodyear avait importé en Europe des chaussures où l'on remarquait une élasticité presque illimitée, permanente, et qui résistait à l'abaissement de température. On pouvait en presser deux surfaces l'une contre l'autre sans qu'elles manifestassent la moindre adhésion; or ce sont là précisément les qualités remarquables opposées à celles du caoutchouc naturel qui caractérisent ce caoutchouc qu'on appelle aujourd'hui *caoutchouc volcanisé.*

Préoccupé peut-être d'une idée trop souvent justifiée d'ailleurs, que la spécification d'une patente n'est qu'une occasion d'attirer l'attention des contrefacteurs, peut-être aussi dépourvu en ce moment de ressources pécuniaires, plus nécessaires en Angleterre, où les prix pour la prise d'un brevet sont assez élevés, M. Goodyear, sans avoir fait constater légalement son invention, essayait en Europe de tirer parti de sa découverte en la communiquant comme un procédé dont il avait seul le secret, qui pouvait être perdu pour l'humanité et disparaître avec son unique possesseur, lorsque M. Thomas Hancok, de Newington près de Londres, qui s'occupait en Europe du traitement du caoutchouc avec non moins de persévérance et de succès que M. Goodyear en Amérique, obtint une patente avant que M. Goodyear le premier inventeur en demandât, mais trop tard, une pour le même objet. M. Thomas Hancok découvrit qu'une bande de caoutchouc trempée dans du soufre fondu, et qui, à raison de sa porosité, s'imprégnait de ce corps sans perdre aucune de ses propriétés, acquérait, quand on l'exposait à une température de 150 degrés centigrades, des aptitudes toutes nouvelles qui étaient précisément celles que possédait la matière employée par M. Goodyear pour les chaussures imperméables.

Il appela cette transformation opérée par le soufre d'un nom qui rappelait l'origine volcanique de ce combustible, et de là le nom de *volcanisation* sous lequel elle est depuis lors généralement connue. Ce fut là, comme on le voit, une découverte réelle, mais la découverte nouvelle d'un fait déjà découvert auparavant. Or on sait que rien n'aide plus à la solution d'un problème que de savoir qu'il a été déjà résolu.

Cette découverte dut cependant présenter ses difficultés et exiger aussi le concours fortuit de circonstances heureuses; car si l'analyse avait pu indiquer la présence du soufre dans les produits de M. Goodyear, elle y décelait aussi autre chose, et notamment le carbonate de plomb, que ce dernier avait cru indispensable. Elle ne pouvait d'ailleurs faire connaître la condition tout à fait essentielle de cette transformation, c'est-à-dire l'emploi d'une température déterminée, qui jusqu'ici paraît seule pouvoir donner au mélange de caoutchouc et de soufre les propriétés singulières qui semblent en faire un corps tout nouveau.

Plusieurs méthodes sont aujourd'hui employées pour produire cette volcanisation. On peut avoir recours à celle d'Hancok, qui consiste d'abord à tremper dans du soufre fondu le caoutchouc que l'on veut modifier. Il prend, dans cette opération, les quinze centièmes de son poids de soufre; il en prendrait bien plus encore, environ son propre poids, si l'on élevait la température du soufre à 140 degrés. Le caoutchouc ainsi sulfuré est ensuite exposé à la température de 150 à 160 degrés, nécessaire pour produire la volcanisation.

On préfère aujourd'hui employer une autre méthode pour la volcanisation du caoutchouc : on le mêle avec 10 à 12 p. o/o de son poids de soufre en poudre, et on le pétrit dans ces appareils masticateurs dont il a déjà été question. Ce mélange conserve toutes les propriétés du caoutchouc non altéré, la faculté de durcir par un abaissement de température, de se ramollir par une température plus élevée, de se dissoudre dans les diverses menstrues, de se souder sur lui-même lorsque les sections sont récentes ; mais l'expose-t-on à une température de 140 à 150 degrés, qui aurait suffi pour altérer le caoutchouc pur, la matière acquiert des propriétés nouvelles : elle n'est plus soluble dans les menstrues qui dissolvaient le caoutchouc ; elle s'en imprègne seulement et se gonfle par leur contact comme une membrane animale, que l'on humecte d'eau ; elle ne se soude plus avec elle-même ; elle résiste, sans éprouver d'altération, à la température qui aurait transformé le caoutchouc ordinaire en une matière poisseuse ; la volcanisation est opérée.

Cette impossibilité de se souder sur lui-même est tellement prononcée que, dans les fabriques actuelles, on ne sait tirer aucun parti de ce caoutchouc modifié, et qu'on attend que les chimistes, en découvrant le moyen de le ramener à ses propriétés primitives, permettent d'introduire dans le roulement de la fabrication des débris qui s'accumulent tous les jours.

La totalité du soufre dont le caoutchouc s'est imprégné, ou qu'on a introduit dans sa masse, est-elle indispensable à sa volcanisation ? Bien loin de là. La plus grande partie de ce soufre simplement interposé est non-seulement inutile, mais elle peut nuire à certains emplois du produit. Ce soufre en excès s'élimine graduellement par l'action mécanique qu'exerce l'extension, qui tantôt ouvre les pores et tantôt les resserre, et l'on voit, au bout de quelque temps, la lame de caoutchouc volcanisé se recouvrir d'une couche de soufre qui se renouvelle fréquemment : aussi a-t-on recours, pour l'en débarrasser plus promptement, à l'emploi des solutions alcalines caustiques. En traitant convenablement par ces dissolutions, ainsi que par les dissolvants ordinaires du soufre, le caoutchouc volcanisé, M. Payen s'est convaincu qu'il ne restait qu'une dose de ce corps égale à un centième de la matière organique, quantité qui rappelle par son exiguïté la petite quantité de carbone qui suffit pour communiquer au fer doux les propriétés de l'acier. On peut même se demander s'il est nécessaire, pour que le caoutchouc reste volcanisé, qu'il retienne absolument ce centième de soufre, et si cette transformation singulière ne pourrait pas être rapportée à une de ces transformations isomériques dont les carbures d'hydrogène offrent des exemples si nombreux, et qu'ils éprouvent par l'action simultanée de la chaleur et de corps que l'on aurait pu croire être très-inactifs.

La nécessité d'enlever au caoutchouc volcanisé l'excès de soufre qu'il contient se fait surtout sentir quand on veut employer cette substance comme rondelle destinée à réunir les brides des appareils où circule de la vapeur d'eau à quatre ou cinq atmosphères. Une longue exposition à cette température, voisine de 150°, finirait par rendre le caoutchouc dur et cassant, probablement par suite de l'action chimique qu'il exerce sur la matière organique et qui donne lieu à un dégagement léger mais continuel d'hydrogène sulfuré.

L'industrie du caoutchouc s'est enrichie, dans ces derniers temps, d'un mode de volcanisation qui prévient cet inconvénient : il consiste dans l'emploi d'une solution de polysulfure de potassium à 25° du pèse-sel, dans laquelle on fait plonger le caoutchouc et que l'on élève dans un vase clos et résistant à une température de 150° maintenue pendant trois heures. Les produits sont ensuite lavés dans une eau alcaline ou dans l'eau pure, et l'on parvient à éviter ainsi les inconvénients qu'entraînerait une sulfuration trop abondante de la matière organique.

Cette sulfuration du caoutchouc peut aussi se produire, non pas seulement avec le soufre libre, mais encore avec certains composés sulfurés, le chlorure de soufre par exemple. Si l'on immerge pendant une ou deux minutes des objets en caoutchouc ordinaire dans du sulfure de carbone mêlé d'un ou deux centièmes de chlorure de soufre très-sulfuré, ce produit, le seul réellement actif, car le sulfure de carbone n'est là que pour ouvrir les pores du caoutchouc, communique instantanément à cette substance les propriétés du caoutchouc volcanisé. Mais cette action n'a lieu que dans les points de la masse où le chlorure de soufre a pénétré; et l'on conçoit que par suite d'une imbibition incomplète la volcanisation ne peut être que partielle, car un trop long séjour dans la liqueur altérérait et durcirait le caoutchouc à la surface où l'action du chlorure de soufre aurait été trop prolongée. On peut prévenir cet inconvénient en immergeant les pièces dans l'eau, qui, détruisant le chlorure de soufre extérieur, ne permet d'exercer son action qu'à la portion de ce chlorure qui est intérieure; ce moyen permet de régulariser jusqu'à un certain degré cette volcanisation faite à froid.

Quelque précaution que l'on prenne d'ailleurs, il est rare que le caoutchouc ne soit pas altéré et ne devienne au bout de quelque temps, cinq à six mois environ, susceptible de s'émietter; ces inconvénients disparaissent par l'emploi du bromure de soufre, qui volcanise d'ailleurs d'une manière aussi parfaite que le chlorure. Il y a lieu d'espérer que ce bromure de soufre, s'introduisant ainsi plus largement dans ce genre de fabrication, pourrait présenter au brome un véritable emploi industriel pour lequel le prix ne saurait être un obstacle, car ce prix pourrait devenir très-modéré si l'emploi de ce corps prenait quelque extension.

La volcanisation du caoutchouc peut, du reste, présenter dans son exécution des accidents, mais des accidents heureux, dont l'industrie a su s'emparer aussitôt, et qui ont déjà commencé à devenir pour elle la source d'applications toutes nouvelles et d'une haute importance. Nous venons de dire que l'action trop prolongée du chlorure de soufre le rendait dur et cassant, qu'il acquérait aussi le même défaut quand il contenait un excès de soufre et qu'on l'exposait à une température longtemps continuée de 150°; mais ces défauts peuvent devenir des qualités, et c'est en régularisant ce genre d'action que M. Goodyear est parvenu à obtenir des produits nouveaux, qu'il a présentés comme formés de soufre, de caoutchouc et de magnésie, mais dans lesquels cette base ne joue peut-être pas un rôle plus nécessaire que le carbonate de plomb dans la volcanisation proprement dite. Le caoutchouc ainsi modifié possède la rigidité et la consistance du bois, mais d'un bois plastique et susceptible dès lors de recevoir, au moyen du moulage, les formes les plus variées, un peu élastique encore et apte à résister au choc, mais surtout indifférent, on le conçoit bien, à toutes les variations de température atmosphérique ou d'humidité, circonstance qui a permis de l'utiliser avec succès dans ces derniers temps pour la fabrication de règles graduées et d'échelles pour le mesurage, comme aussi pour la confection de peignes qui, ne s'effilant pas comme ceux de buffle, simulent et remplacent ainsi ceux d'écaille. En variant les proportions des ingrédients et la durée de l'action du feu, on parviendra, sans nul doute, à lui faire acquérir différents degrés de consistance ; de telle sorte que ce corps, si peu accessible d'ailleurs par les actions chimiques, offrira ainsi la propriété singulière de pouvoir reproduire tous les degrés de cohésion que la matière solide présente dans ses états les plus divers.

A partir du moment où la volcanisation du caoutchouc a été connue, tous les inconvénients que présentait le caoutchouc ordinaire ayant disparu, son emploi a pris une extension qui va toujours croissant, et chaque année voit éclore des applications nouvelles de ce produit. Sa consommation, d'abord très-limitée, s'est accrue depuis cette époque d'une manière très-notable : la moyenne prise sur un relevé de dix ans, et qui n'était en France que de 22,000 kilogrammes dans la période comprise entre 1827 et 1837, atteignait déjà, dans les dix années suivantes, le chiffre de 90,000 kilogrammes ; si l'on prend la moyenne des cinq dernières années à partir de 1847, pour lesquelles la consommation est connue, on trouve le chiffre de 133,000 kilogrammes.

Cette quantité, qui est jusqu'à présent un maximum pour la France, est très-petite quand on la compare à la consommation anglaise. L'importation de ce produit dans le Royaume-Uni, qui n'était que de 50,000 livres anglaises en 1830, s'élevait à 800,000 livres en 1842. Elle est telle aujourd'hui, qu'un seul port de l'Amérique du Sud en expédie annuellement en Angleterre environ 400,000 livres anglaises, c'est-à-dire une quantité presque double de celle que consomme la France.

La proportion de caoutchouc que l'on consomme en Angleterre est pourtant elle-même très-faible, quand on la compare à celle qui a lieu aux États-Unis. Le caoutchouc, qui, sauf les tissus élastiques, semble en France n'être employé que comme objet de fantaisie, entre déjà pour une certaine part dans les habitudes anglaises; mais il y est néanmoins employé d'une manière peu générale et seulement comme objet de luxe ou de comfortable raffiné. Aux États-Unis, au contraire, les objets de caoutchouc, fabriqués sur une très-grande échelle, obtenus à plus bas prix, sont déjà entrés comme objets de première nécessité dans la consommation générale; ils y sont employés par les classes les moins aisées et appropriés aux usages les plus ordinaires et les plus variés. La forme est souvent grossière et massive, ce qui serait facile à éviter, mais l'objet est résistant et à bas prix. C'est là, nous n'hésitons pas à le dire, la voie dans laquelle on serait heureux de voir marcher les fabricants de l'Europe, qui jusqu'ici en ont suivi une tout opposée. Le caoutchouc, ce cuir naturel, plastique et imperméable à l'eau, est surtout appelé à augmenter le bien-être de cette classe de travailleurs que la nature de leurs occupations force à subir les intempéries de l'atmosphère, et dans la confection des objets auxquels il peut servir, ce sont et leurs besoins et leurs ressources qu'on devrait surtout avoir en vue. Le fabricant lui-même n'aurait probablement qu'à gagner à un affaiblissement de prix qui lui procurerait l'avantage d'une consommation plus générale et plus étendue.

La France, qui, par les améliorations qu'elle a apportées au traitement du caoutchouc, aurait pu figurer avec honneur à l'Exposition universelle, n'y était représentée que par quelques fabriques d'un ordre secondaire, qui ont obtenu cependant deux médailles de prix. Deux grandes médailles ont été décernées par le Jury formé par les présidents réunis : l'une à Charles GOODYEAR, de New-Haven, dans le Connecticut, en Amérique, par les procédés duquel des fabriques considérables confectionnent les produits si nombreux que l'on emploie aux États-Unis ; l'autre à la maison Charles MACKINTOSH et compagnie, maison de commerce qui réunit les hommes qui ont fait en Angleterre les découvertes les plus utiles sur l'art d'approprier le caoutchouc aux usages économiques, Mackintosh, qui a donné son nom aux vêtements imperméables, et Thomas Hancok, dont nous avons apprécié la part dans la découverte de la volcanisation du caoutchouc. L'énumération des principaux objets de ces deux expositions, qui embrassent la presque universalité des applications dont ce produit a été l'objet jusqu'ici, en montrant à combien d'industries ces découvertes ont prêté un concours utile, justifiera ces deux récompenses et nous apprendra à nous-mêmes combien nous avons encore à faire pour obtenir du caoutchouc tous les services qu'ont su lui faire rendre les Anglais et surtout les habitants des États-Unis.

L'une des qualités qu'il était naturel d'utiliser en premier lieu dans la gomme que nous appelons élastique, c'était son élasticité. Nous connaissons en France beaucoup d'applications de cette élasticité. Outre ces fils élastiques employés dans la confection des tissus, et qui servent en outre à suspendre les montres, les lorgnons, etc., et qu'on emploie aussi comme cordons propres à lier les gants, les parapluies, etc., nous connaissons ces rondelles élastiques qui, se prêtant à serrer le plus petit rouleau comme le dossier le plus volumineux, réalisent ce qui frappait les voyageurs qui les premiers connurent le caoutchouc, et dont l'étonnement était extrême en voyant les Indiens employer le même ornement, tantôt

comme bague ou comme bracelet, et puis comme collier et
comme ceinture. Aux rondelles élastiques sont venues se
joindre en Angleterre les couvre-livres élastiques aussi, employés pour garantir d'altération les reliures de prix, et qui
peuvent, par leur élasticité presque indéfinie, servir à recouvrir les in-douze aussi bien que les in-quarto. On sait aussi
que nous employons en France ces ferme-portes aussi simples
que commodes dans lesquels on utilise l'élasticité d'une
bande de caoutchouc qui tend à revenir à sa longueur primitive quand le mouvement de la porte l'a allongé. En Angleterre on a su multiplier ces applications. Au ferme-porte est
venu s'ajouter le ressort pour stores : un cordeau ou tube de
caoutchouc volcanisé qui, se tordant quand le store s'abaisse,
tend à revenir à sa forme primitive, constitue ainsi un ressort économique, sans mécanisme, et qui ne paraît s'user ou
se déranger que difficilement. On commence dans les hôpitaux
à suspendre le fond des lits des malades avec des bandes de
caoutchouc. On l'applique aussi dans les voitures de tout
genre et l'on remplace par ce ressort végétal d'un prix
moindre les ressorts de fer qui rendent les mouvements
moins doux. Cette élasticité a été aussi utilisée pour amortir
les chocs : on sait le parti qu'on en a tiré comme tampon de
locomotives, employé en France depuis longtemps. Dans
Paris, où plus d'une profession nécessitant des chocs fré-
quents s'exerce à des étages élevés, on pourrait, en imitant ce
qui se pratique en Angleterre, prévenir l'incommodité qui en
résulte pour les étages inférieurs par l'emploi de blocs de
caoutchouc volcanisé. Il existe des voitures dont les roues
sont environnées sur leur circonférence non d'une lame
d'acier, mais d'une bande de caoutchouc volcanisé. Ces voitures roulent sur le pavé de Londres en justifiant l'indication de leur qualité (*noiseless*, sans bruit) qu'on lit sur leurs
panneaux ; sans doute le frottement est un peu plus grand,
mais on est heureux dans certains cas, pour les chaises des
malades, pour le camionnage des marchandises dans un magasin fermé, dans une gare close de chemin de fer, de suppri-

mer beaucoup de bruit en dépensant un peu de force. Il se pourrait que cette qualité même de rouler sans bruit pût donner lieu à des accidents et devenir peut-être, dans certains cas, un grave défaut; mais on conçoit dans combien de circonstances cette idée peut être utilisée d'une manière heureuse.

Les rouleaux pour machines à imprimer et pour lithographes commencent à se faire en caoutchouc volcanisé et à remplacer ainsi ceux que l'on obtenait avec des mélanges de colle forte et de sucre incristallisable. Cette surface qui, dans les machines à imprimer les mousselines, présente au rouleau gravé la couleur dont il va se charger, a été faite en caoutchouc volcanisé, de manière à ce que le même appareil pourvoyeur puisse être employé sans perte avec une autre couleur. La composition des couleurs employées pour l'impression ne peut d'ailleurs exercer d'action sur ces surfaces, qui peuvent continuer pendant longtemps leur travail sans éprouver d'altération.

On commence à employer le caoutchouc comme accumulateur de la force élastique. Un arc dont la corde serait remplacée par une série de tubes ou de cylindres de caoutchouc que l'on tendrait isolément et sans fatigue, permettrait ensuite, en les détendant à la fois, de lancer une flèche ou harpon, ou tout autre projectile, avec une grande vitesse et une grande précision. On comprend que dans le cas où l'on aurait à soulever et à manier de grands poids pendant leur suspension, l'emploi de ces cordes élastiques pourrait offrir de grands avantages.

On a déjà dans l'Inde employé le caoutchouc pour bandes de billard, et l'on conçoit combien cette matière est surtout devenue propre à cet usage depuis que la volcanisation a prévenu son endurcissement par le froid, et combien les billards ainsi construits doivent être appréciés par les joueurs exercés.

L'élasticité du caoutchouc volcanisé a été, il y a quelques années, appliquée en France pour la confection d'une pompe sans pistons ni clapets, et dans laquelle l'écrasement intermittent d'un tuyau de caoutchouc qui reprend sa forme quand on cesse de le déprimer fait mouvoir le liquide par un mécanisme qui imite celui par lequel on fait couler le lait des animaux en agissant avec les doigts sur le trayon.

On connaît les services que rend le caoutchouc volcanisé, quand il a été convenablement désulfuré, pour remplacer le cuir dans les jointures des tuyaux où circulent de l'eau ou des vapeurs. Ce genre de services s'est multiplié dans ces derniers temps. Un cylindre de caoutchouc volcanisé, contourné en anneau, est aujourd'hui employé en Angleterre comme moyen de réunion des tuyaux de fonte ou de verre. Ce lut inaltérable et mobile, qui permet à la dilatation de s'exercer et aux tuyaux de rentrer les uns dans les autres, offre un mode d'ajustage qui, dans la conduite des eaux dans les grandes villes, paraît appelé à rendre des services importants.

On emploie aussi le caoutchouc comme obturateur, dans le cas où la rupture de quelques-uns de ces tuyaux rend leur remplacement nécessaire. Une sphère creuse et mince de caoutchouc terminée par un appendice tubulaire peut être roulée sur elle-même, introduite dans son état de flaccidité par une petite ouverture dans le tuyau principal, et gonflée ensuite au moyen de l'air. Pressant ainsi par son élasticité sur les parois du tuyau, elle détermine une oblitération momentanée qui permet d'enlever sans inconvénient celui dont le remplacement deviendrait nécessaire.

Ces poches flexibles ont aussi été appliquées par les ingénieurs à d'autres usages. On sait comment avec l'acide chlorhydrique qui attaque les roches calcaires on creuse au milieu même de leur masse des cavités qui, remplies d'une quantité de poudre bien plus grande que celle qu'on emploie dans les mines ordinaires, produisent aussi des effets bien autrement puissants. On a pu creuser ces cavités même dans les roches calcaires qui existent au fond de la mer. On conçoit, dès lors, qu'en y introduisant ensuite une sphère flasque de caoutchouc terminée par un long tube qui s'élève au-dessus de l'eau et permet de remplir peu à peu la poche de poudre qui se conserve sèche, on a pu utiliser au fond de la mer même ce mode d'explosion aussi économique que puissant.

On sait tout le parti qu'on a su tirer en France des fermetures hydrauliques pour prévenir le retour, dans l'intérieur des appartements, des gaz qui se dégagent des cloaques où se rendent certains tuyaux de vidange. Un entonnoir en caoutchouc mince, dont le bec déprimé forme une espèce de lèvre, constitue un appareil d'une extrême simplicité qui s'ouvre sous la pression du liquide et se referme immédiatement, de manière à ne pas laisser rentrer les gaz odorants.

L'élasticité du caoutchouc, qui lui permet de s'appliquer exactement sur une surface donnée, permet, on le conçoit, d'en tirer un grand parti dans les *stuffing-boxes*, ainsi que comme soupapes et piston dans les divers systèmes de pompe. Ce fut déjà un perfectionnement très-utile que de substituer aux clapets métalliques, dans les bateaux à vapeur, ces soupapes formées de couches alternatives de fibres végétales et de caoutchouc, qui donnaient lieu à une occlusion plus parfaite et supprimaient l'inconvénient du choc. Maintenant on emploie ponr cet usage le caoutchouc volcanisé tout seul. On peut dire que l'application parfaite de ces soupapes sur les ouvertures qu'il s'agit de fermer a contribué, pour une certaine part, à accélérer la marche des bateaux à vapeur, et les constructeurs s'accordent à dire que le bateau à hélice ne fonctionnerait pas d'une manière satisfaisante sans l'emploi de ce précieux moyen de fermeture. C'est ainsi qu'une modification légère imprimée au caoutchouc aura contribué à étendre l'emploi de ces nouveaux moteurs, qui, en permettant à la vapeur de devenir l'auxiliaire du vent, sont en quelque sorte appelés à transformer le mode de navigation employé jusqu'ici. On pourrait craindre l'altération de ces sortes de clapets. On voyait cependant figurer à l'exposition de M. Mackintosh un fragment de soupape qui après six mois d'un service non interrompu, et après avoir été soumis à des chocs presque continuels, se trouvait encore dans un état d'intégrité si parfait, qu'on peut espérer qu'avec un mode convenable de volcanisation, et surtout en ne faisant intervenir que la moindre quantité de soufre possible, la durée de ces soupapes élastiques pourra être très-grande.

Ce n'est pas là, du reste, le seul service que le caoutchouc puisse rendre à la navigation. Nous avons vu comment on s'en servait pour un obturateur de tuyaux : on conçoit dès lors tout le parti qu'on peut en tirer pour boucher une voie d'eau dans les accidents de mer, et comment une bande de caoutchouc descendue sous le bordage du navire peut servir à fermer l'ouverture qui menaçait sa conservation.

L'emploi des étoffes rendues par le caoutchouc imperméables aux gaz peut rendre aussi les plus grands services dans les cas de naufrages. On construit avec ces étoffes des ceintures de sauvetage qui, gonflées d'air et donnant à l'homme qui les porte le sentiment d'une certaine sécurité, et avec lui l'humanité et le courage qui lui eussent peut-être fait défaut, lui permettent de soutenir à la surface de l'eau quelqu'un de ses compagnons d'infortune jusqu'à ce que les secours soient arrivés. Des lits gonflés d'air, matelas pendant la traversée, moyen de sauvetage en cas d'accident, sont emportés d'Angleterre par beaucoup d'émigrants aux États-Unis. Du matelas d'air, qui devient un radeau, au manteau imperméable qui peut, en se gonflant, devenir d'abord un matelas et puis un bateau véritable, il n'y a qu'un pas. Il a été franchi : l'exposition anglaise renfermait quelques tentatives de ce genre qui, dans les accidents de mer et surtout dans les voyages dans l'intérieur des continents, peuvent rendre aux voyageurs des services notables. La Condamine, qui, racontant son voyage dans l'intérieur du continent américain, ajoute : *mes naufrages ne cessèrent qu'à mon embarquement*, se fût réjoui en pensant que la production qu'il faisait connaître permettrait plus tard à plus d'un voyageur dans les forêts vierges de traverser ces rivières qui les sillonnent de toutes parts sans danger d'exposer leur vie ou de perdre leurs collections, qui représentent une portion de cette vie même employée à les recueillir.

Rien n'indique qu'on ait encore fait en Angleterre un emploi sérieux de ces appareils de navigation. La forme de ces bateaux et leur élégance même peuvent laisser supposer qu'ils servent peut-être plus à quelques promenades sur les lacs de l'Écosse qu'à quelques traversées de fleuves dans les déserts. Mais si l'on jette les yeux sur l'exposition américaine, on reconnaît tous les indices d'un emploi réel et familier, dans l'intérieur de ces contrées, de ces moyens de navigation dont la construction a exigé des étoffes imperméables particulières.

Dans les bateaux gonflés d'air exécutés en Angleterre, on a employé le tissu ordinaire avec une lame de caoutchouc intérieure qui sert à faire les vêtements; mais aux États-Unis la nécessité d'obtenir des étoffes suffisamment résistantes et à bas prix a fait employer d'autres moyens.

Les étoffes ordinaires rendues imperméables par le caoutchouc, quelque résistance qu'elles offrent d'ailleurs à la traction, se déchirent avec facilité dans les deux sens rectangulaires qui représentent la direction de la trame ou de la chaîne. C'est là un inconvénient sérieux, qui peut nuire à leur emploi dans les appareils de navigation et de sauvetage, et contre lesquels M. Charles Goodyear a cherché à se prémunir par la fabrication d'une espèce de tissu qu'il fabrique avec des machines de son invention. Ce tissu, formé de couches successives de fils croisés dans des sens divers, constitue une espèce de feutre régulier qui, fabriqué avec des matières textiles grossières, peut être obtenu à très-bas prix et résister à la traction dans tous les sens. En recouvrant ces espèces d'étoffes d'une couche de caoutchouc pâteux qui, pénétrant dans les interstices des fibres, augmente leur adhésion en leur communiquant une complète imperméabilité, M. Goodyear a pu obtenir des surfaces étendues d'une espèce de parchemin végétal dont il a fait d'utiles applications. C'est, par exemple, en recouvrant les deux faces d'une toile résistante de ces lames de feutre imperméable qu'il a fabriqué des étoffes complexes propres à construire des bateaux et des appareils de sauvetage plus durables et plus sûrs, et avec lesquels M. Armstrong, de New-York, a pu construire des pontons éminemment portatifs qui se gonflent d'air au moment, se vident et se replient sur eux-mêmes sans embarras, et qui, simplifiant ces équipages de guerre que les armées sont obligées de traîner après elles, ont déjà rendu aux États-Unis des services notables dans leur guerre avec le Mexique.

Ces étoffes, qui, gonflées d'air, sont imperméables à l'eau, peuvent réciproquement servir à contenir les liquides. De là, leur emploi comme matelas remplis d'eau employés dans ces lits qu'on appelle *hydrostatiques*, leur utilité dans la confection de ces baignoires portatives qui, se fermant comme un chapeau mécanique quand le bain est pris, deviendront bientôt un accompagnement indispensable des bains à domicile; ces cuvettes flexibles employées par les Américains pour remplacer celles qui servaient à la toilette dans les chambres des hôtels, qui ne s'imbibent pas d'eau, se plient comme un mouchoir et peuvent être transportées sans gêne ; de là aussi l'emploi de ces réservoirs d'eau employés pour maintenir, par l'application de l'eau froide ou chaude, quelques parties du corps des malades à une température donnée; de là enfin ces clysoirs dont la médecine et l'hygiène, à l'imitation des naturels du pays où croît le caoutchouc, ont su tirer parti.

Ce n'est pas seulement à l'eau, c'est encore aux acides, quand ils ne sont pas dans un état de concentration extrême, que le caoutchouc se montre inaltérable. On a pu ainsi en employer les tubes à la conduite des acides dans les usines. Leur flexibilité et l'absence de faculté adhésive dans la matière qui les forme ont pu même dispenser de l'emploi de robinets, si faciles à altérer; un poids placé sur le tuyau le déprime et l'oblitère, et permet ainsi d'arrêter l'écoulement.

La pâte de soufre et de caoutchouc qui sert à former le caoutchouc volcanisé jouit, avons-nous dit, d'une propriété précieuse. Éminemment plastique tant que le caoutchouc n'a pas été volcanisé, elle acquiert, quand cette transformation a eu lieu, une élasticité presque parfaite, qui lui fait conserver indéfiniment la forme du moule dans lequel elle était comprimée au moment de la volcanisation, forme dont elle peut reproduire avec une fidélité parfaite les détails les plus délicats. On conçoit, dès lors, qu'en mettant à profit cette propriété curieuse, le caoutchouc a pu servir à obtenir des médaillons divers et être employé pour imprimer les pages des livres pour les aveugles; qu'il a pu se relever par place comme le cuir gaufré et couvrir des chaises, des fauteuils; qu'il a pu prendre l'aspect et l'usage du maroquin et remplacer ainsi la peau dans la reliure des livres, comme les lames et les cordons de caoutchouc commencent déjà à remplacer le cuir dans les objets de sellerie.

Dans cette multiplicité d'objets à la confection desquels le caoutchouc a pu servir dans ces dernières années, l'enfance devait avoir sa part. Ces balles formées de deux calottes soudées et qui doivent leur élasticité au caoutchouc qui les forme et à l'air qu'elles renferment, ces grands ballons couverts de peau et plus rebondissants encore, avaient déjà contribué aux jouissances des enfants. M. Goodyear a songé à les varier : il a façonné le caoutchouc volcanisé en têtes de poupées, en figures d'animaux, en joujoux de toute espèce, qui, inaltérables par la chute, le choc, l'humidité, incapables en un mot de se casser, multiplient bien les plaisirs du jeune âge, mais lui en enlèvent toutefois un, et des plus vifs pour lui, le plaisir de détruire. Les formes de ces objets, fabriqués à New-York, sont loin d'être irréprochables; mais que l'industrie parisienne applique à la confection de ces objets le goût qu'elle sait mettre dans de pareilles productions, et elle peut s'enrichir d'une fabrication et d'un commerce qui doivent devenir très-étendus.

Le caoutchouc étant soluble dans les corps gras, on conçoit qu'il doit avoir une grande adhésion pour l'encre grasse de l'imprimeur et du lithographe : aussi a-t-on tiré sur le caoutchouc des exemplaires de cartes diverses qui se pliant d'une manière irrégulière sans se chiffonner, et permettant d'étirer le point où l'on cherche un nom de manière à l'agrandir jusqu'où il devient lisible, présentent ainsi, pour le voyageur qui les consulte, une merveilleuse commodité.

Ce n'est pas seulement sur le caoutchouc lui-même que ces impressions ont été faites. On les a utilisées en Amérique sur cette espèce de feutre imprégné de caoutchouc dont nous avons parlé, et l'on a obtenu ainsi de grandes cartes murales à bas prix; on a pu remplacer ces globes en carton recouvert de plâtre par des globes d'une grande dimension, économiques, légers, qu'on gonfle d'air, et qu'on dégonfle quand ils embarassent, objets que nous serions heureux de voir imiter en France et introduire dans nos écoles primaires.

Nous allons terminer cette énumération déjà trop longue, quoique rendue déjà incomplète par les progrès incessants de cette industrie, en esquissant rapidement tout ce qui concerne le caoutchouc appliqué aux vêtements. On a fabriqué avec le caoutchouc des pardessus, des souliers, des gants imperméables. Nous n'avons rien à dire des étoffes imperméables ordinaires. On en connaît de deux ordres en France : étoffes recouvertes de caoutchouc sur une de leurs faces; c'est avec elles que se confectionnent ces manteaux légers qu'on met facilement dans la poche, mais qui ont le défaut de ne pas être toujours sans odeur; étoffes formées de deux tissus réunis par une pâte de caoutchouc, telles qu'avait essayé de les fabriquer en France Besson, en 1793, et Champion, en 1811, mais dont la véritable production industrielle est due à Mackintosh. Il y aurait à ce mode de fabrication une modification utile : ce serait d'introduire entre les deux tissus et de faire adhérer avec eux non pas une pâte, mais une lame de caoutchouc découpée mécaniquement. Les vêtements imperméables seraient alors tout à fait dépourvus de cette odeur que leur communiquent les quelques restes de dissolvants qu'ils contiennent encore; mais le problème reste encore à résoudre.

Il est aussi un autre inconvénient de ces sortes de vêtements qui reste encore à prévenir. Imperméable à l'air, le caoutchouc est imperméable aux gaz, et s'il empêche l'introduction de l'air extérieur, on sait qu'il condense aussi l'humidité intérieure de la transpiration. Des efforts pour obtenir des vêtements qui jouiraient de la double faculté d'être perméables aux gaz, tout en restant imperméables à l'humidité, ont été tentés sans grand succès jusqu'ici, et nous avons vu successivement disparaître les établissements destinés à donner aux tissus cette imperméabilité à l'eau et non aux gaz qui serait si désirable. Une invention de M. Goodyear semble résoudre le problème : elle consiste dans la fabrication de lames de caoutchouc très-minces et percées par une machine de trous réguliers et très-fins qui suffisent pour dissiper la transpiration, mais trop petits pour qu'à raison de la faible adhérence entre le caoutchouc et l'eau, celle-ci puisse y pénétrer; mais l'invention est encore toute nouvelle, et ces sortes d'étoffes n'ont encore reçu d'application que dans la confection de la chaussure élastique.

Il n'en est pas ainsi de ces espèces de feutres imperméables dont nous avons parlé à l'occasion des appareils de sauvetage. On comprend qu'au moment où on les imprègne de la pâte imperméable, leur faculté adhésive les rend susceptibles de se coller par une de leurs faces sur une étoffe quelconque. Aussi commence-t-on en Amérique à les réunir à un molleton de coton de différentes épaisseurs et à les faire servir ainsi comme tapis propres à recouvrir les tables et même le sol. Ce genre d'étoffes, qui garantit à la fois du froid et de l'humidité, commence à se substituer aux États-Unis aux tapis en toile cirée, dont l'usage était indispensable dans ce pays pour les habitations situées dans les lieux bas et humides.

En réunissant avec cette étoffe imperméable une ouate de laine légère, on obtient en Amérique des vêtements à la fois chauds, légers et imperméables, qui par ces qualités, et surtout par leur bas prix, doivent se substituer tôt ou tard au mackintosh ordinaire. Le prix d'un paletot en ce genre ne dépasse pas 10 francs, et l'on conçoit qu'amené ainsi à la portée de toutes les fortunes, il doit être d'une consommation très-étendue.

Que nos fabricants entrent dans cette voie, et nous saurons

bien, sans augmenter leur valeur, communiquer à nos vêtements un peu de l'élégance qui manque à ceux des États-Unis.
Ceux que nous fabriquons en France ne laissent rien à désirer
à cet égard, mais leur prix trop élevé ne les rend guère acces-
sibles qu'à ceux qui pourraient le mieux s'en passer.

La fabrication des chaussures élastiques a pris dans ces dernières années une grande extension. Nous ne connaissions, il
y a quelque temps, en fait de chaussures de ce genre, que les
socques formés avec de la gomme élastique volcanisée sans
tissu, et qui, dans les voyages et dans les jours trop plu-
vieux, servaient à recouvrir les chaussures ordinaires. Aux
États-Unis, au contraire, le caoutchouc semble entrer de
plus en plus dans la confection des chaussures ordinaires et
y remplacer le cuir. L'élégance de leur forme et le fini de leur
exécution montrent d'ailleurs que ce n'est plus maintenant
comme objets hydrofuges qu'on les emploie, et qu'elles servent
aujourd'hui aux classes les plus riches de la société. A la
chaussure avec la gomme pure, on en a ajouté deux autres :
celle qui est obtenue avec une couche de caoutchouc recouvrant une étoffe tissée résistante et non élastique, ce sont les
chaussures communes ; et celle qui, formée avec une étoffe
tricotée, rendue aussi imperméable par le caoutchouc, serre
le pied sans le blesser et peut figurer ainsi dans un salon à
côté des souliers les plus élégants.

On comprend que si avec ces étoffes tricotées et rendues imperméables par le caoutchouc on a pu faire ce qu'on a appelé des souliers, on a pu fabriquer aussi des gants imperméables qui ont la souplesse du tricot, l'apparence de la peau
et l'imperméabilité du caoutchouc. Leur usage, qui semble
en Angleterre être réduit au maniement des acides, aux gants
de cochers et de voyage, semble, en Amérique, être devenu
beaucoup plus général. Tout porte à croire que ce n'est pas
seulement dans la rue qu'on en fait usage, et que, dans
plus d'une famille américaine, la mère de famille et les jeunes
filles peuvent par leur secours se livrer, dans leur intérieur,
aux soins les plus humbles et les plus utiles du ménage, sans

altérer ce caractère des mœurs élégantes, la blancheur et la délicatesse de la main.

A côté de ces chaussures de luxe, se trouvaient d'ailleurs des socques épais et grossiers qui prouvent qu'en prenant sa place dans la voiture et le salon, le caoutchouc n'a pas oublié sa destination la plus naturelle, celle de servir à améliorer la condition des piétons.

Un inconvénient inhérent à ces sortes de chaussures et même aux gants dans certaines circonstances de leur emploi, c'est l'humidité intérieure qu'elles concentrent, par le défaut de la transpiration. En attendant que les souliers percillés présentés par M. Goodyear aient prévenu cet inconvénient, on cherche, aux États-Unis, à l'empêcher par l'emploi non de socques entiers, mais de demi-socques, qui représentent à notre avis ce qu'il y a de mieux à cet égard. Placés seulement à la partie antérieure du soulier et débordant à peine sur l'empeigne de cuir, maintenus dans cette position par un prolongement sous forme de bande qui vient presser contre la partie postérieure du pied, ces demi-socques, faciles à ôter, faciles à mettre, laissent au pied la libre transpiration, et garantissent de l'humidité la portion du soulier qu'il convient surtout d'en préserver, c'est-à-dire la partie antérieure de la semelle; car, avec nos formes de chaussures, que peut faire l'humidité aux talons? Ce genre de chaussures hydrofuges nous paraît réunir toutes les conditions, et il y a lieu de regretter que ces sortes d'objets soient inconnus en France et presque entièrement aussi en Angleterre.

Ce genre de préservatif contre l'humidité des pieds peut être regardé comme une association de cuir et de caoutchouc, et c'est, à notre avis, la voie dans laquelle il convient de marcher. Associer ces deux substances par tous les moyens possibles, par l'adhésion, par le collage, par la couture; emprunter à chacune ce qui la distingue éminemment : au cuir sa résistance mécanique, au caoutchouc son imperméabilité et son élasticité, rendue permanente par la volcanisation, c'est la voie dans laquelle les esprits inventifs doivent diriger leurs efforts. L'Exposition universelle renfermait un exemple d'une tentative de ce genre dans un soulier dont la semelle, faite en deux parties, séparées par une lame forte de caoutchouc placée au point où le pied se cambre, permet de réunir le double avantage d'une semelle épaisse et d'une liberté parfaite pour la flexion du pied pendant la marche. L'usage de souliers dans lesquels une semelle imperméable serait associée à une empeigne faite en cuir pour la partie postérieure du soulier et en caoutchouc pour la partie antérieure pourrait prévenir les inconvénients qui accompagnent les chaussures trop étroites, et faire disparaître une des formes sous lesquelles la douleur nous paraît plus lancinante et plus intolérable.

Peut-être, du reste, qu'à l'heure où nous écrivons ces lignes ces vœux sont déjà comblés; car, au milieu de ce mouvement de l'industrie humaine dans lequel chacun de ses agents, même parmi les plus ignorés et les plus humbles, tend sans cesse à perfectionner tout ce qu'il touche et tout ce qu'il fait, il est impossible que le caoutchouc, cette substance si nouvellement connue et de propriétés si singulières ne soit pas l'objet de nombreuses préoccupations.

§ II. GUTTA-PERCHA.

On connaît depuis longtemps sur les marchés des Indes orientales, et notamment sur ceux de la Chine et des îles Malaises, une espèce de suc végétal concret, production singulière qui rappelle par quelques-uns de ses caractères, et notamment par une certaine élasticité, la gomme élastique, dont elle a été regardée comme une variété, et dont elle porte parfois le nom.

Cette production, plus généralement connue cependant sous le nom de *gutta-percha*, est employée surtout par les habitants des pays où on la recueille pour la confection des cravaches; mais la propriété qu'elle a de se ramollir par une légère chaleur et de reprendre par le refroidissement à la température ordinaire une rigidité analogue à celle d'un bois flexible, a permis aussi de l'employer à la confection d'objets et d'ustensiles divers, tels que manches de cognées, vases de différentes formes, dont la belle collection faite par la compagnie des Indes présentait à l'Exposition universelle un assortiment des plus variés. Ces usages lui avaient fait donner en Angleterre le nom de *mazer-wood* (bois-coupe), à l'époque à laquelle le voyageur Tradescant avait fait connaître cette curieuse substance, qui n'attira cependant d'abord que peu d'attention.

C'est de nos jours, en 1843, que cette attention fut éveillée de nouveau à la suite des relations des docteurs d'Almeida et W. Montgommery. Ce dernier publia en 1845, dans le *Magasin des sciences*, une notice dans laquelle il fit connaître, sur la méthode employée pour extraire et façonner la gutta-percha, le résultat des observations qu'il avait pu faire à Singapore pendant un séjour de vingt années, et apporta en Europe quelques objets confectionnés avec cette substance.

Cette nouvelle introduction de la gutta-percha ne pouvait cette fois avoir le sort de la première. L'industrie s'est aussitôt

emparée d'un produit qui à l'inaltérabilité par les agents chimiques qui caractérisent le caoutchouc joint certaines propriétés physiques qui le rendent applicable précisément dans
les cas où le caoutchouc lui-même ne pourrait être employé.
Aussi chaque jour voit-il éclore de nouvelles applications d'une
substance qui ne peut manquer de devenir l'objet d'une consommation considérable, si la production, malheureusement
jusqu'ici très-limitée, peut marcher aussi vite que les besoins.

Les craintes de voir l'exploitation de la gutta-percha inca-
pable de suffire à une consommation qui s'accroît tous les
jours ne sont point chimériques. Elles sont dues non-seulement
à la méthode barbare par laquelle l'exploitation de la gutta-percha a été faite jusqu'ici, méthode. que l'intérêt seul des naturels ne peut manquer d'améliorer et de régulariser, mais,
ce qui est plus grave, à la circonscription très-limitée des régions
dans lesquelles on la recueille. Tandis qu'en effet le caoutchouc
a pu être retiré de plantes variées répandues dans toutes les
régions tropicales, la gutta-percha véritable, au contraire,
n'a été jusqu'ici retirée que d'un seul arbre, l'*Isonandra gutta,*
appartenant à la famille des *sapotées.* Cet arbre, dont les dimensions peuvent atteindre jusqu'à un mètre de diamètre et
vingt de hauteur, dont le bois mou et fibreux ne peut guère
être utilisé pour les constructions ou travaux de menuiserie,
mais dont les fruits fournissent une huile grasse, est fort répandu sans doute dans les îles de l'archipel de la Malaisie,
où il est connu sous le nom de *niato,* mais il n'a été observé
que dans cette partie si restreinte du globe. C'est aussi presque
exclusivement du port de Singapore que vient toute la gutta-
percha, qui est ensuite répandue par la voie du commerce.

La quantité de gutta-percha qui se consomme aux États-Unis
et sur les divers pays du continent de l'Europe est encore très-
faible et se trouvait, il y a quelques années, quinze ou vingt
fois moindre que celle qui était employée dans l'Angleterre
seule. La consommation de ce dernier pays, qui n'était, en
1845, que de 20,600 livres, s'était déjà, en 1848, élevée jus-

qu'au chiffre de 30,000,000, progression rapide, qui s'est encore accrue depuis d'une manière telle qu'on a conçu des appréhensions légitimes sur la possibilité de suffire à de nouveaux emplois.

La manière peu intelligente et l'absence complète de prévoyance qui ont jusqu'ici dirigé les naturels dans l'exploitation de la gutta-percha sont venues augmenter ces appréhensions.

Dans les trois premières années qui suivirent l'introduction de la gutta-percha dans le commerce européen, les naturels des environs de Singapore, au lieu d'exploiter l'isonandra par incisions régulières et ménagées, ont trouvé plus court de l'abattre pour en extraire la totalité du produit qu'il peut fournir et qui peut aller, dit-on, jusqu'à 18 kilogrammes par arbre. Près de 300,000 pieds coupés jeunes ou vieux dans les environs de cette ville en ont fait en quelque sorte disparaître momentanément l'espèce, et c'est maintenant à Bornéo, à Sumatra, à la péninsule de Malacca, à l'archipel de Java, qu'on va chercher un produit dont le prix s'est élevé en même temps que la qualité suivait une marche décroissante. Il paraît, en effet, que ce n'est plus l'isonandra gutta, seul arbre qui fournisse la vraie gutta-percha, qu'on exploite exclusivement dans ces localités, mais qu'on la mélange avec d'autres productions semblables désignées dans le pays qui les fournit avec le plus d'abondance sous les noms de *gommes jeteleng, gegrek, litchu,* substances analogues sans doute à la gutta-percha, et qui n'en sont peut-être que des variétés, mais qui ne présentent pas cependant toutes les propriétés précieuses de la gutta-percha type.

L'horticulture anglaise s'est chargée de calmer ces inquiétudes et de prévenir la disparition de l'isonandra gutta. Ce végétal précieux existe depuis plusieurs années dans les serres de l'Angleterre. On y a étudié les meilleurs moyens de le multiplier, et bientôt, si même déjà cette espérance n'a pas été réalisée, de jeunes plants nés sous le ciel brumeux de Londres iront croître et prospérer dans l'Inde et donner lieu à une culture et à une exploitation abondante et régulière qui permettra aux

applications de la gutta-percha de se multiplier avec les besoins.

On conçoit, d'après ce que nous venons de dire sur les alté-
rations dont la gutta-percha est devenue l'objet, que les expériences analytiques propres à en faire connaître la véritable
nature peuvent inspirer quelques incertitudes, tant qu'elles
n'ont pas été exécutées sur des échantillons d'une origine sûre.
Dès l'introduction de cette substance en Europe, et avant
qu'elle fût l'objet d'une exploitation commerciale pouvant
amener sa falsification, on avait trouvé à la gutta-percha, dans
des analyses exécutées en France et aux États-Unis, une composition presque identique avec celle que Faraday avait trouvée
au caoutchouc lui-même, produit avec lequel la gutta-percha
semble isomérique. Les expériences de M. Payen sont venues
confirmer cette opinion, et tout en montrant que, pas plus
que le caoutchouc, la gutta-percha ne pouvait-être regardée
comme un principe immédiat absolument pur, elles ont con-
firmé cependant qu'un carbure d'hydrogène isomérique avec
celui du caoutchouc constituait la plus grande partie de la
masse, plus des trois quarts de la gutta-percha elle-même. Le
reste est représenté par deux produits immédiats particuliers
qui contiennent de l'oxygène dans leur composition et se rapprochent des résines.

On conçoit, d'après cette similitude de nature, qu'on doive
trouver dans les propriétés de la gutta-percha quelques ressemblances avec celles du caoutchouc lui-même, et c'est en effet
ce qui a lieu. Par quelques-unes de ces propriétés, cependant,
elle en diffère d'une manière si notable, qu'elle a pu être employée à des usages tout spéciaux auxquels la gomme élastique n'aurait pu servir, malgré les nombreuses modifications
qu'on lui fait subir et qui font tant varier sa consistance.

La densité de la gutta-percha semble au premier aspect
moindre que celle de l'eau; mais, comme pour un grand
nombre de bois qui sont aussi dans le même cas, c'est à sa
porosité, et à l'air que cette propriété lui permet de retenir
dans sa masse, qu'il faut attribuer cette faible densité. Quand

on l'étire sous une forte pression et qu'on expulse ainsi en grande partie l'air qu'elle contenait, elle tombe au fond de l'eau, comme le font les bois, même les bois légers, quand ils ont subi une imbibition suffisante. Cette contexture poreuse de la gutta-percha se change en une texture fibreuse quand on l'étire de manière à doubler sa longueur; elle devient alors peu extensible et supporte avant de se rompre un effort plus que double de celui qui avait produit le premier allongement. Cette ténacité a été la cause de l'un de ses premiers emplois pour remplacer les courroies de cuir dans la transmission des mouvements.

Les dissolvants exercent sur la gutta-percha une action variable. L'alcool et l'éther même, bien privés d'eau, semblent être sans action sur la matière qui constitue la gutta-percha proprement dite et ne dissoudre que les 18 à 20 p. o/o de matières résineuses qu'elle contient ordinairement; mais la gutta-percha est soluble dans les mêmes liquides qui dissolvent la gomme élastique, tels que l'essence de térébenthine et la benzine, qui dissolvent la gutta-percha partiellement à froid et en totalité à chaud. Le chloroforme et le sulfure de carbone la dissolvent à froid avec facilité. Ce dernier dissolvant surtout en dissout à chaud des proportions notables, et quand cette dissolution a été traitée par le noir animal et filtrée dans un vase clos, elle est limpide, transparente, et laisse déposer par son évaporation sur une surface de verre des lames de gutta-percha pure très-minces et parfaitement homogènes. Ces lames, dont la blancheur, qui les fait ressembler à l'ivoire, est due à leur porosité, qui les fait paraître au microscope comme parsemées d'une infinité de petits trous, présentent l'aspect et la demi-transparence du papier; elles prennent très-bien l'encre grasse et ont pu servir à M. Perrot pour tirer des épreuves de gravure et de lithographie; mais si on les chauffe au-dessus de 60°, leur porosité diminue, et elles ont alors l'aspect du papier huilé.

La gutta-percha, comme le caoutchouc, est inaltérable par le plus grand nombre des agents chimiques. Non-seulement elle résiste à l'eau froide, à l'humidité, aux influences diverses qui provoquent les fermentations, mais elle n'est pas même attaquée par les alcalis caustiques concentrés. Elle peut cependant s'émulsionner sous leur influence, propriété que MM. Montgolfier avaient essayé d'utiliser pour l'introduire dans la pâte du papier, et obtenir ainsi un papier hydrofuge.

Les différents acides végétaux et les acides minéraux étendus sont sans action sur elle. L'acide hydrochlorique du commerce ne l'altère que très-lentement; il la colore cependant, et finit à la longue par la rendre cassante. Mais l'acide sulfurique et l'acide nitrique très-concentrés l'attaquent promptement en se décomposant eux-mêmes, caractères qui lui sont d'ailleurs communs avec le caoutchouc.

Elle diffère surtout de ce dernier corps par sa consistance. Cette consistance, à la température ordinaire, est analogue à celle des gros cuirs. Elle conserve de la souplesse même à 10° au-dessous de 0°; mais une légère élévation de température la modifie notablement. En passant de 25 à 48°, la gutta-percha s'amollit et devient pâteuse : aussi, les rayons solaires de l'été la ramollissent à la surface d'une manière sensible. A 60° elle devient tout à fait molle, plastique, susceptible de se laminer en feuilles, de s'étirer en fils et en tubes, de reproduire par la pression les détails les plus fins ainsi que le poli des moules, tout en conservant la faculté de reprendre avec l'abaissement de température sa consistance primitive. Ramollie par une chaleur inférieure à celle de l'eau bouillante, elle peut se souder facilement sur elle-même. La chauffe-t-on à 120° environ, elle fond; mais, après être ainsi devenue fluide, elle reprend avec sa température première la consistance qu'elle avait d'abord, semblable ainsi à une résine et bien différente du caoutchouc, qui, ne se liquéfiant qu'à 200° environ, s'altère à cette température et produit une espèce d'huile poisseuse qui ne se solidifie plus. On obtiendrait d'ailleurs une huile analogue avec la gutta-percha, si on la soumettait à une température notablement plus élevée que celle de sa fusion.

La gutta-percha présente, on le voit, dans ses propriétés

physiques quelques ressemblances avec le caoutchouc durci par une volcanisation trop prolongée. Elle est susceptible d'éprouver elle-même cette espèce de volcanisation et d'acquérir, quand on la chauffe avec le soufre, plus de rigidité qu'elle n'en possède naturellement. On peut lui communiquer ainsi, comme au caoutchouc lui-même, la rigidité du bois. Mais les produits volcanisés diffèrent de la gutta-percha naturelle par un point essentiel; pas plus que le caoutchouc volcanisé, ils n'ont pu encore être remaniés de manière à recevoir des formes nouvelles et servir à former de nouveaux objets. La gutta-percha naturelle, au contraire, peut être presque indéfiniment ramollie, pétrie, façonnée de nouveau, et servir à la confection de nouveaux objets, quand ceux qu'elle avait servi à fabriquer ont été mis hors d'usage. Sauf la destruction par le feu, la gutta-percha se présente donc comme inaltérable, et propre à la refonte ainsi que beaucoup de métaux. Aussi la quantité de cette matière versée dans la consommation doit s'accroître peu à peu, car son élasticité, qui lui permet de résister au frottement et à la percussion, tant que la chaleur développée n'est pas trop forte, en rend l'usure très-faible.

La gutta-percha arrive en Europe sous la forme de poires ou de pain du poids de 1 à 4 ou 5 kilogrammes. Ces poires sont tantôt d'une couleur rousse brune, tantôt blanchâtres et friables, circonstance due à la présence de l'eau, dont elle contient souvent des quantités notables, et qui s'élèvent parfois jusqu'à 30 p. o/o. Les naturels de l'archipel Malais ne se font, d'ailleurs, pas scrupule d'introduire dans sa masse, comme dans le caoutchouc, de la terre, des pierres et autres objets qui rendent indispensable une purification à laquelle on a pu, d'ailleurs, arriver sans beaucoup de tâtonnements.

Dès son introduction dans l'industrie, la gutta-percha a trouvé dans les fabriques de caoutchouc tout disposé pour elle, et a pu utiliser presque sans modifications les méthodes et les machines qui servaient à la purification du caoutchouc lui-même. Aujourd'hui, la gutta-percha, coupée en tranches au moyen d'une puissante machine, divisée par une sorte de râpage dans l'eau froide, est pétrie et malaxée sous un mince filet d'eau, qui entraîne et délaye la terre et les pierres écrasées. La dépuration se poursuit et s'achève à l'eau tiède dans d'autres bassins. On la soumet ensuite à un pétrissage semblable à celui qu'on fait éprouver au caoutchouc, et quand après quelques heures de malaxation la masse est devenue homogène, et ramollie sous forme de pâte par la température de 110°, qu'on lui fait acquérir en la chauffant par un jet de vapeur dans une chaudière à deux enveloppes, on lui communique les formes les plus diverses, et on en façonne par le laminoir, la filière, le moulage, une foule d'objets qui présentent une solidité et une ténacité très-grandes, si toutefois un peu d'eau interposée dans la masse par suite d'une dessiccation incomplète ne vient empêcher l'adhérence entre les parties et diminuer cette ténacité d'une manière très-notable.

Si l'industrie n'a pas eu, comme on le voit, grand'chose à faire pour donner à la gutta-percha la pureté nécessaire pour qu'elle pût être employée, tous les efforts ont dû se concentrer dans la recherche des emplois nouveaux auxquels elle était propre, et dans l'espace de quelques années on lui en a trouvé de nombreux et d'importants, qui en font espérer bien d'autres, dont on a pu juger la variété et l'importance en parcourant la belle exposition de la *gutta-percha company*, dont les efforts pour varier les applications et répandre l'emploi de cette précieuse substance ont été récompensés par une grande médaille.

On conçoit en effet qu'une substance facile à façonner sous les formes les plus diverses, quand elle a été ramollie, et apte à reprendre par le refroidissement une légère élasticité qui lui fait tenir le milieu entre le cuir et le bois, qu'une matière légère, tenace, inaltérable aux agents chimiques, qui s'use peu, et dont les débris ont presque autant de valeur que les objets eux-mêmes, ait eu de nombreuses applications. Comme une lame de gutta-percha ressemble plus à un cuir rigide et gras qu'à toute autre chose, c'est à remplacer le cuir dans l'industrie qu'on l'a employée d'abord, non-seulement en imitant la cravache malaise, qui a été reproduite en Europe sous les formes les plus diverses, ou par la confection de longes, de brides et autres objets de sellerie, auxquels elle serait encore plus propre si elle n'était sujette à éprouver un léger ramollissement par son exposition à un soleil ardent, mais surtout en la faisant servir à remplacer dans les machines, pour la transmission des mouvements, les courroies de cuir employées depuis longtemps à cet usage, mais qui, de dimensions limitées et devant être réunies bout à bout par la couture, ne présentaient pas cette continuité que l'on trouvait dans les bandes de gutta-percha, que l'on peut obtenir en effet de dimensions presque illimitées. Cet usage a pourtant son inconvénient. Une altération, encore mal connue dans ses causes, qui pourrait bien tenir à une modification de contexture analogue à celle qui transforme le fer fibreux et tenace en fer lamellaire et cassant, mais à laquelle aussi l'action de l'air et de l'eau contenue dans la gutta-percha, toujours imparfaitement desséchée, n'est peut-être pas non plus étrangère, enlève souvent à la gutta-percha sa ténacité, qui la rendait propre à cet emploi, pour la laisser cassante et friable. On n'a donc pas renoncé au cuir ; mais la solution de gutta-percha dans le sulfure de carbone, en donnant la faculté d'en réunir les bandes taillées en biseau, sans augmentation d'épaisseur, permettra de leur conserver cette continuité qui rendait si commode l'emploi de la gutta-percha elle-même. En employant d'ailleurs du cuir imprégné de gutta-percha, on obtiendrait probablement une ténacité plus grande, un allongement moindre et une plus faible variation de dimensions par suite des différences dans l'humidité atmosphérique.

Si cette substitution de la gutta-percha au cuir n'a pas eu tout le succès qu'on avait cru pouvoir en attendre ; il est d'autres circonstances dans lesquelles elle s'est opérée d'une manière plus utile. On a pu, dans la fabrication des pompes, remplacer pour la confection des clapets le cuir, qui se déforme dans l'eau, et obtenir ainsi des pistons ou des garnitures de piston qui, inaltérables dans l'eau, fabriqués tout d'une pièce et sans couture, usent, d'ailleurs, bien moins de corps gras que les autres; car la gutta-percha, quand on la touche, présente elle-même un caractère onctueux qui facilite le glissement. Aussi la navette ordinaire du tisserand a-t-elle pu être remplacée avec un certain avantage par des navettes garnies en gutta-percha.

Des bandes de gutta-percha fixées sur des pièces de bois qui doivent porter l'une sur l'autre permettent au glissement de s'opérer d'une manière facile et comme si elles avaient été récemment frottées avec du savon.

En substituant aux anneaux métalliques des anneaux de gutta-percha qui glissent facilement, et dont le choc ne produit pas de son, on a pu aussi remplacer avec avantage les anneaux de bois, beaucoup moins résistants, et obtenir des tentures de lit pour les malades, dont les rideaux peuvent alors être tirés sans le moindre bruit.

La flexibilité de la gutta-percha en faible masse et son caractère onctueux ont fait en Angleterre substituer des cordes en gutta-percha aux cordes de chanvre, qui se gonflent et s'altèrent par l'humidité, pour mouvoir les fenêtres à coulisses si usitées dans ce pays. On a fait aussi des cordons à tirer les rideaux dans les appartements, d'autant mieux qu'en introduisant des matières colorantes dans sa masse, on peut lui faire prendre des couleurs variées et assorties à celles des étoffes.

C'est surtout dans la chaussure que la substitution de la gutta-percha au cuir a pu rendre de notables services. En Angleterre et en Amérique, on fait une grande consommation de demi-semelles de gutta-percha rendues adhérentes à la semelle de cuir ordinaire par un procédé facile. En grattant le cuir, au besoin, avec une râpe ordinaire ou bien mieux encore au moyen d'un instrument approprié, espèce de lame épaisse munie de dents de scie, on soulève à sa surface quelques aspérités que la râpe elle-même aurait fait disparaître en partie. Il suffit ensuite d'imbiber cette surface avec une solution d'une partie de gutta-percha dans trois parties d'huile de houille ou, mieux encore, de sulfure de carbone, pour que le dissolvant, en s'évaporant, laisse une couche légère de gutta-percha, qui, ramollie par la chaleur, peut ainsi adhérer d'une manière parfaite à une semelle de gutta-percha que l'on a aussi ramollie en la chauffant plus spécialement sur l'une de ses faces. Dans certains établissements d'Angleterre, et notamment dans l'école des orphelins de Greenwich, on a même remplacé totalement la semelle en cuir par la semelle en gutta-percha, et la couture de l'empeigne par un collage exécuté avec la gutta-percha elle-même, qui a l'heureuse faculté de se souder parfaitement au cuir, ainsi qu'elle adhère parfaitement au bois, pour lequel elle offre un moyen de collage parfait et inaltérable à l'eau. Ces sortes de semelles, qui coûtent moins que la semelle de cuir, qui résistent plus au frottement, qui sont moins susceptibles d'usure, qu'on peut si aisément réparer quand elles se percent après un si long temps d'usage, en soudant sur la partie hors de service un nouveau morceau de gutta-percha, sont d'un emploi très-économique, puisqu'elles ont encore presque leur valeur première quand le soulier est entièrement usé. Elles sont aussi éminemment hygiéniques, car le pied s'y maintient dans un état de siccité parfait, qui conserve la chaleur et rend inutile l'approche du feu, dont la proximité, à cause du ramollissement que la gutta-percha peut éprouver, présenterait, on le conçoit, des inconvénients.

C'est pour obvier à ces inconvénients, en même temps que pour économiser une substance dont le prix a doublé depuis quatre ans, que M. Perra, en France, a songé à infiltrer par une solution chaude de gutta-percha dans le sulfure de carbone des cuirs lâches et poreux, qui, sans cette addition, n'auraient pu être, en aucune façon, employés comme semelles. Ces cuirs restent d'abord poreux, même après cette immersion et l'évaporation du dissolvant; mais en les soumettant au battage, après avoir ramolli par une température de 60° à 70° la gutta-percha qu'ils contiennent, on parvient à souder l'une contre l'autre les portions de cette matière adhésive qui remplit les cellules, et le cuir, qui retient

18 à 20 p. o/o de gutta-percha, acquiert une homogénéité complète et une résistance à l'humidité et au frottement qui le rend susceptible d'un aussi long emploi que le cuir de qualité supérieure.

On sait que l'agriculture anglaise ne recule devant aucune innovation pour le bien-être des animaux domestiques qui font sa richesse : aussi a-t-on été jusqu'à fabriquer des espèces de soulier en gutta-percha pour prévenir dans le mouton les maladies qu'un long séjour dans l'humidité détermine dans les sabots. Les vétérinaires en ont aussi conseillé l'usage pour les chevaux.

A cette résistance à l'eau que l'on utilise dans la gutta-percha, se joint une résistance mécanique qui est aussi la cause d'un grand nombre de ses emplois. On l'étend en feuilles plus minces que le papier le plus fin, et qui suffisent cependant quand elles recouvrent les murs salpêtrés, pour les empêcher de manifester à l'extérieur l'humidité dont ils sont imprégnés. Les chapeliers les introduisent dans la confection des chapeaux pour prévenir la pénétration dans le feutre de la sueur du front, comme les couturières dans celle des robes pour empêcher les changements de nuances que la sueur détermine sous les aisselles. Les cordonniers pourraient les introduire dans la confection des souliers, pour remplacer les semelles de liége. On en a tiré parti dans l'artillerie de marine pour conserver la charge des canons à l'abri de l'humidité. Leur imperméabilité aux gaz, qui permettrait d'ailleurs d'y emprisonner de l'air et d'en fabriquer ainsi des espèces d'édredons, a été utilisée aussi par l'art chirurgical pour recouvrir les plaies, pour le pansement des vésicatoires et des cautères, pour lesquels on a aussi essayé de remplacer les pois en iris employés à cet usage par des boules en gutta-percha. On commence à se servir, pour conserver le vaccin, de capsules obtenues en superposant deux lames circulaires de gutta-percha, et dont l'occlusion devient parfaite quand on a ramolli les bords avec un fer chaud.

Dans les affections rhumatismales, on a pu avec avantage recouvrir le membre malade de ces feuilles de gutta-percha, suffisantes pour empêcher la transpiration et trop minces pour présenter une raideur sensible et gêner les mouvements. Mais cette flexibilité, conséquence de leur faible épaisseur, se change en une rigidité assez grande quand la feuille est plus épaisse : aussi la chirurgie a-t-elle pu en tirer un excellent parti dans le traitement des fractures pour maintenir dans une position absolument fixe les deux portions d'un os brisé que l'on veut réunir.

Des lames plus épaisses commencent à se substituer au plomb et à l'étain pour recouvrir les comptoirs de marchands de vin, de cidre et de bière, comme aussi des tuyaux en gutta-percha commencent à être employés pour conduire ces liquides d'un point du magasin à l'autre.

On sait tous les inconvénients que présentent, pour la conservation de l'eau, les vases doublés en plomb, qu'elle altère promptement en devenant elle-même vénéneuse quand elle ne contient point de sulfates, ainsi que les vases en fer dont on fait usage dans la marine et qui s'oxydent si facilement aux dépens de l'oxygène contenu dans l'eau. Il n'est pas étonnant aussi qu'on ait songé à doubler des vases de gutta-percha pour la conservation de l'eau, comme aussi à faire usage de tuyaux en gutta-percha pour la conduire. Quoiqu'on ait prétendu que le léger goût que prenait l'eau dans l'origine disparaissait au bout d'un certain temps, il paraît que les buveurs d'eau pure ne sont pas de cet avis et trouvent que la saveur reste sensible même au bout d'un emploi de plusieurs années. Mais on conçoit que ce léger inconvénient n'empêchera pas, dans la plupart des cas, la substitution de la gutta-percha à celui des métaux, d'autant mieux que les tuyaux de cette substance peuvent rester enfouis dans le sol sans subir d'altération et que la faible densité de la gutta-percha, qui permet de les obtenir avec un faible poids de matière, rend leur emploi économique. On peut, en effet, donner à ces tuyaux en gutta-percha une épaisseur très-faible. Sa résistance à la pression est beaucoup plus grande qu'on ne serait tenté de le soupçonner, et est rendue sensible surtout par la faible épaisseur des vases en gutta-percha que l'on a essayé de substituer aux vases en fer pour contenir du mercure, ainsi que par les essais que l'on a faits pour transmettre avec la gutta-percha la pression dans les presses hydrauliques. Si l'on songe d'ailleurs que ces tuyaux peuvent être obtenus d'une longueur extrêmement grande, réunis très-aisément les uns aux autres, que leur rigidité ne les prive pas d'une certaine qualité élastique, on conçoit toute l'utilité dont les tuyaux en gutta-percha peuvent être pour la distribution intérieure des eaux. Aussi commence-t-on à en tirer un excellent parti en Angleterre, dans beaucoup de fabriques, de brasseries, etc. Les tuyaux des pompes à incendie en permanence au Palais de cristal étaient faits en gutta-percha, dont on avait aussi fabriqué ces seaux à incendie dont la condition, comme on sait, est d'être légers et non fragiles, qualités qui appartiennent aux vases faits en gutta-percha. Cette légèreté, qui permet aux tuyaux de gutta-percha de se transporter facilement, les rend, plus que d'autres, propres à servir dans les usages agricoles à l'arrosage au moyen de l'eau, et mieux encore au moyen de ces engrais liquides dont on commence à faire un grand emploi en Angleterre.

Dans le cas où on voudrait obtenir des vases divers, ainsi que des tuyaux légers, non fragiles et plus résistants encore que ceux obtenus avec la gutta-percha pure, on pourrait y parvenir en enroulant autour d'un mandrin des bandes de tissus imprégnés d'une dissolution de gutta-percha, dont la partie liquide en s'évaporant laisserait un tissu qui, chauffé légèrement et comprimé, deviendrait très-résistant et tout à fait imperméable.

Ces tuyaux en gutta-percha, propres à conduire les liquides, ont été aussi employés à conduire les sons, aussi bien que les tuyaux métalliques et mieux que les tuyaux en caoutchouc, qui les éteignent un peu. Dans beaucoup de grands établissements de Londres, on s'est bien trouvé d'employer pour cet usage des tuyaux de gutta-percha au lieu de tuyaux métalliques. On en a construit des télescopes qui fonctionnent très-bien et des porte-voix qui fonctionnent comme des porte-voix métalliques, et qui ne sont point altérables par l'eau de mer.

Il semblerait que la nature de la gutta-percha ne permettrait pas à ces tuyaux de servir pour la conduite du gaz de l'éclairage; mais quelques produits aqueux qui se condensent toujours dans leur intérieur les garantissent de l'altération que les carbures d'hydrogène pourraient leur faire éprouver. Elle paraît être assez peu sensible pour qu'on ait pu tirer parti de ces tuyaux pour conduire les gaz sur les ponts suspendus, où la flexibilité de la conduite est une qualité indispensable; le caoutchouc, qui peut s'oblitérer par une pression légère, ne pourrait pas être employé sans inconvénients.

Un certain nombre d'ustensiles domestiques, tels que baquets, pots à l'eau, cuvettes, vases de nuit, verres à boire, encriers, etc., commencent aussi à se fabriquer avec la gutta-percha, dont l'emploi est surtout apprécié dans les écoles de jeunes enfants et dans les établissements d'aliénés. Leur ténacité et leur élasticité, qui ne permettent pas à l'étourderie du jeune âge de les rompre ou de les bosseler; leur faible masse, qui ne peut jamais les rendre dans la main des fous des projectiles dangereux, ont déterminé ces applications.

La gutta-percha, qui résiste si bien à l'action de l'eau douce, n'éprouve pas plus d'altération de la part de l'eau salée. Aussi conçoit-on tout le parti que l'on a pu en tirer pour remplacer le chapeau en toile cirée des marins par des chapeaux en gutta-percha, employés aussi par les mineurs d'Angleterre, pour les bouées qui servent en mer à marquer la place des ancres, des filets, etc., pour des appareils de sauvetage plus résistants que ceux de caoutchouc et donnant ainsi plus de sécurité à celui qui les porte. L'élasticité de la gutta-percha lui permet, en effet, de résister, jusqu'à un certain point, aux chocs, aux frottements contre les rochers, contre la glace, et, dans le dernier voyage polaire entrepris à la recherche du capitaine Franklin, un bateau en gutta-percha, aussi léger et aussi transportable que ces bateaux en peau d'animal

que l'on emploie dans l'intérieur du continent du Nouveau-
Monde, a pu rendre de notables services, et revenir en Angleterre dans un état d'intégrité presque parfaite, quoiqu'il
eût été employé pendant tout le voyage dans des circonstances où des bateaux en bois auraient été promptement altérés par les glaces. La gutta-percha se prêterait parfaitement
sous ce rapport, si son abondance était plus grande, au dou-
blage des navires.

A cette inaltérabilité par l'eau douce ou par l'eau salée,
qui rend la gutta-percha si utile, il se joint aussi une résistance à l'action des acides, des alcalis, des solutions salines
diverses, qui est la source des plus importantes de ses applications. Les chimistes, dans leur laboratoire, savent tirer parti
de la gutta-percha pour la conservation de l'acide fluorhy-
drique comme aussi pour la confection d'entonnoirs qu'ils
peuvent façonner eux-mêmes avec facilité et qui, entre des
mains peu exercées, peuvent remplacer avantageusement des
vases fragiles de verre ou de grès.

Les photographes, surtout ceux qui voyagent, apprécient
ces cuvettes en gutta-percha, si légères, qu'ils peuvent obtenir
eux-mêmes en relevant les bords d'une lame de cette matière
un peu ramollie, comme on le ferait d'une feuille de papier,
et qui se prêtent au lavage des épreuves des plus grandes dimensions sans les embarrasser d'un attirail pesant.

Des bouchons creux en gutta-percha ont été substitués aux
bouchons ordinaires pour boucher les bouteilles renfermant
des dissolutions salines et acides, et notamment des eaux minérales alcalines qui se seraient colorées par leur action sur
les bouchons de liége.

Mais c'est sur une bien plus large échelle que ces propriétés
utiles de la gutta-percha commencent à être utilisées en Angleterre. Il est dans ce pays des fabriques où l'acide chlorhy-
drique est conservé dans de grands réservoirs doublés en
gutta-percha, où un système de tuyaux souterrains de cette
matière permet de faire circuler cet acide d'un bout de la fabrique à l'autre. On l'élève, au moyen de pompes en gutta-

percha, à la hauteur convenable pour le faire couler de lui-même dans les appareils à chlorure de chaux ou à fabrication de bicarbonate de soude. A la place des bonbonnes en verres, si fragiles, et qui rendent le transport de l'acide chlorhy-drique si coûteux, on a pu substituer avec avantage de grands vases en gutta-percha, légers, susceptibles de subir un choc sans accident; faciles, comme les autres vases de cette ma-tière, à réparer quand ils ont été percés en ramollissant les bords de l'ouverture avec une lame de fer chaud; d'un prix un peu trop élevé sans doute encore pour que leur emploi puisse devenir général, mais que des tonneaux doublés en gutta-percha très-mince remplaceraient avec avantage.

Si la gutta-percha, ramollie par une température conve-nable, a pu être facilement étendue en lames, en fils, en tubes, et servir à la production de vases divers, on conçoit toute la variété de formes qu'on a pu lui communiquer en la pressant dans des moules appropriés. On en a fabriqué des boutons de tous genres, des tampons moulés, des bondes hydrau-liques qui, en laissant s'échapper les gaz, ne permettent pas le renouvellement de l'air dans les tonneaux. La décoration intérieure a utilisé cette propriété de la gutta-percha. Ces meu-bles et ces objets innombrables de fantaisie à qui la sculp-ture sur bois fait acquérir tant de prix ont pu être reproduits et multipliés par la voie de la pression. Dans la grande ma-nufacture de Londres, qui a si promptement popularisé l'em-ploi de la gutta-percha, on trouve des corniches, des frises, des panneaux, des rosaces de tous genres, que le constructeur de meubles peut ensuite associer avec goût, et qui multiplient pour toutes les classes ces formes gracieuses, élégantes et pures propres à étendre et à développer le goût. Ces objets variés, écritoires de tous genres, plateaux à servir le pain et les fruits, porte-montres, corbeilles à travail, statuettes, groupes de tout genre, présentent une finesse de détails et une netteté de contours que l'élasticité précieuse de la gutta maintient sans altération, malgré les maniements et les chocs de tout genre.

La gutta-percha, à laquelle il arrive souvent qu'une malaxation insuffisante n'a pas donné une homogénéité parfaite, présente un aspect veiné qui, se joignant à sa teinte brune ordinaire, la fait ressembler à du bois d'érable; mais elle peut, au besoin, prendre l'aspect du bronze, se recouvrir de feuilles d'or, comme aussi, quand on introduit dans sa masse quelque matière colorante, acquérir des nuances variées. C'est en employant une masse de gutta-percha colorée par le vermillon que le dentiste Truëman a essayé, en Angleterre, de former des râteliers artificiels et de substituer aux montures en or, d'un emploi si incommode, des garnitures en gutta-percha qui peuvent facilement acquérir la forme des surfaces maxillaires contre lesquelles elles doivent adhérer, et dont la légère élasticité s'est substituée d'une manière heureuse à la rigidité absolue du métal.

On a aussi employé cette gutta-percha colorée à la fabrication de têtes de poupées, que le choc ne peut altérer.

En substituant aux rondelles métalliques des rondelles en gutta-percha, on reproduit, par une pression bien plus faible que celle du balancier, tous les détails du coin d'une médaille avec une pureté des plus remarquables. On conçoit, dès lors, qu'on ait eu l'idée de se servir de la gutta-percha pour produire des caractères en relief comme dans les planches stéréotypées métalliques. Mais l'expérience a prouvé que ces sortes de planches ne pouvaient suffire à un tirage un peu étendu. Le même défaut a empêché de s'en servir aussi comme moules pour l'impression des étoffes. Mais la conductibilité pour l'électricité, qu'on peut communiquer à sa surface par la plombagine et les poudres métalliques, a permis d'en tirer un grand parti pour la multiplication, par la voie de la galvanoplastie, des planches propres à graver les cartes, les plans, etc.

La gutta-percha, dont la faible conductibilité pour la chaleur et la faculté adhésive ont été utilisées pour cimenter des parcelles de liége et produire une matière propre à remplacer les tapis, possède aussi une mauvaise conductibilité pour l'électricité, qui, jointe à ses autres qualités, la rend

susceptible des applications les plus importantes. Des fils recouverts de gutta-percha ont été employés pour transmettre
l'électricité propre à faire partir les mines établies sous l'eau
ou dans des lieux humides. Dans la construction des piles à
grands éléments, on a pu aussi, au lieu de vases de grès ou
de verre, employer des caisses de bois recouvertes intérieu-
rement de cette substance inaltérable par les acides et parfaitement isolante. Enfin, chacun des fils métalliques qui
composent les câbles sous-marins destinés à la télégraphie
électrique sont enfermés dans une corde de gutta-percha dont
ils constituent l'axe, et garantis à la fois, par cette substance
qu'aucune autre actuellement connue n'eût pu remplacer,
des déperditions électriques et de l'action corrosive de l'eau
de la mer, et la gutta-percha peut ainsi réclamer sa part de
succès dans cette transmission instantanée de la pensée, l'un
des grands événements sociaux des temps modernes.

FIN.

TABLE DES MATIÈRES.

XXIXE JURY.

OBJETS DE PARURE, DE FANTAISIE

ET DE GOÛT,

PAR M. NATALIS RONDOT,

MEMBRE DU JURY CENTRAL DE FRANCE.

COMPOSITION DU XXIXe JURY.

MM. le Vicomte CANNING, Président.................... Angleterre.

WOLOWSKI, professeur au Conservatoire impérial des arts et métiers, membre du jury central, Vice-Président...................... } France.

WARREN DE LA RUË, fabricant de papiers de fantaisie et d'articles de papeterie, membre de la Société royale de Londres, Rapporteur.............. } Angleterre.

A.-W. HOFMANN, professeur au Collége royal de chimie, membre de la Société royale de Londres, Rapporteur-adjoint....................... } Zollverein.

Arthur HENFREY, vice-prés. de la Société de botanique. } Angleterre.

J. J. MECHI, fabricant de nécessaires et de coutellerie.
Otto SCHUMANN, membre du Conseil de commerce, à Vienne........................... } Autriche.

W. K. SMITH, minéralogiste, *État de Virginie*........ États-Unis.

ASSOCIÉS.

MM. D.-W. MITCHELL, secrétaire de la Société de zoologie.
Richard OWEN, président du Collége de médecine, membre de la Société royale de Londres........ } Angleterre.

Natalis RONDOT, membre du jury central, délégué de la Chambre de commerce de Lyon [1]......... } France.

CONSIDÉRATIONS GÉNÉRALES.

Nous avons pris part, de concert avec notre collègue M. Wo-lowski, aux travaux de la XXVIe et de la XXIXe classe. L'examen des

---

[1] M. Rondot était membre titulaire du XXVIe jury, et, en outre, associé du XXVIIIe et du XXIXe jury.

meubles, des papiers peints, et, en général, de tout ce qui comprend l'ameublement et la décoration intérieure, ressortissait à la première de ces classes. La seconde avait à juger un assez grand nombre de produits de nature très-différente. On y avait réuni notamment les bougies et les éventails, les savons, les engins de pêche et les jouets, la confiserie et les pipes, les nécessaires et les fleurs artificielles, etc.

Nous nous sommes chargé de rendre compte de quelques-uns des objets de toilette, de fantaisie et de goût, qui sont connus généralement sous le nom d'*articles de Paris*.

En dehors des groupes d'objets usuels parfaitement caractérisés, tels que les groupes des étoffes, des vases et des meubles, des machines, des instruments et des outils, il existe, dans la consommation générale, une foule de produits très-divers, qu'il serait aussi difficile d'énumérer que de définir. Les progrès de la civilisation, dans tous les temps et chez tous les peuples, ont modifié les habitudes de l'existence et déterminé des besoins nouveaux; ces besoins ont donné naissance aux produits dont nous nous occupons.

C'est ainsi que l'on a successivement inventé les ustensiles nécessaires à l'entretien de la chevelure, comme les peignes et les brosses; au service de la table, comme les cuillers et les fourchettes; les choses appropriées aux formes nouvelles des vêtements, comme les épingles, les boutons, les boucles, les agrafes et les œillets; les objets destinés à garantir de la pluie et du soleil, comme les parapluies et les ombrelles; à servir d'appui, comme les cannes, et d'aiguillon pour les coursiers, comme les fouets et les cravaches; à charmer les loisirs, comme les cartes, les dés, les dominos, les échecs; à ranimer sans cesse la gaîté des enfants, comme les poupées et les jouets; à renfermer les trésors, les parures, les papiers, etc., comme les cassettes et les coffrets, etc., etc.

On comprend la rareté, nous ne disons pas l'absence, de pareilles choses chez les peuplades sauvages; mais, dans l'antiquité même la plus reculée, aux confins de l'Occident comme dans l'extrême Orient, dès que les hommes ont commencé à se civiliser, ils ont voulu ajouter à leur bien-être, à leurs plaisirs, et les femmes à leur parure.

Les besoins et les fantaisies paraissent avoir été les mêmes dix-huit cents ans avant l'ère chrétienne, comme dix-huit cents ans après. Et c'est surtout aux petits objets dont nous parlons que peut être justement appliqué le proverbe : « Rien n'est « nouveau sous le soleil. »

Le *Tchéou-li*, ce livre précieux écrit dans le xie siècle avant Jésus-Christ, donne le dessin et les dimensions précises des parapluies alors usités en Chine, et l'on connaît non moins bien les parasols qui étaient employés à Ninive et à Persépolis, à Rome et à Athènes. Les petites filles jouaient, au Pérou, plusieurs siècles avant l'empire des Incas, avec des poupées faites de laine d'alpaca et brodées; elles avaient, à Memphis et à Thèbes, sous les Pharaons, de charmantes poupées de bois ou d'ivoire articulées, et à Panticapée, du temps de Mithridate, des poupées de terre cuite, également mobiles. Les nécessaires de toilette, dans l'antique Égypte, comme à Rome sous les premiers empereurs, fournissent la preuve d'une habileté et d'une science de fabrication auxquelles, il y a peu d'années encore, on n'avait pas atteint dans les États européens.

Nécessaires et écrins, fleurs artificielles et colliers, éventails et miroirs, peignes, boutons, anneaux et épingles, chapeaux, perruques, gants et chaussures, parasols et cannes, fards et parfums, dés, échecs et jouets, toutes ces choses et mille autres encore ont été imaginées dans d'autres temps et sous d'autres cieux. On les retrouve dans les villes antiques de Pompéi et d'Herculanum et sous les ruines de villes sans nom et sans histoire au Pérou, au Mexique, au Yucatan, dans les sépultures égyptiennes, les tumulus de la Tauride et de la Crimée et sous les sables de l'ancienne Assyrie; elles sont figurées sur les bas-reliefs et les vases peints des Grecs, sur les papyrus et les fresques des Égyptiens. Les écrits des historiens, des poëtes et des philosophes de Rome et d'Athènes, les encyclopédies et les annales des Chinois complètent ces preuves, de sorte que nous connaissons les coutumes, les goûts, le luxe de peuples et de civilisations qui ne sont plus, mieux que ceux de notre pays dans ces derniers siècles. Et cependant que d'enseignements notre industrie puiserait dans cette belle période des cinq derniers siècles du moyen âge et des cent cinquante années de la Renaissance, où l'art s'associait librement aux travaux des métiers et leur apportait des inventions charmantes et des formes nouvelles, où les métiers mettaient au service de l'art une habileté à laquelle les dures conditions de l'apprentissage et du *chef-d'œuvre* ajoutaient sans cesse, et des traditions qui remontaient parfois jusqu'à l'antiquité [1].

La fabrication de chaque genre des objets dont nous parlons forma d'abord un petit métier distinct qui était exercé par certaines familles et dans certaines villes; plus tard, ces petits métiers furent réunis suivant l'analogie du travail aux communautés que l'on constitua, et les rois modifièrent peu à peu les cadres et les statuts de celles-ci, selon les progrès, les habitudes et les modes.

Ainsi il existait, au temps des croisades, trois corps de métiers qui, sous le nom de *patenostriers*, fabriquaient les chapelets : 1° *les patenostriers d'os et de cor* (corne), 2° *de corail et de coquille* (nacre de perle), 3° *d'ambre et de gest*. Les orfévres faisaient, en outre, les chapelets de pierres précieuses, de bois, etc. Dans la suite, quand la dévotion fut moins fervente, ces corporations furent réduites à deux, dont la principale occupation était la fabrication des perles fausses [2]; elles se fondirent ensuite en une seule, et, à la fin du règne de

---

[1] Ceci était écrit en 1852, avant la publication du tome II de la *Notice des émaux du Louvre*. Le comte de Laborde a présenté, dans le cadre d'un glossaire, le tableau exact de la richesse, de l'élégance et des raffinements d'une partie du luxe du moyen âge et de la Renaissance. L'industrie d'art a beaucoup à gagner à l'étude des œuvres de ce temps; le travail précieux de M. de Laborde rend cette étude facile.

[2] C'est au commencement du XVII⁰ siècle qu'un artisan nommé Janin imagina d'employer, à la fabrication des perles fausses, la matière nacrée des écailles de l'ablette.

Louis XV, l'unique corporation des patenostriers, à peu près sans travail, fut réunie à celle des tabletiers.

Le régime des communautés d'arts et métiers, qui a pu avoir, dans l'origine, sa raison d'être, est devenu bientôt un instrument de monopole, une gêne pour le travail, un obstacle aux inventions, aux progrès et au bon marché. Aussi l'industrie s'est-elle transformée aussitôt après la suppression des corporations; dans le cours de son libre développement, bien des petits métiers presque inconnus ont acquis une grande importance, et, pour ne citer qu'un fait, l'industrie a grandi, dans la seule ville de Paris, au point de produire, un demi-siècle après la loi du 2 mars 1791, un demi-siècle traversé par des révolutions, des guerres et des désastres, de produire, disons-nous, pour 1,500 millions et d'occuper plus de 400,000 fabricants et ouvriers[1].

On était loin d'avoir, dans l'ancien temps, les habitudes de bien-être qui sont si générales aujourd'hui, et la consommation des menus objets de toilette, de service et de fantaisie, n'a reçu qu'à la fin du xviie siècle un développement notable. Nous avons trouvé, à ce sujet, un curieux document; la Chambre de commerce de Lyon[2] dit, dans une délibération du 11 avril 1711 : « Comm' jl y a aparence que le génie des « François en ces sortes de gentillesses n'est pas epuisé et que « plus de cinquante mille familles ou pour mieux dire la moi- « tié de Paris ne viuent que de cette jndustrie[3], laquelle « deuiendroit sans fruit, s'jls n' jnnouoient pas tous les jours... » La fabrication de ces objets, florissante sous Louis XV, fut presque anéantie par la Révolution; elle s'est relevée avec vigueur sous le Directoire, s'est accrue lentement sous l'Empire, un peu plus sous la Restauration, et a pris, vers 1834, une extension prodigieuse.

---

[1] *Statistique de l'industrie à Paris.*

[2] Elle fut établie par arrêt du Conseil d'État du 30 août 1701.

[3] L'industrie de la mercerie, qui comprenait alors les fabrications de bijouterie, boutons, passementerie, tabletterie, brosserie, coutellerie fine, bimbeloterie, etc.

Mais, chose singulière, les inventions, les efforts, les progrès accomplis dans ce vaste champ industriel, n'ont arrêté l'attention d'aucun observateur. L'existence même de tant d'industries intéressantes est restée à peu près ignorée jusque vers 1844. Leurs produits passent inaperçus; on ne songe pas à étudier ces choses que l'on a à tout instant sous la main ou devant les yeux, et dont la nature, la forme et le prix sont toujours si bien en rapport avec les goûts, les habitudes et les ressources de la population.

Ces industries sont exercées principalement à Paris et avec leur caractère particulier depuis plus de trois siècles. Leur concentration dans cette capitale, la supériorité qu'elles y ont acquise et la préférence qu'on accorde par tout le globe à leurs produits, ont fait généralement désigner ceux-ci sous le nom d'*articles de Paris*. On a été plus loin; car on appelle *industrie de Paris* l'ensemble de ces fabrications ingénieuses.

L'*industrie de Paris* a été étudiée d'une manière complète dans l'enquête qui a été entreprise, de 1848 à 1851, sous la haute direction et aux frais de la Chambre de commerce de Paris, présidée par M. Legentil. Les résultats de ce grand travail ont été publiés en 1851, sous le titre de *Statistique de l'industrie à Paris* [1].

L'*industrie de Paris* forme le tiers de tout le travail parisien; elle se compose d'environ cent branches de fabrications distinctes, et le mouvement total des affaires représente, pour l'année 1847, une valeur de près de 485 millions. 16,500 fabricants, grands et petits, et 120,000 ouvriers concouraient alors à cette production.

Cette industrie est essentiellement mobile : nulle part on ne s'assimile mieux et plus vite les inventions, les perfectionnements, les idées nouvelles; nulle part on n'est plus habile à exciter la consommation par mille séductions, à pourvoir par

---

[1] Cette enquête et cet ouvrage ont été exécutés sous la direction d'une commission, dont M. Legentil était président et M. Horace Say secrétaire et rapporteur, par deux délégués chargés de la direction du travail et en même temps rapporteurs adjoints, MM. Natalis Rondot et Léon Say.

avance à des caprices ou à des besoins auxquels on donne ainsi naissance. Les saisons, les modes, les circonstances, font modifier la façon et la matière de bien des objets usuels, et le monde élégant de tous les pays attend, chaque année, de Paris, les nouveautés en tous les genres.

Sauf de rares exceptions, ce n'est qu'à Paris que les fabrications dont nous nous occupons ici ont été portées au plus haut degré de perfection. L'Exposition universelle a montré, d'une manière éclatante, combien la supériorité des fabricants parisiens est grande : ils sont sans rivaux pour le dessin, la forme et la couleur. Ils ont acquis, dans les écoles de dessin, dans les cours publics et les musées, le sentiment du beau et de l'élégance. Leur intelligence, leur aptitude naturelle, s'est développée, leur goût s'est épuré : ils savent donner aux articles les plus vulgaires un cachet de distinction ; ils ajoutent par leur art de la valeur à la matière la plus vile, et produisent, par une division de travail ingénieuse, de charmantes choses, aux prix les plus modiques.

On trouve en Angleterre plus de force et de richesse : un outillage plus complet, une fabrication plus savante et plus méthodique, une organisation plus économique et plus régulière fondée sur de grands capitaux. Le Zollverein et l'Autriche ont donné des preuves d'un génie particulier : les ouvriers allemands sont patients et laborieux ; leurs habitudes de frugalité et d'épargne, le bon marché de la vie dans leur pays, leur permettent d'accepter des salaires bien inférieurs à ceux des ouvriers parisiens. Leurs œuvres, leurs dessins, manquent de hardiesse, de légèreté et souvent de goût, mais ils se distinguent, en général, par la simplicité ou l'expression. En Belgique, chez ce petit peuple actif et intelligent, l'industrie d'art n'existe pas ; on copie servilement les dessins ou les modèles français.

A Paris, la vivacité d'action et la fécondité de conception sont unis à la grâce inimitable et à la perfection du travail. Les fabricants et les ouvriers sont d'infatigables chercheurs : ceux-là imaginent des dispositions, des combinaisons et des hardiesses nouvelles; ceux-ci, des moyens d'exécution plus sûrs et plus expéditifs. Il est aussi difficile pour les étrangers de rivaliser avec les premiers pour l'originalité, le goût et la grâce, qu'avec les seconds, pour le soin, la délicatesse et la vivacité.

Nous ne partageons pas l'opinion de ceux qui attribuent exclusivement ces qualités à l'heureuse nature des fabricants et des ouvriers; nous cherchons ailleurs le secret de ces merveilleux ressorts et la cause de cette vertu singulière à laquelle les industries de Paris doivent leur éclat. C'est certainement l'effet de la protection éclairée et forte que, depuis Charlemagne, les rois de France donnèrent aux arts, et dont les métiers profitèrent; c'est aussi l'effet de la présence d'une cour qui fut, pendant si longtemps, en avance sur la nation et l'Europe pour la distinction et l'élégance. La source de cette fécondité d'invention que l'étranger nous envie, il faut, pour la trouver, remonter jusqu'à la Renaissance; nos Liénard sont de l'école de Jean Goujon et de Germain Pilon.

Le goût des maîtres et des compagnons s'était formé sous François Ier et Henri II; leur main, déjà, au moyen âge, si exercée, avait gagné en délicatesse, et les meubles, les coffrets, les peignes qui sont de ce temps, témoignent d'une habileté qui, plus tard, a été difficilement égalée. Enfin, même avant la fin du moyen âge, la mode de la cour avait tant d'autorité à l'étranger et tant d'attrait pour les nationaux, que les gens des métiers devaient y conformer leurs ouvrages, et rien n'était plus propre à les familiariser avec les choses de goût et de fantaisie. On comprend ce qu'une industrie si bien préparée devait devenir sous un grand règne comme celui de Louis XIV, et, comme au plus beau temps de l'école française, maîtres et compagnons étaient propres, avec de telles traditions, à donner au luxe d'alors une distinction, une élégance et des raffinements qui en faisaient accepter la richesse.

Malgré les événements qui se sont accomplis depuis soixante ans, nous avons conservé une partie de la grande avance que nous avions conquise, et, par bonheur, l'influence des derniers siècles est sensible encore. La diffusion par les cours publics de connaissances scientifiques, la fréquentation des écoles de dessin, la vue des chefs-d'œuvre de nos musées, un esprit naturellement vif et curieux, tout cela a de bons effets et seconde utilement l'application intelligente de procédés mécaniques. Mais l'ouvrier est aujourd'hui moins complet; c'est la conséquence de la suppression des *chefs-d'œuvre*, de la moindre durée de l'apprentissage, de la division du travail. Des métiers qui confinaient à l'art ont perdu leur caractère élevé. C'est certainement servir leurs progrès que de leur fournir les moyens de produire à bon marché, et nous applaudirions à ce bienfait; mais cela ne suffit pas, car le succès est, pour Paris, moins dans le prix que dans la forme. Il faut donner à nos dessins, à nos modes, à nos créations de fantaisie, une originalité nouvelle et chercher, dans l'étude des chefs-d'œuvre de tous les temps, le secret d'une élégance toujours aimée et de séductions nouvelles.

Nous signalerons, en terminant, le double mouvement de transformation et de déplacement qui s'opère dans certaines industries de Paris. L'ouvrier parisien est, en général, trop habile pour qu'on le charge de façons qui n'exigent qu'une action mécanique. Aussi, la plupart des façons de cet ordre sont exécutées par des machines ou par des ouvriers des campagnes. On a en même temps profité de ce que le loyer, le combustible, les matières premières, la main-d'œuvre, coûtent moins cher dans les départements pour y établir quelques manufactures d'articles de Paris, entre autres d'éventails, de peignes, de brosses, de jouets, de tabletterie, etc. La direction et les modèles viennent toujours de Paris, et presque tous les produits y sont renvoyés pour recevoir le dernier coup d'outil de la main d'un ouvrier parisien.

A la veille d'entreprendre un voyage en Turquie et en Russie[1], nous ne pouvons mettre en œuvre tous les matériaux que nous avons recueillis sur l'histoire et les progrès, dans les cin-

---

[1] Ceci était écrit en novembre 1852.

quante dernières années, des industries dont nous avons examiné les produits. Nous nous bornerons à examiner les traits
principaux de chaque branche de fabrication.

OUVRAGES POUR LA DÉCORATION INTÉRIEURE
EN CARTON-PIERRE OU EN GUTTA-PERKA [1].

32 exposants ont présenté des ouvrages pour la décoration
intérieure, faits de carton-pierre, de chanvre, de gutta-perka;
8 étaient Français, 10 Anglais, 12 Allemands, 1 était Belge
et 1 Sarde.

Le bon goût des compositions, la finesse et l'habileté de
l'exécution, ont acquis depuis longtemps à la France, pour ces
produits, une supériorité qu'aucune nation ne lui dispute.

Les panneaux, les bas-reliefs et les groupes de nature
morte, exposés par M. CRUCHET, ont été appréciés par la
XXVIe classe, comme ils méritaient de l'être, et la *grande médaille* a été proposée pour M. Cruchet. Cette haute récompense
a été votée par les quatre classes formant le 5e groupe, mais
n'a pas été accordée par le conseil des présidents : la XXVIe
classe a protesté contre cette décision.

Malgré cette sévérité, il est incontestable que nos ornemanistes n'ont pas de rivaux. Les modèles de M. Cruchet,
les frises du palais de Fontainebleau par M. HUBER, étaient
dignes de leurs auteurs, et cependant la réputation de ces
artistes est si grande, que le jury attendait d'eux mieux encore.

MM. JACKSON ET FILS, de Londres, étaient hors de concours,
M. Jackson étant membre de la XXVIe classe. L'exposition de
cette importante maison se distinguait par un très-heureux
choix d'ornements, en général d'un dessin élégant et exécutés
avec finesse. Une partie de ces mérites sont dus à des artistes
et à des ouvriers français.

---

[1] On prononce, en France, *gutta-perka* ; le nom malais est *gutta-pertcha*
(gomme du pertcha).

Les têtes d'animaux de M. Leven, d'Heidelberg, étaient modelées avec beaucoup de vérité et ne manquaient pas d'originalité.

Enfin la belle collection de statuettes et d'ornements de M. Gropius, de Berlin, a attiré, à juste titre, l'attention.

La seule chose qui soit digne d'être signalée, c'est l'application du gutta-perka à la décoration des appartements. Une substance qui reçoit aussi facilement et qui conserve sans altération les formes et les empreintes les plus délicates, ne pouvait tarder d'être employée à cet usage.

Le gutta-perka ou gutta-nia est la sève du *pertcha* ou *niato* (*isonandra gutta*), arbre de la famille des sapotacées qui croît en abondance dans la Péninsule malaise et les îles de l'Archipel indien. Il a été connu, en Angleterre, dès 1650, car il existait, dans la collection de John Tradescant, un échantillon de cette substance, sous le nom de *plyable mazer wood*. Le docteur Montgomery, qui habitait Singapour en 1842, découvrit que le gutta-perka peut recevoir, dans l'industrie, des applications utiles. M. José d'Almeida, négociant portugais et lui, en envoyèrent des échantillons, en novembre 1843, au secrétaire de la Société des Arts de Londres. Dans les premiers jours du mois d'août 1844, les délégués commerciaux, attachés à la Mission en Chine [1], remarquèrent, à Singapour, les cannes, les vases et les ustensiles faits de gutta-perka, et l'un d'eux écrivit une note sur la fabrication de ces objets qu'il terminait ainsi : « La facilité avec laquelle on façonne « cette espèce de gomme doit permettre de l'employer dans « plusieurs branches de l'industrie parisienne. »

Trois exposants ont montré de curieux spécimens d'ouvrages pour la décoration intérieure faits de gutta-perka, entre autres des piédouches, des frises, des panneaux sculptés, des cadres, des groupes d'animaux. Les uns étaient peints de façon à imiter le bois de chêne ; d'autres étaient dorés et quelques-uns *métallo-thionisés*. Ces derniers prennent, par l'incorpora-

---

[1] MM. A. Haussmann, I. Hedde, Renard et N. Rondot.

tion de sulfures métalliques dans le gutta-perka, la coloration et l'éclat du bronze florentin.

Le gutta-perka peut être appliqué avec avantage à la décoration : cela ne fait pas doute. Il est léger, tenace, à peu près inaltérable, et l'on en forme des feuilles très-minces; le travail de moulage est encore loin d'être bien réussi.

En résumé, le moulage n'offre plus aujourd'hui de difficultés sérieuses. Cependant, si l'on est arrivé à peu près partout à une exécution matérielle satisfaisante, MM. Cruchet, Huber et Jackson, sont les seuls dont les ouvrages soient traités avec le plus de soin.

Dans cette industrie, la question d'art l'emporte de beaucoup sur toute autre considération. La belle ordonnance, le goût, l'élégance des décors frappent nécessairement davantage que la correction du travail. A ce point de vue, la supériorité de nos premiers ornemanistes est généralement acceptée.

MEUBLES DE LAQUE OU DE PAPIER MÂCHÉ.

Les Chinois font, en bois enduit de laque, différents meubles destinés à l'Europe et à l'Amérique, notamment des paravents, des guéridons, des tables à ouvrage, à échiquier, à thé, etc. Le travail d'ébénisterie, la vernissure, la polissure et la peinture, sont, en général, assez négligés. Il y a une différence très-grande entre les ouvrages actuels et ceux qui datent d'une centaine d'années, et qui sont connus sous le nom de *vieux laques.*

Les objets qui étaient exposés dans le département chinois n'offraient aucun intérêt. Des trois paravents, un seul, composé de six feuilles de 2 mètres et demi de haut, était d'une bonne exécution et provenait de l'atelier de Hip-qua, le meilleur fabricant de Canton.

On fait aussi, au Japon, des meubles de laque; ils sont généralement supérieurs à ceux qui sont exécutés en Chine, tant pour la pureté et l'éclat du vernis que pour la correction du travail d'ébénisterie et le fini du travail d'ornementation.

C'est par les Hollandais et les Chinois, qui ont eu seuls, jusqu'à présent, le privilége de commercer avec le Japon, que les laques japonais arrivent en Europe.

Quatre meubles de ce genre figuraient à l'Exposition : trois étaient des secrétaires, faits d'après des modèles européens de forme surannée; le quatrième, le seul qui fût digne d'attention, était une petite table à ouvrage.

Les laques de la Chine et du Japon n'ont guère été connus, en France, que vers 1650; c'est aux missionnaires jésuites que l'on doit les premiers envois importants de ces meubles curieux. La richesse et l'originalité des laques qui furent présentés à la cour, les mirent en vogue, et, sous Louis XV, comme sous Louis XVI, ils étaient tellement recherchés, que l'on envoya en Chine et au Japon, pour les y faire enduire de laque, beaucoup de meubles et d'objets d'un travail précieux, faits d'acajou, de chêne, de tilleul, de bois exotiques et de cuivre.

Le haut prix des laques fit entreprendre de bonne heure des essais d'imitation qui n'ont pas abouti, bien que Huygens[1] et le peintre Martin s'en soient occupés avec ardeur. Tavernier, qui était un bon juge, en parle dans ses *Voyages* : « Nos ouvrages d'Europe que « nous appelons façons de la Chine, n'étoient que « des copies bien grossieres de ceux-là » (des laques du Japon qu'il voyait à Goa, chez le vice-roi[2]). Les modèles abondent, les procédés et les tours de main des Chinois sont connus[3], et cependant on n'a pas encore produit, en Europe, des ouvrages comparables aux vieux laques chinois. Hâtons-nous de dire que, si l'on n'a pas obtenu ce résultat, c'est que l'on n'a pas sérieusement cherché. Les meubles d'imitation de laque sont entrés

---

[1] On conserve, au Cabinet royal de curiosités, à La Haye, un spécimen des essais de Huygens. — « N° 724. Le vernis japonais contrefait très-artis-« tement par M. Huygens à La Haye. »

[2] Édit. de 1713, tome V, page 34.

[3] Nous avons fait connaître dans tous ses détails la fabrication des laques de la Chine et du Japon (*Journal asiatique*, 1848, 4ᵉ série, tome XI, pages 34 à 65). On trouve dans l'encyclopédie japonaise, liv. LXIII, et dans le *Penthsao-kang-mo* (1593), quelques renseignements sur l'arbre à vernis.

aujourd'hui dans la consommation ; on demande qu'ils soient originaux, brillants, légers, et on les veut à bon marché; ils sont destinés à former des ameublements modestes, et sont très-rarement demandés pour les riches salons ou les cabinets d'amateurs. Cela explique la différence qui existe entre les procédés de l'Europe et ceux de la Chine; à Paris et à Birmingham, le brillant est dû principalement au vernis; à Canton, il est produit surtout par le poli.

Tous les meubles de laque de la Chine et du Japon sont faits de bois; quant aux imitations européennes, elles sont, les unes également de bois, les autres de ce que l'on appelle, en Angleterre, *papier mâché.*

Les premières, celles de bois, sont faites à Paris, à Amsterdam, à Vienne, à Bruxelles; les secondes sont exclusivement fabriquées en Angleterre, à Birmingham, à Wolverhampton et à Londres.

MEUBLES DE BOIS.

Les fabricants de Paris n'ont rien envoyé à l'Exposition; leur abstention est regrettable, car plusieurs d'entre eux pouvaient présenter de bons ouvrages, qui leur sont commandés pour l'Amérique du Sud, l'Espagne et les colonies.

Six exposants étrangers ont concouru : 1 Hollandais, 1 Belge, 1 Autrichien, 2 Anglais, 1 Wurtembergeois.

M. F. ZEEGERS, d'Amsterdam, est le seul qui doive être signalé. Son paravent chinois et son écran japonais se distinguent par une imitation très-intelligente du travail, du goût et des ornements de l'extrême Orient. Il y a, dans les encadrements du paravent, de charmants bouquets de fleurs et des dragons dessinés avec hardiesse. Le dessin des personnages est négligé; le poli et la vernissure laissent à désirer.

Nous avons remarqué parmi les ouvrages de laque de Mᵐᵉ GIRON, de Bruxelles, une feuille de table dont l'exécution est assez satisfaisante, mais dont le prix (80 fr.) est élevé.

MEUBLES DE PAPIER MÂCHÉ.

16 fabricants anglais : 9 de Birmingham, 4 de Londres, 2 de Wolverhampton et 1 d'Oxford se sont présentés.

Les plus renommés sont, d'après ce qui nous a été rapporté, JENNENS et BETTRIDGE, — MAC CULLUM et HODSON, — LANE, tous trois de Birmingham.

On fait, en Angleterre, avec le *papier mâché*, beaucoup de guéridons, de tables à ouvrage, d'écrans; quelquefois des siéges ; rarement des paravents, des fauteuils et des toilettes.

Ces ouvrages sont tous décorés de peintures sur fond noir; ces peintures sont rehaussées par des appliques de nacre blanche ou colorée; elles représentent ordinairement des fleurs ou des ornements, parfois des personnages tels que la reine, le prince Albert, le duc de Wellington, etc. Le vernis a un grand brillant; les peintures ont de la fraîcheur et de l'éclat.

Le *papier mâché* est, par sa nature, très-convenable pour les petits meubles précités; mais les formes et les ornements de la plupart de ces meubles sont de mauvais goût. Nous nous bornerons à signaler quelques jolis écrans de M. Lane, et un guéridon de MM. WALTON ET Cⁱᵉ, de Wolverhampton. Ce guéridon était d'un travail excellent, mais d'un prix exorbitant (810 fr.).

MEUBLES DE SCHISTE.

On fait, depuis une vingtaine d'années, en Angleterre, quelques meubles de schiste du pays de Galles, qui ont de la ressemblance avec les meubles de laque. M. STIRLING, de Londres, avait envoyé, entre autres objets, des guéridons de schiste peint qui imitait, à s'y méprendre, le papier mâché verni. Ces tables sont pesantes et chères : le prix de l'une d'elles (le n° 11) était de 186 francs.

COFFRETS, PLATEAUX ET OBJETS DE FANTAISIE
DE LAQUE OU DE PAPIER MÂCHÉ.

Les Chinois font beaucoup de petite ébénisterie de laque dont le travail est très-soigné ; mais les objets de laque dont la fabrication est le plus considérable à Canton sont les boîtes à thé, à ouvrage, à jeu, à gants, etc., les coffrets, les plateaux, les échiquiers, les dessous de bouteilles, etc. Cette industrie est exercée dans une vingtaine d'ateliers ; presque tous les ouvrages sont d'une exécution négligée et à bon marché. Hipqua est le seul fabricant qui fasse des pièces de prix ; bien que le travail en soit très-remarquable, ces laques ne soutiennent pas la comparaison avec les laques du XVII° siècle. Les Japonais seuls font aujourd'hui le laque aussi bien qu'on le faisait en Chine sous les Ming ; le laque japonais a même plus de finesse et de brillant. Il est regrettable qu'il n'y ait pas eu, à l'Exposition, de ces laques sur bois ou cuivre, noirs, aventurines, rouges ou verts avec des dessins d'or ou de burgau. Ces beaux ouvrages étaient très-estimés autrefois, tant en Europe qu'en Asie, et nous ne serions pas surpris que les « escuelles d'ung beau bois vernis, les bors dorez à manches, « les fondz painct d'or et de verd, venues des Indes, » qui figurent sur l'inventaire de Marguerite d'Autriche [1], ne fussent des laques japonais. Ce sont des laques que l'empereur du Japon fit donner en présent à l'ambassadeur portugais envoyé à Nangazaki en 1642 : « Ce present fut composé de six grands cabi- « nets et de six grands coffres lacrez de noir, avec des figures de « relief entremêlées de paillettes d'or, et toutes les garnitures « étoient d'or massif. Il y avoit encore six cabinets et six « coffres lacrez de rouge avec des paillettes d'argent qui étoient « garnis de même [2]. »

---

[1] Marguerite d'Autriche, la célèbre gouvernante des Pays-Bas, vécut de 1479 à 1530. Voir la *Revue archéologique,* 1850.

[2] Voyages de Tavernier. (Édit. de 1713, tome V, page 34.)

On avait envoyé de l'île de Sumatra des boîtes à siri assez grossières, enduites de laque et ornées de dessins d'or sur fond noir; c'était l'œuvre de Chinois qui résident à Palembang, et cela n'a rien de commun avec le laque de la Chine.

Il y a dans le Lahore et le Sindh, au Bengale et en Perse, une fabrication d'objets de bois ou de carton décorés et vernis qui a un cachet particulier. Ce sont généralement des coffrets, des cadres de miroir, des plateaux, des étuis pour renfermer l'encrier et les plumes de roseau, des pliants pour les livres sacrés, etc. : le vernis conserve longtemps son éclat; les décors, ceux de l'Inde surtout, se distinguent par leur élégance et le contraste habile des couleurs. Nos fabricants trouveront là de bons modèles.

Le genre de laque qui est appelé *laque de Ti-tchéou* (*Tychow ware*) n'est fait qu'en Chine. Des vases, des coffrets, des boîtes de toutes grandeurs et de toutes formes, faits de bois, sont recouverts d'une pâte très-fine, colorée en rouge par le vermillon[1]. Cette composition acquiert une grande dureté; on la découpe et on la sculpte avec une rare délicatesse. Les laques de Ti-tchéou sont très-estimés. On prétend qu'ils sont faits principalement dans le département de Houang-tchéou, province de Hou-pèh. Nous ferons remarquer que la circonscription de Ti-tchéou, dont ils portent le nom, est comprise dans le département de Tsi-nann-fou, province de Chann-toung.

Ce que l'on nomme *papier mâché* en Angleterre est connu en Chine et au Japon depuis plusieurs siècles, et nous avons nous-même acheté à Ning-po des coupes en forme de lingot d'argent *sycee,* qui étaient faites de carton, polies, enduites de laque et décorées d'appliques légères de nacre et d'argent. Ces coupes avaient été envoyées à Tcha-pou de la factorerie

---

[1] C'est certainement cette fabrication que Du Halde décrit (t. II, p. 177): « ... On compose de papier, de filasse, de chaux et de quelques autres « matières bien battues, une espèce de carton qu'on colle sur le bois, sur « lequel on passe deux ou trois fois de l'huile de *tong,* après quoi l'on « applique le vernis... »

chinoise de Dézima; on fait, dit-on, de semblables ouvrages à
Sou-tchou et à Pé-king.

Le papier mâché a été employé avec le stuc, au commencement du xvɪᵉ siècle, à la décoration intérieure du château
de Fontainebleau. Dans les comptes des travaux exécutés
pour François Iᵉʳ, on appelle *pouppetiers* les ornemanistes qui
mettaient en œuvre ces matériaux probablement nouveaux
alors en France[1]. Le papier mâché était assez usité en France
vers 1730 et il fut importé en Angleterre dans la seconde
partie du dernier siècle. Le nom de *papier mâché*, qu'il a conservé, en fait assez connaître l'origine et l'ancien mode de fabrication. Baskerville et Clay, son apprenti, mirent à profit
cette idée qui leur venait d'outre-Manche. Clay imagina et fit
breveter le procédé qui est en usage actuellement; Baskerville
donna ses soins à la vernissure. Jusqu'au commencement de
ce siècle, on ne faisait que des plateaux; MM. Jennens et Bettridge entreprirent les premiers la fabrication des autres objets. Vers 1835, l'ancien procédé français, c'est-à-dire la
pression dans des moules de pâte de papier ou de papier
mouillé, fut remis en usage par M. Brendley, de Birmingham;
celui-ci prit pour cela un brevet qui a été, dit-on, attaqué.

Quoi qu'il en soit, deux modes de fabrication sont usités
aujourd'hui : le procédé de Clay et l'ancien procédé. On ne
fait avec ce dernier que les objets communs. La nature du
papier, l'encollage particulier qu'il reçoit, la durée des passages en étuve, le travail de coloration, de polissure, de vernissure et de peinture, tous ces détails de la fabrication n'offrent aucun secret, et même aucun tour de main particulier[2].
On en a publié plusieurs fois la description, et rien n'est
plus facile que de les étudier dans les ateliers de Birmingham[3].

[1] Il est fait mention de *pouppetiers* dans le deuxième compte de Mᵉ Nicolas Picart, notaire et secrétaire du roi (1537-1540).—De Laborde, *Renaissance des arts à la cour de France*, t. I, p. 404 et 405.

[2] On emploie beaucoup de femmes à ce travail, elles gagnent la plupart de 12 à 16 shill. par semaine.

[3] Une description exacte des procédés se trouve dans la brochure qui

C'est dans cette ville que sont les établissements les plus importants. Il y a à Wolverhampton quelques fabricants de plateaux, mais leur spécialité est plutôt la confection des ouvrages de tôle ou d'étain verni.

On fait, en Angleterre, avec le papier mâché d'énormes quantités de plateaux, de coffrets, d'écrans à main, de pupitres, de boîtes à ouvrage et à jeu, de coffres de nécessaires de toilette ou de bureau, etc., toutes choses que nos ébénistes-coffretiers exécutent avec beaucoup d'habileté. Tous les ouvrages de papier mâché sont surchargés de peintures, et ces peintures sont rehaussées par des appliques de nacre blanche ou colorée. Ce que l'on trouve ravissant à Londres serait délaissé à Paris; et nous n'hésitons pas à dire qu'en général les ouvrages de papier mâché sont, pour la forme et la décoration, de très-mauvais goût. Il y a quelques exceptions à faire en faveur de plateaux exposés par MM. JENNENS et BETTRIDGE, LANE, WALTON; nous avons remarqué, sur plusieurs plateaux, des ornements d'un bon style et des peintures qui attestent une main habile.

Le prix de ces objets est élevé; le moindre plateau de 30 pouces anglais, coûte, s'il est décoré, une cinquantaine de francs, et, s'il est exécuté avec soin, il vaut de 80 à 120 fr. Une boîte à thé coûte environ 220 francs; une boîte à jeu, 175 francs; un petit écran, de 20 à 50 francs; un buvard, de 50 à 150 francs, etc. On trouve, il est vrai, dans certains magasins de quincaillerie de Londres, des boîtes à thé à 15 francs la pièce, des boîtes à ouvrage à 25 francs, et des plateaux dont l'assortiment de trois est offert à 22 francs; mais ces articles à bon marché ne sont pas de vente courante; fort médiocres d'ailleurs, ils servent à attirer les acheteurs.

La fabrication des objets de papier mâché devrait être entreprise de nouveau à Paris. Certainement Birmingham con-

___

fut distribuée, le 19 juin 1851, aux jurés et aux commissaires étrangers invités par la ville de Birmingham. (*A slight sketch of the Manipulatory processes in Electro-metallurgy, Glass, and Papier mâché manufactare,*........ p. 16 à 18.)

servera toujours la confection des plateaux, dont l'usage est
très-répandu en Angleterre, et pour lesquels il est nécessaire
d'avoir un outillage et un matériel particuliers et considérables; mais on doit mieux réussir à Paris dans la petite ébénisterie et la tabletterie de fantaisie. Le papier mâché est facile
à faire et à façonner; c'est une matière à la fois légère, solide,
très-résistante, on l'emploie même à faire des anneaux qui ont
à supporter des choses assez pesantes. Il prend bien le vernis,
peut recevoir un beau poli, et remplacerait avec avantage,
dans beaucoup de cas, le bois, le carton et le fer-blanc.

NÉCESSAIRES DE TOILETTE, DE BUREAU OU DE VOYAGE.

COFFRETS DE LUXE.

Les nécessaires de toilette étaient, dans l'antiquité, aussi
habilement construits, et décorés avec autant de goût qu'ils le
sont aujourd'hui en France et en Angleterre. Les coffrets dans
lesquels les femmes d'Égypte, au temps des Pharaons[1], et
celles de Rome, au temps des Césars, renfermaient leurs objets
de toilette, étaient d'argent, d'ivoire, de bois précieux, et ne
différaient pas, autant qu'on serait tenté de le supposer, des
ouvrages des fabricants les plus renommés de Paris et de
Londres. Les anciens savaient distribuer avec art les compartiments de ces petits meubles, de façon à y placer le plus de
choses et à en rendre l'usage commode.

Les coffrets, les écrins, ont été une des parties les plus
élégantes du luxe du moyen âge; on y plaçait les livres si
rares alors, les joyaux et l'argent. Il faut avouer que rien de
ce que l'on fait en ce genre, de nos jours, n'est comparable,
pour la richesse et même pour le travail d'art, aux ouvrages
de ce temps. Les inventaires font mention de coffrets d'or,
d'argent, de jaspe, garnis d'émaux et de pierres fines; et l'on
conserve encore de très-beaux coffrets d'ivoire ou de bois pré-

[1] Wilkinson, *Manners and customs of the ancient Egyptians,* t. II, p. 355
et 361.

cieux sculpté, de marqueterie, de cuivre doré ou émaillé, etc.
Nos nécessaires sont une imitation des *pignères* du xiv⁰ et du
xvᵉ siècle, étuis de cuir souvent très-enjolivés qui renfermaient
les peignes, rasoirs, gravoirs, ciseaux, miroirs et autres objets
de toilette.

Nous avons perdu une petite industrie qui employait, au
moyen âge, des procédés curieux pour l'époque : la fabrication
d'objets de cuir bouilli. Le *cuir bouilli* était, dès le ixᵉ siècle,
taillé au canif et relevé en relief; au xivᵉ, on le *poinçonnait*,
ce qui se faisait à froid au petit fer; au xvᵉ, on l'estampait
et l'on avait déjà le secret de l'impression humide. « La do-
« rure, l'argenture et la couleur ajoutaient beaucoup à ces
« travaux [1]. »

Trois corps de métiers avaient le privilége de travailler
aux cassettes, boîtes, écrins et étuis dont nous nous occupons
ici, les escriniers à ceux de bois, les gaîniers-fourreliers et
les doreurs, garnisseurs et enjoliveurs, à ceux de cuir. Les
escriniers avaient des statuts dès 1291 et les firent renouveler
en 1521. Les statuts des gaîniers sont consignés dans le *Livre
des Mestiers* de 1260; quatorze articles de ceux de 1560 sont
consacrés à de minutieux détails de fabrication. Les doreurs-
enjoliveurs n'ont eu de statuts qu'en 1594 : ils garnissaient
les écrins « à fusts de layettier ou de boisselier; » ils doraient
et argentaient le cuir « de toutes belles façons de moresques, »
et s'occupaient à couvrir « les coffres, boestes, estuis de toutes
« sortes de draps de soye, tant dehors que dedans, et les en-
« richir de brodures, passemens, porfilures d'or et d'argent
« fin et soye, marques, bandes, feüilles et coins d'or et d'ar-
« gent... »

L'industrie des nécessaires est véritablement la seule, de
celles bien entendu dont nous avons examiné les procédés et
les produits, qui soit portée, en France et en Angleterre, à un
degré de perfection à peu près égal. C'est là un fait digne
d'intérêt et sur lequel nous devons arrêter l'attention.

---

[1] Comte de Laborde, *Glossaire,* au mot *Cuir bouilli.*

Cette industrie présente deux branches distinctes :

La première comprend la fabrication des nécessaires dont les coffres sont faits de bois dur et ornés d'incrustations ou d'appliques de bronze, d'argent, etc. ;

La seconde comprend la fabrication des nécessaires dont les coffres, faits de bois léger ou de carton, sont recouverts de cuir de Russie, de maroquin ou d'autres sortes de cuir.

Cette dernière branche d'industrie peut être subdivisée en deux catégories nouvelles, savoir : 1° la fabrication des nécessaires de voyage, de toilette ou de bureau, etc., en un mot, des grandes pièces; 2° la fabrication des petites pièces, telles que coffrets, boîtes et sacs à ouvrage, étuis pour les fumeurs, petits nécessaires de poche et autres de ce genre.

NÉCESSAIRES RECOUVERTS DE CUIR.

GRANDES PIÈCES.

La supériorité des fabricants anglais pour les nécessaires recouverts de cuir ne saurait être contestée; il est juste de dire que l'on en fait fort peu en France.

Parmi les nombreux spécimens qui sortaient des ateliers de Londres, de Birmingham et de Sheffield, il y avait des ouvrages dont l'exécution était vraiment remarquable. MM. Th. De La Ruë et Cie notamment avaient exposé une charmante collection de boîtes à papiers et à enveloppes, de nécessaires de bureau, etc. Nos fabricants ont pu y observer de bons modèles : en général les formes étaient simples, et les décors d'une sévérité qui n'excluait pas l'élégance. Nous ne pensons pas nous tromper en disant qu'on retrouvait dans ces ouvrages si bien réussis l'influence du goût parisien; mais, ce qui était tout à fait anglais, c'était la correction du travail, et la solidité qui y ajoute tant de prix.

PETITES PIÈCES.

Les nécessaires et les trousses de voyage sont fabriqués, en Angleterre, avec une rare habileté; ils sont ordinairement recouverts de cuir de Russie, et il est difficile de surpasser les fabricants anglais dans cette petite industrie. Le volume des nécessaires a été réduit d'une façon extraordinaire.

C'est en Allemagne que l'on s'occupe particulièrement de la confection des nécessaires recouverts de cuir de veau; ce que l'on fait en ce genre à Offenbach, à Stuttgard, à Wurzbourg, est, en général, cher, lourd de dessin et d'un travail ordinaire. M. Jacob MÖNCH, d'Offenbach, est le seul exposant qui soit digne d'être cité.

Dès qu'il s'agit d'objets qui empruntent leur principal mérite à la nouveauté de la forme, on est sûr de retrouver les fabricants français au premier rang; c'est pourquoi ils excellent dans la fabrication de ces petits nécessaires de dame, dont ils changent, presque chaque année, les dispositions et les noms. Paris avait envoyé à l'Exposition un assortiment curieux de ces ouvrages qui laissaient bien loin derrière eux, pour le prix, le goût et le fini, les imitations qui sortent des manufactures de Londres et d'Offenbach. Un fabricant de Paris, M. SCHLOSE, avait tenu à honneur de montrer à quel degré de perfection cette industrie a été portée, et l'on eût certainement accordé encore plus d'attention à ces élégantes bagatelles, si l'on se fût rendu compte des difficultés de la fabrication, des soins et du matériel considérable qu'elle exige. La XVIIᵉ classe avait décerné une médaille de prix à la maison veuve Henri SCHLOSE et frère pour les porte-monnaie, les porte-cigares et les autres petits articles de maroquinerie; la XXIXᵉ classe aurait, si elle n'avait pas été devancée, proposé une pareille récompense pour les nécessaires. Ces fabrications ingénieuses ont été enlevées par Paris à l'Allemagne vers 1834; elles ont reçu de feu Henri Schlose, qui les a importées, leurs principaux perfectionnements. A propos de cet homme si laborieux, citons deux faits qui donnent la mesure de l'activité et de l'intelligence des industriels parisiens. Schlose avait imaginé, en 1840, le porte-cigares de peau; ce petit objet fut très-goûté dans les colonies et les États de l'Amérique, mais il fallait l'enjoliver et varier sans cesse les enjolivements : plus de quatre mille dessins fussent composés à cette fin. Le porte-

monnaie est devenu d'un usage presque général, la modicité
de son prix y a beaucoup contribué, et elle n'a pu être obtenue
que par une division de travail bien ordonnée : la garniture
d'acier est soumise, depuis la taroche jusqu'à la dorure, à
quatorze manutentions diverses; la peau en subit une douzaine,
et le plus simple porte-monnaie n'est entièrement confectionné
qu'après avoir passé entre les mains de vingt-deux ouvriers
différents et sous douze ou quinze petites machines.

NÉCESSAIRES DE BOIS.

Les Anglais étaient, il y a une trentaine d'années, nos maîtres
dans la fabrication des nécessaires de bois : ils faisaient les
coffres plus solidement, la distribution intérieure était mieux
entendue, les cristaux étaient plus purs, les pièces de coutellerie et les brosses mieux montées et de meilleure qualité. Aussi
les nécessaires anglais acquirent une grande réputation. Cette
réputation était méritée : elle eut pour effet de développer, en
Angleterre, cette industrie, qui y a conservé beaucoup d'importance et d'activité. Mais, depuis quinze ou vingt ans, les
Français ont fait de tels progrès, qu'ils rivalisent aujourd'hui
avec les Anglais.

Nous avons dit plus haut que ceux-ci savent faire mieux
que nous les nécessaires recouverts de cuir de Russie ou de
maroquin; il n'en est plus de même pour les nécessaires de
bois. Nous sommes égaux aux Anglais pour la solidité des
coffres, la belle qualité des pièces, l'exécution correcte, le fini
du travail; nous leur sommes supérieurs pour la distribution,
l'incrustation, la gravure et le goût; enfin nos prix sont de
vingt pour cent environ au-dessous des leurs.

Il est facile de motiver ces assertions.

Les coffres anglais sont faits le plus souvent de bois d'acajou
ou de palissandre massif, ils sont lourds et sujets à se fendre.
Les angles sont entaillés pour recevoir des cuivres trop étroits
et fixés par des vis, ce qui laisse à désirer pour la solidité.
Les coffres français sont plaqués sur du bois de chêne ou de
tilleul, qui est assemblé à queue d'aronde; ils portent des fer-

rures de longueur et sont garnis, sur les bords, d'épaisses lames de cuivre, reliées aux angles par des agrafes de cuivre fondu. Ces coffres sont légers et résistent cependant aux chocs les plus violents.

Les incrustations de bois ou de nacre des coffres anglais sont, en général, de mauvais goût, mal découpées et mal posées ; les appliques de bronze doré sont lourdes. La gravure des pièces d'argent est plus soignée, mais les dessins se rapportent toujours au genre *rocaille,* qui date déjà de vingt ans, et la composition en est peu variée. En France, les ornements ont un cachet d'originalité et de distinction ; dessins, découpures, appliques, enjolivements, tout est net, bien détaché et d'un bon style.

La distribution est aussi mieux comprise chez nous. La forme et la grandeur des pièces sont calculées de façon à ce que l'usage de ces pièces et du nécessaire lui-même soit facile, à ce que le plus grand nombre d'objets utiles soit contenu dans le plus petit espace. Sur ce point, on a pris de bonnes idées à nos voisins ; et c'est depuis peu d'années que les nécessaires de Paris sont plus complets et plus commodes que ceux de Londres.

Quant au guillochis et au *poli avivé,* l'un et l'autre sont aussi parfaits que possible. Nos guillocheurs rivalisent avec ceux de Genève et nos polisseuses avec celles de Birmingham et de Sheffield.

Quelques-uns de nos cristaux sont un peu moins beaux que ceux des Anglais, mais la taille et le poli sont irréprochables. Les flacons anglais sont bouchés avec des dés à charnière, genre de fermeture qui serait parfait, s'il ne coûtait très-cher ; en France, on emploie généralement le bouchon de cristal à l'émeri, recouvert d'un dé à contre-vis.

Notre coutellerie fine soutient très-bien la comparaison avec celle de Sheffield, et un juge fort difficile, M. Mechi, a donné des éloges à la qualité et à la façon des pièces qui garnissaient les nécessaires de MM. Audot et Aucoc. Notre brosserie percée et chevillée est la meilleure qui se fasse en Eu-

rope : les brosses de M. Laurençot sont recherchées à Londres,
à Saint-Pétersbourg, à New-York, à Rio-Janeiro. Nos peignes
d'écaille et d'ivoire ne craignent aucune concurrence étrangère ;
la supériorité de ceux de M. Fauvelle-Délebarre et de M. Massuë ne fait plus doute. Nous n'avons, même pour les serrures
et les charnières, rien à envier aux Anglais.

En examinant ainsi les détails, on reconnaît qu'il y a réellement, à prix égal, beaucoup plus de travail, de soin, nous
ne parlons plus du goût, dans les nécessaires français. Pour
l'invention et pour le prix, l'avantage reste encore à la France :
ainsi l'on doit à M. Aucoc et à M. Tahan des formes et des dispositions nouvelles ; M. Audot a imaginé un couvercle qui
peut servir de pupitre, et a fait une heúreuse application de
la nielle et de la damasquinure à l'ornementation des pièces
d'orfévrerie.

M. Edwards est, sans contredit, le premier des fabricants
anglais ; il avait exposé trois nécessaires *parfaits,* mais d'un
prix très-élevé. Le nécessaire pour homme, composé de 43
pièces, dont 16 d'argent gravé et guilloché pesant 1,426 grammes, coûtait 90 liv. sterl. (2,250 francs). On peut y comparer
un nécessaire de M. Audot, avec couvercle à pupitre et cristaux
taillés à balustre, qui était composé de 50 pièces, dont 13 d'argent niellé pesant 870 grammes, le prix était de 1,175 francs.
Le nécessaire pour dame de M. Edwards comprenait 29 pièces
dont 11 d'argent doré et gravé (1,116 grammes d'argent et
310 grammes d'or), il valait 4,000 francs. Bien que des soins
extrêmes aient été apportés à la fabrication du coffre et de son
contenu, nous ne voyons pas d'où vient la différence énorme de
prix qui existe entre ces ouvrages et ceux de nos fabricants les
plus renommés, car le magnifique nécessaire d'ébène incrusté
que M: Audot a fait pour la princesse W... ne coûtait que
2,700 francs, et cependant il renfermait 70 pièces, dont 29
d'argent gravé et guilloché[1]. M. Audot avait exposé un autre

---

[1] Il y avait 4,594 grammes d'argent au premier titre (950 millièmes de
fin).

nécessaire, composé de 52 pièces, qui n'était aussi que du prix de 1,500 francs : le coffre était incrusté, le couvercle formait pupitre; les cristaux étaient taillés à torsade; 16 pièces étaient d'argent émaillé, doré, gravé et guilloché, et il y était entré 935 grammes d'argent au premier titre.

Toutes choses égales d'ailleurs, les nécessaires de Paris coûtent 20 p. o/o moins cher que ceux de Londres; il n'est pas inutile d'ajouter que l'argent que l'on emploie en France est à un titre plus fin.

Nos fabricants de coffrets et de petite ébénisterie de fantaisie n'ont pas aujourd'hui de rivaux; cette charmante petite industrie est inconnue des Allemands, et les Anglais ne la comprennent pas. Ils ne savent pas faire des objets de fantaisie dont le cachet d'art et d'élégance est le mérite principal, et le peu d'ouvrages de ce genre qui sortent de Londres n'ont de prix que par la matière ou par un fini d'exécution poussé jusqu'à la minutie. Ce qui se fait à Paris est de plus de moitié moins cher, tout en étant de meilleur goût et d'un effet plus séduisant. Ainsi M. W. LEUCHARS avait exposé une boîte de Boule ovale qu'il offrait à 30 liv. sterl. (750 francs), et M. TAHAN demandait 260 fr. d'un coffret de Boule, de pareille dimension et d'un beau style, dont la marqueterie et la gravure étaient plus fines et dont le travail d'ébénisterie avait présenté des difficultés.

M. Tahan a produit à l'Exposition d'autres preuves de l'excellence de sa fabrication; la XXVIᵉ et la XXIXᵉ classe lui ont décerné chacune la médaille de prix, et c'est par erreur que le nom et la récompense de M. Tahan ne figurent pas dans le rapport de la XXIXᵉ classe.

M. AUCOC et M. AUDOT ont été jugés dignes l'un et l'autre de la médaille de prix par la XXIIIᵉ et la XXIXᵉ classe. Cette double distinction est justifiée par le double mérite de ces exposants comme orfévres et comme fabricants de nécessaires. Leurs ouvrages ont fait grand honneur à la France. M. LAURENT n'est qu'ébéniste-coffretier, mais il occupe un des premiers rangs dans cette branche d'industrie.

MM. Edwards et Leuchars, de Londres, ont obtenu aussi la médaille de prix.

Tout en jugeant que nos compatriotes l'emportent, pour l'ensemble de la fabrication, sur ces rivaux honorables et renommés, nous devons signaler le rare degré de perfection que MM. Edwards et Leuchars apportent dans leurs produits; il est difficile de faire mieux.

OBSERVATIONS GÉNÉRALES SUR L'INDUSTRIE DES NÉCESSAIRES.

La fabrication anglaise et la fabrication française sont très-avancées et assez différentes l'une de l'autre. Il a fallu un examen scrupuleux des procédés, des formes, des ornements, des détails de la distribution et de la garniture, pour arriver à donner, en tenant compte du prix, la préférence aux nécessaires de Paris.

L'industrie des coffres, des articles de maroquinerie et de gaînerie occupait, en 1847, à Paris, environ 2,800 personnes, et la production était alors de près de 9 millions.

La fabrication des nécessaires et des coffrets était exercée par 158 entrepreneurs qui employaient 980 ouvriers, savoir : 882 hommes, 30 femmes et 68 jeunes garçons. Le chiffre total des affaires était de 3,877,450 francs pour 1847, et il ne fut que de 1,240,780 francs en 1848.

La plupart des ouvriers (80 sur 100) travaillent en atelier, et 95 sur 100 savent lire et écrire; le salaire des hommes était alors de 2 à 7 francs par jour, et, en moyenne, de 3 fr. 70 c.; celui des femmes était de 1 fr. à 2 fr. 50 c., et, en moyenne, de 1 fr. 75 cent.

Les porte-monnaie, portefeuilles, petits nécessaires de cuir, coffres à argenterie, écrins et autres articles de maroquinerie et de gaînerie étaient fabriqués à Paris, en 1847, chez 243 entrepreneurs, par 1,407 ouvriers, savoir : 847 hommes, 377 femmes, 169 jeunes garçons et 14 jeunes filles. Le chiffre des affaires, de 5,087,040 fr. en 1847, tomba à 1,777,015 francs en 1848. Un grand nombre d'ouvriers (84 sur 100) travaillent en atelier; la plupart savent lire et écrire, sont assidus au travail et

rangés. Les hommes gagnent de 1 fr. 25 cent. à 6 fr. 50 cent.
par jour; mais la moyenne du salaire des maroquiniers est de
3 fr. 80 cent., celle des gaîniers n'est que de 3 fr. 65 cent. Il
en est de même pour les femmes, dont le salaire varie de 1 fr.
à 2 fr. 50 cent.; la moyenne est de 1 fr. 70 cent. pour les ouvrières en maroquinerie et de 1 fr. 50 cent. pour les ouvrières
en gaînerie.

On faisait, en Angleterre, dans le xvie siècle, un grand nombre
d'étuis à peignes et miroirs; quelques coffrets de ce temps
étaient distribués de façon à recevoir aussi des flacons d'eaux
de senteur et de pommades ou de petites cassolettes d'argent
rondes. Sir John Alee offrit, en 1562, à la reine Élisabeth
comme présent de nouvelle année, un coffret de bois sculpté,
peint et doré, qui contenait des peignes, des miroirs et de
ces cassolettes à parfums.

C'est principalement dans les vingt dernières années que
la fabrication des nécessaires de cuir a fait le plus de progrès
en Angleterre. L'usage qui a prévalu chez nos voisins, de
donner en cadeau des nécessaires, explique la richesse, la
perfection et le haut prix de beaucoup de ces ouvrages. Cette
branche d'industrie, dans laquelle Londres a une supériorité
reconnue, est exercée par un petit nombre d'ouvriers, 468
hommes et 250 femmes. La plupart des nécessaires de prix
sont exécutés à Londres; 308 hommes et 20 femmes sont
employés dans cette ville. Les nécessaires les plus communs
et les bons étuis à rasoirs sortent d'ateliers de Sheffield, où
travaillent 47 hommes et 200 femmes, que l'on dit très-habiles. Enfin 50 ouvriers et 30 jeunes filles sont occupés, à Birmingham, à la fabrication d'ouvrages ordinaires. Il est bien
entendu qu'il n'est ici question que de nécessaires de cuir.

CARTONNAGES DE FANTAISIE.

Les cartonnages de fantaisie ayant été examinés et jugés
par la XVIIe classe, nous nous bornerons à en dire quelques
mots.

Cette industrie est tout à fait moderne et n'existe, à vrai dire, qu'à Paris; car on ne saurait, en aucune façon, comparer les ouvrages qui sortent des ateliers de Mme veuve Mayer, par exemple, avec ceux que l'on fait à peu près en ce genre à Londres et à Berlin.

Cette fabrication a acquis de l'importance, notamment dans les vingt dernières années : en 1847, on comptait, à Paris, 367 fabricants de cartonnages, qui occupaient 2,169 ouvriers, hommes, femmes et enfants, et faisaient pour 5,376,000 fr. d'affaires. Les cartonnages de fantaisie figurent, dans cette somme, pour 2,600,000 francs. Tous ces chiffres sont dépassés aujourd'hui.

On est arrivé, dans cette fabrication, à toute la perfection qu'elle comporte.

Plusieurs branches d'industrie, importantes par elles-mêmes, sont jointes souvent à la fabrication des cartonnages et forment ensemble une exploitation unique qui est concentrée dans un même lieu et gouvernée par une seule main. C'est ainsi que l'on trouve réunis (chez Mme veuve Mayer, par exemple) un cabinet de dessinateurs, des ateliers pour la confection de cartonnages et de papiers-dentelle, pour la découpure, la gaufrure et la dorure, pour la coloration de papiers, l'enluminure et la vernissure, enfin, pour l'impression en noir et en couleur, etc. Il faut, en outre, employer au dehors des graveurs, des imprimeurs, des découpeurs, des fleuristes, des brodeuses, des passementières, des coloristes, des ouvrières en bimbeloterie, etc.

Depuis l'élégante corbeille de mariage et les beaux coffrets d'étrennes jusqu'aux boîtes à mouchoirs, à gants, à bijoux, à agrafes, chaque modèle peut être exécuté en toutes grandeurs et avec les enjolivements les plus variés. Ce n'est pas une des moindres difficultés que de savoir tirer parti de matériaux toujours les mêmes, d'un outillage nécessairement restreint et de mains adroites, mais souvent rebelles, pour produire aussi vite et à aussi bas prix les ouvrages les plus jolis et les plus variés.

L'exposition de Mme veuve T. Mayer faisait comprendre ce
qu'il faut de goût et de soins, de vivacité dans la conception
et de vigueur dans la direction, pour conduire une entreprise
aussi difficile. Il ne suffit pas d'administrer une fabrique, il
faut créer, chaque année, des modèles nouveaux, approprier
les sujets, les dessins, les ornements, les devises, les couleurs
aux destinations, aux circonstances, à la mode du jour, aux
tendances de l'esprit public. En toutes ces choses, Mme Mayer
excelle. Il y a à côté d'elle, à Paris, des fabricants également
habiles et intelligents, dont les produits, pour être un peu
moins estimés, n'en sont pas moins recherchés dans toutes
les parties du monde.

FLEURS ARTIFICIELLES.

HISTOIRE.

Les fleurs ont servi, dès les temps les plus reculés, à la
toilette et à la décoration ; elles offrent en effet les modèles les
plus variés et les plus élégants. Les guirlandes, les couronnes,
les bouquets de fleurs et de feuillages étaient aussi communément employés chez les Égyptiens et les Hindous que chez
les Grecs et les Romains. Ces gracieuses parures n'étaient pas
réservées pour les cérémonies sacrées et les fêtes ; leur usage
était général.

Mais la fraîcheur des fleurs, comme leur floraison, est de
si courte durée, que l'on a songé de bonne heure à recourir
à l'imitation pour conserver toute l'année ces ornements délicats.

Les anciens Égyptiens connaissaient l'art de faire les fleurs
artificielles. On en a découvert dans les tombeaux de Thèbes ;
elles étaient faites de toile de lin de couleur. Cette petite industrie existait également dans l'ancienne Rome. Pline décrit
ces imitations fidèles, que l'on appelait *fleurs d'hiver* et *fleurs
égyptiennes*. Les dames romaines plaçaient des fleurs d'or dans
leurs cheveux. Elles portaient, pendant les repas et dans les
temples, des couronnes composées souvent de fleurs artifi-

cielles; les unes étaient formées de fleurs parfumées faites de soie, d'après des dessins indiens, les autres, de branches et de feuilles d'or. Parfois des bandelettes d'écorce de papyrus tournées et nouées formaient le corps de la couronne qu'embellissaient des feuilles de palmier en argent[1].

La fabrication des fleurs artificielles est très-ancienne dans l'Inde; ces fleurs étaient estimées à Rome, et on les y imitait.

Il n'est fait mention, dans les livres chinois, des fleurs artificielles, que vers le IIIe siècle de l'ère chrétienne. Le *Kou-kinn-tchou* rapporte un décret de l'empereur Chi-Hoang-ti, qui ordonne aux femmes du palais de réunir leurs cheveux en touffes et d'y attacher des fleurs artificielles de cinq couleurs. On a des renseignements assez précis sur la nature de ces imitations dans le cours du Xe siècle. Ainsi, sous les Tchéou postérieurs (951 à 960), il fut enjoint aux dames du palais de faire des fleurs de pêcher avec des feuilles de mica, et de s'en parer lorsqu'elles devaient manger à la table de l'empereur, et celui-ci promettait sa faveur à la dame dont les fleurs seraient les plus belles. On imita les fleurs de pêcher jusqu'au jour où des fleurs de prunier, détachées par le vent, tombèrent sur la joue de la princesse Cheou-yang; plus tard, on remplaça les fleurs artificielles par des poissons faits de fils de soie que l'on appelait *yu-meï-tse* (grâces de poissons). C'est à cette époque (dans la période Chun-hoa des Soung, 990-995) que les femmes et les jeunes filles de Pé-king ornaient leur visage de petits ronds de papier noir luisant[2]. Le *Tchin-ouann-khao* nous a conservé le nom d'un fabricant renommé de la province de Kiang-nann, Kien-yang de Wann-ki, qui vivait au XIe siècle. Il faisait des fleurs de l'arbre à thé, satinées et d'une grande vérité. Les dames de la cour qui ornaient de fils d'or le contour de leur visage, portaient au haut du front un bouquet de ces fleurs[3].

[1] *Sabine,* par C. A. Bœttiger; trad., p. 140 et suiv.
[2] Nous devons la traduction de ces curieux extraits de livres chinois à M. Stanislas Julien, de l'Institut.
[3] Extrait du *Tchoang-taï-ki,* ou Mémoire sur la table de toilette.

Lorsque, en 645, Hiouen-thsang arriva à Si-ngan-fou rapportant de l'Inde les livres sacrés et les statues du Bouddha, des fleurs d'or « d'un éclat éblouissant » ajoutaient à la pompe du cortége [1].

Dès le xiiie siècle, il était permis, aux docteurs nouvellement reçus, de porter pendant trois jours une fleur d'or de chaque côté du bonnet.

L'usage des fleurs naturelles ou artificielles dans la coiffure est, notamment depuis le xiiie siècle, presque universel en Chine [2]. Au nord comme au midi, il n'est femme si pauvre ou si vieille qui n'ait des fleurs dans les cheveux.

Cette coutume n'existe pas au Japon [3], et nous n'avons pas non plus vu à Touranne, en Cochinchine, les fleurs servir à la coiffure des femmes; mais le goût de ces parures de fleurs est répandu dans les Indes, au Brésil et dans l'Amérique du Sud.

Les missionnaires ont fait connaître le mode de travail et le degré d'habileté des ouvriers de Pé-king au xviiie siècle. On trouve une note sur ce sujet dans les *Mémoires concernant les Chinois* (tome II, pages 456 à 458). « La consommation pro-« digieuse des fleurs artificielles, y est-il dit, et leur bon marché, « vont au delà de tout ce que nous en oserions dire; quant au « bon marché, il n'y a pas exagération à dire qu'elles coûtent « moins que les fleurs naturelles les plus communes ne coû-« tent en France [4]. » On les faisait alors (vers 1775) « en plusieurs « espèces de soieries dont quelques-unes étaient tissues exprès « et uniquement pour cet usage, » en cocons de vers à soie, en papiers différents, en moelle de *toung-tsao* [5], en fils de soie et de

[1] *Histoire de la vie de Hiouen-thsang.* Trad. de Stanislas Julien, p. 296.
[2] Il n'en est pas fait mention dans le *Chi-king*, recueil d'odes antérieures au vi[e] siècle avant notre ère, fait par Confucius. Sir G. Staunton et De Guigues citent cet usage.
[3] Voyez les planches du *Yo-sann-fi-rok*, l'art d'élever les vers à soie au Japon, par Ouekaki-Morikouni, traduit du japonais par J. Hoffmann.
[4] Nous avons acheté nous-même en 1845, à Ting-haï, de petits bouquets de fleurs faites de moelle de *toung-tsao*, au prix de 5 centimes pièce.
[5] Le *toung-tsao* a été rapporté par sir W. Hooker au genre *aralia* et porte le

fleuret, en plumes d'oiseaux, en jade, en porcelaine, en
agate, en corail, en nacre et en coquilles. Dans cette industrie, comme en tant d'autres, les Chinois ont devancé les
Européens : « Ce qui nous frappa le plus, écrit l'un des pères
« de la mission de Pé-king, fut la manière dont les ouvriers
« taillent leurs différentes espèces d'étoffes de soie, leur font
« prendre la forme qu'ils veulent avec des fers chauds et des
« moules, et puis en varient les couleurs à leur gré. Ce qui
« sort de leurs mains est si fini, que l'empereur Kang-hi défia
« une fois le père Parennin de distinguer entre divers pieds
« d'orangers qui étaient dans la salle, les naturels des arti-
« ficiels[1]. »

On fait aussi, en Chine, beaucoup de fleurs artificielles de
papier, de moelle ou de clinquant, destinées à orner les autels et les images sacrées qui sont placées dans les temples,
les maisons et les magasins[2].

Au Thibet, on fait, en beurre, pour le jour de la *fête des
fleurs*, des imitations de fleurs, et le père Huc rapporte que ce
qu'il vit, en ce genre, à la lamaserie de Kounboum était « ad-
« mirable par la délicatesse des formes et du coloris. » (Tome II,
p. 100.)

En Espagne et en France, aussi loin du moins qu'il nous
a été possible de remonter, on voit les fleurs naturelles et artificielles servir à la décoration des autels et à l'ornement des
tables.

En France, l'usage de porter des *chappels* ou couronnes de

nom spécifique de *papyrifera*. La moelle de la tige a de 1 cent. 1/2 à 3 centimètres de diamètre; elle est découpée circulairement, et les feuilles obtenues
sont rendues planes par une pression de quelques heures. Il y a de ces
feuilles qui ont 30 centimètres sur 22; mais celles qui servent à la fabrication des fleurs n'ont que 9 centimètres carrés, et, en 1850, coûtaient, à
Canton, en blanc, 3 fr. 25 cent. le mille. On trouve dans le *Recueil des
lettres édifiantes* une lettre du père d'Entrecolles, qui renferme de curieux
détails sur la manière de découper la moelle du *toung-tsao*, et d'en faire des
fleurs, des fruits et des papillons.

[1] *Mémoires*, t. II, p. 458.

[2] N. Rondot : *Exportations de la Chine*, pages 119 et 120.

fleurs *naturelles*, surtout de roses[1], fut général pendant les premiers siècles du moyen âge; il y avait, à Paris, une corporation de *chapeliers de fleurs*[2], mais cette mode charmante avait disparu dès le XIVe siècle.

L'art de les faire, dans lequel les Romains ont excellé, paraît n'avoir jamais été perdu en Italie, et l'on s'accorde à dire qu'il nous est venu de ce pays. On y faisait des fleurs avec des plumes, du parchemin, de la forte toile gommée, du clinquant, et surtout des cocons de vers à soie; cette dernière matière était généralement préférée en raison de sa demi-transparence, de son fin duvet, de sa solidité, et parce qu'elle prenait bien la teinture. Toutes ces fleurs étaient découpées avec des ciseaux. Bologne était renommé, au commencement du XVIIIe siècle, pour des lis, des fleurs d'oranger, des tubéreuses dont les pétales étaient d'argent, les étamines, les pistils et les feuilles de vermeil[3]. Les bouquets de fleurs d'argent que l'on faisait à Venise pour les fiancées n'étaient pas moins recherchés.

A la fin du XVIIe siècle, à Naples, on savait donner aux fleurs artificielles le parfum des fleurs naturelles; le secret consistait à cacher au fond du calice un peu de sucre imprégné d'huile essentielle. Les Égyptiens et les Romains étaient arrivés, dans ces imitations de parfums naturels, à une grande perfection.

On imagina également, au XVIIe siècle, d'employer la chenille et de petits rubans de soie; dans la haute Italie, à Gênes notamment, au milieu du XVIIIe siècle, on faisait, avec de très-fine batiste, une foule de jolies fleurettes que l'on coloriait au pinceau. On conserve encore des bouquets de cette époque, qui étaient presque tous faits et montés par des religieuses ou des demoiselles de qualité.

---

[1] Ces *chapeaux de fleurs*, comme on les appelait, étaient tout simplement des couronnes de verdure ou d'herbe, auxquelles s'adaptaient des nœuds ou bouquets de fleurs (Depping).

[2] *Règlements sur les arts et métiers de Paris*, rédigés au XIIIe siècle, pages 246, 247, 248.

[3] *Voyages du P. Labat en Espagne et en Italie*, t. II, p. 248.

C'est à Lyon que la fabrication des fleurs a commencé en
France; elle fut, plus tard, apportée à Paris. Pendant un assez
long temps, de même qu'en Italie et en Espagne, elle fut exercée
principalement dans les couvents de religieuses, et ces fleurs,
faites de parchemin ou de papier, doré ou colorié, étaient
destinées à parer les autels; les communautés vendaient aux
marchands merciers une grande partie de celles qu'elles con-
fectionnaient. Sous Henri IV, cette industrie avait acquis assez
d'importance pour qu'il devînt nécessaire de la mentionner
dans les règlements des corps de métiers. Il est dit, dans des
statuts qui portent la date de février 1599, que « les maistres
« plumassiers, panachers, bouquetiers et enjolineurs de Paris »
pourront seuls faire, entre autres « ornemens de teste, » des
guirlandes de fleurs, teindre « les bouquets de fleurs pour
« mettre sur les autels des églises, sur les buffets, et sur les lits
« des personnes de condition, les enrichir et les enjoliuer d'or
« ou d'argent fin ou faux..... »

Le privilége de la façon et de la vente des bouquets de fleurs
naturelles ou artificielles fut également concédé aux bouque-
tières-chapelières en fleurs par des lettres patentes du 21 août
1677; un siècle plus tard, la fabrication fut attribuée,
par édit d'août 1776 et lettres patentes du 1er février 1784,
aux faiseuses et marchandes de modes plumassières. Le fleuriste de la reine Marie-Antoinette était Wenzel.

En Italie, les fleurs artificielles ont été appliquées assez tard
à la toilette; elles étaient, par leur dimension et leur nature,
plus propres à la décoration. On a commencé à en porter
dans le xve siècle, peut-être avant; mais leur usage ne s'est
répandu que quand on a su les faire légères et mignonnes. Il
en fut de même en France, où les premières fleurs employées
à la parure venaient de l'Italie et de la Chine. Nos faiseuses
de modes d'alors frisaient et plissaient avec des fils de laiton
des rubans de diverses couleurs pour leur faire prendre les
contours et la forme des fleurs; elles se servirent ensuite des
plumes, et bientôt, à la fin du xviie siècle, les procédés italiens
furent apportés à Lyon et perfectionnés. Les fleurs françaises

commencèrent à prendre faveur : on les distingue fort bien
sur les portraits du temps; elles étaient roses, bleues ou
blanches, toujours sans feuillage, et ne ressemblaient à aucune espèce connue. Ce n'est véritablement que depuis quarante ans environ que l'usage des fleurs artificielles s'est généralement répandu et que ces charmants accessoires embellissent
les plus modestes toilettes et les plus riches parures.

FABRICATION ET COMMERCE EN FRANCE.

Nous avons dit plus haut que l'usage de porter des chappels
ou couronnes de fleurs était général au moyen âge; il est bien
difficile d'admettre que les fleurs artificielles ne fussent pas
alors connues, et que, pour l'hiver, l'art ne suppléât pas la
nature. Nous ne connaissons que quatre passages où il soit
question de fleurs artificielles, mais ces fleurs étaient d'or[1].
Brantôme parle « d'un rameau de victoire, tout esmaillé de
« verd; » il est certain que, depuis un siècle au moins, on faisait, en France, des fleurs avec les cocons et le parchemin.

A Lyon et à Paris, le procédé de fabrication et les matériaux
furent à peu près les mêmes qu'en Italie jusqu'au commencement du xviiie siècle. Toutes les fleurs étaient découpées avec
des ciseaux. A Lyon, les cocons étaient employés de préférence;
à Paris, on se servait le plus ordinairement de papier, de parchemin et de toile. On travaillait également, à l'instar des
Italiens, avec la chenille, les rubans, la soie floche et l'argent
en feuilles. Enfin, on enjolivait les bouquets avec des perles
fausses et des fils d'or ou d'argent.

En 1708, un sieur Seguin, natif de Mende en Gévaudan,

[1] 1351. — « Pour un chappel de bièvre,... couvert par dessus d'un rosier,
« dont la tige estoit guippée d'or de Chippre et les feuilles d'or soudi,...
« et par les costez avoit ij grandes quintefeuilles d'or soudi.... » Du Cange,
au mot Capellus.
1352. — « ... De grans quintes feuilles d'or soudé, treillié d'or de
« Chippre par dessus et dessoubz... » De Laborde, au mot Chappel.
1380. — « Un rosier d'or.... »
1467. — « Ung arbre d'or, en maniere d'un rosier... » De Laborde, au
mot Rosier.

vint s'établir à Paris et s'y livra à la fabrication des fleurs artificielles. Il savait un peu de botanique, était adroit et s'appliqua à reproduire scrupuleusement la nature. Il apporta de
grands soins à la teinture et au coloriage, diversifia habilement les matériaux selon les fleurs, imita les fleurs chinoises
avec la moelle de sureau, et fit, dans le goût italien, des fleurs
à feuillage d'argent qui eurent longtemps la vogue. Il fallut
à Seguin beaucoup de persévérance et d'activité, et surtout
la protection de quelques seigneurs, pour vaincre les obstacles
que lui opposèrent plusieurs corps de métiers. Seguin employait ordinairement les coques de vers à soie, les toiles et
le parchemin.

Vers 1770, un Suisse, dont on ignore le nom, eut l'idée
d'appliquer l'emporte-pièce à cette fabrication ; il inventa le
fer à découper. Le gaufroir gravé fut imaginé bientôt après.
L'article 3 des statuts de 1784 fait connaître les procédés et
les matériaux du temps. « Elles (les faiseuses de modes) pour-
« ront seules, y est-il dit, se servir, pour tous ces dits ouvrages
« (les fleurs artificielles), de toutes sortes d'emporte-pièce,
« gauffroirs unis et gravés, presses, balanciers et autres outils
« destinés aux dits ouvrages . . . . . Elles pourront pareillement
« tenir chez elles les batistes, toiles et autres étoffes néces-
« saires pour la fabrication des fleurs . . . . . »

On ne se servait guère, en France, vers 1780, que de batiste et de taffetas : de batiste pour les fleurs ; de taffetas de
Florence pour les feuilles. La batiste était teinte, calandrée et
pressée ; le taffetas était teint, lustré avec de la gomme ara-
bique et velouté avec une eau d'amidon colorée. La batiste
avait remplacé la gaze d'Italie[1].

En Italie, à la même époque, la fabrication était encore
exercée principalement dans les couvents. On y employait,
pour les fleurs, les cocons, les rubans, le voile ou la gaze,
et des plumes prises sous l'aile de jeunes pigeons. Les feuilles
étaient faites de taffetas ou de parchemin.

---

[1] *Encyclopédie méthodique*, Manufactures, arts et métiers, t. I, p. 254.

On cousait alors avec du fil de soie toutes les parties des fleurs; il n'y avait que les fleurs de cocons qui fussent collées.

C'est ici le lieu de faire mention d'un livre qui fut publié en 1790 sous ce titre : « Projet d'établir en France une ma- « nufacture de végétaux artificiels, qui doit occuper utilement, « dans l'enceinte de Paris, environ quatre mille femmes, d'a- « près les nouveaux procédés de T. J. Wenzel. » Ce prospectus annonce que Wenzel a trouvé « les moyens de représenter la « nature telle qu'elle est; » mais il se tait sur les procédés. Un seul passage a de l'intérêt : « Il faut, pour une seule rose, plus « de trente outils différents..... Ajoutez que ces outils ont be- « soin d'être renouvelés presque tous les ans, pour le peu « qu'on soit jaloux d'approcher de la perfection. Ainsi, sui- « vant les procédés actuels, la multiplicité des outils, la len- « teur de leur fabrication, leur prix excessif, la nécessité de « les renouveler fréquemment, sont autant de causes de la « cherté prodigieuse des fleurs artificielles. »

Sous l'Empire et sous la Restauration, quelques fabri- cants (notamment Nattier et Batton) parvinrent, par leur ha- bileté, leur goût et leurs soins, à surmonter, mais non pas à supprimer les difficultés qui s'opposaient à l'essor de cette industrie. Ces progrès, que tant d'efforts n'avaient pu amener, la division du travail a permis de les accomplir en peu d'an- nées.

Il y a vingt-cinq ans, chaque fabricant devait faire tout dans son atelier : outils, teinture, apprêts, monture et tous les genres de fleurs.

A partir de 1826, chaque branche de la fabrication est de- venue l'objet d'une industrie particulière. La fabrication et la gravure des emporte-pièce et des gaufroirs, — la prépara- tion et la teinture des papiers et des étoffes, — la fabrication des apprêts, c'est-à-dire de toutes les parties des plantes, — celle des feuillages, — l'assemblage et la monture, — toutes ces branches, désormais distinctes, furent exercées par des industriels et des ouvriers spéciaux. On est allé plus loin en- core : parmi les fleuristes, les uns ne s'occupent que des fleurs de fantaisie pour la toilette, d'autres que de celles pour l'ornement; plusieurs exécutent seulement les fleurs destinées aux études de botanique, ou bien celles qui trouvent leur emploi dans les décorations publiques. Il en est qui s'attachent exclusivement à la fabrication de fleurs, soit d'une seule espèce, soit d'une même couleur : ceux-ci font les roses, ceux-là, les fleurs d'oranger; d'autres, les fleurs bleues ou les fleurs blanches, etc. Enfin, les *feuillagistes* [1] eux-mêmes forment aujourd'hui plusieurs catégories; car les feuillages pour l'étude, les feuilles mordorées, les feuilles vertes ordinaires, etc., sortent d'ateliers différents.

Il y a peu d'industries où la division du travail ait donné, en aussi peu de temps, des résultats aussi complets. On est parvenu à un degré de perfection tel, qu'il est parfois impossible de distinguer les fleurs artificielles des fleurs naturelles. Mais, pour en arriver là, qu'il en a coûté d'ingénieux travaux! combien il a fallu d'essais, de recherches variées, de patientes études! Pas un détail de fabrication qui n'ait été maintes et maintes fois perfectionné; pas un organe de fleur qui n'ait été scrupuleusement observé et reproduit. On a été jusqu'à créer des étoffes nouvelles pour les divers feuillages, pour les bruyères, etc.; on a fondu et gravé, pour chaque feuillage, un outillage spécial, et il n'est pas jusqu'au papier que l'on ne fabrique particulièrement selon l'emploi auquel il est réservé. Angoulême fournit les papiers coquille pour les fleurs et les feuilles; Ambert, les papiers serpente pour les tiges des plantes. Enfin, on a limité la tâche de chaque ouvrier de façon à obtenir de lui le plus haut degré d'habileté et de promptitude, et l'on en est venu à ce point, que, pour faire même une rose simple, il faut huit ou neuf espèces différentes d'apprêts, et, pour assembler ceux-ci, dix opérations distinctes.

En même temps que ces progrès s'accomplissaient dans la fabrication proprement dite, des progrès non moins remar-

---

[1] On appelle *feuillagistes* les fabricants qui ne font absolument que les feuillages artificiels.

quables donnaient une importance nouvelle à l'industrie de la monture. Nous aurons occasion d'en parler plus loin, et nous devons nous borner à dire ici que l'art merveilleux et le bon goût qui concourent à la mise en œuvre des fleurs rehaussent singulièrement leur élégance et leur beauté.

La comparaison des prix des fleurs artificielles, à diverses époques, offrirait peu d'intérêt. Les fleurs sont un objet de fantaisie et de luxe, et les efforts ont naturellement tendu à l'amélioration de la forme plutôt qu'à l'économie de la fabrication. Cependant, il n'est pas inutile de faire remarquer que l'invention des fers à découper et à gaufrer a réduit de beaucoup le prix des fleurs, et que, par le fait de la division du travail, la plupart de ces charmants produits sont livrés au commerce à un bon marché extraordinaire.

Les matières premières employées habituellement dans cette industrie sont les suivantes : la cire et la gomme, le papier et la soie, pour les pistils, les étamines, les ovaires, certains boutons, c'est-à-dire une partie de ce qu'on appelle les *apprêts;* le taffetas, le satin, la gaze et le gros de Naples, les velours de soie ou de coton, la mousseline et la batiste, la gélatine en feuilles, la colle de poisson, le papier coquille, les plumes, la moelle de l'*aralia papyrifera,* pour les folioles des fleurs; la percale et le jaconas, le papier coquille, les plumes et la cire, pour le feuillage; les fils de fer ou de laiton, la baleine, le papier serpente, la soie, pour les tiges et les montures; enfin la cire, la gélatine en feuilles, les bulles de verre, pour les fruits en grappes.

L'industrie des fleurs artificielles est à peu près concentrée à Paris. Elle y était exercée, en 1847, par 622 fabricants, qui occupaient 433 hommes et jeunes garçons, coupeurs, découpeurs, gaufreurs, trempeurs; et 720 femmes et jeunes filles, presque toutes monteuses. Le chiffre total des affaires de ces industriels s'est élevé, pour l'année précitée, à 11,056,000 fr. [1]

La majeure partie de ces fabricants sont *monteurs.* Il n'est

[1] *Statistique de l'industrie à Paris,* page 797.

besoin, pour la monture, d'aucune machine, d'aucun outil, et
le capital le plus modeste suffit pour les premières avances.
Tout au contraire, les fabricants d'apprêts doivent être appro-
visionnés de matières premières, avoir des assortiments de
leurs produits toujours prêts, disposer d'un matériel considérable pour la découpure et la gaufrure. Chaque jour leur outillage s'augmente, et ils le perfectionnent sans cesse. Il ne
leur est possible d'apporter une économie notable dans la
production qu'en usant de puissants moyens mécaniques. A
côté de ces industriels importants se trouvent de petits fleuristes ou feuillagistes, qui s'attachent chacun à une spécialité,
et y acquièrent une grande habileté.

Le monteur prend, chez les uns et les autres, d'une part,
soit les fleurs déjà faites, soit les pétales, étamines, pistils,
ovaires, qui servent à les former; d'autre part, les feuilles
diversement colorées, les tiges, les vrilles, les boutons, les
épis, les graines, les fruits, etc. Pour assembler toutes ces
parties et en former une branche fleurie, qui soit une imitation de la nature à la fois vraie et élégante, il faut une aptitude toute particulière, et cette aptitude, nul ne la possède
à un si haut degré que l'ouvrier parisien. Mais ce n'est pas
tout encore : ces branches fleuries qui sortent de la mansarde
du monteur rentrent souvent dans l'atelier d'un autre monteur; elles y reçoivent une façon dernière qui est un véritable
travail de modiste : on marie les fleurs aux dentelles, aux rubans, aux bijoux, pour faire des coiffures de bal; on compose
des bouquets et des guirlandes destinés à orner les corsages,
les volants ou les chapeaux, etc. L'ouvrière de Paris excelle
en tous ces ouvrages de goût.

Ce que nous venons de dire était nécessaire pour faire comprendre la constitution de cette industrie. Sur les 622 entrepreneurs qui furent recensés, 20 seulement faisaient pour plus
de 100,000 francs d'affaires par année; 331 faisaient de 5,000
à 100,000 francs, et 271 produisaient pour moins de 5,000 fr.;
cela concorde avec cet autre fait, de 162 fabricants travaillant
seuls ou avec un ouvrier : d'un côté, la grande fabrication; de

l'autre, le travail en chambre. Il n'y avait à Paris, en 1753, que 18 maîtres plumassiers, panachers, bouquetiers et enjoliveurs[1]; et l'on ne comptait, en 1817, qu'une centaine de fabricants de plumes et de fleurs artificielles, dont la vente était estimée à trois ou quatre millions[2].

La moyenne du salaire journalier des ouvriers est, pour les hommes, de 3 fr. 80 cent.; pour les femmes, de près de 2 francs; il y a bien une morte saison qui dure quatre mois environ; mais, pendant ce temps, les ouvriers sont occupés à d'autres travaux. Les monteuses habiles sont logées et nourries chez leurs patrons, et plusieurs gagnent, en outre, jusqu'à 1,200 francs par an.

C'est Paris qui fournit presque toutes les fleurs artificielles qui sont exportées. L'exportation, qui représentait, en 1844, une valeur déclarée de 756,000 francs, s'est élevée, en 1850, à 1,700,000 francs; en 1851, à 1,630,000 francs; en 1852, à 1,523,000 francs; et, en 1853, à 2,181,000 francs. La Belgique ne recevait, en 1844, que pour 54,000 francs de fleurs; il lui en a été expédié, en 1851, pour 355,000 francs, et, en 1853, pour 408,000 francs. Il est à remarquer que l'Angleterre et l'Association allemande, qui offraient, il y a cinq ou six ans, les débouchés les plus importants, ont réduit notablement leurs demandes : en 1845, on envoyait en Angleterre pour 390,000 francs de fleurs; l'exportation n'a été, en 1851 et en 1852, que d'une valeur de 291,000 francs; mais elle s'est élevée à 529,000 francs en 1853. De 122,000 francs en 1846, les expéditions au Zollverein sont tombées à 59,000 francs en 1851, et à 89,000 francs en 1853. Par contre, nos exportations pour la Russie, l'Italie, l'Amérique du Sud augmentent chaque année, et les États-Unis ont reçu, en 1850, pour 440,000 francs de fleurs, et, en 1853, pour 578,000 francs. Nous ferons observer que nous reproduisons les *valeurs déclarées* inscrites sur les tableaux du commerce ex-

---

[1] *Journal du Citoyen,* 1754, p. 358.
[2] Benoiston de Chateauneuf, *Consommations de la ville de Paris en 1817.*

térieur: bien qu'il n'y ait aucun intérêt pour l'expéditeur à déclarer une valeur inférieure au prix réel, il est probable que les chiffres ci-dessus sont environ d'un tiers trop faibles. En outre, on exporte une grande quantité de modes garnies de fleurs, et ces fleurs ne sont pas comprises dans les valeurs précédentes.

L'exportation des fleurs artificielles et des modes était de 1,416,000 francs en 1812[1]; elle a dépassé 10 millions en 1853.

FABRICANTS FRANÇAIS RÉCOMPENSÉS AUX EXPOSITIONS NATIONALES ET À L'EXPOSITION UNIVERSELLE.

Les fabricants de fleurs artificielles les plus renommés ont fait défaut aux premières expositions nationales. Cependant il est curieux de rappeler les noms des fabricants auxquels le jury a décerné des médailles et des mentions. C'est l'histoire abrégée des progrès de cette industrie dans les cinquante dernières années.

Exposition de l'an VI (1798).
Aucun fleuriste n'avait exposé.

Exposition de l'an IX (1801).
GOHIN frères, de Paris : couleurs pour les fleuristes.

Exposition de l'an X (1802).
Mention honorable.—WENZEL, de Paris : fleurs artificielles.
Médaille d'argent. —GOHIN frères, de Paris : couleurs pour les fleuristes.

Exposition de 1806 [2].
Mention honorable. — DEMILLIÈRE, de Paris : fleurs artificielles.

Exposition de 1819.
Il y avait deux exposants de fleurs : Mlle Thibierge, qui avait présenté des fleurs de chenille, et Baton, tous deux de Paris,

[1] Chaptal, t. II, p. 152.
[2] *Notices,* p. 303. — *Rapport,* p. 214.

et tous deux non récompensés par le jury central. Voici ce que le vicomte Héricart de Thury, rapporteur du jury de la Seine, disait de Baton : « Chaque partie des plantes ou « des fleurs s'y fabrique séparément, suivant leur genre et « leur espèce : toutes ces parties détachées passent ensuite « successivement dans les divers ateliers d'assemblage où, « suivant l'ordre des saisons et de la floraison, les tiges se cou- « vrent d'abord de feuilles, ensuite de fleurs et quelquefois « même de fruits[1]. » On voit que la fabrication des *apprêts* était déjà bien organisée.

Exposition de 1823 [2].

Le premier brevet d'invention qui soit relatif au travail des fleurs a été pris en 1822 par A. de Bernardière, pour l'emploi du fanon de baleine dédoublé et blanchi.

Médaille d'argent. — DE BERNARDIÈRE, de Paris : fleurs de baleine.

Mention honorable. —Mlle DIDIER, de Paris : fleurs de batiste.

Exposition de 1827 [3].

Depuis l'exposition de 1823, quatre brevets d'invention ont été pris : le premier, en 1824, pour l'emploi d'une composition formée de cire, de colle de poisson et de liqueur d'é-cailles d'ablette; les autres pour l'usage de la moelle de Chine, de la baudruche, etc.

Médaille de bronze. — ISNARD DE SAINTE-LORETTE, de Paris : fleurs de baleine.

Mentions honorables. — DENEVERS et ROUYER, de Paris : fleurs de papyrus; Mme SANA, de Paris : fleurs de tissu.

Exposition de 1834 [4].

Il n'a été délivré aucun brevet de 1826 à 1834.

[1] *Rapport du jury d'admission de la Seine,* p. 31.
[2] *Rapport,* p. 119-120.
[3] *Rapport,* p. 135-137.
[4] *Rapport,* t. II, p. 198-199.

Dans cet intervalle, on a essayé de faire des fleurs avec la pâte des pains à cacheter; rien autre à signaler.

Mentions honorables. — MONBARBON, de Paris : fleurs de cire; CHAGOT frères, de Paris : fleurs de batiste.

Exposition de 1839 [1].

Depuis l'Exposition précédente, deux brevets : l'un pour des fleurs, « s'animant par le moyen de mécanismes, » et l'autre pour un procédé expéditif de confection des calices. Mais des progrès notables ont été accomplis; le principal est l'emploi du papier. On donne plus de soins à la teinture, et on se sert avec succès de batiste imprégnée de cire.

Médailles de bronze. — CHAGOT frères, de Paris : fleurs de parure pour l'exportation; bouquets de bal depuis 2 fr. 50 c. la douzaine; PRÉVOST-WENZEL, de Paris : papiers et tissus de couleur pour fleurs.

Mentions honorables. — Mme CLAVEL, de Paris : fleurs de papier; DUBOULOY, de Paris : fleurs de plumes.

Exposition de 1844 [2].

De 1839 à 1844, l'outillage a reçu d'importants perfectionnements; la division du travail a été mieux appliquée et l'on a mieux préparé les étoffes et mieux fait les *apprêts*. C'est dans cette période qu'a commencé la fabrication spéciale de fleurs pour les études de botanique.

Treize brevets ont été pris, parmi lesquels nous ne citerons que ceux de Constantin (1842 et 1844), de Boboeuf (procédé pour velouter et ombrer de couleurs les feuillages, 1842), de Pinson (feuilles de gélatine, 1844), de Mlle Tilman (feuilles et fleurs imprimées sur chaîne de soie, 1844).

Nouvelle médaille de bronze. — CHAGOT frères, de Paris : fleurs pour l'exportation.

---

[1] *Rapport*, t. III, p. 478-482.
[2] *Rapport*, t. III, p. 649-667.

Première médaille de bronze. — CONSTANTIN, de Paris : fleurs pour la botanique, la parure et l'ornement.

Médailles de bronze. — CROUSSE, de Paris : outils pour la fabrication des feuilles; F. J. PERROT : fleurs de parure fines; BOBŒUF-CASAUBON : préparation des étoffes pour les pétales des fleurs et les feuillages; JULIEN : fleurs de parure et d'ornement; PRÉVOST-WENZEL : couleurs, apprêts, fleurs pour l'exportation; Mme MAIRE : roses; LEFORT frères : couleurs, apprêts, fleurs de parure; M. et Mme DELAÈRE : principalement fleurs pour la botanique; Mme LAROCQUE : *idem.*

Mentions honorables. — SEGRETIN, de Paris : fleurs fines; Mme RAYMOND-BOCQUET : *idem;* Mme CLAVEL : fleurs de parure.

Exposition de 1849 [1].

Les perfectionnements les plus marqués ont été accomplis dans la spécialité des fleurs pour la botanique; on est arrivé à la perfection. La gravure des emporte-pièce et des gaufroirs est exécutée avec une rare habileté. On a appliqué les fleurs artificielles à la grande décoration.

De 1844 à 1849, treize brevets qui se rapportent pour la plupart à de petits procédés de fabrication.

Médailles d'argent. — Mme FÜRSTENHOFF, de Paris : fleurs pour la botanique; CHAGOT aîné : fleurs de parure; M. et Mme DELAÈRE : fleurs pour la botanique.

Rappels de médaille de bronze. — CROUSSE, de Paris : outils; PRÉVOST-WENZEL : couleurs, apprêts, fleurs; JULIEN : fleurs de parure.

Médailles de bronze. — Mme VÉNY, de Brest : fleurs pour la botanique; RÉDÉLIX, de Paris : outils; Mme DUCHESNE-BETTI-GER, de Nantes : fleurs pour l'exportation.

Mentions honorables. — Mlle DE BEAULINCOURT, de Glomen-ghem (Pas-de-Calais) : fleurs pour la botanique; PAROISSIEN, de Paris : fleurs et apprêts; Mme GAUDET DU FRESNE : feuilles;

---

[1] *Rapport,* t. III, p. 645-658.

Mayer : fleurs; Chagot-Marin : *idem;* Louvel et Cabanis : *idem;* Mme Tilman : *idem.*

Exposition universelle de 1851 [1].

Si l'on compare cette exposition avec la précédente, on ne trouve pas de progrès dans la fabrication qui méritent une attention particulière, mais on remarque plus de fini dans l'exécution et surtout beaucoup plus de distinction et de goût.

Il n'a été délivré que cinq brevets de 1849 à 1851.

Grande médaille. — Constantin, de Paris : plantes pour les études de botanique et l'ornement, d'une vérité étonnante et d'une admirable perfection; charmantes fleurs de parure; fleurs de batiste reprenant, après avoir été froissées, leur forme et leur grâce; ensemble de fabrication très-remarquable.

Médailles de prix. — Mme Badin, de Paris : fleurs de plumes d'un prix très-modique; Chagot aîné : fleurs à bon marché, principalement pour l'exportation; Mme Fürstenhoff : fleurs pour les études de botanique et l'ornement, faites de mousseline et de crêpe; Gaudet du Fresne : feuilles faites avec beaucoup d'art et de soin, *pareta* des Indes; Harand : cactus d'un beau travail, joli bouquet de roses, feuillage de lierre bien imité; Lefort aîné : papiers et étoffes teints, apprêts bien faits, fleurs de parure, bonne fabrication pour l'exportation; Perrot, Petit et Cie : beaucoup de distinction et de goût dans les parures, fleurs de fantaisie montées avec art; Mme Tilman : de l'habileté, une grande variété de fleurs, mais plusieurs laissent à désirer sous le rapport de la forme et de la couleur.

Mentions honorables. — Breteau, de Paris : fleurs et plumes; Florimond : fleurs bleues et fleurs des champs à bon marché; Paroissien : fleurs de tissu imprégné de cire.

L'Exposition de Londres a excité vivement les fabricants de fleurs, et, dans la seule année 1852, il a été pris treize brevets; c'est le quart du total des brevets délivrés.

---

[1] *Reports,* p. 642-645.

EXAMEN DES FLEURS ARTIFICIELLES EXPOSÉES À LONDRES.

Il y avait, dans le Palais de cristal, 136 exposants de fleurs artificielles, dont 93 seulement ressortissaient à la XXIXᵉ classe, savoir :

   16 de France;
   43 d'Angleterre;
   14 des possessions anglaises;
   20 de divers états d'Europe et d'Amérique.

Ce qui nous a frappé tout d'abord, c'est cet esprit d'imitation des choses de la nature qui existe en tous pays et qui s'exerce surtout sur les fleurs, par cela sans doute que l'observation en est plus agréable et plus facile. On ne saurait imaginer la diversité de matières qui servent à reproduire ces gracieux modèles, et, sous ce rapport, l'Exposition offrait des spécimens très-variés, mais de mérites très-inégaux.

A Paris, le jaconas, la mousseline et la batiste, le velours et le crêpe, les papiers, se transforment, sous les outils et les doigts d'ouvriers artistes, en feuillages et en fleurs inimitables; à Londres, on façonne la cire avec un art merveilleux. Avec le plumage multicolore des oiseaux, les nonnes des couvents de l'île Madère et du Brésil forment de ravissants bouquets, qui sont des chefs-d'œuvre de patience. La paille de blé, d'orge et d'avoine, permet d'imiter avec vérité les immortelles, et elle est, dans les chalets de l'Argovie, convertie en fleurs des champs. Dans les contrées hors d'Europe, on a su approprier avec bonheur les matériaux aux modèles : ainsi, en Chine, les soieries, les papiers et la moelle veloutée de l'*aralia papyrifera;* à la Jamaïque, la pellicule fibreuse du *yucca gloriosa* et du *yucca aloifolia;* dans le Bengale, les élytres de scarabées, les plumes et la mousseline; aux îles Séchelles, les feuilles du palmier *laodicea;* au Mexique, le papier et les plumes, ces dernières servaient déjà à cet effet du temps de Montézuma.

Ce n'est qu'en Europe que l'on a imaginé d'employer la

fonte, l'argent massif, le cuir, pour imiter des fleurs dont un souffle détruit la frêle corolle [1]. Il en est venu de Leipsick qui étaient faites au marteau avec l'argent, et de Hanau qui étaient d'or ciselé et surchargées de diamants et de rubis. On en fait à Berlin en fonte de fer, et à Hambourg on les sculpte en ivoire. Constantinople avait envoyé des fleurs formées avec des perles et des tresses de fils d'or et d'argent. Dans le département portugais, des fleurs d'osier brun paraissaient plus grossières encore à côté de charmants ouvrages des religieuses de Funchal. Des dames des îles de Guernesey, de Malte, de Maurice, de Bahama, etc., avaient présenté des corbeilles et des bouquets de fleurs faits de coquillages. Enfin, Londres a exposé des fleurs faites, les unes, avec du cuir, de la laine à tapisserie, de la chenille ; d'autres, avec des perles de verre, des fils de laiton vrillés, des navets ou des topinambours découpés.

Toutefois, il est juste de signaler des imitations de fleurs à l'exécution desquelles l'or, l'argent, le filigrane, les pierreries ont concouru, et qui se distinguent autant par l'élégance et le goût que par une heureuse alliance de la fantaisie et de la vérité.

Un mot encore sur les fleurs de coquillages et de cheveux qui abondaient à l'Exposition. La façon des fleurs de coquillages exerce la patience de vieux matelots dans nos ports et celle des dames des colonies anglaises. Ces fleurs ont toute la roideur des fleurs de faïence qui enjolivaient certaines poteries fort recherchées au xviii° siècle. Quant aux cheveux destinés à conserver le souvenir des absents ou des morts aimés, ils perdent, en étant dénaturés, une partie de leur prix, et c'est pourquoi nous faisons nos réserves, tout en constatant l'habileté des fabricants de Paris et d'Elberfeld.

Les deux expositions de fleurs artificielles, dignes d'intérêt,

[1] Les Anglais ont fait aussi cette remarque. L'*Illustrated London news* (vol. XIX, p. 19) signale « the strange variety of substances, some of the most « stubborn, and, apparently, unavailable character, » tels que le marbre, la houille, les bois, les épices, l'ivoire, la baleine, les algues, le corail, etc.

étaient celles de Paris et de Londres. Ce sont les seules dont
nous nous occuperons.

Parmi les soixante exposants anglais, 36 seulement peuvent
être considérés comme fleuristes : 25 façonnent la cire; 6, les
plumes; 5, les papiers et les tissus, et 2, la moelle de
Chine.

La fabrication en Angleterre des fleurs de cire n'est véritablement pas une industrie; c'est un art d'agrément qui est familier à beaucoup de dames et de demoiselles, et un très-
petit nombre d'entre elles en ont fait leur profession. La cire
se prête à tous les caprices de la main; l'ébauche est aussi aisée
que le modelage; les retouches, comme le coloriage, ne présentent aucune difficulté matérielle. Là, nul besoin d'outillage, de procédés industriels, de division des travaux, etc.; la
même main façonne la cire et la transforme en fleurs, et cette
façon a un caractère tout artistique. Les MINTORN, Mme STRICK-
LAND, Mlle LUMSDEN et Mme MAKEPEACE avaient présenté de remarquables spécimens en ce genre. Nous citerons les suivants,
exposés par les Mintorn :

Phalænopsis amabilis.	Prix : 625f
Vanda suavis.	625
Anselia Africana.	550
Allamanda Schottii.	500
Dendrobium chrysanthum.	300
Odontoglossum membranaceum	62

Nous avons distingué, dans la case de Mme Strickland, un
Victoria regia, du prix de 1,125 francs; un bouquet composé
de l'*Amshertia nobilis,* du *musa Cavendishi* et du *magnolia
grandiflora* (160 francs), une charmante collection de onze
espèces de roses (315 fr.) et des bruyères très-mignonnes
(265 francs).

Tout cela est fait avec une perfection et une vérité qu'il
serait difficile de surpasser. Toutefois, malgré leur talent incontestable, ces artistes n'ont pas toujours su donner aux fleurs
la délicatesse et la légèreté de formes, aux feuilles la finesse

de tissu et la pureté de contours, que l'on obtient avec la batiste, le satin, la percale ou la moelle. Dans les plantes grasses, les liliacées, les orchidées, etc., ce défaut est peu apparent.

Les fleurs de cire ne peuvent servir, en raison de leur roideur et de leur fragilité, qu'à la décoration ; un certain nombre sont des modèles pour les études de botanique. On ne fait pour la parure que quelques fleurs détachées dont le prix est assez élevé : une rose coûte, chez les Mintorn, de 10 à 30 francs.

La fabrication des *apprêts* et des fleurs de batiste, percale, mousseline, papier, etc., a été introduite à Londres depuis plusieurs années, et elle était représentée à l'Exposition par des produits qui ont arrêté longtemps notre attention. Dans les ateliers de MM. Foster, Son et Duncum, Sugden, Borras et Cie, les étoffes et les papiers sont bien préparés; la teinture laisse fort peu à désirer; les *apprêts* sont faits avec beaucoup d'adresse[1]. Les fleurs sont fraîches, légères, bien imitées, et tous les détails sont exécutés avec un soin scrupuleux.

Voici les prix de parures faites chez MM. Foster, Son et Duncum, qui sont sans contredit les plus habiles fabricants anglais :

Grande branche de *stephanotis floribunda* . . . . 38[f]
Guirlande pour volants en *camellia japonica* 38
— pour coiffure. *idem* 35
Bouquet de corsage, *idem* 15
Guirlande d'azalées 25
Épi de *dendrobium densiflorum* 18
Bouquet de roses 15
Branche de *begonia Fuschoïdes* 15
Touffes de *sparamania* 5

Quelques-unes de ces parures sont montées avec assez de goût.

---

[1] Chez MM. Foster, les mille grosses de graines de toutes couleurs et grosseurs coûtent de 15 à 25 francs.

Les fleurs de papier de Mme GATTI, montées avec feuillage
pour corbeilles et vases, coûtent :

Les roses, les camélias, les dahlias..... 3^f 75^c la pièce.
Les pivoines, les hortensias.......... 2 50
Les fleurs plus petites............. 1 50

Les fleurs faites avec des plumes sont beaucoup plus chères ;
il est vrai que leur façon exige plus d'habileté et de soins. Il
faut une patience extrême pour dépouiller plume à plume les
oiseaux de toutes les parties du monde et couvrir ainsi sa palette des nuances infinies qu'exige l'imitation correcte des
fleurs. Mme RANDOLPH a surmonté avec succès les difficultés
de cette tâche ingrate. Ses ouvrages sont bien faits et ont cet
avantage que les couleurs en sont inaltérables. Nous répéte-
rons que le prix en est élevé : les rosiers exposés ne valaien^t
pas moins de 250 à 625 francs pièce ; un chrysanthème était
offert à 375 francs ; un myrte, à 500 francs ; une giroflée également à 500 francs et un œillet blanc à 75 francs.

Huit des soixante exposants anglais méritaient d'être cités ;
la XXIXe classe a fait preuve de bienveillance en décernant à
sept d'entre eux la médaille de prix et à cinq la mention honorable. Nous sommes heureux de dire que nos collègues
étrangers ont reconnu dans les termes les plus flatteurs la supériorité de nos fabricants. Seize avaient exposé ; onze ont été
récompensés : un a reçu la grande médaille, distinction émi-
nente, dont le conseil des présidents s'est montré très-avare ;
sept ont reçu la médaille de prix, et trois la mention honorable.

A part quelques fleurs de verre filé, de coquillages, de
mousseline noire ou grise, de point d'Alençon[1], sans intérêt,
mais non pas sans mérite, nous n'avions exposé aucune excen-
tricité, et notre industrie était représentée par des spécimens
très-remarquables. Les fleurs d'imitation étaient vraies ; les
fleurs de fantaisie ravissantes. Dans les premières, une per-

---

[1] Voir le *Rapport de M. Félix Aubry*, p. 75.

fection singulière de travail; dans les secondes, l'élégance des formes unie à la perfection des détails. Là où l'œil surprenait un peu moins de délicatesse dans l'exécution ou de finesse dans le coloris, on trouvait ces négligences rachetées par un bon marché extraordinaire.

Les fleurs artificielles de M. Constantin étaient une des merveilles de l'Exposition universelle. Deux collections distinctes avaient été présentées par lui : l'une était composée de plantes destinées aux études de botanique ou à la décoration; l'autre comprenait des guirlandes, couronnes, bouquets et fleurs pour la parure. M. Constantin, botaniste, fabricant et artiste, a pleinement justifié la réputation dont il jouit; sa supériorité est incontestable. On a de la peine à se figurer combien il a fallu de recherches, d'études et de travail, pour obtenir cette inimitable perfection dans les préparations et les apprêts. La XXIXe classe a apprécié, comme il devait l'être, le talent de M. Constantin, et rien ne témoigne davantage de son admiration pour ces chefs-d'œuvre d'industrie que le vote de la grande médaille.

Personne ne peut avoir oublié les plantes merveilleuses que renfermait la serre de la grande avenue. Les plus admirées parmi elles ont été l'aristoloche géant, le soleil cultivé, l'*aram* d'Éthiopie, l'*amaranthus caudatum*, le rosier églantier mousseux, le *magnolia yu-lan*, le *lymnocharis Humboldtii*, la passiflore quadrangulaire, le *cyperus papyrus, etc.* Ces imitations étaient tellement vraies, que l'examen avec de fortes loupes ne suffisait pas pour reconnaître des différences sensibles. Il nous a été impossible de distinguer les lierres et les buis artificiels des naturels, et, pour convaincre notre collègue, M. Arthur Henfrey, vice-président de la société de botanique de Londres, que le pissenlit dent de lion exposé était artificiel, il fallut en déchirer une partie. Pareille épreuve fut faite sur une feuille d'*onopordum.*

M. Constantin s'attaque résolument aux difficultés et en triomphe avec bonheur. Depuis le bourgeon qui s'entr'ouvre jusqu'à la feuille jaunie, depuis le bouton à peine éclos jusqu'à

la fleur flétrie et la graine, toutes les phases de la vie éphémère des fleurs et des feuillages étaient rendues avec une fidélité surprenante.

Mentionnons, en terminant, ses roses parfumées, faites avec
tant d'art, qu'elles peuvent être vivement froissées par la main
sans qu'une feuille se détache ou se plisse, et que la forme
s'altère.

Nous regrettons que la place nous manque pour rendre
compte de chacune des collections envoyées par les autres
fleuristes; celle de Mme Fürstenhoff mériterait d'être examinée
en détail. Cette dame se sert du crêpe et de la batiste avec
une rare habileté; ses fleurs pour l'étude et la parure ont
un cachet de supériorité qui commande l'attention.

Nous voici maintenant en face des fabricants proprement
dits. On fait, nous l'avons dit, des fleurs artificielles en tous
pays, et, pour y développer cette fabrication, on prohibe en
Autriche les fleurs étrangères; ailleurs, on les frappe d'un
droit d'entrée qui est, en Belgique, de 20 p. o/o à la valeur;
en Angleterre, de 25 p. o/o; aux États-Unis et en Russie, de
40 p. o/o; au Mexique, de 11 francs par kilogramme brut;
en Portugal, de 82 francs aussi par kilogramme brut, etc. La
prohibition, comme la protection, a été sans effet. Nos fleurs
de parure n'ont pas de rivales, les demandes augmentent et
l'exportation s'accroît, surtout pour les fleurs montées. Ces
résultats n'ont rien qui surprenne, quand on pénètre dans le
cœur de cette industrie et que l'on voit combien elle est vigoureuse et féconde en ressources.

Prenons la fabrication à sa naissance. Les couleurs, M. Lefort aîné les prépare; les papiers, les tissus, il les choisit, les
enduit, les teint; et, de suite, dans la même manufacture,
ces matières sont transformées en *apprêts* [1]. Pas une plante,

---

[1] On appelle *apprêts* les diverses parties plus ou moins composées que
l'on assemble pour former une plante artificielle, telles que les bourgeons,
les feuilles avec ou sans pétioles, gaines, stipules, les boutons, les calices
et les corolles, les étamines libres ou soudées, les pistils et ovaires, les
grains d'épis, les gousses, siliques, capsules, etc.

·dans la flore artificielle, dont chacune des parties ne soit l'objet d'un travail particulier. C'est par milliers que l'on compte, dans les fabriques d'apprêts, toutes les espèces de feuilles, de pétales et de sépales, d'étamines, de pistils et d'ovaires, d'épis, de baies, de graines, qui, toujours classés avec ordre, peuvent être réunis en un instant pour former telle ou telle plante. Ces organes végétaux si divers, dont l'exécution compliquée exige des soins si minutieux et un outillage si considérable, se vendent aux prix les plus modiques.

MM. Gaudet du Fresne et Paroissien sont *feuillagistes*. Celui-ci a exposé de bonnes feuilles d'alaterne, de camélia ; il obtient de belles couleurs mordorées. Celui-là a envoyé des feuilles de *pareta*, de *begonia*, d'*arum*, de châtaignier panaché, dont l'exécution est parfaite ; nul autre ne reproduit avec autant de fidélité le velouté, la demi-transparence et le tissu des feuilles.

Le cactus de M. Harand était très-beau ; c'était une des meilleures plantes artificielles de l'Exposition. Les plants de lierre et les bouquets de roses étaient d'une vérité frappante.

M. Florimond fait en batiste et en mousseline les fleurs des champs et les fleurs bleues ; les unes et les autres se recommandent surtout par leur bon marché (de 3 à 4 francs pièce) ; c'est aussi le mérite principal des produits de M. Chagot aîné, qui sont fort estimés dans tous les pays. Le rapporteur de la XXIXe classe a mentionné avec éloges[1] la collection que Mme Tilman avait exposée ; nous nous joignons avec plaisir à notre ami M. Warren de la Ruë, mais nous croyons que Mme Tilman peut faire encore mieux.

Enfin, il nous reste à parler, à propos de MM^{mes} Perrot, Petit et Cie, des fleuristes monteurs, ou, pour être plus vrai, des fleuristes modistes. C'est à eux, sans contredit, que Paris doit la réputation qui est acquise, depuis quarante ans, à ses parures de fleurs. Que l'on se rappelle les coiffures et les bouquets de MM^{mes} Perrot et Petit : le travail était parfait

[1] *Reports by the Juries*, p. 645.

jusque dans les moindres détails, et c'était à croire que ces
fleurs étaient naturelles et venaient d'être cueillies, tant elles
avaient de fraîcheur, d'éclat et de vérité. Cependant, il ne faut
pas chercher dans ces mérites d'exécution la supériorité de
nos fleuristes. Le jour n'est peut-être pas éloigné où Foster,
Son et Duncum, à Londres, produiront de semblables merveilles ; ils feront, avec la mousseline et le nansouk, ce que les
Mintorn font avec la cire. Ils exécuteront des chefs-d'œuvre
de botanique artificielle, et leurs produits égaleront ce qui se
fait chez nous de plus parfait ; mais, il ne faut pas s'y tromper,
là ne sont pas toutes les conditions de succès. On a, à Londres,
des matières à bas prix, des doigts dociles, déliés et patients ;
on a le secours d'un droit protecteur de 25 p. o/o[1], et des
débouchés sans cesse ouverts[2] ; on a enfin l'esprit national qui
préfère hautement les produits indigènes ; mais, ce qui manque,
c'est le goût et le génie parisien. Lorsque MM. Foster, Son et
Duncum auront exécuté une de ces imitations parfaites qu'un
savant botaniste confondrait avec les fleurs naturelles, il ne
se trouvera personne, à Londres, qui sache en faire un bouquet. Jamais les ouvriers anglais ne monteront une guirlande,
ne créeront une parure comme M. Constantin, comme
MM^mes Perrot et Petit. Ce qu'il n'y a qu'à Paris, c'est l'invention ; c'est cet esprit fertile en idées, en fantaisies, qui crée la
mode et ses caprices ; c'est ce goût exquis, sans lequel, dans
le domaine de l'art industriel, il n'est pas d'élégance et de

---

[1] L'année dernière, 1853, le droit a été réduit à 12 shill. par pied
anglais cube, et le volume est calculé sur les caisses qui renferment les
fleurs, sans que l'on tienne compte de l'espace vide qui peut exister dans
l'intérieur.

[2] Depuis quelques années, l'exportation des fleurs artificielles de fabrication anglaise augmente chez nos voisins très-sensiblement. Elle était de
65,000 francs en 1849, et de 107,000 francs en 1850 ; elle s'est élevée à
170,000 francs en 1851 et à 280,000 francs en 1853.

Notre exportation de fleurs pour l'Angleterre était, en 1845, d'une valeur
déclarée de 390,000 francs ; elle a été en diminuant de 1846 à 1852 jusqu'au chiffre de 290,000 francs, et, l'année dernière, 1853, elle a monté à
530,000 francs.

beauté. Et ce que nous faisons remarquer aujourd'hui, Roland de la Platière l'avait déjà observé il y a trois quarts de siècle.

En un mot, nos fleuristes seuls ont le secret de grouper les feuillages, les fleurs, les fruits et les épis, de manière à former d'harmonieux contrastes; seuls, ils savent rendre une parure tout à la fois riche, gracieuse et légère; seuls, enfin, ils possèdent l'art difficile d'adapter à chaque physionomie les nuances qui l'embellissent; à chaque toilette, les accessoires qui lui donnent le caractère particulier de grâce et de distinction que l'on appelle, à l'étranger, le cachet parisien. Malgré cela, il faut qu'ils ne perdent pas de vue les avantages de position et les efforts intelligents des fabricants anglais.

OBSERVATIONS.

Depuis longtemps les fabricants de fleurs francais demandent que leurs matières premières soient exonérées de droits de douane qui n'ont aucun effet protecteur et donnent au trésor un mince revenu. Le droit sur les plumes de parure est de 110 à 440 francs par 100 kilogrammes, celui sur la moelle de Chine est de 110 francs, sur les fleurs de carthame de 13 à 20 francs, etc.

Les percales, les jaconas et les mousselines, qui sont d'un si grand emploi dans cette industrie, sont prohibés, et le coton qui sert à les fabriquer, en France, est soumis à un droit de 15 à 33 francs par 100 kil., selon la provenance.

Voici les prix anglais et français de quelques-unes des qualités de tissu de coton, avec lesquelles on fait le plus de fleurs et de feuilles artificielles.

NOM ET PROVENANCE.	FINESSE DU TISSU. Nombre de fils aux 5 mill. *		LARGEUR du TISSU.	LONGUEUR de LA PIÈCE.	POIDS de LA PIÈCE.	PRIX du mètre.
	en chaîne.	en trame.				
			centim.	mèt. cent.	kil. gr.	fr. c.
Percale anglaise.....	18	19	102	21 95	1 928	0 62
———— d'Alsace.....	»	»	98-100	58 10	5 080	1 10
———— anglaise.....	21	22	114	10 97	1 035	1 00
———— de St-Quentin.	»	»	104-106	42 50	2 930	1 02
Jaconas anglais......	25	31	109	21 95	1 148	1 71
———— de St-Quentin.	»	»	104-106	43 00	2 000	1 83
Nansouk anglais.....	19	23	114	10 97	0 610	1 54
———— de St-Quentin.	»	»	120-122	41 30	2 620	1 45
———— anglais......	30	32	114	10 97	0 540	2 85
———— de St-Quentin.	»	»	125-127	40 00	2 160	2 70
Moussel. anglaise.....	21	25	119	10 97	0 447	2 33
———— de St-Quentin.	»	»	125-127	41 00	1 860	1 95
———— anglaise.....	22	29	119	10 97	0 432	2 45
———— de St-Quentin.	»	»	125-127	40 00	0 920	2 65
———— anglaise.....	20	21	122	10 97	0 340	2 45
———— de Tarare....	»	»	125-127	30 00	0 920	2 25

* Ce renseignement nous manque pour les tissus français.

Les échantillons anglais et les renseignements qui les concernent nous ont été fournis par MM. Foster, Son et Duncum de Londres[1]. Un de nos premiers industriels, M. Fré-

———

[1] En 1854, pendant l'impression de ce rapport.

déric Bernoville, notre collègue dans le jury, a eu l'obligeance
de rapprocher ces tissus de ceux de France dont la qualité
est identique et de nous indiquer les prix de ces derniers;
une remarque doit être faite à ce sujet : l'apprêt de Saint-
Quentin et d'Alsace donne aux pièces beaucoup plus de poids
que l'apprêt anglais, qui est moins épais et bien supérieur.

Le rapprochement ci-dessus n'est pas sans intérêt, mais il
ne saurait servir à apprécier la différence de prix qui peut
exister entre des tissus de pareille qualité français et anglais.

ÉVENTAILS PLISSÉS ET ÉCRANS À MAIN.

HISTOIRE.

L'éventail était connu dès la plus haute antiquité. Dans les
pays, comme la Judée, l'Égypte, l'Inde, où le ciel est brûlant
et où les mouches et les moustiques abondent, l'homme a
cherché de bonne heure à rafraîchir l'air qui l'entoure en
l'agitant avec une feuille de palmier ou un faisceau de plumes.
L'éventail prit bientôt place dans les cérémonies sacrées : on
en faisait usage pour préserver les offrandes de la souillure
des insectes. Il devint un des premiers attributs de la souve-
raineté.

On remarque, sur les fresques qui décorent le palais-temple
de Medinet-Habou, à Thèbes, le pharaon Remésès III, accom-
pagné de princes qui portent des éventails[1]. Remésès III monta
sur le trône l'an 1235 avant notre ère.

L'éventail était alors un élégant écran demi-circulaire, peint
de couleurs brillantes, et fixé à un long manche tors ou ver-
sicolore; il tenait lieu d'étendard et n'était porté que par des
princes royaux ou des dignitaires d'une bravoure éprouvée,
qui avaient rang de généraux.

Les chasse-mouches, les éventails de feuilles de *doum*[2] et
de plumes d'autruche étaient très-usités en Égypte. Les

---

[1] J. G. Wilkinson, *Manners and customs of the ancient Egyptians.*
[2] *Crucifera Thebaïca* ou *Hyphæne Thebaïca.*

manches étaient de bois, ils avaient environ 45 centimètres de long [1].

Dans l'Inde, les premiers éventails étaient de feuilles de palmier; on se servait aussi de chasse-mouches faits avec la queue du yak [2]. Élien et Hiouen-thsang en parlent.

En Perse et chez les Arabes, on connaissait, dès les premiers siècles de l'ère chrétienne, les éventails de plumes d'autruche; plusieurs avaient des inscriptions.

L'éventail était d'un usage très-répandu dans la Grèce et à Rome. Il est mentionné dans les écrits d'Euripide, de Longin, de Virgile, d'Ovide, de Properce, d'Apulée, etc., et il est figuré fréquemment sur les pierres gravées et les vases dits *étrusques*.

En Grèce, on a d'abord donné à l'éventail, selon Bœttiger, la forme de la feuille de platane; plus tard, dans le V⁰ siècle avant Jésus-Christ, les femmes grecques adoptèrent les éventails de plumes de paon, dont on se servait déjà en Asie Mineure. Dans l'*Oreste* d'Euripide, un eunuque phrygien raconte qu'il a procuré une douce fraîcheur aux joues et aux cheveux d'Hélène endormie, avec un éventail de plumes, selon la coutume des Phrygiens. L'éventail des prêtres d'Isis, quand Isis devint divinité grecque, était plus simple; il était formé des ailes d'un oiseau jointes latéralement et attachées à un manche; ce qui le faisait ressembler au caducée de Mercure. On peut voir de nombreux modèles d'éventails grecs et romains sur les vases italo-grecs du musée du Louvre et dans les ouvrages de Clener, de d'Hancarville, de Tischbein, etc.

A Kertch (Crimée), nous avons remarqué un éventail sur un vase peint qui avait été trouvé dans un tumulus de Panticapée [3].

Ces éventails étaient généralement faits de plumes de paon de longueurs inégales, étalées en forme de demi-cercle ou de

---

[1] Il y en a au *British museum*.

[2] Le yak est le nom thibétain du bœuf grognant. Voir Huc, t. I, p. 116.

[3] Achic a dessiné et décrit ce vase (Боспорское II, прство, t. III, p. 24, pl. 12).

demi-ellipse. Ces plumes étaient montées de différentes façons:
l'éventail de Libéria [1] est disposé comme celui du temps de
Remésès III; ceux qui sont figurés sur les vases d'Hécube [2] et
des noces d'Hiéra et de Télèphe [3], sont faits avec moins d'art,
et il y en a qui ressemblent à nos plumeaux [4].

Bœttiger ne dit rien de l'emploi des plumes d'autruche,
cependant on remarque, sur une fresque d'Herculanum, un
éventail qui paraît formé de ces plumes [5]. On fabriquait aussi
des éventails avec des planchettes de bois très-minces : c'é-
taient les *tabellæ* dont Ovide et Properce parlent; quelques-
uns étaient garnis de plumes. Plusieurs des éventails qui sont
peints sur les vases du Louvre sont certainement des *tabellæ*.
Enfin, trois ou quatre dessins font supposer que l'on a fait
aussi usage d'éventails de feuilles de palmier [6].

Le *Tchéou-li* ou *rites des Tchéou* a été écrit au commencement du xi° siècle avant notre ère, à peu près à l'époque où
Remésès III régnait en Égypte [7]; il y est fait mention, comme
dans le *Li-ki*, d'éventails.

Leur invention est due à l'empereur Wou-wan, des
Tchéou [8] et un passage du *Feï-ki-yu-lin* [9] donne lieu de penser
qu'en Chine, comme en Égypte, les éventails servaient à la
guerre d'étendards ou de signes de ralliement.

Les premiers éventails (*chen* ou *cha*) étaient de plumes :
le roi de Thou-sieou offrit à l'empereur Tchao-wang, des
Tchéou, deux éventails de plumes de *tsio* rouge, et il est dit,
dans le *Tchéou-li,* qu'un des chars de l'impératrice portait un

---

[1] Clener, t. II, pl. 57.
[2] *Idem,* t. II, pl. 37.
[3] D'Hancarville, t. IV, pl. 24.
[4] *Idem,* t. I, pl. 71.
[5] *Pitture d'Ercolano,* t. III, tav. 35.
[6] Clener, t. II, pl. 38.
[7] L'auteur est le prince Tchéou-kong, frère de Wou-wang, premier empereur de la dynastie Tchéou.
[8] Pièce de vers de Lo-ki. — *Paï-sse-louï-pien. Chi-pen.*
[9] «Le général Tchou-ko-liang commandait ses trois corps d'armée en « tenant un éventail de plumes blanches. »

éventail et un dais de plumes [1]. On les fit ensuite de soie blanche unie et de tissus de soie brodés, mais l'usage en fut défendu dans la première année de la période I-hi (l'an 405).

La première mention d'éventails de bambou remonte à l'empereur Houan-ti, des Han (147 à 167 de J. C.); on les retrouve cités sous les Tsin (265 à 419), et le *Li-tchao-han-lin-tchi* nous apprend que l'empereur donnait aux membres de l'Académie impériale, le cinquième jour du cinquième mois, un grand écran rond de bambou sculpté·et peint en bleu.

Les éventails de *pou-kouei*, espèce de palmier [2], étaient connus au temps des Tsin; on faisait des écrans d'ivoire déjà sous le règne de Wen-ti, des Han (163 à 156 av. J.-C.); les queues de faisan servaient aussi, sous les Han, à former des éventails, qui étaient garnis d'ivoire et qu'un décret de Hiao-wou-ti (454 à 467) défendit aux princes et aux comtes de porter; on employait également, pour cet objet, en Chine et en Cochinchine, les plumes de paon. Dans la période Chun-hi, des Soung (1174 à 1190), l'empereur offrit à l'impératrice quatre écrans de jade blanc, dont les manches étaient d'ambre odoriférant. Enfin les écrans ornés d'écritures ou de peintures étaient très-estimés, et nous remarquons, à ce sujet, dans les Annales des Thsi un passage assez curieux : « Sur les écrans, « dans un espace de huit ou dix pouces, Wang-sun-pen, de « King-ling, peignait en perspective des montagnes. et des « rivières, et savait leur donner un éloignement de mille li. »

Un fabricant qui travaillait au commencement de l'ère chrétienne, Chi-ki-long, avait acquis quelque réputation pour des écrans appelés *kin-po-mou-nan*. Il battait de l'or en lames minces comme des ailes de cigale, les appliquait sur les deux faces de l'écran, les vernissait, y peignait des dieux, des oiseaux extraordinaires et des animaux rares, et collait par dessus des feuilles transparentes de mica [3].

---

[1] Trad. Éd. Biot, t. II, p. 126.

[2] *Pou-kouei* ou *Tsong-liu, chamærops excelsa.*

[3] Extrait du *Nie-tchong-ki.* — Nous devons la traduction de ces extraits

Les éventails dont on faisait usage dans les temps anciens en Égypte, dans l'Inde, en Chine, en Grèce, en Italie, ne pouvaient être ployés; ceux de plumes étaient demi-circulaires, demi-elliptiques, ou avaient la forme de la queue de faisan[1]; ceux de soie, de bois, de bambou, d'ivoire, de feuilles, étaient ronds, carrés, octogonaux, de forme de feuilles de platane, de colocase, etc. Les uns avaient de longs manches, tels étaient ceux des Égyptiens et ceux du temps des Han, que les Chinois appelaient *tchang-chen;* les autres, garnis de petits manches, ressemblaient aux écrans à main actuels. Les petits écrans anciens (*pien-mien*[2]) étaient plus larges à la partie supérieure, leur contour était à peu près celui d'un trapèze renversé et à angles arrondis.

Nous ignorons à quelle époque l'éventail plissé[3] a été imaginé et nous présumons que l'invention en est due aux Japonais. Celui de leurs dieux qui préside au bonheur est représenté avec un éventail plissé à la main. La mention la plus reculée que M. Stanislas Julien ait trouvée dans les livres chinois remonte à l'an 960. Voici en effet ce qu'on lit dans le *Tch'un-fong-thang-souï-pi :* « Les éventails plissés (*tche-t'ie-* « *chen*) s'appellent aussi *tsin-theou-chen;* mon concitoyen, le « maître Tchang-ping-haï, croit qu'ils ont été offerts en tribut « par les barbares du sud-est, et qu'ils ont commencé à être « en vogue dans le royaume du milieu sous la période Young-lo « (des Ming, 1403 à 1425). J'ai vu cependant que, parmi les « pièces de vers composées depuis les Soung du Midi (depuis « l'an 1127), il y en a beaucoup qui font l'éloge des éventails « plissés (*tsiu-chen*). Moi-même j'ai recueilli un ancien éventail « de soie sur lequel Yong-meï-tse avait écrit des vers; on voit

---

des livres chinois, qui sont réunis dans le *Khe-tchi-king-youen,* à notre savant maître et ami, M. Stanislas Julien, de l'Institut.

[1] « L'empereur Kao-tsong, des Chang (1323 à 1266 avant J.-C.), ayant « entendu le cri de bon augure d'un faisan, fit faire des écrans ayant la « forme de la queue de faisan. » (*Tsouï-pao-kou-kin-tchou.*)

[2] Littéralement : « commode pour la figure. »

[3] Nous avons adopté le terme d'éventails *plissés,* pour désigner tous les

« encore distinctement les plis de l'étoffe. Il est certain que les
« éventails plissés existaient depuis les Soung du Nord (depuis
« l'an 960)... » Il est singulier que la plupart des auteurs chinois
attribuent à l'éventail plissé une origine étrangère. On vient
de voir l'opinion de Tchang-ping-haï; on lit dans le *Tchang-
tong-haï-tsi*: « Suivant les mémoires intitulés *Wang-tsieou-kien-
« ki*, au commencement de la dynastie des Youen (en 1260), des
« envoyés d'un royaume barbare du sud-est vinrent en tenant
« à la main des éventails plissés (*tsin-theou-chen*). A cette
« époque, on les critiqua et l'on se moqua d'eux. » — « J'ai
« entendu dire (rapporte Lieou-youen-king, dans le *Hien-i-pien*),
« que les éventails plissés (*sa-chen*) ont commencé à paraître au
« milieu de la période Young-lo (des Ming, 1403 à 1425). Le
« roi de Tchao-sien (Corée) en ayant fait offrir un à l'em-
« pereur, celui-ci en fut charmé et ordonna à un artiste de
« l'imiter. »

Il n'y a pas, d'ailleurs, à douter qu'il ne s'agisse, dans ces
passages, d'éventails plissés, car l'encyclopédie *Khe-tchi-king-
youen* dans laquelle les extraits précédents sont réunis[1] dit:

« *Tche-t'ie-chen* 摺疊扇, *tche-chen* 摺扇, *tsiu-theou-*
« *chen* 聚頭扇, *tsiu-chen* 聚扇, *sa-chen* 撒扇 :
« éventail plissé; quand on le serre, on le plie; quand on veut
« en faire usage, on le déploie. »

Chose curieuse : dans les premiers temps, les courtisanes
seules se servaient d'éventails plissés, les femmes honnêtes
portaient des écrans ronds.

Enfin le *Tch'un-fong-thang-souï-pi*, déjà cité, fait mention des
éventails des Coréens et des Japonais. « Le poète Lou-tong-po
« dit que les éventails blancs de bois de pin, dont les Coréens
« faisaient usage, avaient un *tchi* (pied)[2] de large étant ouverts
« et deux doigts seulement quant ils étaient fermés. Les Ja-

éventails qui se ferment, et qui sont formés, les uns de lames minces et
mobiles, les autres d'une feuille effectivement plissée.

[1] Livre LVIII, fol. 15 et 16.
[2] Environ 30 centimètres.

« ponais en fabriquaient dont la feuille était dorée et la mon-
« ture de bambou noirci... » Les rois tartares se servaient
d'éventails[1].

Les Aztèques et peut-être les Tollèques[2] connaissaient
l'éventail. Ométéuctli, le dieu du paradis, et Totec, disciple
militaire de Quetzalcohuatl, sont représentés tenant à la main
un flabellum de plumes. C'est, selon M. A. de Longpérier, une
enseigne surmontée de plŭmes[3]; si cela est effectivement, on
se serait servi, en Égypte, en Chine et dans l'Anahuac, de
l'éventail pour étendard.

Nous n'avons rien à dire de l'éventail pendant les onze
siècles qui séparent l'époque où régnaient les derniers des
douze Césars de celle des croisades. L'Église chrétienne en
avait fait un instrument du culte en lui donnant un sens mystérieux[4]; il resta dès lors dans les sanctuaires, et son usage
dans la vie privée devait être bien limité; ce sont les pèlerins
et les croisés de retour du Levant qui le répandirent. Henri
Estienne a indiqué, dans un petit livre aujourd'hui très-rare[5],
les origines de l'éventail; le passage est curieux, mais ne
nous apprend rien :

« Nos dames Frãçoises doiuent aux dames italiennes ceste
« inuention d'esuentail : les Italieñes la doiuent aux anciennes
« Rommaines; ces dames de Romme la deuoyẽt aux dames de
« Grece... »

Revenons à l'éventail religieux, au *flabellum*. « Un fameux
« évêque (Suarez), cité par le P. Bonanni, croit que les saints
« apôtres ont institué l'usage des éventails sacrés...L'apôtre
« S. Jâques en a recommandé l'usage dans sa Liturgie[6]... »

---

[1] Huc, t. I, p. 116.

[2] Peuples puissants qui occupèrent le Mexique depuis le vi^e siècle jusqu'à
la conquête.

[3] Antiquités américaines du Louvre, n°s 109 et 121.

[4] Selon saint Jérôme « l'évantail nous marque la continence... » *Cérémonies et coutumes religieuses*, 1723, t. I, p. 68.

[5] *Devx dialogves du nouueau langage françois, italianizé, et autrement
desgnizé...*, 1578, p. 162.

[6] *Cérémonies et coutumes religieuses*, t. I, p. 68.

Le flabellum est resté un des principaux insignes de la papauté, mais il ne sert plus au service divin depuis la fin
du XIIIe siècle. On le tenait autrefois, pendant le saint sacrifice,
près de l'officiant, pour préserver celui-ci des rayons du soleil
et pour écarter les mouches.

On ne trouve le flabellum mentionné dans les premiers
siècles du moyen âge que dans les inventaires d'églises et
d'abbayes. Le comte de Laborde cite le flabellum d'argent de
Saint-Riquier (831)[1], celui de soie de Salisbury (1214), celui
de soie et d'or de l'église d'Amiens (1250), et celui de plumes
de paon de Saint-Paul de Londres (1295)[2]. Du Sommerard
signale le flabellum de la reine Théodelinde (600), que l'on
conserve encore dans la cathédrale de Monza.

Un de ces éventails est arrivé jusqu'à nous avec des garanties d'authenticité qui lui donnent plus de prix. Il était
conservé dans l'abbaye de Tournus[3] : « C'est une pièce rare et
« antique, dit l'auteur de l'histoire de cette abbaye, que, selon
« toute aparence, les moines de S. Filibert apportèrent (de
« Noirmoutiers) à Tournus, quand ils vinrent s'y établir[4] »
(en 875). Mabillon[5] et les pères Martène et Durand[6] en ont
parlé, le chanoine Juenin en a donné le dessin et la description; enfin ce flabellum est figuré dans l'ouvrage de M. du
Sommerard, *Les arts au moyen âge*[7]. Il est formé d'une large
bande de vélin plissée; l'un des bords est libre, l'autre est
froncé et fixé à l'extrémité supérieure du manche, de sorte

---

[1] Trésor de Centule (Saint-Riquier); inventaire fait en 831, lors de l'exil
de l'abbé Hélichasar.

[2] *Glossaire et répertoire*, dans le tome II de la *Notice des Émaux* du Louvre,
au mot *Esmouchoir*.

[3] Ce flabellum appartient à M. Carrand.

[4] *Nouvelle histoire de l'Abbaïe royale et collégiale de Saint-Filibert et de la
ville de Tournus, par un chanoine de la même abbaïe* (Pierre Juenin), 1733,
p. 45, 46, 47, et deux planches gravées.

[5] *Annales ordinis S. Benedicti*, t. IV, l. LVI, p. 356.

[6] *Voyage littéraire de deux religieux bénédictins de la congrégation de Saint-
Maur*, Ire partie, p. 231.

[7] T. V, p. 231 à 234; Atlas, chap. XIV, pl. 4, et IXe série, pl. 17.

que cette bande, étant développée, forme une cocarde de
46 centimètres de diamètre, dont le sommet du manche est
le centre. La bande repliée se renferme entre des plaques
d'ivoire sculpté; le manche est également d'ivoire sculpté. Des
vers latins sont inscrits en capitales d'or de chaque côté de la
feuille sur les zones violettes du vélin. Des figures nimbées
d'or de saints et de saintes, dont les noms sont écrits en
onciales du IXe siècle, sont peintes entre ces zones, ainsi que
des rinceaux de feuillages byzantins entremêlés de monstres
et d'animaux. Les sujets des sculptures sont tirés des églogues
de Virgile. Ce flabellum est loin d'être un travail achevé; on
lit sur l'astragale inférieure du manche le nom de celui qui
l'a fait : *Iohel me sc̄ae fecit in honore Mariae.* Il existait encore,
au commencement du XVIIIe siècle, un semblable éventail au
monastère de Prouille, de l'ordre de Saint-Dominique, dans
le diocèse de Toulouse [1].

Cette forme de cocarde est venue de l'Orient : du Japon,
de l'Inde ou de Byzance. La disposition du flabellum de
Tournus se rapporte à celle des rares éventails plissés que l'on
fait encore en Turquie, à Andrinople, et aux îles Séchelles;
on développe la feuille en la renversant sur le côté. L'éventail
japonais est construit d'une façon plus ingénieuse. Le manche
est surmonté de deux plaquettes de bois entre lesquelles la
bande plissée se renferme; le bord libre de celle-ci est en
haut, le bord froncé est en bas, un cordon y est attaché; trois
petits guidons placés entre les plaquettes règlent la course de
la feuille. En tirant celle-ci par le haut à l'aide d'une houppe
de soie, elle se développe en cercle, et on la replie en tirant
le cordon du bas.

Quant à l'éventail en quart de cercle, il est bien certainement d'origine japonaise; du Japon il a passé en Chine, et de
la Chine les Portugais l'ont apporté en Europe au XVe siècle.
Alex. Fabri donne le costume des dames françaises de son
temps (1593) et d'une époque plus ancienne, d'une *Gallicana*

---

[1] *Voyage littéraire*, Ire partie, p. 232.

antiqua comme il dit [1]; ces dames tiennent des éventails en quart de cercle plissés.

En Italie, au xie et au xiie siècle, on portait des éventails de plumes en touffe [2]; ils avaient des manches d'ivoire ou même d'or très-ornés et quelquefois enrichis de pierreries. On employait des plumes d'autruche, de paon, de corbeau des Indes, de perroquet et d'autres oiseaux de plumage éclatant. Les dames attachaient ces grands éventails à une petite chaîne accrochée à la grosse chaîne d'or qui leur servait de ceinture [3]. Cette mode a duré jusqu'au xviie siècle, on suspendait encore alors à la ceinture l'éventail plissé [4].

L'esmouchoir était déjà assez connu en France au xiiie siècle pour être devenu un terme de comparaison; cependant il n'est pas parlé des ouvriers qui le faisaient dans le *Livre des mestiers* d'Étienne Boileau (1260). On trouve des preuves de son emploi dans la vie privée au xive siècle. La comtesse Mahaut d'Artois avait « un esmouchoir, à tout le manche d'argent » (1316), et la reine Clémence « un esmouchoir de soye broudé » (1328). On voit sur des miniatures de romans de chevalerie du xiiie et du xive siècle, des dames tenant à la main des éventails semblables à ceux qui sont encore en usage à Alger et à Tunis [5].

Un flabellum de soie avec manche d'ébène figure sur l'inventaire de Rochester (1346), et « un esmouchoir de drap « d'or, à fleur de lis, escartelé des armes de France et de Na- « varre, à un baston d'yvoire et de geste, prisé v francs d'or, » est porté sur le compte du testament de la reine Jehanne d'É- vreux (1372). Il y a, sur l'inventaire du roi Charles V (1380), « un esmouchoir rond qui se ploye, en yvoire, aux armes de

---

[1] Fabri, *Diuersarvm nationvm ornatvs...*

[2] Maria Luisa de Tassis, peinte par Van Dyck, tient à la main un éventail de ce genre.

[3] Bœttiger, p. 386 et 387.

[4] De S. Igny, *La noblesse françoise à l'église*, 10e pl.

[5] Ces éventails ont la forme d'un petit drapeau carré; on en fait de pareils en Asie.

« France et de Navarre, à un manche d'ybenus. » Cet esmouchoir,
formé de lames d'ivoire minces et mobiles était certainement
pareil à ces éventails des Séchelles dont les lames sont de
feuilles de *laodicea*.

On faisait aussi, au xive siècle, des écrans à long manche qui
étaient agités par des serviteurs comme autrefois à Thèbes, à
Rome, et aujourd'hui dans l'Inde. Ce sont ceux qui sont dé-
signés dans ces passages de l'inventaire de Charles V : « Trois
« bannières, ou esmouchoers, de cuir ouvré, dont les deux ont
« les manches d'argent dorez. — Deux bannières de France,
« pour esmoucher le Roy quant il est à table, semées de fleurs
« de lys brodées de perles. »

Notons en passant que le mot *esventour* paraît, à la date de
1384, dans une charte, que Rabelais écrit *esvantoir*[1] et Brantôme *éventail*.

En suivant l'ordre des temps et en passant sous silence des
extraits de comptes et d'inventaires français et anglais que
M. de Laborde a consignés dans son *Glossaire,* nous arrivons à
François Ier. M. le comte H. de Viel-Castel a eu en sa possession un éventail à quatre branches, d'ivoire découpé, qui portait dans un cartouche central la Salamandre. Les branches
représentaient des portiques sous lesquels se trouvaient de
charmantes figures de femmes; des arabesques et des masca-
rons très-habilement peints couvraient ces portiques. Le bord
de l'éventail était garni de plumes : c'est vers ce temps que
l'on a dû abandonner l'éventail rond plissé[2], et que l'on peut
rapporter un éventail dont la feuille est formée de bandes alternatives de vélin découpé et de mica orné de fines peintures;
la monture est d'ivoire plein et se compose de deux panaches
et de huit brins étroits.

Catherine de Médicis mit en vogue, à la cour de France, les

[1] « Des esvantoirs de plume, de papier, de toile... » Livre IV, chap. XLIII.
[2] Dans un curieux manuscrit écrit sous le règne de François Ier, on trouve
deux dames armées l'une d'un éventail de plumes, l'autre d'un éventail en
pisque, qui semble fait de paille de riz. Nous devons ce renseignement à
M. Paulin Paris, de l'Institut.

éventails italiens, que l'on y connaissait déjà depuis la campagne de Louis XII; ils étaient faits et mis en vente par les parfumeurs italiens qui étaient venus à la suite de la reine. Brantôme dit qu'après la mort du roi son mari, Catherine de Médicis,« autour de sa devise avoit fait mettre des trophées, « des miroirs cassez, des éventails et pennaches rompus..... « le tout en signe de quitter toutes bombances mondaines. »

Henri III faisait grand usage de l'éventail, et voici la curieuse description que Pierre de l'Estoile en donne : « On luy « mettoit, à la main droite, un instrument qui s'estendoit et se « replioit en y donnant seulement un coup de doigt, que nous « appelons ici un esventail; il estoit d'un velin aussi délicate- « ment découpé qu'il estoit possible, avec de la dentelle à l'en- « tour de pareille étoffe. Il estoit assez grand, car cela devoit « servir comme d'un parasol pour se conserver du hasle, et pour « donner quelque rafraischissement à ce teint délicat.... « Tous ceux que je pus voir aux autres chambres en avoient « un aussi de mesme étoffe, ou de taffetas avec de la dentelle « d'or et d'argent à l'entour [1]..... » Les éventails étaient alors fort en vogue; « et plusieurs (dames) les aiment tant, dit Henri « Estienne, de la façon qu'elles les font faire maintenāt, que « l'yuer venu, elles ne les peuuent abandonner : mais s'en « estāt seruies l'esté pour se faire vent et contre la chaleur du « soleil les font seruir l'yuer contre la chaleur du feu [2]. » M. de Laborde n'a transcrit que le passage suivant de Brantôme (1590) : « A la reine Éléonor un éventail avec un miroir de- « dans, tous garnis de pierreries de grande valeur. » Il y a dans les *Mémoires* de Brantôme un fait qui offre plus d'intérêt : « (La reine Marguerite) donna à la reine Louise de Lorraine « une fois pour ses étrennes un évantail fait de nacre de perles, « si beau et si riche, qu'on disoit être un chef-d'œuvre, et l'es- « timoit-on plus de douze cens écus [3]..... » Douze cents

[1] *Journal de Henri III*; l'isle des Hermaphrodites. Édit. de 1744, t. IV, p. 26 et 27.

[2] *Dialogves du nouueau langage françois...* p. 162.

[3] *Mémoires,* édit. de 1739, t. I, p. 229.

écus., somme énorme, avec laquelle on aurait pu obtenir alors,
en denrées et objets de commerce, ce qui se payerait aujour-
d'hui à peu près 24,750 francs [1].

L'usage de l'éventail, déjà si répandu dans toute l'Italie au
XIV⁰ siècle, le fut plus encore pendant le XV⁰ et le XVI⁰ siècle ; il
suffit, pour s'en convaincre, de jeter les yeux sur les recueils de
costumes du temps et notamment sur ceux de Fabri et de Vecellio [2]. Trois genres se partagèrent à peu près également la
vogue pendant cette longue période :

1. Les éventails de plumes, qui étaient les plus anciens ; Vecellio les met dans les mains de dames nobles de Milan, de
Venise, de Mantoue, de Naples, de Firenza, de Pise, etc.

2. Les éventails en forme de drapeau et probablement d'o-
rigine sarrasine : on les voyait surtout à Venise, à Naples et
à Padoue ; ils étaient de drap d'or et de soie (*tessuto d'oro, e
di seta, con bel disegno*).

3. Les éventails plissés, dont la mode venait peut-être de
France ; Fabri n'en place pas d'autres dans les mains des
Françaises dont il donne le costume ; on les portait à Rome,
à Ferrare, à Turin, à Naples.

Les manches des éventails des dames nobles étaient souvent d'or ou d'argent, ils étaient suspendus à la ceinture par
une chaîne d'or.

En Angleterre, du temps de la reine Élisabeth, on faisait
les manches d'argent, et un éventail coûtait jusqu'à 40 livres
sterling [3]. La reine Élisabeth en reçut un pour présent de
nouvelle année, dont le manche était garni de diamants. Les
éventails dont on se servait en Angleterre au XVI⁰ siècle, si l'on
en juge par ceux que reproduit Fairholt, étaient de plumes
d'autruche et ressemblaient à nos plumeaux [4].

---

[1] Nous devons cette estimation à M. C. Leber, l'auteur de l'*Essai sur
l'appréciation de la fortune privée au moyen âge.*

[2] Cesare Vecellio, *Habiti antichi, e moderni, di diuersi parti del mondo.*
Venise, 1590.

[3] Malone, commentateur de Shakespeare.

Fairholt, *Glossary of costume in England.* V. aussi Fabri, II⁰ part., pl. 53.

Les frères de Bry représentent les dames portugaises de Goa avec des éventails plissés qui ont un petit manche droit (*Icones .... nationvm*, 1599).

Au XVIIe siècle, la mode des éventails est presque générale en Europe.

Pour l'Italie, le voyageur anglais Coryat écrit en 1608 : « Hommes et femmes portent des éventails pour se rafraîchir « pendant la chaleur en s'éventant souvent le visage. Presque « tous ces éventails sont élégants et jolis. La monture se compose « d'un morceau de papier peint et d'un petit manche de bois, « et le papier qui est collé dessus est des deux côtés très-curieuse- « ment orné d'excellentes peintures, soit de scènes d'amour « avec des vers italiens écrits au-dessous, soit de quelque ville « fameuse d'Italie avec une courte description. Ces éventails « sont à bas prix, car on peut en acheter un des plus beaux « pour une somme qui équivaut à un *groat* d'Angleterre [1]. »

En Espagne, l'éventail était en usage depuis longtemps. « Je ne doute pas, dit Henri Estienne, que les dames hespa- « gnoles n'ayent pris ceste invention des italiennes aussi bien « que nous : encore que c'ait esté longtemps deuant nous... [2] » Les Espagnoles portaient, vers 1440, de grands écrans ronds, garnis de plumes [3], et, au XVIe siècle, des éventails plissés, enjolivés de dessins d'or et attachés à la ceinture par un cordon d'or [4]. Dans le XVIIe siècle, un peintre de genre renommé, Cano de Arevalo (1656 à 1690), s'était adonné entièrement à la peinture des éventails. Un trait de sa vie fait voir que ceux de Paris étaient alors très-recherchés : « La saison de vendre « étant arrivée, notre peintre supposa qu'il avait reçu de Paris « un envoi considérable, et en peu de jours il ne lui resta « aucun éventail (de ceux qu'il avait peints) [5]. »

---

[1] Le *groat* était une petite monnaie d'argent de la valeur de 4 deniers sterling.

[2] *Dialogves*, p. 164.

[3] Vecellio, 281.

[4] Album de Christian de Wurzbourg; Hefner, t. III, pl. 73.

[5] F. Quilliet, *Dictionnaire des peintres espagnols*, p. 50.

En Angleterre, pendant le xviie siècle, on abandonna les éventails de plumes pour adopter ceux qui se ployaient. A la suite de la révocation de l'édit de Nantes (1685), des éventaillistes français se réfugièrent à Londres, et donnèrent naissance à une industrie qui n'offrit jamais grand intérêt.

En France, l'usage des éventails était devenu, sous Henri IV, assez général pour donner lieu à une fabrication qui avait acquis de l'importance. Le droit de l'exercer était revendiqué par quatre ou cinq corps de métiers et notamment par les maîtres doreurs sur cuir, qui se fondaient sur l'article xii de leurs statuts, donnés en décembre 1594 : « Pourront garnir... Esuentails « faits avec canepin, taffetas et chevrottin, enrichis et enjolliuez, « ainsi qu'il plaira au marchand et seigneur le commander. » Un arrêt, rendu vers 1664, les débouta de leurs prétentions, et confirma les marchands merciers dans le privilége de faire peindre et dorer les éventails par les peintres et doreurs, et de les faire monter par qui bon leur semblerait. Sur la requête à lui présentée par « les maistres doreurs sur cuir et autres ou- « vriers exerçans le métier d'eventailliste, » au nombre de soixante, Louis XIV les constitua en corporation par un édit du 23 mars 1673; et un arrêt du conseil, du 11 août 1676, ayant renvoyé les requérants par-devant le lieutenant général de police, celui-ci donna enfin, par arrêt du 10 décembre 1676, des statuts aux corps et communauté des maîtres éventaillistes, faiseurs, compositeurs et monteurs d'éventails de Paris, statuts qui furent confirmés par les édits des 15 janvier et février 1678. Nous n'avons pas à nous occuper des contestations qui s'élevèrent entre la nouvelle communauté et les corps des peintres, des merciers, des peigniers-tabletiers, des papetiers colleurs, et qui étaient réglées au Châtelet.

Les gravures de Callot, de Saint-Igny, des frères de Bry et d'autres, les portraits du temps, nous montrent la forme des éventails au xviie siècle; nous savons par les statuts et les sentences quelle en était la matière : les feuilles étaient de cuir, de canepin, de franchipane (sic), de taffetas, de papier, et les bois d'ivoire, de nacre, d'or, d'argent, etc. Du reste les éven-

tails du temps de Louis XIV ne sont pas rares, et l'on conserve encore en Provence ceux que Mme de Sévigné envoya à
Mme de Grignan [1].

Les plus belles sculptures sur nacre datent de cette époque.

Les premiers éventails chinois qui soient venus en Europe
ont été apportés en France vers le milieu du xviie siècle.

Nous arrivons au xviiie siècle. L'éventail est partout à la
mode, en France, en Angleterre, en Italie, en Espagne, et la
vogue est de plus en plus assurée aux éventails de Paris. C'est
à Paris que la fabrication fait le plus de progrès, et, dès les
premières années du règne de Louis XV, nulle part on n'imagine des modèles aussi élégants et l'on ne sait réunir autant
de goût dans l'enjolivement à autant de délicatesse dans le
travail.

Les éventails couverts de peau de senteur, dont autrefois
quantité se faisait à Rome et en Espagne, sont délaissés, mais
on n'en a pas moins fait, en Italie, dans ce siècle, de fort belles
choses. On y sculptait l'ivoire mieux qu'en France ; le dessin est
plus correct, les sujets, les ornements comme le style, ont souvent plus de sévérité.

Les éventails de la Chine, ceux de laque surtout, deviennent
moins rares et sont très-recherchés ; ils fournissent de précieux
modèles pour la façon des bois et le montage des feuilles ; ils
donnèrent naissance, chez nous, à la fabrication des éventails
dits *brisés,* qui ne remonte qu'à la fin du règne de Louis XIV.
On fait faire, en Chine, des bois en ivoire et en nacre, et l'on
reçoit, de ce pays, des éventails plissés ronds que la mode adopte
un instant. Les pères Martène et Durand disent du flabellum
de Tournus qu'il a été fait à peu près comme ceux dont les
dames se servaient à l'époque où ils écrivaient (vers 1715).

En Angleterre, on faisait des éventails de laque à l'imitation de ceux des Chinois ; ils étaient montés avec une grande
habileté. Après avoir fait de charmants ouvrages, les réfugiés

---

[1] *Lettres.* Édit. de Blaise, t. II, p. 69, avec une planche gravée qui représente la feuille de cet éventail, et t. IV, p. 289.

protestants français avaient perdu de leur goût et de la vivacité de leur esprit ; à défaut d'idées nouvelles ils s'inspi-
rèrent de modèles chinois, et imaginèrent un genre bâtard
qui eut peu de succès. Aussi les éventails les plus répandus
étaient tirés de France, et Paris en faisait des envois considérables. L'usage en était devenu général, et Addison fait la
remarque qu'à cette époque une dame sans son éventail aurait
été aussi gênée qu'un gentilhomme sans son épée. Il fait, dans le
Spectator, la description d'une Académie où l'on enseigne la
manière de jouer de l'éventail (*the flutter of the fan*); Gay dit
dans des vers charmants quelle était alors la construction de
l'éventail et quel riche et élégant modèle la queue de paon
avait offert[1].

La place nous manque pour écrire l'histoire de la fabrication de l'éventail en France au xviiie siècle : c'est un travail
que rend facile l'existence de nombreux spécimens de l'art de
l'éventailliste à cette époque, retrouvés pour la plupart parfaitement conservés ou même neufs en Hollande et en Suède.
Les portraits nous auraient été également d'un grand secours :
nous nous bornerons à quelques indications.

Déjà, dans le xviie siècle, des artistes renommés avaient
donné des dessins pour éventails : le musée du Louvre en a
deux qui sont dus à Raymond de Lafage, dessinateur célèbre,
qui mourut vers 1680, et l'on en connaît que l'un des Stella
fit dans la manière du Poussin. Dans le xviiie siècle, Watteau,
Boucher et d'autres maîtres de leur école, firent également
de pareils dessins, mais il ne paraît pas qu'aucun d'eux ait
peint de feuilles. M. F. Reiset, dont nous avons consulté
les souvenirs, n'a vu qu'une seule feuille qui eût reçu de la
main d'un maître quelques coups de pinceau. C'était une
charmante ébauche de Watteau, sur vélin ; le dessin à la san-
guine était relevé par un peu de gouache et des rehauts de
couleur ; la feuille n'avait pas été plissée[2]. Il est probable que

---

[1] M. W. de La Ruë a cité les vers de Gay dans son rapport, *Reports by
the Juries,* p. 1490.

[2] Cette feuille a figuré à la vente Bruzard.

Boucher a peint plusieurs feuilles d'éventail, mais l'originalité de celles qu'on lui attribue est souvent fort contestable. Il
y avait, au temps dont nous parlons, des gens qui méritent le
titre d'artistes, et qui, dessinateurs et peintres médiocres,
avaient, comme *praticiens,* une grande habileté. Ils ont peint
à la gouache, avec beaucoup d'art, des feuilles d'après les
maîtres du xviie et du xviiie siècle, et surtout dans le style de
Teniers, de Watteau et de Boucher. Les bordures et les ornements étaient faits par d'autres mains : si l'exécution n'en est
pas irréprochable, elle est, du moins, ordinairement, très-
finie, et la composition est, en général, pleine de distinction
et d'élégance.

Il en a été des bois d'éventails, pour la sculpture, comme
des feuilles pour la peinture; on ne cite pas de sculpteur de
talent qui ait laissé quelque ouvrage de ce genre. Cependant
on conserve de très-remarquables panaches d'ivoire ou de nacre
du règne de Louis XV. Quant à la sculpture des brins de nacre
ou d'ivoire, sans jamais avoir été à la hauteur d'un travail
d'art, elle a été faite à Paris, notamment au milieu du siècle
dernier, avec une délicatesse et un goût auxquels on n'a pas
atteint depuis.

Un peintre en voitures, qui vivait au commencement du
règne de Louis XV, et cherchait à imiter les laques de la
Chine et du Japon, Martin, réussit à faire un vernis très-fin,
brillant et durable, qu'il appliquait sur les peintures d'éventails d'ivoire. Ces éventails sont très-estimés.

On faisait, à cette époque, des éventails à bon marché, à
15 deniers, par exemple[1]; mais tout l'effort de la fabrication
portait sur les ouvrages de prix, et le reste était négligé. Le
contraire a lieu aujourd'hui. Mme Ch. Reybaud nous a donné,
à ce sujet, cette note curieuse : « J'ai possédé un éventail de
« famille d'une date certaine, il était de 1715, et se trouvait
« dans la corbeille de mariage de la mère de mon arrière-
« grand-mère. C'était un immense éventail à bâtons de bois

---

[1] Savary, t. II, 1928.

« incrusté d'ivoire; la feuille de papier, assez grossière, repré-
« sentait une sorte de fouillis, il y avait pêle-mêle des figures,
« des trophées champêtres, des chansons écrites à la main,
« des fleurs fantastiques, etc. Somme toute, c'était fort laid. »

On comptait, à Paris, en 1753, cent cinquante maîtres éventaillistes, et un livre très-curieux, publié à La Haye en 1754,
le *Journal du Citoyen*, nous fait connaître les prix des éventails que l'on faisait alors à Paris[1] : « Les éventails de bois de
« palissende valent de 6 à 18 livres la douzaine.

« Les éventails en bois d'or, de 9 à 36 livres la douzaine.

« Les éventails en bois demi-yvoire, c'est-à-dire les mais-
« tres brins en yvoire et la gorge en os, de 24 à 72 livres la
« douzaine.

« Les éventails bois d'yvoire, de 48 à 60 livres la douzaine.
« Il y en a de plus chers. » Savary parle de 30 à 40 pistoles la
pièce.

Les feuilles étaient de peau parfumée ou de papier; les
montures étaient souvent enrichies d'or, de pierres fines et
d'émaux peints.

Les éventaillistes furent réunis aux tabletiers et aux luthiers
par l'édit du 11 août 1776, et, par le même édit, la peinture
et le vernis relatifs à ces professions leur furent attribués en
concurrence avec les peintres-sculpteurs.

Nous ne citerons des sentences rendues par le lieutenant
général de police que celle du 22 mai 1778, qui enjoignait
aux marchands forains d'apporter directement les bois d'éventails au bureau de la corporation pour y être visités. A cette
occasion les « fabricants et ouvriers forains de tabletterie,
« lutherie et bois d'éventails de Méru et autres lieux circonvoi-
« sins », établirent, dans un mémoire (21 octobre 1778), qu'ils
fabriquaient ces bois depuis un grand nombre d'années, et
qu'ils les avaient toujours fait conduire à Paris par le messa-
ger « à l'hôtellerie où pend pour enseigne le Lion d'argent,
« rue Bourg l'Abbé. » Mais on ne faisait, à Méru et aux envi-

---

[1] Page 345.

rons, que des bois découpés; ce n'est que depuis 1827 que des ouvriers s'y sont adonnés à la gravure, à la sculpture et à la dorure.

Un article a été consacré à l'art de l'éventailliste dans l'*Encyclopédie méthodique*[1], et fournit des renseignements précis sur la fabrication à la fin du XVIIIᵉ siècle. La feuille était de peau, de taffetas, de gaze, et plus souvent de papier; le pied était fait de bois, d'ivoire, d'écaille, de baleine ou de roseau, et l'on réservait pour les plus belles feuilles les montures qui venaient de la Chine.

L'opération du pliage, telle qu'on la pratiquait autrefois, était assez compliquée, et l'on en trouve, dans l'*Encyclopédie*, une description détaillée. Le *moule* qui sert à présent à diviser et à former les plis de la feuille a été imaginé vers 1760, et la fabrication en est restée, depuis cette époque, dans la famille Petit.

FABRICATION EN FRANCE DEPUIS LE COMMENCEMENT DU XIXᵉ SIÈCLE.

Depuis le règne de Louis XV, la fabrication n'a réellement pas fait de progrès : l'art est devenu une industrie. Les modifications que l'on a introduites dans le travail ont eu pour but principal de produire plus promptement et à plus bas prix, et pour effet de changer souvent les modèles et les matériaux. En Chine, en Italie, en Angleterre, on a cessé de faire, de nos jours, des ouvrages qui égalent ceux d'autrefois. Il n'y a qu'à Paris que l'on ait réussi à imiter les ouvrages les plus estimés du XVIIᵉ et du XVIIIᵉ siècle et à faire de fort beaux éventails originaux.

Les perfectionnements *industriels* datent de la suppression des maîtrises; ils n'ont été sensibles que depuis 1806, et n'offrent véritablement de l'intérêt que depuis 1834. Avant de les signaler, il est utile de dire quelques mots de la construction de l'éventail[2].

[1] *Arts et métiers mécaniques*, 1783, t. II, p. 497-502.

[2] Il y a, dans le *Dictionnaire du commerce et des marchandises* (1837-39), un bon article sur les éventails, qui est de M. Duvelleroy.

L'éventail se compose de deux parties bien distinctes : la
monture et la feuille. Chacune de ces parties est faite par des
fabricants différents.

La monture s'appelle, en langage du métier, le *pied* ou le
bois. Pour faire ce *pied*, on commence par scier ou *débiter*, dans
un même morceau de bois, d'ivoire, de nacre ou d'os, les
brins qui, réunis, forment la *gorge* ou le *dedans*, et les deux
longues branches extérieures destinées à protéger la feuille
l'éventail étant fermé, et que l'on nomme *maîtres brins* ou *panaches*. Les brins et les panaches passent des mains du *débiteur*,
dans celles du *façonneur*, qui donne au pied avec la lime la
façon et la forme convenues. Le pied ainsi préparé arrive
successivement au *polisseur*, au *découpeur*, au *graveur*, au *sculpteur*, au *doreur*, au *poseur de paillettes* d'or, d'argent, d'acier, etc.
Le pied est alors achevé ; du département de l'Oise il est envoyé à Paris, à la fabrique sur les dessins de laquelle on a
exécuté cette première série de travaux, et la *tête* reçoit la
rivure, c'est-à-dire la broche de métal garnie de deux petits
yeux qui réunit les brins et les panaches.

La feuille est quelquefois simple et le plus souvent double ;
elle est faite soit de vélin, de parchemin, de canepin, soit
de papier, de taffetas, de satin, de crêpe ou de gaze de soie.
Le papier est doublé parfois d'une peau mince de chevreau
appelée *cabretille*. Un dessinateur compose le sujet, que l'on
fait lithographier ou graver, et que l'on remet ensuite à la
coloriste.

Les feuilles des éventails riches sont peintes à la gouache sur vélin, ou à l'aquarelle sur papier ; ce travail, qui
est exécuté habituellement par des artistes connus sous le nom
de *feuillistes*, est confié quelquefois, pour les pièces d'un grand
prix, à des peintres renommés. La feuille d'un éventail exposé
à Londres était signée par Camille Roqueplan.

Quand la feuille est prête, on la plisse dans un moule de
papier très-fort, puis on la fixe sur la monture en ouvrant
les plis à l'aide de la sonde et en y introduisant les *flèches* ou
bouts minces et flexibles qui sont le prolongement des brins.

La bordure est ensuite dessinée ou imprimée avec un mordant, et dorée en faux ou à l'or fin.

Le *décorateur* complète l'enjolivement de la feuille, du pied et des panaches par des ornements d'or, de bronze, de couleur, par de petits miroirs, etc. Enfin une ouvrière fait la *visite;* c'est elle qui donne à l'éventail la dernière façon, les dernières retouches, qui pose les glands, les houppes, les marabouts, qui assortit les étuis, etc.

Ainsi la fabrication de l'éventail occupe 18 à 20 ouvriers différents, et se divise en trois séries :

1° Travail du *pied,* qui est ouvré et orné par le débiteur, le façonneur, le polisseur, le découpeur, le graveur, le sculpteur, le doreur, le pailleteur, le riveur et quelquefois le bijoutier pour sertir la pierre de la rivure.

2° Travail de la *feuille* qui réclame la colleuse, le dessinateur, l'imprimeur, la coloriste, le peintre, la plisseuse.

3° Travail d'ensemble auquel la monteuse, le borduriste, le décorateur et la visiteuse sont employés.

Le pied est fabriqué principalement dans les communes d'Andeville, du Déluge, de la Boissière, de Corbecerf et de Sainte-Geneviève. Parmi les tabletiers qui peuplent le pays situé entre Méru et Beauvais, dans le département de l'Oise, 1,200 ouvriers environ, hommes, femmes et enfants, sont occupés à l'industrie de l'éventail, et la production est d'environ 1,400,000 francs. Les matières qu'ils façonnent sont, à Andeville, la nacre et les bois des îles ; à Corbecerf et au Déluge, l'alisier, le poirier, le pommier ; à La Boissière, l'os ; au Petit-Fercourt, l'ivoire, la nacre et l'os.

Tous ces paysans, qui ne savent rien du dessin, gravent et sculptent avec hardiesse. Au moyen de petites scies qu'ils font eux-mêmes avec des ressorts de montre, ils découpent ces dentelles fines et variées qui donnent aux brins tant de légèreté.

C'est à Paris qu'on imprime ou que l'on peint la feuille et que l'on monte l'éventail ; cette dernière opération a lieu ordinairement chez l'éventailliste. Celui-ci réunit en un faisceau tous ces travaux isolés : il donne le dessin aux paysans de l'Oise, il dirige le feuilliste, il choisit et fait exécuter les ornements des brins et des panaches, et combine toutes ces façons diverses de manière à obtenir, au meilleur marché possible, un produit original et bien fait.

Les essais entrepris à plusieurs reprises, depuis 1810, pour débiter et façonner les brins à la mécanique, n'ont pas amené des résultats assez satisfaisants pour faire renoncer au travail à la main. Cependant trois machines fonctionnent, deux pour débiter l'os à Sainte-Geneviève et à Hermes, et une pour façonner aussi l'os à Sainte-Geneviève. Les débiteurs et les façonneurs les plus habiles sont dans le département de l'Oise, et, si l'on se rend compte des soins et de l'économie de matière auxquels les ouvriers sont astreints, on comprendra les difficultés qui s'opposent à l'emploi de la mécanique. Les outils pour le travail à la main sont, à peu de chose près, les mêmes qu'autrefois. Dans l'Oise, les façonneurs gagnent de 1 à 4 francs par jour.

Puisque nous nous occupons des brins, nous ferons observer que leurs dimensions et leur nombre ont singulièrement varié depuis François Ier. Au milieu du xvie siècle, le nombre de brins varia de 4 à 18; on dit qu'il s'éleva à 24 et à 26 sous Henri III, et, bien qu'il ait été réduit sous Louis XIV, il était encore ordinairement de 18 à 21. C'est à peu près la quantité que l'on compte dans les éventails du règne de Louis XV, et celle qui est consignée dans Savary et l'*Encyclopédie;* il n'y a plus que 12 à 14 brins dans ceux de la fin du règne de Louis XVI. On est revenu aujourd'hui, pour les beaux éventails, aux 18 et 20 brins sveltes et rapprochés, genre Louis XV.

La hauteur relative de la gorge et de la feuille a été modifiée notablement à deux époques, vers 1720 et vers 1841. Les éventails du temps de Louis XIV étaient bas de gorge; les brins, assez étroits, formaient, déployés, une surface non interrompue. Sous Louis XV, on élargit les brins et l'on donna moins de hauteur à la feuille; on conserva à peu près la même proportion sous Louis XVI, avec cette différence que l'on fit des brins très-étroits et très-espacés. On était revenu, vers 1800, à n'avoir que 6 à 7 centimètres de gorge; celle-ci fut portée à 8 centimètres vers 1813, et à 19 centimètres en 1841.

La longueur des brins est restée presque toujours la même; on ne la réduisit que pour les éventails brisés et les éventails d'ivoire peint vernissés par Martin, les premiers remontent à la fin de Louis XIV, et les seconds appartiennent à la seconde moitié du règne de Louis XV.

Quand l'éventail brisé revint en faveur en 1804, on imagina d'employer à sa fabrication l'acier, le cuivre, l'argent, la peau d'âne, le carton; les brins étaient courts, ils étaient faits au découpoir, ainsi que les jours qui les ornaient. C'est également le découpoir qui servait à enjoliver les brins des éventails brisés faits en corne qui étaient à la mode vers 1829-1830. Duméry employa le premier le découpoir vers 1805; Mauduit s'en servit, en 1810, dans la fabrication de bois communs pour l'Espagne. Lorsque les éventails eurent repris leurs branches élancées et bien proportionnées, on cessa d'user de métaux, de peau d'âne et de corne.

Les panaches et les brins de nacre ou d'ivoire sont découpés, sculptés, gravés; la gravure est le moins souvent employée. Il est rare qu'une monture reçoive ces trois façons, mais, dès qu'elle a une certaine valeur, elle est repercée et sculptée.

La découpure est faite soit à la scie, soit à l'outil; on s'est aussi servi du découpoir. Les reperceurs gagnent de 1 fr. 25 cent. à 5 francs par jour. Le travail à l'outil, plus difficile et plus long que celui de la scie, est à peu près abandonné; on a de beaux spécimens de ce mode de découpure qui datent du règne de Louis XVI. Il y a, dans les villages du département de l'Oise, des reperceurs très-habiles; nous citerons Poilleux, Toupillier, Désiré Fleury. Ce dernier, qui habite le Petit-Fercourt, a découpé les dentelles des plus riches éventails que M. Duvelleroy et MM. Ducrot et Petit avaient exposés à Londres; il nous a montré du tulle de nacre ayant deux cent cinquante-six trous au centimètre carré. Sous l'Em-

6.

pire, le meilleur découpeur à la scie était un nommé Dufour,
dont il reste de charmants ouvrages. La famille Lesieur a
fourni, sous l'Empire, la Restauration et le règne de Louis-
Philippe, quatre reperceurs dignes d'être cités.

C'est de 1824 à 1830 que l'on a fait de si grandes quantités d'éventails brisés, dont les brins de peau d'âne étaient
ornés de découpures à la scie très-délicates.

Si la découpure est exécutée aujourd'hui d'une façon supérieure, on n'en saurait dire autant de la sculpture. Nous n'a-
vons encore vu rien qui soit comparable aux belles montures
du temps de Louis XIV. Il est juste de dire que, de 1790 à
1840, les gorges et les panaches sculptés ont été peu recherchés; cependant on a quelques panaches d'ivoire de la fin de
l'Empire qui ont été sculptés avec.assez de soin par un nommé
Jopleir. Vers 1839, la mode adopta les brins larges et hauts
et les petites feuilles[1], et, pour décorer cette large surface de
nacre ou d'ivoire, il fallut recourir au sculpteur et au graveur. C'est alors que les paysans des villages d'Andeville, de
Sainte-Geneviève, du Petit-Fercourt, s'exercèrent à manier le
ciseau et le burin. Quelques-uns ont acquis un certain talent,
entre autres Fleury Marthe, Lanoix Bastard, Stanislas Toupillier, Taupinard, Mmes Lancy, Dourain et Bastard, mais il
leur manque à tous une connaissance essentielle, celle du
dessin[2]. Les ouvriers sculpteurs gagnent de 2 fr. 50 cent. à
7 francs par jour.

On a remplacé, pour les éventails ordinaires, la sculpture
par des reliefs qui sont obtenus par divers procédés. Le plus
ancien procédé (il date du Consulat) consiste dans l'emploi
simultané de matrices chauffées et d'une forte pression[3]; le
plus récent, dû à Jarle, en 1843, consiste dans l'application

---

[1] De 8 centimètres de haut, au lieu de 14.

[2] Il y a à Paris un sculpteur plus habile que ceux dont nous parlons,
c'est Aloïse.

[3] Cette gaufrure du bois se faisait ordinairement sur cèdre et sur les panaches seulement: les spécimens que nous avons vus datent de 1800, 1808,
1815 et 1825.

d'une pâte de blanc d'Espagne et de gomme de chaque côté
des brins, qui, recouverts ensuite de papier doré ou de couleur, sont placés entre deux matrices et soumis à une pression
suffisante.

Les feuilles ont subi au moins autant de changements que
les montures. Autrefois on ne se servait guère que de canepin,
de vélin, de cuir. Le taffetas était déjà usité sous Henri III;
le papier fut employé sous Louis XIV [1], et l'on fit alors beaucoup de dessins de fleurs en or sur fond d'argent [2]; on doit à
Papillon, le célèbre graveur sur bois, les procédés de gaufrure or et argent de papiers d'éventail qui étaient en vogue vers 1778 [3]. Sous Louis XVI, on a fait de charmantes
imitations d'éventails chinois de papier; on s'est aussi beaucoup servi de gaze, de crêpe, de satin, de taffetas, et l'on
ornait ces tissus de broderies, de paillettes et de peintures.

Sous l'Empire et les premières années de la Restauration,
les feuilles peintes étaient rarement demandées. Les éventails
brisés étaient en faveur : on les décorait de diverses façons,
soit avec des gravures décalquées, avec des gravures ou des
dessins collés, soit avec des paillettes de cuivre, d'acier, etc.
C'est à cette époque que parurent les éventails brisés pour
bal, en peau d'âne, sur laquelle les dames écrivaient avec une
épingle d'argent les noms de leurs cavaliers. Il faut arriver à
1828 pour trouver un perfectionnement dans la fabrication.

De 1828 à 1830, M. Léger-Pomel appliqua la lithochromie à la feuille d'éventail, et c'est à cette époque qu'il faut
placer les premiers essais sérieux d'imitation d'anciens éventails. Une dame Léré et Buissot s'en étaient déjà occupés, mais
sans succès, lorsque, en 1829, la duchesse de Berry, donnant
un grand bal, forma un quadrille devenu célèbre, dont les
personnages portèrent le costume du temps de Marie Stuart.
Vanier réunit les éventails les plus anciens et les plus beaux,

----

[1] «Quatre cereles tendus de papier double doré.» (*Saisie de septembre
1682.*)

[2] Savary, t. I, 1928.

[3] Encycl. méth., *Arts et métiers méc.*, t. II, p. 498.

fit, pour cette occasion, quelques éventails du milieu du xvi° siècle[1], et s'adonna dès lors à cette spécialité. Toutefois, de 1790 à 1836, on peut dire que, s'il a été fait beaucoup d'essais, d'efforts et d'affaires, il n'a été fabriqué rien de vraiment remarquable. L'éventail ancien avait bien été remis en honneur par la duchesse de Berry, mais la mode en dura peu. Le duc d'Orléans, vers 1836, se plut à faire revivre le goût de ces charmants spécimens de l'art élégant des deux derniers siècles; il y réussit, et si la période de 1836 à 1846 fut si brillante pour cette industrie, c'est certainement à ce prince qu'elle doit cette prospérité.

On se prit de passion pour les éventails anciens, on les rechercha partout et on les enleva à tout prix. On en trouva un grand nombre en Hollande et en Suède, et entre autres de fort belles feuilles peintes non montées : ces feuilles dataient des règnes de Louis XIV et de Louis XV; quelques-unes, qui étaient montées, étaient peut-être un peu plus anciennes.

Le goût des éventails anciens devint tellement vif, que plusieurs éventaillistes s'exercèrent à les imiter. Les peintres et les sculpteurs manquaient, mais grâce à un homme très-habile, Desrochers, qui se mit à la tête de cette petite branche d'industrie, on arriva à exécuter des ouvrages qui soutiennent la comparaison avec les chefs-d'œuvre du xviii° siècle.

Nous avons été curieux de nous rendre compte de la valeur relative des éventails anciens et de leurs imitations dans ces vingt dernières années. Auparavant, de 1800 à 1834, les éventails anciens étaient généralement considérés comme des objets de curiosité et n'étaient portés que par de grandes dames. De 1835 à 1846, les éventails anciens les plus demandés coûtaient de 200 à 600 francs, et les imitations, de 300 à 500 francs; de 1850 à 1853, l'éventail ancien est devenu plus rare et se vend de 500 à 1,200 francs, l'éventail moderne vaut de 150 à 400 francs.

[1] Ce sont des éventails de plumes d'autruche. Voir le quadrille de Marie Stuart, lithographies d'Eugène Lamy.

On commença à faire, en 1840, des lithographies destinées soit à être simplement collées ou décalquées sur les brins, soit à former la feuille. Vers le même temps, un fabricant intelligent, T. Mayer, perfectionnait l'application de la lithochromie à l'impression des feuilles, et son exemple était suivi par plusieurs imprimeurs. M. Duvelleroy prenait, dès 1842, une part distinguée à ces innovations. Mme Dupré et lui s'adonnaient alors à la fabrication de tous les genres pour l'exportation.

Enfin les années 1845 et 1846 virent se produire d'intéressants essais de fabrication des montures que nous avons signalés plus haut.

La révolution de 1848 aurait anéanti l'industrie de l'éventail, si les commandes pour l'exportation avaient fait défaut. La production était, à Paris, de 3 millions en 1847, elle fut réduite à 1,600,000 francs en 1848; sur 565 ouvriers, hommes et femmes, 315 restèrent sans ouvrage pendant une partie de cette malheureuse année.

Au jour où nous écrivons, l'industrie des éventails, sans avoir recouvré son ancienne prospérité, est dans une situation florissante. Concentrée à Paris et dans quelques communes du département de l'Oise, elle a une organisation particulière, qui a pour trait principal une extrême division de travail. Le temps nous manque pour montrer les déplacements successifs de cette industrie et l'influence qu'elle a exercée sur les populations rurales de l'Oise, influence plus favorable à leur condition matérielle qu'à leur moralité.

Il nous reste à dire un mot du bas prix auquel on est parvenu à fabriquer les éventails communs, qui sont principalement demandés en Italie et aux États-Unis. On les vend de 7 à 8 francs la grosse : nous avons sous les yeux un de ces éventails qui vaut *cinq centimes*. Les maîtres-brins sont de bois et ont 16 centimètres de haut; la feuille est double, tendue sur 12 brins et imprimée à la planche d'un seul côté.

On achète la monture. . . . . 3ᶠ 50ᶜ la grosse.

— , la feuille. . . . . 1 25   —

La rivure coûte, matière et façon.   60   —

Le plissage et la pose de la feuille sur le
bois reviennent à . . . . 1 25   —
                                                     ——————
                                                     6 60   —

On compte 10 p. o/o pour les frais géné-
raux et le bénéfice   66   —
                                                     ——————

Total. . . . . 7 26 la grosse
ou 60 centimes la douzaine.

Et les ouvriers qui prennent part à cette fabrication gagnent bien leur vie.

FABRICANTS FRANÇAIS RÉCOMPENSÉS AUX EXPOSITIONS NATIONALES ET À L'EXPOSITION UNIVERSELLE.

De 1798 à 1819.

Le ministère de l'intérieur constatait, en 1806, que « la France est en possession de fournir d'éventails l'Amérique et une grande partie de l'Europe[1]; » et la Chambre de commerce de Paris écrivait, le 28 mars 1807, au ministre de l'intérieur :

« . . . . Il y avait (à Paris) à peu près cinquante fabricants d'éventails avant la Révolution, qui occupaient ensemble soit dans leurs ateliers, soit en chambre, deux mille ouvriers et quatre mille ouvrières de tout âge. Depuis la Révolution, il s'est créé trois à quatre cents éventaillistes, dont les deux tiers ont culbuté surtout depuis que les femmes ont substitué le ridicule à l'éventail. »

En 1816, le gouvernement autrichien prohiba les éventails français dans la partie de l'Italie soumise à sa domination; et l'Espagne les frappa d'un droit d'entrée triple de celui qu'en

[1] Exposition de 1806. *Notices,* p. 193.

payait auparavant : aussi la fabrication fut-elle diminuée des deux tiers.

Aucun brevet n'a été pris dans cette période pour des éventails; aucun fabricant n'a paru aux cinq premières expositions.

De 1820 à 1834.

Les guerres intestines de l'Amérique du Sud et, en 1825, la prohibition à l'entrée en Espagne des éventails d'un prix inférieur à 50 réaux la pièce, ou 150 francs la douzaine, firent tomber cette industrie, déjà en souffrance, dans un état de langueur dont elle ne se releva que vers 1834.

En 1827, il n'y avait, à Paris, que 15 fabricants d'éventails, qui employaient 1,000 ouvriers à Paris et 1,200 dans le département de l'Oise. Les 1,000 ouvriers parisiens, 334 hommes, 500 femmes et 166 enfants, se divisaient comme suit :

Peintres en figures	21
Peintres en fleurs	27
Monteurs et monteuses	300
Riveurs	24
Enjoliveurs	12
Découpeurs	32
Borduristes	230
Feuillistes	25
Enlumineurs	240
Imprimeurs	21
Colleurs	18
Vernisseurs	10
Bijoutiers	8
Empaqueteurs et visiteuses	32

La valeur totale des éventails fabriqués en 1827 par les 15 établissements était portée à 1,013,000 francs, dont le dixième seulement était présumé se vendre en France. On es-

timait alors que la matière première représentait 21 p. o/o de
la valeur du produit, et la main-d'œuvre, 79 p. o/o[1].

A l'Exposition de 1823, M. Duméril, de Saint-Jean-du-
Sault (Yonne), reçut une mention pour des éventails d'acier
poli, et M. Decannecaude, d'Andeville, une citation pour des
éventails de corne.

Mme v^{e} Dupré et Cie obtint, à l'Exposition de 1834, la médaille de bronze. Le rapporteur du jury central, M. le baron
Charles Dupin, signala des éventails recouverts d'une espèce
de marqueterie d'écaille, d'ivoire et de nacre, dite burgos, et
des éventails à cinq centimes la pièce.

De 1835 à 1851.

La fabrication des éventails redevint peu à peu plus active,
et, de 1840 à 1846, elle reprit une partie de son ancienne
importance. La crise de 1847 et la Révolution de 1848 lui
ont été funestes, et ce n'est que depuis la fin de 1851 que
cette industrie est entrée dans une nouvelle voie de prospérité.

En 1847, on comptait, à Paris, 122 fabricants d'éventails,
savoir :

	Ouvriers.	Import. des affaires.
22 éventaillistes.................	269	2,122,500^f
8 fabricants de feuilles d'éventails...	113	354,000
41 peintres et coloristes d'éventails...	73	143,060
3 glaceurs et satineurs de papiers pour éventails.............	20	90,500
4 fabricants de garnitures d'or, d'argent, etc..................	26	81,200
3 raccommodeurs d'éventails......	14	36,800
3 fabricants d'écrans...........	11	24,200
84 A reporter........	526	2,852,260

[1] *Recherches statistiques sur la ville de Paris et le département de la Seine,*
1829; tableau n° 118.

84	Report.........	526	2,852,260^f
21	monteurs d'éventails..........	10	20,390
6	borduristes.................	7	14,050
5	polisseurs et vernisseurs........	7	10,300
3	fabricants de montures.........,	4	8,000
3	riveurs sur pierre............	11	7,800
122		565	2,912,800

La moyenne du salaire des hommes était de 3 fr. 70 cent., et la moyenne de celui des femmes, de 2 fr. 15 cent. par jour.

Les 565 ouvriers se divisaient en 252 hommes, dont 128 travaillaient à l'atelier ; 264 femmes, dont 136 à l'atelier, 29 jeunes garçons et 20 jeunes filles[1].

Le premier brevet qui ait été pris pour des éventails ne date que de 1838. Il fut délivré à un nommé Lebel, pour un éventail portant, d'un côté, une lorgnette, de l'autre, une tabatière ou une cassolette. L'idée n'était pas neuve ; car, déjà, en 1780, on avait imaginé d'enchâsser une lorgnette dans les panaches[2].

Le nombre total des brevets, de 1838 à 1852, est de 17, dont 4 en 1845, 3 en 1846 et 2 en 1847.

Les éventaillistes ont fait défaut à l'Exposition de 1839 ; on ne peut guère citer que M. Geoffroy-Feret, de Beauvais, qui avait envoyé, entre autres objets de tabletterie, des montures de nacre et d'ivoire.

Le jury central de 1844 décerna la médaille de bronze à Mme veuve Dupré et à M. Duvelleroy ; il mentionna honorablement MM. Cabanes et Marine-Heit.

A l'Exposition de 1849, l'industrie de l'éventail était représentée par un plus grand nombre de fabricants et par de bons produits.

[1] *Statistique de l'industrie à Paris*, p. 791-794.
[2] Encycl. méth. *Arts et métiers mécaniques*, t. II, p. 499.

Médaille d'argent. — M. Duvelleroy.

Médailles de bronze. — Mᵐᵉ veuve Isidore Dupré et M. Au-
béry; M. Félix Alexandre.

On comptait, à l'Exposition universelle de Londres, 3o exposants d'éventails, dont trois français, les seuls qui aient été
récompensés.

Médailles de prix. — M. Félix Alexandre : imitations d'éventails anciens faites avec beaucoup d'art; feuilles peintes avec
habileté; M. Duvelleroy : Éventails pour l'exportation, depuis
5o centimes jusqu'à 5 francs la douzaine, fabriqués avec soin
et d'après une connaissance parfaite des goûts et des usages
étrangers; éventails de prix d'une belle exécution.

Mention honorable. — MM. Ducrot et Petit : Moules pour
plisser les feuilles; éventails de bonne fabrication courante.

EXAMEN DES ÉVENTAILS ET DES ÉCRANS EXPOSÉS À LONDRES.

OCÉANIE.

On fait à Bawian, à Singapour et dans les îles voisines, de
grossiers éventails de bambou et de rotin fendu et tressé, qui
ont la forme de drapeau ou de hache. On avait exposé un
écran de vétiver qui venait de Sumatra; le manche était d'i-
voire sculpté. Des écrans de paille fine avec manches de laque,
et certainement de fabrique chinoise, avaient été envoyés de
Singapour : ils étaient les uns en forme de cœur ou de hache, les
autres ronds ou ovales; la bordure était de drap rouge et la
surface enjolivée de dessins faits avec des fils de soie. Un van-
nier d'Hobart-Town avait présenté un écran de saule fendu
et tressé.

AMÉRIQUE.

Il n'était venu des États-Unis que des chasse-mouches en
plumes de paon, et du Canada qu'un écran d'écorce et des
éventails des Indiens iroquois qui résident à Caughnawaya,
près de Montréal. Les Indiens du cap Breton, dans la Nouvelle-
Écosse, font, avec les piquants d'une espèce de porc-épic, des
écrans qu'ils doublent d'une écorce légère, et qui se distinguent

par l'originalité des dessins et l'éclat des couleurs. Les fibres du palmier Ita (*Mauritia flexuosa*) tressées, sont employées à faire, à la Nouvelle-Grenade et à la Trinité, des éventails appelés *guareguare* par les Indiens; il n'ont pas de manche le plus souvent, sont en forme de hache ou à cinq pans et servent à raviver le feu. Quelques-uns, à l'usage des dames, sont plus fins et rayés de noir, de jaune ou de rouge. Les chasse-mouches des Indiens de la Nouvelle-Guyane sont des plus grossiers.

AFRIQUE.

Les éventails faits à Mahé avec la feuille de *laodicea* rappellent par leur construction les premiers modèles byzantins. Ceux que les voyageurs ont rapportés du pays des Achantis (côte occidentale d'Afrique) se composent d'un cercle de bois tendu de peau de bœuf ou de chèvre, encore couverte de poils, et d'un manche de bois qui est entouré de lanières de cuir rouge. Les femmes des peuplades riveraines du Niger se servent d'éventails tressés avec des fibres de palmier ou des joncs, et ressemblant à de petits drapeaux; on fait, à Egga et à Ibo, des ouvrages de sparterie de ce genre d'une grande finesse, et, dans les environs de Sierra-Leone, des écrans de joncs de diverses couleurs tressés avec adresse.

Tunis avait envoyé de petits éventails de même forme que ceux du Niger, mais découpés à jour et enjolivés de paillettes, de broderies et de houppes de soie. Les écrans de Tripoli étaient de plumes d'autruche blanches ou noires.

L'Égypte, où l'usage de l'éventail remonte à une si haute antiquité, n'avait exposé que des éventails de plumes d'autruche ou de paon, et des chasse-mouches faits de feuilles de dattier ou de plumes de paon. La fabrication de ces objets est grossière; il y a beaucoup d'ornements, mais dessinés sans goût et appliqués sans soin; les manches sont souvent d'ivoire. Les prix sont modiques : un chasse-mouches de plumes de paon, avec manche d'ivoire, coûte à peine 10 francs, et un grand éventail de plumes d'autruche noires ne vaut que 4 francs.

Bien que l'industrie chinoise fût représentée d'une façon incomplète, il n'y avait pas moins de vingt genres différents d'éventails plissés et de douze genres d'écrans à main, tous faits particulièrement pour la consommation européenne ou américaine. Les éventails de laque ou de plumes peintes, les éventails *brisés* de filigrane d'argent, de sandal ou d'ivoire, les écrans de queues de faisan argus et ceux de marceline brodée sans envers étaient en plus grand nombre.

On ne saurait s'imaginer l'importance de cette fabrication.

« Les Chinois portent tous un éventail à la main, » écrivait Ghirardini en 1698[1]. Cela est toujours vrai, et celui qui estimait à un milliard le nombre des éventails et écrans qui se font annuellement en Chine ne saurait être taxé d'exagération.

Il y avait quelques éventails japonais dont la feuille était d'une espèce de colle de poisson[2]; nous n'avons vu aucun éventail de la Cochinchine ou du Tonquin[3].

L'Inde avait fourni les plus riches éventails. Ceux de ce pays ne sont pas plissés, ce sont des écrans dont la forme et la grandeur sont très-variées. Les uns sont si larges et ont des manches si longs, qu'ils tiennent lieu de parasols; d'autres, dont les manches ne sont pas moins longs et qui sont formés d'une feuille entière de *tal borassus* (*flabelliformis*), servent à éventer, le pied du manche étant appuyé à terre. Beaucoup de petits écrans sont également faits d'une feuille de *borassus* peinte, dont le pétiole forme le manche; on en fait aussi de bambou ou de jonc tressé, qui ont la forme d'une hache, et il

---

[1] *Relation du voyage fait à la Chine sur le vaisseau l'Amphitrite en l'année 1698, par le sieur Gio Ghirardini, peintre italien.*

[2] On remarque des éventails et des écrans japonais dans les planches du *Yo-san-fi-rok* (traduit par Hoffmann).

[3] Voir, pour la forme des éventails en usage au Tonquin, au XVII° siècle, les voyages de Tavernier, t. V.

en avait été envoyé de l'Assam, qui étaient de roseau tressé et bordés d'un tissu de soie brodé de coton [1].

Il y avait, dans le département indien, des écrans garnis d'un anneau ovale servant de poignée. Un certain nombre étaient de feuilles de *tal* ornées de peintures grossières; plusieurs, envoyés de Trichinopoly étaient formés de baguettes de moelle d'*æschynomene aspera* et enjolivés avec des plumes de paon et des lamelles de mica; d'autres étaient faits de vétiver ou *khus-khus* [2], le vétiver était recouvert d'un filet de soie ou de broderie d'or, et l'écran était brodé d'un galon d'or et d'un double volant de mousseline ou de soierie. On fait à Pounah et à Singapour de petits écrans de vétiver qui sont bordés de velours et ornés de curieux dessins; ces dessins sont formés avec des paillettes de cuivre et des élytres mordorés.

Les rajahs de Kota, de Pattiala et de Jodhpore avaient envoyé plusieurs écrans ou *pounkhah* de cérémonie, d'une rare élégance et d'une grande richesse; toutefois, l'exécution en était défectueuse. L'un d'eux, de forme circulaire et fixé à un long manche de bois doré, était de damas de soie lamé d'argent; d'autres pounkhah, à manches d'or ou d'ivoire, étaient faits de racines odoriférantes de khus-khus et enrichis de broderies d'or et de pierreries. Les rajahs d'Ulwar et de Bhurtpore avaient envoyé des chasse-mouches (*chaouries*) qui étaient les uns de queues de yak, les autres de plumes, et dont les manches étaient d'or, d'argent, d'ivoire ou de sandal.

Enfin, on fait des pounkhah grands et petits, à Mourshedabad en fibres de *phrynium dichotomum* ou de bambou tressées; à Calcutta, en feuilles de borassus, en soierie ou en sandal; dans le Népaul, en ivoire; dans l'Assam, en bambou ou en plumes de paon; à Delhi, avec des verroteries et des perles, etc.

Il était venu, de Kandy (île de Ceylan), de grands pounkhah de feuilles de borassus, bordés de cuir rouge et couverts de

---

[1] Leur forme était celle d'un drapeau.
[2] Racines de l'*andropogon muricatum*.

peintures grossières, ainsi que des chasse-mouches faits avec les fibres d'un *hibiscus*.

Trois éventaillistes français avaient exposé à Londres : M. Félix ALEXANDRE, M. DUVELLEROY, MM. DUCROT et PETIT; tous les trois habitent Paris. Les deux premiers ont obtenu la médaille de prix; les derniers ont été mentionnés honorablement.

M. Félix Alexandre est feuilliste et éventailliste; successeur de Desrochers, il s'est adonné avec succès à l'imitation des éventails anciens. Les deux charmantes feuilles peintes sur peau qu'il a exposées (*le Départ pour Cythère* et *la Signature du contrat*, d'après Watteau) ont donné à la XXIXᵉ classe l'idée la plus avantageuse du talent de nos feuillistes.

L'habileté et les soins de M. Alexandre ont été appréciés comme ils méritaient de l'être, par nos collègues étrangers; les éventails *la Toilette d'une mariée*, *la Fête de Cérès*, *l'Enlèvement d'Europe*, ont été très-remarqués[1]. M. Alexandre avait su conserver ce cachet particulier de distinction et d'élégance que les anciens éventaillistes donnaient à leurs ouvrages, et il a tiré parti avec bonheur des perfectionnements modernes. Il a adopté, comme Desrochers, la forme et le nombre de brins que l'on préférait sous Louis XV, et a réussi à marier, avec autant de goût qu'on le faisait autrefois, les émaux peints, les appliques de bijouterie et de burgau à des sculptures et des découpures qui ne dépareraient pas de beaux modèles anciens.

M. Duvelleroy avait présenté une collection de tous les genres d'éventails, depuis les plus communs, qu'il vend à 6 et 7 francs la grosse, jusqu'aux plus riches, et, parmi ces derniers, nous citerons celui de nacre sculptée du prix de 1,000 francs, dont la feuille était signée par Camille Roqueplan. Chaque contrée

---

[1] *Toilette d'une mariée*, nacre sculptée, 1,400 francs; *Fête de Cérès*, nacre sculptée, 900 francs; *Triomphe de Bacchus*, écaille sculptée, 700 fr.

a, pour les éventails, des modes et des goûts différents, et il faut que le fabricant parisien varie les matières, les formes, les décors et les sujets, suivant les destinations. M. Duvelleroy a sur ce point une grande expérience; il occupe depuis long-temps un rang distingué dans l'industrie de l'éventail, et a contribué à son développement comme à ses progrès. Dans le rapport que nous avons écrit, en 1849, au nom de la commission des beaux-arts du jury central, nous avons attribué à M. Duvelleroy le mérite d'avoir introduit dans la fabrication des procédés déjà connus, il est vrai, mais dont l'application, disions-nous, assurait une économie de matière, de temps et de main-d'œuvre[1]. Il a été démontré que ces applications[2] avaient été faites avant le brevet obtenu par M. Duvelleroy. Il est de notre devoir de rectifier dans ce sens notre précédent rapport; M. Duvelleroy est un éventailliste de beaucoup de goût et d'intelligence, que d'autres titres ont recommandé à l'estime du jury international.

MM. Ducrot et Petit ont exposé 7 éventails et 3 moules pour diviser et former les plis de l'éventail. Ils ont fait connaître au jury les noms des fabricants du département de l'Oise qui avaient fait exécuter ces éventails, et ont ajouté que « l'éventailliste de Paris a pour mérite seulement l'initiative, « les conseils et l'avance d'argent. » En supposant que telle soit, dans tous les cas, la seule part que l'éventailliste parisien prenne à la fabrication, nous disons qu'elle est encore fort importante. Nous tenons les fabricants de l'Oise pour des gens fort habiles au point de vue de l'exécution, mais il leur manque des qualités essentielles : la conception et le goût; et leurs ouvriers ne savent pas donner à leurs ouvrages cette élégance et ce sentiment inhérents en quelque sorte à la main parisienne. Si MM. Ducrot et Petit avaient moins laissé faire leurs fabricants de Sainte-Geneviève, nous ne doutons pas

---

[1] *Rapport du Jury central*, t. III, p. 395.
[2] Les applications du débitage mécanique, de la lithographie, du découpoir, des dessins en relief ou en creux. — Arrêt de la Cour royale de Paris du 24 juillet 1846.

qu'ils n'eussent envoyé à l'Exposition de plus beaux éventails.
La XXIXe classe n'a pas admis qu'elle pût borner son examen
à telle ou telle partie d'un objet. Qu'importe, par exemple,
que, dans les éventails n°s 3 à 6, les difficultés que présente
le travail de l'os aient été heureusement surmontées, si le
dessin est sans grâce et la feuille médiocre? Qu'importe que
l'éventail de nacre n° 7 (prix 320 fr.) offre une découpure
d'une merveilleuse finesse, si la sculpture est mauvaise et la
peinture plus mauvaise encore? MM. Ducrot et Petit ont une
revanche à prendre. Des hommes méritants et laborieux
comme eux doivent occuper aux expositions le rang honorable qu'ils ont acquis dans le commerce[1].

Outre les trois fabricants dont nous venons de parler, plusieurs autres avaient exposé divers genres de feuilles d'éventail et d'écran à main. Les éventails de M. GRENET étaient
faits de gélatine[2], et ceux de Mme veuve BOUASSE-LEBEL étaient
de moelle de toung-sao; les écrans de M. HÉNOC, de M. LHUILLIER
et de M. LODDÉ étaient de plumes d'autruche, de paon ou d'oie.
M. DOPTER montrait de jolis écrans à main tendus de taffetas
ou de satin imprimé en chromo-lithographie. Enfin Mme veuve
T. MAYER, qui n'a pas abandonné l'application de la lithochromie à la feuille d'éventail, due à son prédécesseur et
perfectionnée par son mari, avait envoyé des feuilles charmantes, imprimées avec beaucoup d'art.

Les éventails et les écrans qui figuraient dans le département chinois étaient exposés par un marchand anglais. Nous
n'avons pas à nous occuper de ces objets, qui ne donnent aucune idée de l'état actuel de cette fabrication en Chine. Nos
éventaillistes les plus renommés sont les premiers à rendre
hommage à la rare habileté des fabricants chinois et japonais.
La découpure, la sculpture et la gravure des bois de nacre

---

[1] M. Petit a écrit une petite notice sur la fabrication des éventails, dans
laquelle nous avons puisé des renseignements.

[2] Les Japonais font des feuilles d'éventail avec une espèce de colle de
poisson transparente; on peint sur ces feuilles des personnages, des oiseaux
et des fleurs.

d'ivoire ou d'os, faites avec une délicatesse extrême, sont cependant moins extraordinaires que l'art avec lequel les éventails les moins chers sont montés; ce dernier travail est irréprochable. Qui n'a remarqué aussi la pureté et le brillant du
laque, le trait sûr et l'originalité du dessin, la hardiesse du
coup de pinceau, l'élégance et le fini des enjolivements. On
ne saurait comparer les éventails de 10, 15, 20 centimes que
l'on fait à Paris, avec ceux du même prix qui sont d'un usage
si général dans le midi de la Chine[1]. Il est juste de dire que le
bambou et le laque nous font défaut, que l'ivoire, la nacre et
le papier sont à haut prix chez nous[2], et que nos artistes et
nos ouvriers gagnent plus du double. A Canton, un bon sculpteur sur ivoire gagne de 80 centimes à 1 fr. 30 cent. par jour,
et les peintres sur laque sont payés, selon leur habileté, de
1 fr. 40 cent. à 2 fr. 80 cent. Ces ouvriers couchent dans l'a-
telier et sont nourris par le fabricant, qui estime la dépense
de nourriture à 40 centimes par jour et par tête.

Nous avons décrit ailleurs[3] les genres principaux d'éventails
et d'écrans chinois; il ne nous reste plus qu'à engager les
fabricants de l'Oise et les éventaillistes de Paris à faire de
nouveaux efforts pour égaler les Japonais et les Chinois. Nos
feuillistes eux-mêmes ont à apprendre des Chinois; qu'ils
jettent les yeux sur les 40 dessins de feuilles d'éventail et
d'écran que contient le Ve livre du *Kiaï-tse-youen-hoa-tchouen*[4],
publié en 1679 par le docteur Li-yu, et ils verront avec quel
art et même quelle science les paysages sont rendus[5].

[1] Les écrans de papier les plus ordinaires se vendent 10 francs le mille.
[2] Le droit d'entrée de l'ivoire brut est de 27 f. 50 c. à 154 francs par 100 kilogrammes, et de la nacre sciée, de 22 à 77 francs par 100 kilogrammes.
[3] *Exportations de la Chine*, p. 91-94.
[4] *Tradition de la peinture* imprimée dans le jardin de la graine de sénevé,
à Nan-king. 5 cahiers.
[5] M. E. J. Delécluze a rendu compte de ce curieux ouvrage : « Les figures
« d'hommes, dit-il, ont des attitudes vraies et expressives; les oiseaux sont
« comparativement mieux traités encore, et enfin les végétaux et les mon-
« tagnes y sont représentés avec talent et toujours avec une très-grande
« vérité. »

De l'Italie, rien que des éventails de filigrane d'argent faits à Gênes : travail excellent, dessins de mauvais goût. Un de ces éventails porte une jolie feuille peinte, et cette feuille est de Paris.

En Allemagne, « çōbiē q̃ ce soit vn pays ou les gens ne « sont pas si delicats et poutieux qu'ē Frāce et Italie », ainsi que le dit Henri Estienne, on faisait, de son temps, des chasse-mouches de plumes de paon et d'autres de « pelures de bois « fort tenves et toutes regredillonnees, » et l'on a, du xviii⁰ siècle, des éventails qui ne sont pas sans mérite. A Londres, les éventaillistes allemands ont fait défaut. Le comte de Stol-berg-Wernigerode avait produit, entre autres preuves de l'habileté des fondeurs de ses forges d'Ilsenburg (Prusse), un éventail brisé en fonte de fer, tout à jour, dont le dessin venait de Paris. Et que dire des éventails de M. Stoll, d'Ulm? Os mal blanchi, sculpture médiocre, prix excessif[1], feuilles achetées à Paris.

La Suisse avait envoyé des éventails de bois blanc découpé; la Belgique, des écrans de fantaisie ornés les uns de dentelle, les autres d'or et de soie; l'Angleterre montrait des panaches d'ivoire anglais[2], des écrans très-laids tendus de satin ou de tapisserie, enfin un grand nombre d'écrans de papier mâché, dont plusieurs étaient charmants.

La Turquie n'avait pas d'éventails à l'Exposition : nous n'en avons pas trouvé dans les provinces d'Europe et en Asie-Mineure; nous en avons commandé à Andrinople, et l'on nous a fait des éventails de papier grossièrement imprimé et plissés, qui se déploient en cocarde comme le flabellum de Tournus.

---

[1] Éventails d'os, 25 à 75 francs la douzaine; éventails d'ivoire, 125 à 250 francs la douzaine.

[2] Cela ressemblait à de la corne blanche.

Il nous reste à parler de l'Espagne, le seul pays de l'Europe où il se soit organisé, de nos jours[1], une fabrication d'éventails dans des conditions telles, qu'elle puisse plus tard nous opposer une concurrence sérieuse.

Nous avons examiné avec soin les éventails qui avaient été exposés par D. R. Mitjana, de Malaga, et A. Pascual y Abab, de Valence. Plusieurs des meilleures feuilles avaient certainement été faites à Paris; beaucoup d'autres étaient des copies de sujets édités à Paris; des montures avaient été façonnées, découpées et sculptées dans l'Oise, vernies et décorées à Paris : cela ne nous a pas surpris. L'importation en Espagne des éventails au-dessous de 12 fr. 50 cent. la pièce est prohibée; celle des autres n'a lieu qu'au droit de 25 à 30 p. o/o de la valeur. Pour éluder ces dispositions restrictives, on expédie séparément les pieds et les feuilles; ils arrivent prêts à être montés, cette opération n'offre aucune difficulté et c'est ainsi que l'on fait tant d'éventails *espagnols*. Mais il ne faut pas se dissimuler qu'il existe à Valence, à Malaga, à Barcelone, à Madrid, de véritables fabriques, et ces manufactures, d'après ce que nous ont assuré nos collègues espagnols, sont importantes, occupent un grand nombre d'ouvriers et augmentent presque chaque année leur production. Dans l'établissement de M. Mitjana, l'éventail est fait de toutes pièces par des femmes et des enfants; dix presses lithographiques travaillent sans relâche, et l'on fabrique 6,000 à 8,000 éventails par jour[2]. Les plus ordinaires qui aient été exposés étaient de sapin repercé et du prix de 70 centimes la pièce. Combien la différence est grande avec les éventails communs, genre d'Italie, que l'on fait au village du Déluge, dans l'Oise. Ceux-ci se vendaient,

---

[1] Ce sont des Français qui ont établi en Espagne les premières fabriques d'éventails.

[2] *Catalogue of the Spanish productions*, p. 50. — Ramon de la Sagra, *Notes sur les produits espagnols envoyés à l'Exposition de Londres*, p. 57.

dans les années 1818 à 1827, 1 fr. 75 cent. et 2 francs la
grosse, et valent aujourd'hui 3 fr. 50 cent. la grosse (30 centimes la douzaine).

On ne faisait en Espagne, vers 1830, que de grossiers
éventails de bois blanc et de papier bariolé, et, il y a six ans,
on ne comptait encore que deux ou trois éventaillistes. Ceux-
ci étaient venus débaucher des ouvriers dans l'Oise et quelques
dessinateurs à Paris, et ne se faisaient pas scrupule, pour
soutenir leur fabrication, de venir tous les ans faire provision
en France de modèles, de dessins nouveaux, et d'acheter
les montures d'os et de nacre qu'ils ne pouvaient faire.
Aujourd'hui, le nombre des établissements a augmenté, les
apprentis espagnols sont devenus des ouvriers, et il y a un
progrès bien marqué dans la fabrication purement espagnole.
Sans doute, pendant longtemps encore, la France fournira des
éventails à l'Espagne, et les manufactures de Valence, de
Malaga et autres, ne vivront et ne grandiront qu'en copiant
les modèles et les dessins que le génie parisien invente et
que la mode parisienne consacre. Mais un jour viendra où
cette rivalité se fera sentir, et au moins pour les genres
communs destinés à l'Amérique du sud, elle forcera nos
éventaillistes à faire encore plus d'efforts et plus de merveilles de bon marché et d'exécution. Leurs succès présents
nous répondent qu'ils réussiront à dominer toujours cette concurrence étrangère.

PARAPLUIES ET PARASOLS.

HISTOIRE.

Le parasol était connu dès les temps les plus reculés : il a
commencé par être réservé aux souverains et par être adapté
aux chars, qui n'étaient pas alors recouverts. On rapporte que
l'invention des parasols est due à la femme de Lou-pan, célèbre charpentier de l'antiquité : « Seigneur, dit-elle à son
« mari, vous construisez des maisons pour les hommes, mais
« il est impossible de les transporter, tandis que l'objet que

« je fabrique pour leur usage peut se porter au delà de
« mille li[1]. » On se servait de parapluies en Chine deux mille
ans avant Jésus-Christ, car on lit dans le *Thong-sou-wen :*
« De la soie étendue pour se garantir de la pluie s'appelle
« *san-kaï* 繖 蓋 ; on reconnaît là l'emploi du *san* pour la
« pluie (*yu-san*) 雨 傘 ; cet usage existait déjà du temps
« des trois antiques dynasties. » Dès le commencement de la
dynastie Tchéou, des parasols et des parapluies étaient en
effet placés sur les chars, et l'on en trouve le dessin, la
construction et les dimensions dans le *Tchéou-li,* qui fut
écrit dans le xie siècle avant Jésus-Christ[2]. Ces parapluies
ressemblaient aux nôtres; la monture était composée de vingt-
huit branches courbées et recouverte d'étoffe de soie. Les parasols étaient de plumes.

D'après le *Thong-ya,* c'est seulement sous les premiers Weï
(220 à 264 de Jésus-Christ) que les cavaliers commencèrent
à se servir de parasols : ces parasols étaient faits de baguettes de bambou et de papier huilé; les personnes allant
à pied n'en firent usage que sous les seconds Weï (386 à
554). Les parasols figurent dans les processions et les fu-
nérailles au viie siècle; ainsi, en 648, lors de l'inauguration
du couvent de la Grande bienfaisance, à Si-ngan-fou, on
comptait dans le cortége trois cents parasols d'étoffes précieuses[3].

Le parasol était, chez les anciens Assyriens, l'un des insignes de la royauté; on voit, sur plusieurs bas-reliefs découverts à Ninive, un serviteur tenant un parasol au-dessus d'un

---

[1] *Khe-tchi-king-youen,* liv. XXXI. — La mesure itinéraire des Chinois est
le *li,* qui est à peu près égal, sous la dynastie actuelle, au dixième de la
lieue marine, soit à 555 mètres et demi.

[2] Le *Tchéou-li,* trad. Biot, kiven XL, fol. 39 à 47, et la planche qui
fait face à la page 488 du tome II. — Mailla, *Histoire générale de la Chine,*
t. I, les deux planches qui font face à la page 336. — *La Chine,* par Pau-
thier, pl. 35, d'après le *Tsi-king-thou.*

[3] *Histoire de la vie de Hiouen-thsang,* trad., p. 313.

roi qui est armé en guerre et debout dans un char[1]. Ces
parasols étaient ornés de bandes circulaires, d'étoiles et de
rosaces peintes; ils étaient bordés de franges et de glands, et
une espèce de fleur de lis en couronnait la pointe; le *pavillon*
était maintenu par un bras de bois et n'avait pas de courbure.
Ceux que l'on remarque sur les bas-reliefs persépolitains présentent une différence notable : le pavillon est monté sur six
fourchettes[2]; c'était aussi un serviteur qui portait le parasol.

Le parasol des anciens Égyptiens était tantôt un grand
éventail de plumes et tantôt une espèce de bouclier léger et
demi-circulaire, qui était recouvert d'une peau[3]; on devait
connaître aussi, en Égypte, la forme actuelle, car on voit,
sur une fresque de Thèbes, une princesse d'Éthiopie qui
voyage dans un char, et qui y est à l'abri du soleil sous un
large parasol formé d'une touffe de plumes[4].

Il ne faut pas croire que le parasol soit resté longtemps réservé aux souverains et aux grands de l'État; le *Khe-tchi-king-
youen* rapporte que, déjà sous les anciennes dynasties, les
lettrés et les magistrats se servaient constamment de parasols
dans leurs chars, mais la forme et la couleur différaient selon
le rang, et ces différences ont plusieurs fois varié. Sous les
Ming (1368 à 1628), les officiers civils et militaires, du premier
au quatrième rang, faisaient usage de parasols à trois étages,
de *lo* noir par-dessus et de soie rouge par-dessous; les parasols des officiers du cinquième rang étaient à deux étages de
lo bleu doublé de soie rouge; enfin, ceux du sixième au
neuvième rang, également à deux étages, étaient de soie bleue
en dehors et de soie rouge en dedans[5].

A Siam, le parasol à sept étages (*savetraxat*) est encore le

[1] Botta et E. Flandin, *Monument de Ninive*, t. I, pl. 63 et 71; t. V, p. 119,
125, 140 et 151.

[2] Wilkinson, t. II, p. 209, n° 175; Tavernier, *Voyages*, t. II, planche
en face de la page 399.

[3] Wilkinson, t. II, p. 208, n° 174.

[4] Wilkinson, t. III, p. 179, n° 336.

[5] *Kou-kin-sse-we-khao.*

premier insigne de la royauté; il est gravé sur le sceau royal [1].

Le parasol jouait, chez les Grecs, un grand rôle dans les cérémonies sacrées et funèbres, et surtout dans les fêtes de Bacchus. A en juger par les dessins que l'on en trouve sur les vases peints, les parasols n'étaient pas tous construits de la même façon; les branches étaient tantôt droites, tantôt arquées, et, dans ce dernier cas, la courbure était convexe ou concave. Chose curieuse, le manche n'allait pas jusqu'au sommet du pavillon; il s'arrêtait un peu au-dessous du bord de celui-ci, qui était supporté par quatre ou six fourchettes fixées à une forte noix. On voit dans Clener [2] et dans d'Hancarville [3] de curieux exemples de cette disposition. Elle n'était pas la seule en usage, car nous avons remarqué, sur un vase grec du Louvre et dans d'Hancarville (tom. III, pl. 43), deux parasols de forme élégante, dont la monture n'offre pas cette particularité.

A Athènes comme à Rome, les femmes faisaient porter le parasol par leurs suivantes, pour être garanties du soleil; ces ombrelles étaient souvent d'une grande richesse [4]. On en faisait venir de la Chine, ou l'on imitait celles de ce pays [5]. Du temps de Virgile, on se mettait à l'abri de la pluie sous un pan de cuir (*scortea*).

L'usage du parasol et du chasse-mouches comme attributs des dieux et des souverains est très-ancien dans l'Inde, et on le retrouve dans les contrées où le brahmanisme a été introduit; ainsi, ils figurent, à Java, sur des bas-reliefs du temple de Boro-Boudour, qui représentent le Bouddha recevant des offrandes, Siva sur son char, etc. [6].

---

[1] Mgr Pallegoix, *Description du royaume Thaï*, t. Ier, p. 263.

[2] T. II, pl. 70.

[3] T. I, pl. 45; t. II, pl. 51; t. IV, pl. 69.

[4] Consulter Paciaudi.

[5] Voir une fresque de la maison de Méléagre à Pompéi.

[6] Le temple de Boro-Boudour a été bâti en l'an 1260 de l'ère de Salivana (1338 de J.-C.). Crawfurd a donné le dessin de ces bas-reliefs dans le IIe volume de *History of the Indian Archipelago*, pl. 19, 20 et 21.

Dans l'Inde, déjà au viie siècle, Brâhma et Indra étaient re-présentés tenant à la main, l'un un chasse-mouches blanc, l'autre un parasol. Hiouen-thsang en fit la remarque dans les royaumes de Kapitha et de Kanyâboudja [1].

Le parasol a été adopté dans les cérémonies de l'Église chrétienne; il a été remplacé par le dais; mais il est resté longtemps un des insignes de la papauté [2], et il était devenu, depuis 1179, un de ceux du dogat de Venise.

Nous n'avons rien trouvé sur l'emploi des parasols et des parapluies dans la vie privée, depuis le iiie ou le ive siècle jus-qu'au xvie. Il est certain que le parasol n'était pas encore connu, en France, dans la seconde moitié du xvie siècle, et qu'il nous a été apporté d'Italie. Henri Estienne fait dire à Celtophile (*Dialogves du nouueau langage françois, italianizé,* 1578): «Et à propos de pauillon, auez-vous iamais veu ce «que portent ou font porter par les champs quelques sei-«gneurs en Hespagne ou en Italie, pour se defendre non pas «t̄at des mousches, q̄ du soleil? Cela est soustenu d'vn baston, «et tellement faict qu'estant ployé et tenant bien peu de place, «quand ce vient qu'on en a besoin, on l'a incontinent ouuert «et estendu en rond, iusques à pouuoir couurir trois ou «quatre personnes.» Et Philausone répond: «Ie n'en ay ia-«mais veu: mais i'en ay bien ouy parler. Et si nos dames les «leur voyoient porter, peut-estre qu'elles les voudroyent taxer «de trop grāde delicatesse [3].» Fabri confirme le fait; il a re-présenté, dans le supplément de son ouvrage (1593), un noble Italien voyageant à cheval avec un parasol à la main [4]. Les Portugais avaient rapporté l'usage du parasol des Indes et d'Afrique, où ils en avaient contracté l'habitude [5]. Un voya-

---

[1] *Hist. de la vie de Hiouen-thsang,* p. 110 et 243.

[2] Il l'était encore vers 1720 (gravures de Bernard Picart, *Cérémonies et coutumes religieuses,* t. I, planche de la page 58.)

[3] Pages 166 et 167.

[4] *Divers. nationvm ornatvs . Additio.* — Nobilis Italvs ruri ambulans tempore æstatis.

[5] Voir les recueils de gravures sur les Indes des frères de Bry, 1598, 1599, 1601.

geur anglais en Italie, Thomas Coryat (1608), après avoir
parlé des éventails, dit : « Plusieurs portent d'autres belles
« choses d'un bien plus grand prix, car elles coûtent au moins
« un ducat (environ 7 francs), et qu'ils appellent communé-
« ment, en italien, *umbrellaes*..... Cet objet est de cuir, sa
« forme est à peu près celle d'un petit dais..... Il est em-
« ployé spécialement par les cavaliers, qui le tiennent à la
« main en appuyant le bout du manche sur la cuisse... »

Le parasol qui, sans doute, a toujours été usité en Italie,
nous est venu de ce pays; cependant les plus anciens parasols que nous ayons vus figurés ressemblent à ceux de la
Chine bien plus qu'à ceux de l'Italie. Cela peut s'expliquer,
d'ailleurs, par le grand nombre d'objets chinois qui ont été
introduits en France dès le XVIe siècle, et, à ce point de vue,
le fait que cite Evelyn n'est pas sans intérêt [1]. Le parasol était
connu en Angleterre au XVIIe siècle; Ben Jonson en fait mention dans une comédie jouée en 1616, et Defoe parle, dans le
Robinson Crusoé, qu'il écrivait vers 1718, des parasols usités
au Brésil.

En France comme en Angleterre, pendant le XVIIe siècle,
c'était avec le manteau que les hommes se préservaient de la
pluie; du reste, les parapluies étaient alors si grossiers et si
lourds, qu'on devait être fort gêné et se trouver ridicule de les
tenir à la main. Nous en avons vu un que l'on prétend être
de 1640. Il pèse 1,600 grammes; les baleines ont 80 centimètres de long, le manche est de chêne et le coulant de cuivre
n'a que 2 centimètres; l'étoffe est un gros de Tours chiné. On
tenait ce parapluie par un anneau de cuivre fixé à l'extrémité
des baleines.

Il est singulier que l'usage des parapluies et des parasols
ne remonte qu'à près de deux siècles et demi [2]. Les femmes
s'en servirent les premières. La fabrication en était attribuée

---

[1] *Reports by the Juries,* p. 656.

[2] Il ne fut introduit en France qu'en 1680, selon le *Dictionnaire des
origines,* de Noël; c'est une erreur, un parasol figure au frontispice d'un
recueil de S. Igny, *La noblesse françoise à l'église* (1620).

aux maîtres boursiers, colletiers, pochetiers, caleçonniers, faiseurs de brayers, gibecieres, mascarines et escarcelles...., et il n'en est fait aucune mention dans les anciennes ordonnances qui furent accordées à cette communauté vers 1260, en 1342, 1398, 1414, 1514, 1574, 1659 et 1733. Ils sont cités pour la première fois dans les statuts de 1750; on lit, à la fin de l'article 16 : « Pourront aussi les maîtres boursiers, faire « vendre et débiter les parasols, parapluies, tels qu'ils se font « aujourd'hui de toutes sortes de façons. » On vendait, à Paris, en 1752, les parasols brisés de 15 à 22 livres la pièce, et les parasols pour la campagne de 9 à 14 livres[1]. Le parapluie de 1740 se tenait déjà par le manche, qui était terminé par une crosse; il pesait de 8 à 900 grammes; les baleines avaient 80 centimètres, et le coulant de cuivre avait 18 centimètres de long.

Par l'édit d'août 1776, les gantiers, les boursiers et les ceinturiers furent réunis en une seule communauté, et nous avons trouvé, dans les archives de la Chambre de commerce de Paris, un projet de statuts[2] pour cette corporation nouvelle, dont l'article 4 du titre 5 est ainsi conçu : « Ils auront « aussi seuls le droit de fabriquer et faire toutes sortes de para- « pluies et parasols, en baleine et cuivre, brisés et non brisés; « les garnir de leurs dessus en étoffes de soye et en toille; faire « les parapluies de toilles cirées; les parasoleils garnis et enjo- « livés de toutes sortes de façons; parasols a ressorts en aciers « ploians dans les cannes et de toutes autres façons; pourront « a cet effet avoir forges et enclumes, banc a tirer, pinces, te- « nailles et tous autres outils nécessaires. »

Il y a des détails précis dans la grande Encyclopédie (planches, t. II, 1763) et dans l'Encyclopédie méthodique (1785). On se servait communément, vers 1780, de para-

---

[1] Journal du Citoyen, La Haye, 1754, p. 332.

[2] Ce manuscrit porte pour titre : « Projet des articles des estatuts de la « communauté des maîtres gantiers boursiers cinturiers culottiers gibe- « siere parasolliers faiseurs de brayers poudriers parfumeurs de la ville, « faubourg et banlieu de Paris..... »

pluies et de parasols. « L'usage de ceux-ci, dit Roland de la
« Platière[1], est tellement établi à Lyon, que non-seulement
« toutes les femmes, mais des hommes mêmes ne traversoient
« pas la rue sans le petit *parasol* rose, blanc ou d'une autre
« couleur, garni d'une blonde, et que sa legereté permet de
« porter sans gêne. »

Il y eut des parties de la Grande-Bretagne où le parapluie
pénétra bien tardivement. Ainsi, ce fut en 1781 ou 1782
qu'un médecin, John Jamieson, rapporta de Paris à Glasgow
le premier parapluie que l'on eût vu dans cette ville, et qui y
fut un sujet d'admiration.

FABRICATION ET COMMERCE EN FRANCE DE 1800 À 1851.

Il a été délivré, de 1808 à 1851, 103 brevets d'invention
et de perfectionnement relatifs aux parapluies et ombrelles;
c'est surtout depuis 1840 que les perfectionnements ont été
le plus nombreux. Cependant plusieurs des inventions dont
on a fait le plus de bruit appartiennent au siècle dernier.

Le parapluie-canne, pour lequel on a pris, depuis 1808, douze
ou quinze brevets, était connu dès 1758. Douze autres brevets
ont également été accordés pour des parapluies dont les dimensions peuvent être réduites de façon à ce qu'ils tiennent
dans la poche; l'invention avait un siècle de date quand on
la breveta pour la première fois. On portait de pareils parasols
vers 1740, et un nommé Reynard annonçait, en 1761, des
parasols « qui se replient sur eux-mêmes triangulairement et
« deviennent de l'épaisseur et du volume d'un chapeau à mettre
« sous le bras. » Ils étaient très-répandus vers 1770 : le manche
était de deux pièces réunies par une vis, et les branches se
repliaient au moyen de *brisures*.

C'est en 1812 que l'on prit le premier brevet pour un parapluie qui s'ouvrait seul, et, jusqu'en 1851, dix autres brevets
furent délivrés pour ce même objet. Ce genre de parapluie
est décrit dans l'*Encyclopédie méthodique* (1785), et même les

---

[1] *Manufactures, arts et métiers*, t. I, p. 83.

parasols à ressorts dont on se servait alors pouvaient se porter dans la poche, « dans des cannes, dans des chapeaux et « ailleurs.... On leur donne (aux branches) 20 à 22 pouces « de large, ou 23 au plus; et le parasol fermé, retroussé, « rentré, n'en a pas plus de 14.... »

Les perfectionnements qui ont été apportés à la construction des parapluies depuis le commencement de ce siècle, sans avoir le mérite qu'on leur attribue, ont eu cependant pour effet de rendre ces ustensiles aussi commodes et aussi élégants qu'on peut le désirer.

Il y a deux siècles, le parapluie était un meuble de famille qui coûtait au moins 36 livres, qu'on logeait dans le fourreau avec des précautions infinies, et qui se transmettait de génération en génération. Il avait une envergure d'environ 80 centimètres et pesait d'un à deux kilogrammes; on le portait à l'aide d'un gros anneau de cuivre, fixé sur le chapeau de cuivre qui recouvrait l'extrémité des baleines. Le manche était de bois de chêne, de charme ou de palissandre; les fourchettes avaient de 16 à 20 centimètres de long et étaient de cuivre tors ou aplati; le coulant était de cuivre et très-court, il a commencé par n'avoir que deux centimètres; les branches étaient de baleine et attachées au manche par une clef et un fil de fer, car on ne connaissait pas la double noix.

On commença, à la fin du siècle dernier, à mettre une crosse au bout du manche, à monter les baleines sur une double noix et à augmenter la portée des fourchettes. On fit, vers 1804, quelques poignées d'ivoire uni ou sculpté, et quelques parapluies dont le manche, le coulant, les fourchettes, le bout, etc., étaient d'argent au lieu de cuivre. Le parapluie ne fut jamais plus lourd que de 1816 à 1820 : manche de cuivre, coulant de cuivre, bout de cuivre, pointes des branches garnies d'étuis de cuivre; manche et baleines avaient été rarement aussi longs; aussi tout cela pesait de deux kilogrammes à deux kilogrammes et demi, et cependant cette pesante machine faisait alors fureur en Amérique.

On couvrait autrefois le parapluie de cuir, de toile cirée,

d'étoffe de soie huilée, de papier verni; on se servait, au xvii[e]
siècle, de gros de Tours ou de gros de Naples, uni ou chiné;
vers 1780, de gros de Naples ou de taffetas rose, jaune, vert-
pomme, uni ou chiné, et l'on adopta plus tard les étoffes
rouges, vert clair, bleues, avec des bordures de couleur. Vers
1825, on donna la préférence aux soieries de couleur foncée,
noir, vert myrte, marron, etc. On fabrique aujourd'hui,
spécialement pour cet emploi, des étoffes de grand teint qui
unissent la finesse à la souplesse et à la solidité. On fait également, tout exprès pour les ombrelles, de charmantes soieries
unies, rayées, chinées ou brochées, que quelquefois on recouvre de dentelles ou que l'on enjolive de broderies. En
1770, au témoignage de l'abbé Jaubert[1], les parasols étaient
de cuir, de taffetas, de toile cirée, de paille, de papier.

Chaque partie du parapluie et de l'ombrelle a été l'objet
de perfectionnements ingénieux, depuis vingt ans surtout,
et l'on est arrivé en même temps, par l'effet d'une meilleure
division de travail et d'une fabrication conduite avec plus
d'intelligence, à livrer à un prix modique des produits de
bonne qualité. On a pour 12 ou 14 francs un parapluie que
l'on aurait payé 25 francs en 1834.

Il serait trop long de nous arrêter sur les heureux changements qu'on a apportés successivement aux branches et à
leurs tenons, aux coulants et à leurs ressorts, aux fourchettes,
aux noix, etc.; les descriptions des brevets fournissent pour
cette étude de nombreux matériaux, nous nous bornerons à
deux exemples.

On pratiquait autrefois deux mortaises dans le manche,
l'une vers le haut, l'autre vers la poignée, et l'on y plaçait des
ressorts de fil de fer; l'entaille du coulant recevait l'un ou
l'autre de ces ressorts, selon que le parapluie devait rester
ouvert ou fermé. En 1835, M. Cazal remplaça les mortaises
par de petites bagues et monta sur le coulant un ressort armé
d'abord d'un seul crochet et plus tard de deux crochets que la

---

[1] *Dictionnaire raisonné universel des arts et métiers.*

bague sert à retenir. Ce mécanisme si commode est employé partout.

On a été plus longtemps pour trouver un moyen facile de maintenir roulée l'étoffe qui couvre le parapluie. En premier lieu, on se contentait d'enfermer le parapluie dans un fourreau que l'on portait avec soi; ce fut un progrès que de serrer l'étoffe avec un long ruban de soie. Puis on fit usage d'un large anneau de cuivre, de fer ou d'ivoire, qui pendait à un cordon; l'anneau fut remplacé par un double lacet qui s'attachait à un bouton; le godet Cazal parut en 1844, et finalement, après quelques tâtonnements, on adopta la petite ganse de caoutchouc et l'agrafe actuelles.

De 2 kilog. 500 gr., le poids du parapluie a été réduit à dix fois moins, à 250 grammes. Mais les parapluies qui offrent toutes garanties de solidité pèsent de 320 à 500 grammes, comme on le voit ci-après :

	PARAPLUIES.		
	MANCHE DE BAMBOU de 86 centimètres; 8 branches de baleine de 63 centimètres; fourchettes de 25 centimètres.	MANCHE DE BAMBOU de 90 centimètres; 8 branches de baleine de 68 centimètres; fourchettes de 27 centimètres.	MANCHE DE FER de 90 centimètres; 8 branches de baleine de 68 centimètres; fourchettes de 27 centimètres.
Poids du manche..........	0ʰ,55ᵍʳ	0ʰ,82ᵍʳ	0ʰ,98ᵍʳ
—— de la plaque de corne..	0 ,01	0 ,03	0 ,01
—— de la double noix.....	0 ,03	0 ,05	0 ,03
—— des deux bagues......	0 ,02	0 ,05	0 ,02
—— du coulant..........	0 ,10	0 ,17	0 ,10
—— des fourchettes.......	0 ,56	1 ,02	1 ,02
—— des branches.........	1 ,35	1 ,58	1 ,58
—— de la couverture de soie.	0 ,57	0 ,72	0 ,72
—— de la poignée........	"	"	0 ,47
	3 ,19	4 ,44	4 ,93

Le tableau suivant présente un aperçu curieux de la construction du parapluie depuis deux cents ans [1] :

[1] Voici, d'après le *Tchéou-li*, les dimensions du parapluie qui était placé
sur les chars, en Chine, vers l'an 1100 avant notre ère : longueur de la
hampe, 10 pieds (2 mèt. 05 cent.); 28 branches, de 4, 5 ou 6 pieds (de
82, 102 ou 153 centimètres), car il y avait trois grandeurs; courbure
des branches, 2 pieds (41 centimètres). — Le pied qui était en usage
sous les Tchéou est égal, selon nous, à 205 millimètres.

. PARA

N^{os}.	ANNÉES.	MANCHE.		BRANCHES.	
		Nature.	Longueur.	Nature.	Nombre.
			cent.		
1	Vers 1640..	Chêne (manche droit)............	110	Baleine......	10
2	Vers 1740..	Chêne (crosse).................	95	Idem.........	10
3	1784......	Chêne (manche droit)...........	96	Idem.........	10
4	1800......	Cuivre argenté creux (poignée)..:..	95	Idem.........	10
5	1804......	Cuivre creux (crosse).............	97	Idem.........	10
6 [1]	Vers 1814..	Fer (longue poignée)............	96	Acier.........	9 ou 10
7	1816......	Fer ou cuivre (poignée de corne).....	98	Baleine.......	9
8	1820......	Cuivre (crosse).................	98	Idem.........	9
9	Idem........	Bambou......................	"	Idem.........	8 à 10
10	1830......	Cuivre (crosse).................	96	Idem.........	9
11	1839......	Palmier ou laurier (pomme)........	96	Idem.........	8
12	1844......	Fer creux (poignée de corne)........	89	Idem.........	8
13 [2]	1848......	Fer creux (poignée)..............	"	Acier..:......	"
14	1849......	Fer creux (poignée de laurier).......	89	Baleine.......	8
15	Idem........	Fer creux (poignée de corne)........	89	Acier	8
16 [3]	Idem........	Bambou.......................	90	Idem.........	8
17 [4]	1851......	Laurier.....................	86	Baleine.......	8
18 [5]	Idem........	Bambou	102	Idem.........	9
19	Idem........	Idem....................	96	Idem.........	8
20	Idem........	Idem....................	89	Idem.........	8
21	Idem........	Laurier.....................	89	Acier	8
22 [6]	Idem........	Fer creux	"	Acier creux....	"
23 [7]	1854......	Fer creux (poignée de corne, godet)..	89	Acier.........	8
24 [8]	Idem........	Fer creux (poignée de corne)........	90	Baleine.......	8
25	Idem........	Bambou......................	90	Idem.........	8
26	Idem........	Fer creux (poignée de laurier).......	91	Acier.........	8
27	Idem........	Bambou......................	93	Idem.........	8
28	Idem........	Idem	89	Idem.........	8

PARA PLUIES.

N°.	ANNÉES.	MANCHE. Nature.	Longueur.	BRANCHES. Nature.	Nombre.	Longueur.	FOURCHETTES. Nature.	Longueur.	POIDS.	PRIX.	OBSERVATIONS.
			cent.			cent.		cent.	gr.	fr.	
1	Vers 1640..	Chêne (manche droit)..............	110	Baleine......	10	80	Cuivre bois......	20	1,030	45 à 50	
2	Vers 1740..	Chêne (crosse)...............	95	Idem.........	10	80	Cuivre...........	28	800	30 à 40	
3	1781......	Chêne (manche droit)........	96	Idem......	10	79	Idem...........	17	1,290	»	
4	1800......	Cuivre argenté creux (poignée).....	95	Idem......	10	80	Cuivre argenté..	30	750	25 à 30	
5	1804......	Cuivre creux (crosse)............	97	Idem........	10	73	Cuivre........	31	850	»	[1] Parapluie s'ouvrant seul et se pliant.
6[1]	Vers 1814..	Fer (longue poignée).........	96	Acier......	9 ou 10	74	Fer bois.......	30	855	60	
7	1816......	Fer ou cuivre (poignée de corne)....	98	Baleine.....	9	77	Cuivre........	35	2,010	»	
8	1830......	Cuivre (crosse)...........	98	Idem......	9	76	Idem.........	»	1,130	»	
9	Idem......	Bambou...........	»	Idem......	8 à 10	60 à 80	Cuivre acier..	»	650 à 700	20 à 25	
10	1830......	Cuivre (crosse)...........	96	Idem......	9	73	Cuivre ou fer..	34	820	30	
11	1839......	Palmier ou laurier (pomme).......	96	Idem......	8	71	Acier.......	31	565	16 à 22	
12	1844......	Fer creux (poignée de corne).......	89	Idem......	8	63	Idem........	25	400	15	[2] Parapluie de M. Farge.
13[2]	1848......	Fer creux (poignée)......	»	Acier......	»	70	Idem........	»	380	»	
14	1849......	Fer creux (poignée de laurier)......	89	Baleine.....	8	63	Idem........	25	400	14	[3] Parapluie exposé par M. Farge
15	Idem......	Fer creux (poignée de corne)......	89	Acier.....	8	65	Idem........	25	355	14	
16[3]	Idem......	Bambou...........	90	Idem......	8	70	Idem........	»	290	»	[4] Parapluie-tube de voyage de M. Cazal.
17[4]	1851......	Laurier............	86	Baleine......	8	63	Idem........	25	501	18	[5] Les n°° 18, 19, 20 et 21 ont été exposés à Londres par M. Cazal.
18[5]	Idem......	Bambou...........	102	Idem......	9	79	Idem........	32	650	25	
19	Idem......	Idem............	96	Idem......	8	73	Idem........	31	520	20	[6] Parapluie le plus léger, fait avec une monture d'acier creux de Holland.
20	Idem......	Idem............	89	Idem......	8	63	Idem........	25	350	14	
21	Idem......	Laurier..........	89	Acier......	8	63	Idem........	25	332	15	[7] Parapluie s'ouvrant seul, de M. Cazal.
22[6]	Idem......	Idem..........	»	Acier creux..	»	60	Idem........	»	255	»	
23[7]	1854......	Fer creux (poignée de corne, godet)..	89	Acier......	8	63	Idem........	29	520	17	[8] Les n° 21 et suivants sont de la fabrique de M. Cazal.
24[8]	Idem......	Fer creux (poignée de corne)......	90	Baleine.....	8	68	Idem........	27	493	18	
25	Idem......	Bambou...........	91	Idem......	8	68	Idem........	27	441	18	
26	Idem......	Fer creux (poignée de laurier).....	93	Acier......	8	65	Idem........	28	315	18	
27	Idem......	Bambou...........	93	Idem......	8	68	Idem........	28	302	18	
28	Idem......	Idem............	89	Idem......	8	66	Idem........	25	250	16	

PLUIES.

Longueur.	Nature.	Longueur.	POIDS.	PRIX.	OBSERVATIONS.
cent.		cent.	gr.	fr.	
80	Cuivre tors......	20	1,030	45 à 50	
80	Cuivre.........	28	800	30 à 40	
79	Idem..........	17	1,200	"	
80	Cuivre argenté...	30	750	25 à 30	
73	Cuivre.........	31	850	"	
74	Fer tors........	30	865	60	[1] Parapluie s'ouvrant seul et se pliant.
77	Cuivre.........	33	2,040	"	
76	Idem..........	"	1,130	"	
60 à 80	Cuivre verni.....	"	650 à 700	20 à 25	
73	Cuivre ou fer.....	34	820	30	
74	Acier..........	31	565	16 à 22	
63	Idem..........	25	400	14	
70	Idem..........	"	380	"	[2] Parapluie de M. Farge.
63	Idem..........	25	400	14	
64	Idem..........	25	385	14	[3] Parapluie exposé par M. Farge
70	Idem..........	"	250	"	
63	Idem..........	25	504	18	[4] Parapluie-tube de voyage de M. Cazal.
79	Idem..........	32	650	25	[5] Les nos 18, 19, 20 et 21 ont été exposés à Londres par M. Cazal.
73	Idem..........	31	520	20	
63	Idem..........	25	350	14	[6] Parapluie le plus léger, fait avec une monture d'acier creux de Holland.
63	Idem..........	25	332	15	
66	Idem..........	"	255	"	[7] Parapluie s'ouvrant seul, de M. Cazal.
63	Idem..........	29	520	17	
68	Idem..........	27	493	18	[8] Les nos 24 et suivants sont de la fabrique de M. Cazal.
68	Idem..........	27	444	18	
68	Idem..........	28	315	18	
68	Idem..........	28	302	18	
66	Idem..........	28	250	16	

8.

On comptait à Paris, vers 1827, 115 marchands et fabricants de parapluie, dont le commerce était évalué à 4,620,000 francs[1]. En 1834, le baron Ch. Dupin portait à 200,000 le nombre des parapluies qui se faisaient annuellement à Paris, et leur valeur totale à 3,000,000[2].

En 1847, cette branche d'industrie était exercée par 502 fabricants qui employaient 1,931 ouvriers, et le chiffre total des affaires, de 10,264,689 en 1847, fut réduit à 4,508,605 francs en 1848[3].

ANNÉE 1847.	FABRICANTS de PARAPLUIES et d'ombrelles.	FABRICANTS de BALEINES [1].	FABRICANTS de MANCHES, poignées, bouts, de bois, corne, os, ivoire [2].	TOTAL.
Importance des affaires..	7,408,429ᶠ	1,863,950ᶠ	992,310ᶠ	10,264,689ᶠ
Nombre des fabricants...	377	29	96	502
Nombre des ouvriers.....	1,421	142	368	1,931
Hommes..........	601	96	312	1,009
Femmes..........	742	42	12	796
Garçons..........	45	4	44	93
Filles............	33	"	"	33

[1] Ces industriels fendent et façonnent aussi la baleine pour les fabricants de cannes, cravaches, corsets, mesures, etc.

[2] Les chiffres du tableau consacré dans la *Statistique de l'industria à Paris*, p. 845, à la fabrication de tabletterie pour parapluies et ombrelles, diffèrent de ceux que nous donnons ici. Ces différences proviennent de ce que 22 tourneurs ou sculpteurs de corne, os, ivoire pour manches ou poignées ont été portés sur le tableau de la tabletterie, p. 841; nous avons rectifié cette erreur d'après les bulletins individuels de l'enquête.

[1] *Rapport du jury départemental de la Seine*, t. II, 1832, p. 179.

[2] *Rapport du jury central*, t. III, 1836, p. 481.

[3] *Statistique de l'Industrie à Paris.*

La moyenne du salaire journalier des ouvriers était, en 1847 :

	HOMMES.	FEMMES.
Pour les ouvriers des fabriques de parapluies....	3ᶠ 27ᶜ, de 2ᶠ à 6ᶠ	1ᶠ 67ᶜ, de 1ᶠ à 3ᶠ
——————————————— de baleines.....	3 06 , de 1 à 5	1 47 , de 1 à 2
——————————————— de tabletterie....	3 66 , de 2 à 6	1 45 , de 1 à 2

Nous avons dit plus haut que l'industrie des parapluies et des ombrelles était exercée, en 1847, dans la seule ville de Paris, par 502 fabricants et 1,931 ouvriers. Cette même industrie occupait :

Dans toute la Belgique, au 15 octobre 1846, 139 fabricants et 118 ouvriers [1];

Dans toute la Prusse, au 31 décembre 1846, 77 fabricants et 500 ouvriers [2];

Dans toute la Saxe, au 3 décembre 1846, 45 fabricants et 91 ouvriers [3].

L'exportation n'est, d'après les états officiels, que d'environ 2,000,000, valeurs déclarées, et certainement elle est au moins de trois millions. Celle des parapluies de soie a toujours été la plus importante : elle était de 748,500 francs en 1827 et avait atteint déjà en 1838 le chiffre de 1,549,400 fr., qui n'a été dépassé qu'en 1847 et que depuis 1851 ; on a exporté en 1852 pour 1,808,200 francs. On vendait à l'étranger, en 1837, 1838 et 1839, pour 400,000 francs environ de montures ; la demande a été notablement réduite, elle n'a été dans ces derniers temps que de 200,000 francs par an. Cependant, en 1853, l'exportation s'est élevée à 290,000 francs.

[1] *Statistique de la Belgique. Industrie. Recensement général*, p. 504-507.
[2] *Documents sur le commerce extérieur.* Association allemande; faits commerciaux, n° 11, p. 59.
[3] *Idem*, p. 68.

En résumé, voici quelle est la moyenne annuelle des exportations pendant deux périodes décennales et les sept dernières années.

PÉRIODES.	PARAPLUIES ET OMBRELLES		MONTURES DE PARAPLUIES et d'ombrelles.
	DE SOIE.	DE TOILE CIRÉE et autres.	
De 1827 à 1836.........	908,910ᶠ	30,842ᶠ	178,967ᶠ
De 1837 à 1846.........	1,354,314	24,162	228,885
De 1847 à 1853.........	1,468,065	10,953	208,643

EXPOSANTS FRANÇAIS ET ANGLAIS; APERÇU DE LA FABRICATION
À LONDRES.

Ce n'est pas seulement à Paris que l'industrie des parapluies et des ombrelles a pris un développement considérable; il y a eu, dans plusieurs de nos départements et en Angleterre, des efforts, des progrès, des accroissements de fabrication qu'il convient de signaler. Paris et Londres sont les deux foyers principaux de cette industrie, et celle-ci se présente dans ces deux grandes cités avec des différences telles, que chacune doit certainement conserver longtemps la supériorité qu'elle a acquise.

A Paris, on s'adonne spécialement à la confection des parapluies et des parasols de mode, et presque tous ceux qui sont destinés à l'exportation ont, quel que soit leur prix, un cachet de nouveauté et de distinction. « Le dessin plein de « goût et la sculpture délicate des poignées d'ivoire, le choix « habile des couleurs des soieries et leur excellente qualité « donnent, dit le rapporteur de la XXIXᵉ classe, un avantage « marqué aux fabriques françaises; de plus, leurs montures « étaient, jusqu'à ces derniers jours, beaucoup plus légères et

« plus jolies que celles d'Angleterre. C'est à cette légèreté et à
« cette élégance que les parapluies et les ombrelles de France
« doivent la réputation dont ils jouissent en Amérique et en
« Italie... » M. Warren de la Ruë aurait pu ajouter que les perfectionnements de détail qui donnent une cambrure gracieuse
et une force de résistance inconnues il y a vingt ans, et qui
rendent la manœuvre facile et l'usage commode, sont dus à
des fabricants de Paris; sur 103 brevets, 60 ont été délivrés
à des Parisiens, et 18 à des Lyonnais.

M. Cazal et M. Charageat pouvaient mieux que personne
représenter, à l'Exposition de Londres, la fabrique de Paris. Le
premier est depuis longtemps renommé pour le fini et l'élégance de ses produits, il a simplifié avec bonheur quelques
parties de la monture, et la médaille de bronze a été trois fois
déjà à nos Expositions nationales la récompense de son zèle.
M. Charageat n'est pas moins habile, et la fabrication lui doit
aussi quelques progrès. Il est cependant regrettable que nos
grands fabricants de parapluies et de parasols pour l'exportation aient fait défaut; ils pouvaient exposer des articles
charmants et à bon marché, et il eût été curieux de mesurer
la distance qui les sépare des Anglais. Quels progrès et quels
débouchés ils acquerraient encore si les matières premières
(joncs, bambous, rotins, fer, baleine, ivoire, etc.) étaient
exemptes de droits[1] !

Écoutons le rapporteur anglais : « L'Angleterre est sans
« rivale dans la production des genres les plus ordinaires, et
« cette supériorité doit être attribuée à une division de travail
« judicieuse et à l'importation *sans droit* des bambous et des
« joncs pour les manches et les branches, des baleines pour
« les branches, de la corne et de l'ivoire pour les poignées ; la
« fabrication abondante et à bas prix des guingamps et des
« soieries unies nous donne également un grand avantage sur
« les autres nations. » Cela explique que l'on vende à Londres

---

[1] Depuis que cela est écrit, un décret du 19 août 1854 a modifié les
droits d'entrée pour les bambous, joncs et rotins.

des parasols de guingamp à 1 franc pour femmes, à 40 centimes pour petites filles; que l'on exporte des parasols de soie de 1 fr. 10 cent., et des parapluies de coton du prix de 75 centimes[1]. MM. John MORLAND ET FILS, qui livrent au commerce 350 douzaines de parapluies par semaine, avaient exposé de *bons* parapluies de soie à 4 fr. 40 cent. la pièce.

On assigne à ce bon marché prodigieux diverses causes : le bas prix de la façon, par suite de l'adresse et des habitudes laborieuses des ouvriers, le bas prix du guingamp qui coûte à peine 33 centimes le mètre, l'emploi de rotin fendu et teint. pour les branches. M. MEYERS à lui seul ne vend pas moins de 12,000 bottes[2] de baguettes de rotin par semaine pour cet usage; la douzaine de bottes vaut 1 franc, de sorte que la matière d'une monture de parapluie revient à 8 centimes 1/2.

Cette branche d'industrie est exercée à Londres en chambre et souvent en famille, et nous savons trop bien, par ce que nous avons sous les yeux à Paris, l'économie, l'activité et les soins que l'on obtient de la sorte dans le travail, pour être surpris de la réussite de nos voisins. A Londres, l'ouvrier en chambre dépense de 75 à 150 francs pour son outillage et se fait aider par deux jeunes gens auxquels il donne

---

[1] On ne fait guère, à Paris, de parapluies au-dessous de 21 francs la douzaine. Voici un compte de revient de 1849 qui se rapporte à ces parapluies :

Manche de bois................	1ᶠ 50ᶜ	par douzaine.
Branches de jonc...............	1 80	—
Fourchettes...................	1 20	—
Lustrine de coton..............	11 00	—
Noix, coulant, garniture.........	1 00	—
Bouts........................	0 40	—
Fourreau.....................	0 50	—
Fermoir de caoutchouc..........	0 20	—
Façons.......................	1 60	—
Frais généraux et bénéfice........	1 80	—
TOTAL..........	21 00	

[2] Il y a 8 baguettes de rotin par botte.

5 francs par semaine. La façon de la douzaine de montures lui est payée de 60 à 95 centimes pour les parasols, de 95 centimes à 1 fr. 25 cent. pour les parapluies. Le travail se compose de 43 opérations : le manche a passé 18 fois dans la main de l'ouvrier, et chaque branche 23 fois; mais telle est la dextérité de ces gens, qu'avec un taux de façon si modique, ils gagnent d'assez bonnes journées. Ainsi l'on paye 1 fr. 25 cent. par douzaine la façon des montures de parapluie les plus communes; un ouvrier peut faire, avec l'aide de 4 jeunes garçons, 4 grosses par semaine, et, si l'on déduit 20 francs pour les salaires des apprentis et 10 francs pour les fournitures, il reste 30 francs par semaine.

La couverture des parapluies est faite également en chambre par des femmes et de jeunes filles, au prix de 1 fr. 25 cent. par douzaine pour les plus communs, et de 5 francs pour les plus beaux. Les montures d'acier sortent presque toutes des ateliers de Birmingham; elles coûtent de 70 cent. à 1 franc pièce.

Parmi les perfectionnements dont les fabricants anglais ont présenté des spécimens à l'Exposition, le seul digne d'être signalé est celui qui est dû à M. Henry HOLLAND, de Birmingham : il consiste dans la fabrication de tubes d'acier rectangulaires, très-flexibles et en même temps très-résistants, pour former les branches[1]. L'idée de faire des branches creuses est due à un français, et elle n'est pas nouvelle. Nous avons sous les yeux une monture de parapluie de poche, qui date de 1846; les branches, divisées en trois parties, sont d'acier creux et ont la forme d'une gouttière, qui est même à peu près rectangulaire dans la partie voisine du sommet[2]. Revenons aux montures de M. Holland. Ont-elles la résistance de celles d'acier plein? L'usage nous l'apprendra. Sont-elles les plus

[1] La fabrication de ces branches se compose de treize opérations distinctes.

[2] Nous avons trouvé le brevet original dans lequel il est fait mention de cette idée; il a été délivré, le 11 juin 1846, à un mécanicien de Lyon, Pierre Duchamp fils, pour un « système de parapluie brisé se mettant dans « la poche cinq fois dans une minute. » Il y est dit : « ...Toutes les parties

légères que l'on ait jamais faites? Non; car un fabricant de
Paris, M. Farge, a exposé en 1849 des parapluies de 69 centimètres de rayon, qui ne pesaient tout garnis que 250 gr.
(le parapluie Holland n'a que 66 centimètres et pèse 258 gr.[1]).

Nous aurions trop à dire si nous voulions nous arrêter sur
la fabrication des parasols du Japon, de la Chine et de l'Inde,
dont il y avait dans le Palais de Cristal des spécimens si curieux. Quelques lignes suffiront pour faire connaître leur construction [2] : les parasols et les parapluies chinois sont couverts
de papier peint et verni; le manche, les branches et les fourchettes sont de bambou, et voici les dimensions, poids et prix
de ceux que nous avons rapportés nous-même de Chine.

LIEU D'ORIGINE.	COUVERTURE de papier.	LONGUEUR du manche de bambou.	BRANCHES de bambou.		LONGUEUR des fourchettes de bambou.	POIDS.	PRIX.
			Nombre.	Longueur			
Province de Hou-kouang,	Peint en vert foncé et verni.	0ᵐ,97	50	0ᵐ,56	0ᵐ,20	750ᵍʳ	1ᶠ25
Canton........	—— en vert myrte.	1 ,18	47	0 ,53	0 ,18	690	1 00
É-mouï.	—— en vert foncé..	0 ,98	44	0 ,53	0 ,19	930	0 80
Canton........	—— en vert foncé..	0 ,85	36	0 ,40	0 ,14	400	0 50
Japon.........	De coul. bleue, avec gravures.	0 ,88	40	0 ,47	0 ,20	340	1 40

«formant les baleines sont en acier fondu roulé en *forme de tube* et passé à
«la filière... » Et plus loin : «Toutes les pièces qui constituent le parapluie
«sont *creuses,* afin qu'il soit d'une grande légèreté..... et pourtant très-
«solide... » Pour préserver de l'oxydation l'intérieur des branches, il fallait
pouvoir le vernir avec soin, et c'est dans ce but que Duchamp remplaça les
tubes par des gouttières (Certificat d'addition du 27 juillet 1847).

[1] La douzaine de montures Holland, branches, fourchettes, coulants,
noix, etc., se vendait, en 1851, en 58 centimètres, 35 fr. 60 cent.; en
62 centimètres, 39 fr. 40 cent.; en 66 centimètres, 43 francs; en 70 centimètres, 46 fr. 90 cent.

[2] Rondot, *Commerce d'exportation de la Chine,* p. 117.

Le papier qui recouvre les parapluies chinois est très-fort; il résiste aussi bien à la violence du vent qu'à l'action de la pluie et du soleil. M. Stanislas Julien, auquel l'agriculture et l'industrie doivent la connaissance de procédés chinois d'un grand intérêt, a trouvé dans le *Weï-tsi-yu-pien*, livre XII, le mode de fabrication de ce curieux papier. M. Julien nous a traduit ce passage avec sa rapidité habituelle; nous le donnons ci-après:

« On prend six liang[1] d'huile de *t'ong* (*sterculia tomentosa*),
« deux liang d'huile de chanvre, deux fên de fleur de farine,
« sept graines décortiquées de *pa-teou* (*croton tiglion*); on broie
« le tout et on le réduit en bouillie. On prend ensuite de la
« farine de *teou* (*dolichos*), on la jette dans l'huile, et l'on fait
« cuire le tout, d'abord sur un feu doux, puis sur un feu très-
« ardent, jusqu'à ce que l'on ait obtenu une sorte de colle onc-
« tueuse (littéralement, de la graisse). Cela fait, on en passe
« une couche sur le papier. Quand il est bien pénétré de cet
« enduit, on le fait sécher à l'ombre, et on le met en réserve
« pour s'en servir au besoin. »

CANNES.

L'abstention des monteurs de cannes français a été fâcheuse, car la monture des cannes de fantaisie est une branche d'industrie dans laquelle on excelle à Paris. Les droits élevés que l'on doit acquitter pour les joncs et les bambous rendent un commerce considérable de cannes ordinaires impossible en France; c'est à Hambourg et à Londres que ce commerce s'est porté. Un seul industriel de Hambourg, M. MEYER jeune, oc-

---

[1] Le *liang* est un seizième de *kin*, le *fên* est un dixième de liang. Il est difficile de déterminer exactement le poids du liang de la dynastie actuelle. Il serait de 37^{gr},83, d'après le cube d'or qui fut établi comme étalon dans la 5e année Choun-tchi (1648); il est fixé par les traités de commerce à 37^{gr},796; Blancard le porte à 38^{gr},24; Olof Toreen, à 37^{gr},72; J.-R. Morrison, à 37^{gr},57; J. Thomson, à 37^{gr},55; le P. Lecomte, à 37^{gr},27; Kuppfer, à 37^{gr},22; le P. Laureati, à 37^{gr},20; Osbeck, à 36^{gr},97; etc.

cupe deux à trois cents ouvriers, et le principal fabricant de
Londres, M. Bartnet MEYERS, prépare et vend chaque année
2,500,000 rotins, principalement pour branches de parapluie
et de parasol, et plus de 500,000 cannes.

On ne s'occupe guère à Paris que de cannes de fantaisie,
les travaux et les affaires qui en résultent ne sont pas sans importance. Dans les mêmes ateliers, l'on prépare et l'on monte
les cannes, et l'on fait les fouets et les cravaches; l'ensemble
de cette fabrication représentait, en 1847, un mouvement d'affaires de 3,507,208 francs; 165 entrepreneurs et 968 ouvriers
concouraient à cette production.

La préparation des cannes n'est pas une industrie aussi
simple qu'on se l'imagine; elle se compose d'opérations nombreuses et qui varient selon la nature végétale ou animale des
matériaux. Cinq ou six cents espèces ou variétés de bois,
joncs ou roseaux, sont employées dans cette industrie; mais
une trentaine seulement sont d'un usage habituel. La moindre
canne a passé au moins vingt fois dans la main de l'ouvrier:
il a fallu conserver le bois en magasin pendant un certain
temps, quelquefois détacher l'écorce, dresser, tailler, polir,
teindre, dans certains cas enjoliver de dessins imprimés, vernir, garnir d'un bout, d'un cordon, d'une bague, d'une poignée. Les cannes faites de baleine, d'écaille, de corne de bélier,
de corne ou de peau de rhinocéros, d'ivoire, etc., n'offrent
pas moins de difficultés, et l'on sait que la baleine et la corne
de bélier ne sont façonnées en cannes qu'à l'aide de procédés
assez curieux.

En Angleterre et en Allemagne, la canne est terminée communément par une pomme, une crosse ou un bec de corbin
d'ivoire, d'os ou de corne. En France, la monture est l'objet
principal de cette branche d'industrie; nos premiers fabricants
n'ont pas moins d'un millier de modèles d'une diversité singulière, et ils en produisent de nouveaux chaque année. Ces
poignées sont de cornaline, d'agate, d'aventurine, de corail,
d'écaille, d'ivoire, de bronze doré, d'argent oxydé, etc.; elles
sont sculptées, gravées ou ciselées, enrichies d'émaux, d'or

ou de perles; on en fait qui sont recouvertes d'une tresse de
fils d'or ou d'argent. Il n'y a guère de canne élégante qui ne
sorte d'un atelier parisien, et l'on envoie de Hambourg à
Paris les cannes dressées et vernies, pour qu'elles y reçoivent
des montures de fantaisie.

Vingt-cinq fabricants de cannes étrangers avaient exposé;
plusieurs d'entre eux méritent d'être cités, notamment
M. H. C. MEYER jeune, de Hambourg, et M. B. MEYERS, de
Londres. MM. SCHULZ, d'Essen, et TAUTZ, de Vienne, avaient
envoyé des collections de cannes bien préparées, et en général d'un prix modique.

PIPES ET TABATIÈRES.

USAGE DU TABAC.

L'usage du tabac dans l'ancien monde ne date que de la découverte de l'Amérique; on a trouvé dans des ruines gauloises
des espèces de pipes de terre rouge, ce qui fait supposer que
l'on a fumé autrefois quelques plantes âcres ou aromatiques.

On a prétendu que le tabac et la coutume de le fumer
existaient dans l'Inde, en Chine et dans d'autres pays de l'O-
rient longtemps avant le xv⁰ siècle [1]. M. Wilson affirma dans
l'Inde à Victor Jacquemont qu'il n'en est fait mention dans
aucun ouvrage hindoustani écrit avant l'arrivée des Européens [2]; et, pour ce qui se rapporte à la Chine et au Japon, voici
une preuve non moins formelle; on lit dans l'*Encyclopédie japonaise,* livre CV, folio 20 : « La plante du tabac a été intro-
« duite au Japon, dans la 2⁰ année de la période Ten-scï
« (1574), par des barbares du Midi qui l'apportèrent en tri-
« but, en même temps que le poivre appelé *fan-tsiao.....*
« L'usage du tabac a commencé à la même époque en Chine
« et au Japon. Primitivement, la plante est venue de pays si-
« tués au delà des mers..... Dans les temps anciens, on

---

[1] *An hist. and descr. account of China,* t. III, p. 383.
[2] *Voyage dans l'Inde. Journal,* t. I, p. 193.

« n'avait pas cette plante[1]. » Le tabac s'appelle en chinois *siang-sse-ts'ao*, la plante à laquelle on pense toujours; *yin-ts'iéou*, le vin de la fumée (c'est-à-dire la fumée qui enivre); *tan-po-kou*, *tan-pa-kou* et *to-po-kou*.

Il n'y a pas de doute que c'est des indigènes de l'Amérique équinoxiale que les peuples de l'ancien monde ont appris à fumer le tabac, et le nom qu'ils lui ont donné est emprunté de la langue des Caraïbes haïtiens qui appelaient *tabaco* le tuyau par lequel ils aspiraient la fumée[2].

Le tabac fut rapidement introduit dans la péninsule hispanique; les Espagnols et les Portugais le portèrent dans leurs possessions d'Afrique, d'Asie et d'Océanie[3]. On ne l'a connu en France que sous Charles IX en 1560, en Angleterre que sous la reine Élisabeth, et en Turquie que sous Mahomet III en 1009 de l'hégire (1600-1601). Jacques Ier en Angleterre et Amurat IV en Turquie proscrivirent en vain l'usage du tabac; le gouvernement chinois s'y opposa également avec énergie, et, par un décret rendu dans la 11° année de la période Tsong-ching (1688), quiconque vendait du *yin-ts'ieou* était puni de mort. Ce fut sans effet, comme plus tard pour l'opium, et il en a été de même au Japon, où, dans les périodes Gen-wa (1615 à 1623) et Kouan-yeï (1624 à 1640), on interdit la culture du tabac sans pouvoir réussir à la supprimer. « L'usage du tabac, dit l'auteur japonais, a fini par « devenir plus général que celui du thé et du vin, et, sur cent « personnes, on en compte à peine trois qui ne fument point. »

Malgré les interdictions et les contestations, le tabac a été répandu, en moins d'un siècle et demi, dans tout le monde, et l'usage en est devenu bientôt universel dans l'Inde, en Chine, dans les pays mahométans et chez les peuplades sauvages des archipels océaniens.

---

[1] Traduction de M. Stanislas Julien.

[2] De Humboldt, *Relat. hist.*, t. III, p. 339. — La plante avait, au Brésil, dans la Floride et dans les Antilles, le nom de *pétun*.

[3] L'usage du tabac a été introduit à Java en 1601, selon les Annales javanaises (Crawfurd, vol. I, p. 104).

La production du tabac est aujourd'hui énorme, elle doit être au moins d'un milliard de kilogrammes, savoir :

120 millions de kil. pour l'Europe ;

160 ——————————— l'Amérique ;

720 ——————————— l'Asie, l'Afrique et l'Océanie.

C'est un article éminemment imposable, aussi les États européens en tirent de gros revenus, 350 millions de francs environ.

Nous n'avons pas à parler des autres substances que l'on fume, opium, sauges, etc.

PIPES.

Les pipes se divisent en deux grandes catégories, selon que la fumée du tabac traverse ou non une nappe d'eau avant d'arriver aux lèvres du fumeur. On se sert de pipes à eau dans tout l'Orient : on les appelle *houka* dans l'Inde, *chouï-yin* en Chine, *narguiléh* en Turquie, *kalioun* en Perse ; la forme et la disposition diffèrent beaucoup selon les pays. Le calumet, la pipe primitive, celle qui transmet directement la fumée du fourneau à la bouche, est d'un usage presque universel, et on l'emploie en Chine, dans l'Inde, en Turquie, en Égypte, beaucoup plus fréquemment que l'autre[1].

Les formes et les dimensions des pipes sont aussi différentes que les matériaux dont on les fait. Les fourneaux des pipes du Japon ont 10 millimètres de profondeur et 12 de diamètre, ceux des pipes de Turquie et d'Allemagne ont souvent 5 à 6 centimètres de profondeur et 5 centimètres de diamètre. Au Japon, la pipe est un roseau léger de 20 centimètres de long, dont le bout est d'ivoire ou d'argent et le fourneau de cuivre blanc. En Turquie, le tuyau (*chibouk*) est une tige de cerisier ou de jasmin de 1 mètre à 1^m60 de long ; le bout (*imaméh*) est d'ambre jaune, et la noix (*louléh*) est faite d'argiles de Nish et de Roustchouk. En Allemagne,

_____

[1] Le houka n'est pas d'un usage exclusif dans l'Inde, comme le dit Jacquemont. Il y avait à l'Exposition des pipes de bambou droites.

le tuyau est ordinairement en forme d'S, et le fourneau d'é-
cume de mer ou de porcelaine est fermé d'un couvercle de
maillechort. En France, la pipe la plus répandue est faite
d'argile.

Le houka et le narguiléh ont une origine commune, le
kalioun se rapproche du chouï-yin. Les premiers se posent à
terre, et la fumée passe par un long tuyau flexible formé
de deux spirales de fil de fer ou de cuivre, entre lesquelles est
placée une mince écorce de bouleau recouverte de cuir ou
de soie. Les seconds se tiennent à la main; le tuyau du kalioun est droit et de bois, celui du chouï-yin est recourbé et de
cuivre blanc.

PIPES DE TERRE.

La consommation de ces pipes est énorme, on en jugera
par ce fait que deux manufactures de Saint-Omer livrent annuellement au commerce plus de trois cent mille grosses
(environ 50 millions de pipes). On fabrique ces pipes de terre
cuite en France, à Saint-Omer (Pas-de-Calais), à Givet (Ardennes), à Forges (Seine-Inférieure) et dans la Moselle; en
Angleterre, à Broseley (Shropshire) et Wareham (Dorset);
dans le duché de Nassau, à Höhr; dans plusieurs provinces
de la Belgique[1]; en Hollande, à Gouda, où l'on emploie des
argiles d'Andenne et de Huy près de Namur, que l'on mélange avec des argiles de Vallendar près de Coblentz.

Le XXVe jury a examiné les pipes de terre au point de vue
de la céramique, notre classe avait à apprécier les formes et
la qualité. Deux fabricants de Saint-Omer représentaient à
peu près seuls cette industrie par des collections fort com-
plètes; M. Louis FIOLET et MM. C. DUMÉRIL, LEURS fils et Cie
n'ont obtenu que la mention honorable, et c'est dans cette
seule circonstance qu'en ce qui touche des exposants français,
nous n'ayons pas partagé l'avis de nos collègues. Ils méritaient

---

[1] La fabrication des pipes de terre occupait en Belgique, en 1846,
266 hommes, 79 femmes, 66 jeunes garçons et 29 jeunes filles.

certainement la médaille de prix, ces fabricants dont les
produits sont estimés partout et égalent ceux de Gouda si
longtemps sans rivaux. La qualité de leurs pipes est excellente,
et la façon ne laisse rien à désirer (*exceedingly well manufactured,*
dit le rapporteur anglais); le prix est d'une modicité extrême,
on vend des milliers de grosses à 1 fr. 20 cent. la grosse,
10 centimes la douzaine. Et quelle diversité de travaux
dans ces manufactures : extraction et broiement des terres,
fours pour la cuisson, ateliers de modeleurs et de mouleurs,
d'émailleurs, de polisseurs, de ciseleurs, etc., forges et scieries.
Quelle diversité de produits : des pipes ou des têtes de pipe,
mates ou émaillées, unies ou façonnées, de quatorze à quinze
cents modèles différents, des statuettes, des poteries, des
creusets, des tuyaux de drainage, des pannes, des carreaux,
des briques réfractaires, etc. M. Fiolet occupe 850 ouvriers,
MM. Duméril, Leurs et Cⁱᵉ, en emploient 450.

M. Warren De La Rüe a consigné fidèlement dans son rapport le motif qui a décidé le jury à refuser la médaille aux chefs
de ces grandes entreprises. « Les formes ne justifiaient pas la
« haute réputation que la France a acquise pour l'élégance du
« dessin. » Nous sommes les premiers à regretter que cette consommation immense de pipes de terre ne puisse servir, même
dans de modestes limites, à épurer le goût et élever les idées des
masses; il est évident que des bustes de grands hommes ou de
belles statues vaudraient mieux que les têtes des héros de nos
révolutions et de grossières caricatures. Mais le fabricant est
forcé de tenir compte des habitudes des consommateurs, et il
ne faut pas se dissimuler que la plupart des paysans et des
ouvriers préféreront des figures de circonstance ou de laids modèles aux plus charmants sujets qu'inspirerait l'art grec, arabe
ou égyptien. On ne doit pas oublier que le bon marché de ces
pipes et la nécessité de renouveler fréquemment les modèles
obligent à la plus stricte économie dans les frais de composition et d'exécution. Ces observations faites, nous finirons en
disant que les fabricants de Saint-Omer avaient exposé des
têtes de pipe d'un bon dessin et habilement modelées.

Les autres pipes de terre n'offraient rien de digne de remarque. Celles que l'on fait à Höhr (Nassau) sont assez grossières et se vendent à très-bas prix, à peine 1 franc la grosse
(8 centimes 1/4 la douzaine); on les cuit à la houille. Les
pipes de Gouda sont cuites dans des fours circulaires que l'on
chauffe avec de la tourbe; elles sont d'une belle fabrication,
mais coûtent de 4 à 6 francs la grosse. On fait très-peu de pipes
de terre en Angleterre; celles qui se consomment dans la
Grande-Bretagne et ses colonies sont tirées des manufactures
de Saint-Omer.

PIPES À TUYAUX DE BOIS.

Nous n'avons à signaler qu'une grande diversité de formes,
de dimensions et de matériaux; la fabrication n'a d'intérêt que
par son importance.

Dans l'Orient, la façon du tuyau est fort simple : le bois
est foré et ne reçoit le plus souvent aucun enjolivement; les
tuyaux de cerisier, de jasmin, de bambou, de roseau, sont
dans ce cas. En Égypte et en Turquie, on recouvre quelquefois le chibouk de jasmin, de fils d'or, d'argent ou de soie,
et, de même qu'en Chine, on incruste de nacre ou d'ivoire des
tuyaux d'ébène poli[1]. En Prusse, le tube est droit ou recourbé,
il est fréquemment sculpté, tourné, garni de bagues de maillechort, de nacre ou d'ivoire.

Le bout, bec ou bouquin de la pipe est d'ambre jaune, de
verre, de bois, d'ivoire, de nacre, d'os, de corne, d'écume
de mer, etc. Les bouquins d'ambre sont très-recherchés en
Turquie. Il y avait à l'Exposition, dans le département turc,
quatre beaux imaméh enrichis de brillants : deux coûtaient
60,500 piastres (13,000 fr.), et les deux autres 40,700 piastres (9,000 fr.); il n'est guère possible d'avoir un beau bouquin à moins de 2,000 piastres (environ 450 fr.). Le prix se
règle plus sur la couleur et la pureté de l'ambre que sur la

[1] Voir, sur les pipes de Chine, le *Commerce d'exportation de la Chine*,
p. 39.

grosseur de l'imaméh. Ce n'est pas un mince mérite que de
savoir choisir un morceau d'ambre, de le tailler, le tourner,
l'évider, le polir pour en former un bouquin de prix.

Les fourneaux, noix ou têtes de pipe, sont faits, en Turquie
et en Égypte, d'une argile rouge ou blanche très-fine; en Autriche et dans le Zollverein, d'écume de mer, de porcelaine ou
de terre cuite; en Chine et au Japon, de cuivre blanc. Les
noix de pipe turques (louléh) sont d'une forme élégante; elles
sont souvent dorées et ornées de dessins moulés ou gravés, la
fleur de lis figure fréquemment dans ces ornements. Les louléh sont à bon marché; nous en avons acheté à Andrinople, à
Top-Hana et à Brousse, d'unis, à 3 paras (1 centime et 1/2), et de
dorés, à 1 piastre (20 centimes) pièce. Les fourneaux d'écume
de mer sont, à Vienne, l'objet d'une petite industrie qui est
exercée avec intelligence. L'écume de mer est préparée, taillée
et polie avec beaucoup de soin : les artistes autrichiens excellent à sculpter cette substance qui n'offre de difficulté que par
sa friabilité; ces sculptures sont, en général, l'œuvre de ciseaux
hardis et délicats, et cependant les prix sont peu élevés; il est
rare qu'ils dépassent 100 francs. L'Autriche avait exposé de
l'ébénisterie sculptée d'un grand luxe, mais nous n'avons
trouvé de bon dessin, de vérité, de fini, que dans les fabriques
un peu obscures de pipes d'écume de mer et de j uets.

À Paris, huit petits entrepreneurs d'industrie garnissent
les fourneaux et les tuyaux de pipe, de métal ou d'ivoire, etc.,
et font tourner la corne ou l'ivoire pour faire des tuyaux;
cela a peu d'importance. La production de ces huit ateliers
n'est que de 70,000 fr. (en 1847), et 30 ouvriers y concourent.

Les peuplades de la côte occidentale d'Afrique et des rives
du Niger font usage de pipes grossières dont des spécimens
avaient été exposés. Les tuyaux sont de bois; les fourneaux de
bois ou de terre cuite ont des formes ou des dessins étranges.

PIPES À EAU.

La forme du houkah et du narguiléh est élégante par elle

9·

même, et les Hindous comme les Turcs ont ajouté à cette élégance. Le vase qui contient l'eau est tantôt de cuivre émaillé,
d'argent niellé, guilloché ou ciselé, d'acier damasquiné, tantôt de poterie émaillée, peinte ou dorée d'Amroha, de Kho-
tah ou de Mirzapore. Ces vases ont, en général, un galbe gracieux ; beaucoup ont la forme d'une cloche, d'autres ont celle
d'une urne, d'un clepsydre, d'une buire ou d'une fiole ; c'est
bien souvent un flacon de verre de Bohême ou de Venise, de
cristal de Baccarat, et quelquefois un œuf d'autruche maintenu par un trépied d'argent. Un tuyau de bois, de cuivre ou
d'argent, droit et mince, plonge jusqu'au fond du vase, et s'élève
à une hauteur d'un demi-mètre portant le fourneau d'argile
dorée qui reçoit le tabac. Un second tube conduit la fumée aux
lèvres du fumeur, ce tube (le *marpitch* des Turcs) est une
spirale gracieuse et flexible couverte de soie ou de maroquin,
qui a jusqu'à 8 ou 9 mètres de long et est terminée par un
bout de bois, d'ivoire ou d'ambre.

Le kalioun est plus simple et non moins curieux ; le vase
est presque toujours formé d'une noix de coco, soit polie et
garnie de cuivre estampé, soit recouverte de plaques minces
d'argent repoussé et ornées d'émaux peints. La hampe creuse
qui porte le fourneau et le tuyau qui reçoit le bouquin sont
droits, à peu près de longueur égale et souvent de bois façonné
au tour. On les fait également de cuivre ou d'argent, ainsi que
le vase.

Le kalioun est, comme le houkah et le narguiléh, souvent
enjolivé de chaînettes de cuivre ou d'argent, de cordons et de
glands de soie et de fil d'or, de garnitures d'argent émaillé ;
il est quelquefois aussi enrichi de coraux, de turquoises, de
grenats et d'autres pierres précieuses.

L'exécution de ces ouvrages est loin d'être parfaite, mais
il y a dans les formes et les ornements de la grâce, du goût
et de l'art. L'art hindou et persan offre à nos fabricants de ravissants modèles.

TABATIÈRES.

L'usage du tabac à priser date de la fin du xvi⁰ siècle; les tabatières ont tant changé de forme et ont été faites de tant de matériaux différents pendant ces deux siècles et demi, qu'il serait fort difficile de tracer l'histoire de leur fabrication. Il y a de nos jours encore presque autant de variétés de tabatières que de pipes.

En France, quelle diversité infinie, depuis les tabatières d'or, d'argent niellé ou ciselé, d'ivoire ou d'écaille, jusqu'à celles de bois de sapin des Vosges, de carton de la Moselle et de fer blanc de l'Orne[1].

En Écosse, que de charmants et curieux modèles : le *sneeshin horn*, la corne de bélier à laquelle une petite cuiller et une patte de lièvre sont attachées par des chaînettes; le *ram's head mull*, la tête de bélier armée de longues cornes en spirale, qui porte au front une grosse topaze du Cairngorn[2], et dont la monture d'argent ou de vermeil est enrichie d'améthystes d'Écosse; la tabatière de Laurencekirk avec ses charnières de bois si parfaites. En Allemagne, la tabatière de papier mâché se présente sous vingt aspects différents, soit unie, marbrée, rayée, estampée, imitant l'écaille, soit avec de fines incrustations de nacre et de maillechort, des guillochis d'or ou d'argent, des dessins écossais, des peintures de Brunswick.

Le tabac à priser a été introduit en Chine, vers le milieu du xvii⁰ siècle, par les missionnaires qui résidaient à la cour; on se sert encore dans ce pays de fioles, dont le bouchon est muni d'une petite spatule d'ivoire, d'os ou de bois; de pareils petits flacons étaient en usage en Europe au xvii⁰ siècle. Les flacons à tabac chinois sont de cristal de roche, de jade[3], de lapis-

---

[1] Un petit fabricant de l'Aigle, Bohin, avait exposé, en 1849, des tabatières de fer-blanc verni, garnies de carton, du prix de 6 fr. 75 cent. la grosse (4 cent. 2/3 la pièce).

[2] Le massif granitique du Cairngorn est près de la source de la Dee, au S. O. du comté d'Aberdeen.

[3] On voit quelquefois, dans les mains de hauts dignitaires, de ces flacons

lazuli, de verre de couleur, de porcelaine, de bois, etc. On
fait des tabatières dans l'Inde avec des calebasses, des noix de
coco, des fruits de bilva, des cornes de buffle, et, dans la
terre de Van-Diémen, avec du bois de fer[1], du pin des Hu-
rons[2], du bois de musc[3], des dents de cachalot, etc.

L'emploi des flacons à tabac en France remonte, dit-on, à
la fin du xvi° siècle[4], les râpes leur ont succédé, et sont restées
en usage jusque dans la première moitié du xviii° siècle.
Elles étaient exécutées principalement en bois, en ivoire, en
cuivre repoussé ou émaillé, et quelquefois en bronze; elles
étaient enjolivées d'armoiries, de figures et de devises. La
France, même dans la petite branche d'industrie qui nous
occupe, n'a rien à envier aux autres pays. On fabrique avec
beaucoup d'adresse et à très-bas prix dans les départements
de la Moselle, du Jura et des Vosges, tous les genres de tabatières communes en bois, en étain ou en papier mâché; les
tabatières de luxe se font à Paris.

TABATIÈRES DE PARIS.

Les tabatières dites de *Paris* sont de bois exotiques, d'i-
voire, de corne ou d'écaille. Vers 1825, cette fabrication
était exercée dans une douzaine d'ateliers; six à quinze ouvriers étaient occupés dans chaque atelier, tous les bons ouvriers de Saint-Claude tenaient à honneur d'y avoir été admis.
La révolution de juillet porta à cette petite industrie un coup
funeste dont elle ne s'est pas relevée : vers 1838, on comp-

---

en jade sculpté et gravé avec une délicatesse telle, que l'on serait tenté d'a-
jouter foi à la recette merveilleuse que donne le *Weï-tsi-yu-pien* (liv. XI,
fol. 2). Il est possible, au dire de l'auteur chinois, d'attaquer avec le ciseau
le jade que l'on a fait bouillir, pendant deux ou quatre heures, dans une
liqueur composée d'une tasse de suc d'oignon, d'une tasse de suc d'ail et
d'une once de *ti-yu* (pimprenelle rouge).

[1] *Olea apetala.*
[2] *Microcharys tetragona.*
[3] *Eurebia argophyllum.*
[4] On a découvert deux anciens flacons à tabac, en 1797, à la Tour de
Londres, sous un escalier (*Archæologia,* vol. XIII, appendix).

tait encore à Paris six ou huit ateliers, mais avec un petit nombre d'ouvriers; le travail en chambre avait pris quelque développement, et c'était au détriment de la qualité et du fini. Il ne reste plus aujourd'hui que vingt ou vingt-cinq ouvriers, dix sont employés chez un fabricant, les autres sont seuls en chambre, ou répartis par deux ou trois dans de petits ateliers. A côté de cette fabrication si restreinte, il en a toujours existé une autre qui n'est pas sans importance, mais qui se confond dans bien des cas avec l'industrie de la tabletterie[1]. Nous avons fait, à ce point de vue particulier, un nouveau dépouillement des bulletins de l'enquête de 1848-50, et en voici les résultats. On comptait, en 1847, à Paris, 19 petits entrepreneurs faisant exclusivement des tabatières; 7 les faisaient d'écaille, 5 de carton verni, 3 de bois, 2 de buis, 1 de zinc, 1 d'écaille, de corne ou de bois rares. La production de ces ateliers était de 143,000 francs, et elle était due à 63 ouvriers (43 hommes, 15 femmes et 5 jeunes garçons). En cette même année, 26 autres entrepreneurs faisaient en ivoire, os, nacre, et surtout en écaille, des tabatières, des porte-monnaie, porte-cartes de visite, carnets de bal, face à main; ils occupaient 150 ouvriers (124 hommes, 7 femmes, 19 jeunes garçons), et le chiffre de leurs affaires montait à 525,800 francs.

Nous ne savons pas combien on fabrique de tabatières dans le Jura, l'Ain et la Moselle; il est certain que la production en a quintuplé dans l'espace de moins de quinze ans[2].

---

[1] Nous lisons dans une lettre adressée par la Chambre de commerce de Paris au ministre de l'intérieur, le 28 mars 1807 : «Les productions de la «tabletterie se subdivisent à l'infini; les tabatières de carton, d'écaille, «d'ivoire, de buis, de bois des îles, les garnitures de toilette, de table de «jeu, les jouets d'enfant, les cannes, les peignes et mille autres petits ar-«ticles, sont du ressort de la tabletterie. Plus de six mille individus sont «occupés, dans Paris, à ce genre de travail. »

[2] «On évalue à 9,700 douzaines les tabatières de toute espèce (faites à «Saint-Claude et dans les environs), exportées, soit en Suisse, soit en Alle-«magne, en Italie, en Espagne, ou même sur l'autre continent.» Pyot, *Statistique du Jura*, p. 482.

M. Mercier et M. Colletta-Lefebvre ont exposé des tabatières de Paris; ils travaillent tous les deux avec une rare perfection, et leurs ouvrages sont remarquables par le choix des matériaux, l'habileté et le soin avec lesquels ceux-ci sont mis en œuvre et montés. Ces tabatières sont faites avec tant d'art et de goût que leurs prix, un peu élevés, sont bien justifiés. Nous citerons les suivantes :

M. Mercier :

Écaille plaquée sur bois......................	55ᶠ
Bois de palmier debout plaqué...............	40
Corne de rhinocéros plaquée sur bois..........	40
Ivoire creusé.	35
Bois d'olivier, filets d'écaille	22
Bois de rose uni...........................	10

M. Colletta :

Écaille incrustée d'or......................	500ᶠ
Bois d'Amboine rouge......................	60
Bois de palmier doublé d'écaille, filets d'or.......	60
Corne de buffle noire, filets d'or.............	40
Bois d'érable.............................	20

TABATIÈRES D'ÉCOSSE.

La perfection des charnières des tabatières de MM. Mercier et de M. Colletta nous amène à parler des tabatières écossaises à charnières de bois, dites *Laurencekirk*. Elles furent inventées à la fin du siècle dernier par James Sandy, ce pauvre infirme d'Alythe, en Écosse, qui perfectionna le filage du lin, imagina des outils pour le tour et des instruments de musique nouveaux, et construisit d'excellents télescopes. Stiven, du village de Laurencekirk, et Crawford, de Cumnock, entreprirent les premiers, vers 1798, cette fabrication qui fut portée bientôt dans d'autres parties de l'Écosse, et qui est exercée à Cumnock et à Mauchline, dans l'Ayrshire, par plus de deux cents ouvriers. On fait aussi quelques tabatières de ce genre à Katrine et à Auchinleck.

Le coffre de la tabatière et la moitié de la charnière sont taillés à la mécanique dans un même morceau de bois, le couvercle et l'autre moitié de la charnière sont d'un autre morceau. Le bois de sycomore est employé communément, et l'on estime que d'un tronc brut, qui coûte un peu plus de 30 francs, l'on tire des tabatières pour une valeur totale de 75,000 francs[1]. La charnière est l'objet d'un soin particulier, et la fermeture de la boîte est hermétique; l'intérieur est revêtu d'une forte feuille d'étain; l'extérieur est poli et reçoit plusieurs couches de couleur, mais on le polit avec du papier de verre après chaque couche. La décoration se fait à la main ou à la mécanique : à la main, lorsqu'il s'agit de sujets variés; par des moyens mécaniques, pour les dessins de tartans des clans d'Écosse. On trace les lignes de couleurs différentes à l'aide d'une petite machine, soit sur la boîte elle-même, soit sur du papier que l'on colle ensuite. Nos fabricants, surtout ceux de tissus, devraient avoir la collection des tartans des clans[2], ils y trouveraient de charmantes combinaisons de lignes et de couleurs. On a cherché à reproduire par un guillochis l'effet de ces belles tabatières d'argent niellé que les Russes excellent à faire, mais l'imitation n'est pas fidèle. Le procédé est fort simple : la boîte, revêtue d'une feuille épaisse d'étain, puis d'une ou plusieurs couches de peinture, est placée sous la machine à guillocher; la pointe met à nu l'étain, dont on conserve le brillant sous du vernis copal, on polit après chaque vernissure.

Plusieurs exposants avaient présenté des tabatières à charnières de bois. Nous signalerons en première ligne MM. W. et A. Smith, de Mauchline, qui emploient 80 ouvriers. Les hommes gagnent de 20 à 30 francs par semaine, et les femmes de 8 fr. 75 cent. à 11 fr. 25 cent.; un ouvrier peintre

---

[1] Chamber's, *Gazetteer of Scotland*, p. 175.

[2] Les Gaulois portaient des étoffes rayées ou à petits carreaux; la fabrication de ces tissus et ces dessins sont restés, presque sans modification, dit-on, chez les Highlanders d'Écosse.

capable de copier avec goût un tableau à l'huile, peut gagner de 35 à 40 francs par semaine.

Les tabatières à carreaux écossais de Mauchline valent de 50 à 60 francs la douzaine. MM. STIVEN et fils avaient joint à leurs Laurencekirk des tabatières faites du bois de chênes historiques [1].

TABATIÈRES DE PAPIER MÂCHÉ.

Il était venu de Prusse, de Bavière, du Wurtemberg, du grand-duché de Hesse, d'Autriche, des tabatières de papier mâché de tous les genres et de tous les prix. Cette fabrication d'ouvrages de papier mâché est portée, à Birmingham, pour les petits meubles et les plateaux, à Ensheim, à Reichenau et à Stuttgard, pour les tabatières, à un degré d'avancement qui mérite une attention particulière. Le bon marché des produits allemands en ce genre est surprenant; les tabatières de Bohême coûtent 20 centimes la pièce avec peintures, et 30 centimes avec carreaux écossais.

En 1775, un meunier du duché de Nassau introduisit à Sarralbe, dans la Moselle, la fabrication de ces tabatières [2], et l'on établit la première grande manufacture, en 1809, à Sarreguemines. Cette petite industrie s'est répandue dans le département, et notamment dans les communes de Sarreguemines, Bliesbrucken, Gros-Bliederstroff, Neufgrange, Sarralbe, Velfordeng, Hornbach, Bliesgueswiller et Blieshoveigen. Combien il est regrettable qu'aucun de nos produits n'ait figuré à l'Exposition : nous aurions montré que le bon marché tant vanté des tabatières d'Ensheim et de Reichenau est

---

[1] Du chêne de Shakespeare, du chêne des anciennes piles du pont de Londres, qui datent de 1176, du *Victory* (le vaisseau que montait Nelson), etc.

[2] Il y a une autre version : on dit que ce meunier est l'inventeur de la tabatière de carton, et qu'il tint d'abord secrets les procédés qu'il employait. D'après Peuchet et Chanlaire, *Moselle*, p. 17, les tabatières de carton formaient (vers 1810), à Sarreguemines et dans les environs, «une branche «de commerce de plus de 500,000 francs.»

encore dépassé, et que nos paysans lorrains ont su égaler leurs maîtres. Les charnières de cuivre ou de carton sont ajustées avec précision ; la nacre et le maillechort, incrustés avec délicatesse, forment des arabesques élégantes et légères ; la vernissure est sans défaut [1].

Nous ne saurions passer sous silence les tabatières de papier mâché de Moscou ; en 1842, cinq ateliers, qui possédaient 12 machines et employaient 80 ouvriers, en produisaient pour 75,000 francs par an. Le fabricant le plus habile, Loukoutine, avait envoyé des spécimens en nombre suffisant pour qu'il fût possible de bien apprécier ces ouvrages. La façon est assez bonne ; la décoration manque d'originalité, elle est dans le style allemand ; la peinture conserve un peu de ce faire byzantin que l'on retrouve intact dans les tableaux de religion faits à Souzdàl, et destinés aux autels domestiques [2]. M. Tégoborski dit qu'une école de peinture spéciale est attachée à la fabrique de Loukoutine, et, selon le même auteur, le prix de ces tabatières est très-modéré [3]. Nous ne sommes pas de cet avis ; ces tabatières sont fort chères, la plus commune vaut 3 fr. 50 cent.

JOUETS.

La fabrication des jouets est fort importante en tous pays, et il est difficile d'imaginer combien elle demande d'efforts

---

[1] Voici les prix de tabatières de Sarreguemines, en 1849 :
Noires et unies, de 45 centimes à 1 fr. 25 cent. la douzaine ; noires avec un sujet peint ou des carreaux écossais, de 70 centimes à 8 francs la douzaine ; noires avec des incrustations de nacre et de maillechort, de 6 fr. 50 cent. à 60 francs la douzaine. Pour faire mieux juger de la modicité du prix, nous dirons qu'une tabatière noire, avec filets de maillechort, de 90 millimètres de long, 48 de large et 23 de haut, se vend 10 centimes.

[2] Ces tableaux peints sur bois, avec nimbes et fonds d'or ou d'argent, sont d'un bon marché étonnant ; nous en avons acheté, en 1853, à Odessa, au prix de 1 fr. 20 cent. et 2 francs ; les panneaux ont 25 centimètres de haut sur 30 de large.

[3] *Forces productives de la Russie*, t. III, p. 170.

et de soins, d'économie et d'activité, d'idées et de progrès. L'étude des jouets fournit de curieux aperçus sur l'industrie, les coutumes et les modes d'un pays; les jouets sont, en effet, la reproduction des êtres et des choses au milieu desquels nous vivons, et ils préparent gaiement l'enfant aux travaux et aux devoirs de l'avenir. Les poupées habillées, les ménages et les petits établis d'artisans, les moulins et les bergeries, les tambours et les trompettes, les fusils et les arcs, les navires et les chevaux de bois, tous ces objets et mille autres instruisent autant qu'ils amusent.

Les grandes fabriques de jouets n'avaient rien envoyé qui pût permettre de juger cette industrie si intéressante. Il n'était venu que deux fabricants de Paris, Paris qui renferme 400 ateliers grands ou petits, dans lesquels 2,800 personnes produisent pour 6 millions de jouets; un seul exposant représentait cette fabrication curieuse de poupées qui donne lieu à un mouvement d'affaires d'un million et demi. Rien du Jura, de l'Isère, du Haut-Rhin et du reste de la France; rien non plus d'Interlachen et des villages de l'Oberland bernois; rien de Birmingham, que l'on a appelé le *toy-shop* du globe, et du Japon, ce pays mystérieux d'où nous arrivent les plus charmantes poupées. Pour le Zollverein, vingt exposants ne pouvaient suffire pour donner l'idée de la diversité infinie de ces ouvrages. On les fait partout, dans la Forêt-Noire, à Nuremberg, à Manheim, à Cobourg, à Sonnenberg, à Rodach, à Neustadt, etc.; on comptait, en 1846, dans le petit royaume de Saxe seulement, 697 fabriques de jouets de bois; et il est sorti, dans l'année 1851, de l'Association allemande, 3,200,000 kilogrammes de jouets, c'est près de six fois plus que la France n'exportait alors [1]. L'Autriche avait négligé de faire appel à ces humbles et habiles découpeurs et tourneurs de bois de la Bohême et du Tyrol, qui font tant de jouets d'un dessin si naïf et d'un bon marché étonnant. Dans la seule vallée de

[1] L'exportation de France a été de 489,964 kilogrammes en 1851, et de 875,086 kilogrammes en 1853.

Groeden, en Tyrol, 2,500 ouvriers s'adonnent à ce travail.

Les sauvages de l'Amérique et les indigènes de l'Assam amusent leurs enfants avec de grossiers joujoux de caoutchouc, qui représentent des caïmans, des éléphants, des chevaux, des oiseaux, etc.[1]. Cela a donné l'idée à un grand industriel des États-Unis d'appliquer le caoutchouc vulcanisé, qu'il avait inventé, à la fabrication de poupées et de jouets, et M. C. Goodyear, de New-Haven (Connecticut), en a présenté de nombreux spécimens[2]. Ces jouets ne sont pas fragiles, peuvent être peints et recevoir un certain fini, mais leur prix élevé et leur odeur sulfureuse en restreindront beaucoup la consommation[3].

MARIONNETTES ET POUPÉES.

L'histoire des jouets se lie à l'histoire de la statuaire, du théâtre et des modes. La poupée est l'origine et le type de la marionnette, et, dans l'enfance de l'art, la marionnette hiératique fut le premier produit de la statuaire mobile[4]. Il y avait à l'Exposition des marionnettes, ou, pour être plus exact, des figures d'*ombres chinoises;* ces figures mobiles, si curieusement découpées et peintes, venaient du Bengale, et représentaient, dit-on, des dieux birmans. Elles étaient à peu près pareilles de forme, de style et de mécanisme, à celles de Java, dont Raffles a donné le dessin dans *The History of Java* (vol. I, p. 336); elles avaient 60 centimètres de haut; elles étaient de peau découpée, peinte et dorée, comme le sont les anciens *wáyang* javanais[5] et les non moins bizarres *fantoccini* du petit

---

[1] Rapport du docteur Lankester; *Reports,* p. 591.

[2] *Idem,* p. 595.

[3] Les bustes de poupée coûtent 45 francs la douzaine, pour la première grandeur, et 22 fr. 50 cent. pour la seconde.

[4] M. Ch. Magnin, de l'Institut, a écrit un livre plein d'érudition et d'esprit sur les marionnettes (*Histoire des marionnettes en Europe, depuis l'antiquité jusqu'à nos jours,* 1852).

[5] Les *wáyang,* ou figures mobiles des ombres scéniques, étaient connues, à Java et à Bali, longtemps avant l'introduction du mahométisme dans ces

théâtre populaire des Turcs, dont l'extravagant Karagueuz est
le personnage le plus connu.

.Notre regret a été vif de ne voir dans le Palais de cristal
que deux collections de poupées : l'une de Paris, l'autre de
Londres. Tous les peuples anciens ont amusé leurs enfants
avec des poupées, et, chose singulière, avec des poupées mobiles ; grâce à la coutume païenne, que les premiers chrétiens
ont conservée, de laisser aux enfants leurs jouets dans la tombe,
nous connaissons ces figurines de bois, d'os, d'ivoire, de terre
cuite, ou simplement de linges, dont les articulations sont
flexibles. On en a découvert dans les sépultures en Égypte [1],
dans la Cyrénaïque, en Grèce, en Crimée [2], en Sicile, en
Italie, au Pérou [3]. Nous retrouvons au moyen âge les poupées
en tous pays, en France, en Angleterre, en Allemagne, en
Espagne, etc.; des comptes royaux du xvᵉ et du xviᵉ siècle nous
montrent la recherche que l'on faisait dès lors des poupées de
Paris.

Ce sont ces poupées qui répandent nos modes par tout le
monde, et Savary en faisait déjà la remarque vers 1700 [4]. On
sait avec quel goût et quel art les ouvrières de Paris composent l'habillement d'une poupée, mais ce qui est moins connu,
c'est le bon marché prodigieux de ces poupées dont la parure
est si fraîche, si élégante, et dont le trousseau est confectionné
avec tant de soin. On vend 4 francs une poupée de 24 centi-

îles. Les scènes des *wáyang púrwa* ont souvent pour héros les dieux et les
demi-dieux de la mythologie javanaise ou hindoue, et les sujets les plus
modernes appartiennent au règne de Parikésit. Il y a des *wáyang* au cabinet de La Haye (n° 514).

[1] Wilkinson, t. II, p. 426 et 427.

[2] Nous avons trouvé nous-même, dans des *tumulus* de Panticapée, cette
colonie milésienne qui devint la capitale des rois du Bosphore, des poupées
de terre cuite, dont les jointures sont mobiles. M. Achic a publié le dessin
d'un de ces pantins (Воспорское Царство, t. III, pl. 84).

[3] Il y a au Louvre des poupées de laine d'alpaca, trouvées à Truxillo;
les traits du visage sont brodés en relief.

[4] « . . . . . Ces belles poupées qu'on envoie, toutes coëffées et richement
« habillées, dans les cours étrangeres, pour y porter les modes françoises
« des habits. . . » *Dictionnaire universel de commerce,* 1723, t. I, p. 348.

mètres de haut, avec un trousseau de seize pièces (chemises et jupons, corset, trois robes, bas, souliers, chapeau, sac, gants, etc.), et une layette de dix pièces [1]. De jolies poupées de 32 centimètres, habillées, valent de 60 centimes à 1 fr. 50 c., et l'on va juger par un compte de revient de l'économie qu'il faut apporter dans cette fabrication.

Buste de papier mâché que l'on tire d'Allemagne.	$0^f\,07^c\tfrac{5}{10}$
Corps de carton......................	$0\ \ 02\tfrac{1}{10}$
Bras de peau et mains de peau piquées.......	$0\ \ 04\tfrac{2}{10}$
Jambes de peau bourrées de sciure de bois.....	$0\ \ 06\tfrac{2}{10}$
Cheveux, coiffure de cheveux, fleurs ou rubans.	$0\ \ 06\tfrac{2}{10}$
Robe, étoffe........................	$0\ \ 14\tfrac{5}{10}$
Robe, coupe et façon..................	$0\ \ 10\tfrac{4}{10}$
Bas et souliers......................	$0\ \ 04\tfrac{2}{10}$
Chapeau ou bonnet monté..............	$0\ \ 04\tfrac{2}{10}$
Monture et habillage de la poupée..........	$0\ \ 02\tfrac{1}{10}$
Frais généraux et bénéfice..............	$0\ \ 15$
Prix de vente de la poupée...	$0\ \ 76\tfrac{6}{10}$

On fabrique encore à plus bas prix : on vend à 1 fr. 50 c. la douzaine (12 centimes 1/2 la pièce) des poupées de 35 centimètres, dont la toilette se compose de cinq pièces ; et à 8 fr. la grosse (6 centimes 1/2 la pièce) des poupées de même grandeur, dont les bras sont de papier, les mains de bois, et qui portent une jupe de papier, une robe de mousseline et un chapeau de carton de couleur [2].

Aucun pays ne peut rien opposer à ce qui se fait à Paris

[1] M. Jumeau, qui est notre premier fabricant de poupées, avait exposé des poupées habillées, depuis 1 fr. 25 cent. jusqu'à 250 francs la pièce ; des troussettes et layettes, depuis 1 franc jusqu'à 250 francs la boîte. La boîte de 1 franc contenait une poupée de 19 centimètres et un trousseau de neuf pièces.

[2] Voir notre rapport sur les jouets exposés à Paris en 1849. (*Rapport du Jury central*, t. III, p. 775 à 787.)

en ce genre et à ce que M. Jumeau avait exposé. Les poupées les plus communes que nous ayons remarquées dans le département allemand avaient été envoyées par Lowenthal et Cie, de Hambourg; celles de la plus petite taille valaient 2 fr. 20 c. la douzaine. Les poupées de Mme Montanari, de Londres, sont très-bien faites, mais chères et habillées avec peu de goût; voici les prix :

	Nues.	Habillées.
Poupées de cire de 30 centim., la pièce.	8^f 10^c	13^f 00^c
—————— de 40.............	10 60	18 75
—————— de 53.............	15 60	26 25

C'est en examinant les trousseaux et les diverses parties de la parure des poupées que l'on apprécie le mieux le degré de perfection auquel cette industrie a été portée à Paris. Il n'y a pas une seule pièce de leur habillement qui ne soit un modèle exact pour la forme et la façon, aussi les poupées servent-elles ordinairement dans les pays étrangers pour confectionner les modes nouvelles.

Les poupées ont leurs fournisseurs attitrés : il y a des couturières, des modistes, des lingères, des cordonniers, des fleuristes, des perruquiers qui ne travaillent que pour elles.

Les cordonniers pour poupées font, les uns, les souliers et les bottines de soie, les autres, les chaussures de peau. Les chaussures de soie se vendent depuis 33 centimes la douzaine de paires jusqu'à 3 francs la douzaine; celles de peau cousue coûtent de 6 francs à 30 francs la douzaine : c'est 30 p. 0/0 moins cher qu'en Allemagne. La différence de prix est plus grande encore pour les bas de coton : on les vend à Paris à peine 4 fr. 50 cent. la grosse de paires de qualité ordinaire (3 centimes la paire), et les bas fins, à semelle et à jour, ne valent guère que 3 francs la douzaine. Quant aux perruques de poupées, on les paye depuis 2 fr. 25 cent. la douzaine (pour les n°s 1 et 2) jusqu'à 15 francs la douzaine (pour les n°s 11 et 12). Les coiffures formées avec des cheveux implantés sont un peu plus chères.

La plupart des bustes de poupée sont faits de papier mâché, c'est la Saxe qui nous les fournit, et c'est d'Angleterre que nous tirons les bustes de cire. On a imaginé en France de faire des bustes de porcelaine, mais cette fabrication, négligée chez nous, a été introduite en Bavière, en Prusse et en Autriche; elle a acquis un certain développement à Cobourg, Sonnenberg et Nuremberg. Les bustes qui viennent de ces fabriques sont assez bien exécutés; la partie postérieure de la tête est coupée[1], car cette porcelaine, devant payer à l'entrée 3 fr. 80 cent. par kilogramme, on est obligé de diminuer le plus possible le poids de ces objets. Les bustes n° 4 coûtent à Cobourg 10 francs la douzaine, et la douzaine pèse à peu près deux kilogrammes; les frais de transport sont environ de 3 francs par douzaine. En France, les bons peintres sur porcelaine croiraient déroger en peignant des têtes de poupée[2], de sorte que l'on est forcé d'employer celles de Cobourg et de Sonnenberg, qui supportent un droit de douane de 75 p. o/o.

CONCLUSION.

L'*industrie de Paris* n'a pas de rivale; elle domine partout depuis près de trois siècles, elle est la première pour le goût et l'élégance, pour le dessin et la couleur. Elle donne un cachet d'originalité aux œuvres les plus riches comme aux plus communes. Ses procédés varient aussi souvent que ses modèles, et l'outillage est toujours des plus simples; c'est la main alerte et habile de l'ouvrier qui seule peut donner à toutes ces merveilleuses choses la délicatesse qui les distingue et la fraîcheur qui les embellit. Des myriades d'idées, d'inventions, de perfectionnements, qui sont éclos à Paris depuis un siècle, la plupart se rapportent à la forme; le mérite de la

[1] On garnit ce vide de liége, ce qui rend plus facile la pose des cheveux.
[2] On fait quelques bustes de poupée en porcelaine à Paris; ils coûtent en blanc 9 francs la douzaine, et l'on paye 12 francs pour la peinture.

façon n'est qu'accessoire. Il n'en peut être autrement. Presque
tous ces objets de mode et de fantaisie ne vivent guère qu'une
saison, la création de la veille est délaissée le lendemain, et
il en est ainsi depuis deux siècles au moins. La Chambre de
commerce de Lyon faisait la remarque en 1711 que cette
industrie « est la plus difficile à regler.... par tous les chan-
« gemens de forme que l'on fait en toute espece, modes ou
« inuentions qui se font journellement du gout ou genie de
« chaque ouurier... » La fabrication suit toutes les évolutions
de la mode.

Dans plusieurs industries, on a adopté, en les modifiant, des
procédés mécaniques qui rendent le travail plus facile, plus
prompt et plus correct; ces circonstances particulières font
mieux juger de l'aptitude de l'ouvrier de Paris à tirer le parti
le plus utile dans sa petite fabrication d'inventions appliquées
dans la grande manufacture, et même de procédés qui sont
du domaine scientifique.

L'industrie de Paris est fort mobile de sa nature : elle change
et change sans cesse, elle avance, avance toujours; ce qu'elle
était en 1851, elle ne l'est plus aujourd'hui, et « elle deuien-
« droit sans fruit s'jls n'jnnouoient pas tous les jours[1]. » Elle conserve à la vérité ses grandes divisions et ses habitudes de travail; fabricants et ouvriers ont toujours l'humeur fantasque,
l'esprit ouvert et curieux, le même goût, la conception vive et
la main habile. Mais formes, dessins, couleurs, ne sont plus les
mêmes, et dans des espaces de temps rapprochés, plusieurs
petites industries languissent, puis disparaissent; d'autres
naissent, s'organisent et grandissent.

Si multipliées que soient les métamorphoses des industries
parisiennes, il ne serait pas difficile d'écrire leur histoire, et
cette histoire offrirait certainement de l'intérêt. La différence
n'est pas si grande que l'on croit entre celui qui perfectionne
la machine la plus compliquée et celui qui perfectionne le

---

[1] Termes dont la Chambre de commerce de Lyon se servait en 1711, en
parlant de l'industrie parisienne.

plus humble outil. Les fabrications des peignes, des parapluies, des brosses, des agrafes, etc., ont été transformées
complétement, et le souvenir n'est pas perdu des fabricants
et des ouvriers auxquels on doit le plus de progrès. On ne
sait pas assez les difficultés très-réelles que présente la confection d'une foule de petits objets sur lesquels l'attention ne
s'arrête jamais : on admire le mécanisme d'un métier à filer,
d'une presse, d'une pompe, mais l'on ne cherche pas à connaître les machines ingénieuses qui servent à fabriquer les
peignes d'ivoire, les agrafes, les boutons, les bretelles.

Constatons, en passant, l'alliance heureuse des efforts des
ouvriers de Paris et des départements; nous avons signalé
déjà les qualités des premiers; les seconds possèdent mieux,
en général, toutes les pratiques de leur métier, et, si leur main
est plus lente, elle est plus docile. Enfin, c'est particulièrement dans les industries dont nous nous occupons, que se ma-
nifestent les avantages d'une très-grande division du travail,
du morcellement des entreprises et du rapprochement dans
les mêmes quartiers d'un grand nombre d'entreprises concourant à l'œuvre commune. Les auteurs de la *Statistique de
l'industrie à Paris* ont présenté cette observation plusieurs
fois, elle a frappé le baron Ch. Dupin : « La même multipli-
« cité des chefs d'industrie, qui présente à nos ouvriers tant de
« chances variées d'avancement et de fortune, dit-il, est en
« même temps une des causes les plus puissantes de la supério-
« rité de l'art parisien dans son admirable variété [1]. »

Nous avons eu peu de chose à dire relativement à la comparaison des produits parisiens et des produits étrangers. Les
objets de mode et de fantaisie, ou, appelons-les de leur vrai
nom, les *articles de Paris,* sont propres à Paris. On fait en
tous pays ces mille objets dont nous avons parlé, mais on ne
les y fait, à peu d'exceptions près, que pour la demande locale.
Paris a le privilége de fabriquer toutes ces choses pour toutes
les contrées du globe, et, en respectant les habitudes de la

[1] *Industries comparées de Paris et de Londres,* janvier 1852, p. 43.

consommation étrangère, il donne à ses ouvrages un cachet
particulier qui plaît partout.

'Nous n'avons trouvé de supériorité marquée à l'étranger
que pour les deux industries des nécessaires de cuir et des
parapluies communs, qui appartiennent toutes les deux à
Londres, et nous rencontrons en outre une concurrence sérieuse pour les cannes et les nécessaires de bois; la première
de ces fabrications est exploitée en grand à Hambourg, et la
seconde à Londres.

Ce n'est pas la faute de nos fabricants s'ils ne peuvent soutenir la lutte avec les Anglais pour les parapluies communs,
et avec les Allemands pour les cannes; ils ne reçoivent pas
comme eux les matières premières franches de droits, et
n'achètent pas les tissus à aussi bon marché.

La fabrication des nécessaires de maroquin ou de cuir de
Russie est Tout à fait spéciale à l'Angleterre; celle des nécessaires de bois y est très-ancienne, y a été toujours florissante,
et il a fallu chez nous aux Aucoc et aux Audot beaucoup
d'habileté pour se placer enfin sur le même rang que les
Edwards et les Leuchars.

La prééminence de Paris pour toutes les autres branches
d'industrie ne saurait être contestée. Les tableaux du commerce extérieur de la France montrent que des quantités
considérables d'articles de Paris sont exportées pour tous les
pays; les étrangers qui viennent à Paris emportent eux-mêmes
les emplettes nombreuses qu'ils ont faites d'objets de parure,
de luxe et de fantaisie; on peut affirmer, sans craindre d'être
taxé d'exagération, que l'exportation réelle est huit ou dix fois
plus grande que ne l'indiquent les états officiels.

Les pays étrangers nous envient ces fabricants ingénieux
qui prospèrent sans protection, et qui même au lendemain
d'une révolution et au milieu d'une épidémie cruelle, l'Exposition de 1849 l'a prouvé, conservent une rare vigueur dans
l'esprit et ne faiblissent pas dans leurs entreprises.

Nous devons citer les noms des fabricants de Paris qui ont
fait à Londres honneur à la France : ils ont été tous récom-

pensés de médailles, et nos collègues étrangers ont rendu justice au mérite de ces exposants d'élite. Il en est un parmi eux auquel le jury a décerné la plus haute distinction, la *grande médaille*[1] : MM. AUDOT, AUCOC, TAHAN, veuve H. SCHLOSE et frère, LAURENT, pour les nécessaires, les coffrets et les articles de maroquinerie; M. CONSTANTIN, Mmes Sie. PERROT et PETIT, FÜRSTENHOFF, MM. GAUDET DU FRESNE, HARAND et CHAGOT aîné, pour les fleurs artificielles; MM. F. ALEXANDRE et DUVELLEROY, pour les éventails; MM. CAZAL et CHARAGEAT, pour les ombrelles et les parapluies; Mme veuve T. MAYER, pour les cartonnages de fantaisie; MM. MERCIER et COLLETTA, pour les tabatières; M. JUMEAU, pour les trousseaux de poupée; MM. FAUVELLE-DÉLEBARRE et MASSUË, pour les peignes; M. LAURENÇOT, pour les brosses; MM. TRELON, WELDON et WEIL, pour les boutons; tous ces fabricants et bien d'autres encore ont justifié leur réputation par les produits qu'ils ont exposés.

Nous avons laissé à notre collègue M. Wolowski le plaisir de parler des fabricants de meubles et de papiers peints, dont, de concert avec lui, nous avons signalé les mérites devant le XXVIe jury et le 5e groupe[2]. Les FOURDINOIS, les DÉLICOURT, les LIÉNARD, les BARBEDIENNE, les KRIÉGER, de même que les CRUCHET et les HUBER, ces ornemanistes de tant de goût, appartiennent aussi à la grande famille des fabricants de Paris et comptent parmi les plus éminents.

Nous serions injuste si, après avoir proclamé le succès de nos compatriotes, nous ne faisions pas mention des industriels étrangers qui rivalisent avec eux. MM. JENNENS et BETTRIDGE, MAC CULLUM et HODSON, LANE, pour les ouvrages de papier mâché; MM. FOSTER, SON et DUNCUM et les MINTORN, pour les fleurs; MM. EDWARDS et LEUCHARS, pour les nécessaires; M. HOLLAND, pour les montures de parapluie; M. H. C. MEYER, pour les cannes; MM. W. et A. SMITH, pour les tabatières

---

[1] M. Constantin.

[2] Nous étions membre titulaire du XXVIe jury.

d'Écosse; MM. Astrath et Friedrich, pour les sculptures d'é-
cume de mer; Mme Montánari, pour les poupées, ont donné,
a des degrés divers, des preuves d'habileté.

Nous sommes certain d'être approuvé en plaçant au-dessus
de ces fabricants deux hommes, qui ont été nos collègues dans
le XXIXe jury et qui étaient en même temps exposants.

M. J. J. Mechi est à la fois un des agriculteurs les plus
avancés de la Grande-Bretagne et un des industriels les plus
renommés de Londres. Il fabrique les nécessaires, les tables
et les coffrets à ouvrage; son exposition dans le Palais de
cristal était remplie de spécimens remarquables de la petite
ébénisterie, de la coutellerie et de la tabletterie d'Angleterre.
Nous préférons les nécessaires d'Audot et les coffrets de Tahan
à ce que M. Mechi a exposé dans ce genre; mais c'est affaire
de goût : comme travail d'ébénisterie et d'orfévrerie, comme
choix de cristaux et perfection des pièces de coutellerie, il
est difficile de surpasser M. Mechi; sa fabrication est importante et dirigée avec beaucoup d'intelligence. C'est sur le rapport de M. Mechi que le XXIXe jury a récompensé les fabricants de nécessaires français; ceux-ci ne pouvaient avoir un
juge plus compétent et plus impartial.

MM. Thomas de la Ruë et Cie sont fabricants de papiers et
de cartonnages de fantaisie, d'enveloppes de lettres, de nécessaires de bureau, de registres, de cartes à jouer, etc. Leur établissement est un des plus considérables de Londres, cinq
cents ouvriers y sont employés. M. Thomas de la Ruë et son
fils, M. Warren de la Ruë, tous deux membres du jury, sont
des industriels de premier ordre. Le premier a imaginé le
guillochis sur maroquin, la reliure de calicot gaufré, les papiers irisés, et a perfectionné l'impression en couleur et or, la
gaufrure, etc. Le second, notre collègue, mécanicien[1] et chi-

---

[1] M. Warren de la Ruë et M. Edwin Hill ont inventé cette charmante
machine à plier et coller les enveloppes de lettres, qui a fonctionné dans le
Palais de cristal pendant la durée de l'Exposition. Comme on fait ainsi
2,700 enveloppes par heure, il ne faut, en comptant 10 heures par jour

miste, a inventé plusieurs machines ingénieuses, et l'industrie anglaise lui doit des applications utiles de procédés scientifiques. L'origine française de MM. de la Ruë se trahit dans leurs produits : il y a du goût dans les dessins de leurs papiers de fantaisie et de l'art dans les ornements de leurs cartonnages. Nous louerons surtout les soins qui sont apportés dans tous les détails de cette fabrication si variée et qui permettent d'obtenir des ouvrages d'excellente qualité et séduisants, mais d'un prix élevé.

Si nous ne consultions que la proportion numérique des récompenses, nous nous abuserions étrangement sur la valeur et les ressources des manufactures étrangères. La France a eu dans la XXIXᵉ classe, sur quatre exposants, trois récompenses, tandis que les autres pays réunis n'en ont obtenu qu'une; c'est un résultat dont nous sommes fort heureux; mais, si l'on en analyse les éléments, il n'a pas l'importance qu'on lui attribue.

Il y a au-dessus de ces chiffres des faits positifs : c'est que nous n'avons pas de meilleures méthodes de travail, que les matières premières les meilleures et les moins chères sont en abondance là où elles sont reçues sans droits; c'est que les fabricants étrangers ont autant d'intelligence, d'ardeur, de bonnes idées que les nôtres, et qu'ils mettent surtout un grand zèle à nous imiter, à nous égaler et à chercher à nous surpasser. Enfin l'Angleterre, l'Autriche et quelques autres États, commencent à marcher librement, non plus en élèves, mais en rivaux, dans la voie que nous avons ouverte. Nous avons dit et nous disons encore plus loin quelle est notre confiance dans l'industrie française. En demandant ses progrès à la science et ses modèles à l'art, en faisant des efforts nouveaux, elle peut rester longtemps la maîtresse pour toutes les choses de goût et d'élégance.

---

et 300 jours par an de travail, que cent de ces petites machines pour faire les 7 ou 800 millions d'enveloppes que l'on consomme chaque année en Angleterre.

Voici notre conclusion.

Nous distinguons dans les objets de parure et de fantaisie
deux choses principales :

 1° La façon proprement dite;

 2° La forme, le dessin, la couleur.

Pour la façon, il ne faut pas se faire d'illusion : la fabrication est arrivée, dans la plupart des pays d'Europe, à un degré
de perfection à peu près égal; les procédés et les tours de main,
les machines et les outils sont presque les mêmes partout. Si
l'on remarque, en général, plus de délicatesse et de fini dans
les ouvrages parisiens, ces soins tiennent principalement à ce
que l'ouvrier est intelligent et prend intérêt à son travail.

Pour la forme, le dessin et la couleur, Paris a acquis une
supériorité qui est acceptée par tout le monde, si bien que
l'exécution des objets de luxe est concentrée depuis plus de trois
siècles dans cette ville. Nous avons fait connaître, en commençant ce rapport, notre pensée sur les causes premières de cette
précellence, comme dit Henri Estienne; elle se conserve par
l'effet d'autres causes. On retrouve encore l'influence des traditions, et l'art descend parfois de ses hauteurs pour inspirer
l'industrie. Le grand mouvement de modes, de parures et de
fantaisies, qui ne se ralentit jamais à Paris, entretient chez
nos fabricants le goût de la nouveauté et le sentiment de l'élégance; ils ne restent pas étrangers aux études d'art et aux
travaux de nos écoles de peinture et de sculpture; ils fré-
quentent les cours publics de science et les écoles de dessin;
et les musées, comme les théâtres, ont pour eux le plus vif
attrait. Enfin, l'absence de protection leur a fait sentir de
temps en temps l'aiguillon de la concurrence étrangère, et les
a forcés d'apporter dans la fabrication plus d'économie et
d'habileté.

Si l'Exposition de 1851 nous a valu une grande victoire,
elle a montré d'une manière plus saisissante à nos rivaux en
industrie ce qui leur manque, et, depuis lors, on n'épargne
rien en Angleterre et en Allemagne pour égaler nos progrès
et nous disputer nos avantages. Quand, à la suite de la Révo-

lution de février, des artistes, des fabricants, des ouvriers, allaient, comme après la révocation de l'édit de Nantes, chercher à Londres, à Birmingham, à Manchester, la sécurité et le travail, nous ne craignions pas l'action ou l'influence de ces émigrés, dont les efforts devaient être isolés et rester stériles. Mais voici qu'en Angleterre on ouvre partout des écoles de dessin et l'on forme des musées, voici que dans ce pays, jusqu'alors si exclusif, commence la diffusion de saines notions d'art et de goût; cela est sérieux cette fois, et nos fabricants doivent y prendre garde. Le goût, ce sentiment élevé de l'élégance des formes et de l'harmonie des couleurs, n'est ni un don de nature, ni un privilége de climat; nous devons le nôtre à la Renaissance française, à cette cour brillante de François Ier, où l'on rivalisait de grâce dans la parure et de distinction dans le luxe, où Jean Goujon et Germain Pilon travaillaient non loin du Primatice et de Benvenuto Cellini. Que nos fabricants se montrent les dignes héritiers des humbles gens de métier du seizième siècle, qui marièrent avec une heureuse hardiesse l'art et l'imagination à l'industrie. Qu'ils luttent avec énergie contre leurs rivaux de l'Angleterre, du Zollverein, de l'Autriche, de l'Espagne, rivaux déjà redoutables, qui recherchent avec tant d'habileté et de persévérance les sources de notre goût, et nous devrons, en 1855, une victoire nouvelle à ces intelligents travailleurs. Il faut aussi leur venir en aide; il faut qu'ils puissent recevoir exempts de droits d'entrée, comme les ont les Anglais et les Allemands, les matières premières qui leur sont nécessaires, et notamment l'ivoire, la nacre de perle, l'écaille, la baleine, les plumes, les bambous, les bois exotiques, etc.

————

DROITS

SUR LA BALEINE, L'IVOIRE, LA NACRE ET L'ÉCAILLE.

Depuis que ce rapport est écrit, un décret du 19 août 1854 a modifié les droits sur les bambous, joncs et rotins

exotiques comme suit : Ceux qui viendront de pays hors
d'Europe par navires français seront exempts de droits ; mais
ceux qui seront apportés par navires étrangers (le quart de
l'importation) payeront 44 francs par 100 kilogrammes, décime compris, c'est-à-dire 29 p. 100 de la valeur pour les
bambous et les joncs forts [1], et 73 p. 100 pour les rotins de
petit calibre [2].

Voici un aperçu des droits d'entrée que d'autres produits,
des plus utiles à l'industrie de Paris, ont à acquitter :

[1] Valeur actuelle, 1 fr. 50 cent. par kilog.
[2] Valeur actuelle, 60 centimes par kilog.

NATURE DES MARCHANDISES.	POIDS.	PAR NAVIRES		ÉTRANGERS.	OBSERVATIONS.
		FRANÇAIS.			
Fanons de baleine bruts, de pêche française.	100 kil.	0f 22c		*	Les deux tiers des fanons de baleine importés sont de pêche étrangère et apportés par des bâtiments étrangers.
Idem, de pêche étrangère.	Idem.	33 00		38f 50c	
		De l'Inde ou de la côte occidentale d'Afrique.	D'ailleurs.		
Dents d'éléphant, en morceaux pesant plus d'un kilogramme.	Idem.	27f 50c	60f 50c	77 00	La moitié des dents d'éléphant importées vient par navires étrangers.
		De l'Inde.	D'ailleurs, hors d'Europe.		
Écaille de tortue (carapaces et onglons débités en feuilles).	Idem.	33f 00c	77f 00c	165 00	Le quart vient par navires étrangers.
		De l'Inde.	D'ailleurs.		
Nacre de perle argentée, dite franche.	Idem.	11f 00c	27f 50c	38 50	
Nacre de perle à bords noirs, dite bâtarde.	Idem.	5 50	13 75	19 25	

Le décime est ajouté au droit principal.

RÉSUMÉ

DES TRAVAUX DU XXIX° JURY.

Les membres du XXIX°jury ont commencé leurs travaux le 17 mai 1851 et les ont terminés le 23 juillet, après y avoir consacré près de quarante séances, de six à huit heures chacune. Ils ont examiné et apprécié les produits de 795 exposants, et ont décerné 236 récompenses, savoir :

2 grandes médailles (*council medal*);

153 médailles de prix (*prize medal*),

81 mentions honorables.

Ces récompenses ont été réparties de la maière suivante:

NATIONS.	NOMBRE des EXPOSANTS de la XXIX°classe.	RÉCOMPENSES ACCORDÉES AUX EXPOSANTS.			
		Grandes médailles.	Médailles de prix.	Mentions honorables.	TOTAL.
France..............	74	2	38	15	55
Grande-Bretagne.......	309	"	50	27	77
Colonies anglaises......	102	"	2	4	6
Zollverein	96	"	20	16	36
Autriche.............	45	"	11	8	19
Espagne et Portugal....	27	"	8	4	12
États-Unis d'Amérique..	20	"	6	"	6
Turquie.............	14	"	3	1	4
Russie.............	12	"	3	1	4
Belgique.............	13	"	3	2	5
États Sardes	7	"	3	1	4
Autres pays..........	76	"	6	2	8
TOTAUX........	795	2	153	81	236

La France a obtenu trois récompenses sur 4 exposants, tandis que, pour tous les autres pays, la proportion n'est que d'une récompense pour 4 exposants.

France........... 74 récomp. pour 100 exposants.

Zollverein et Autriche 39

Grande-Bretagne... 25

Autres pays....... 18

Nous donnons ci-après la répartition des exposants et des récompenses par catégories d'industries :

DÉSIGNATION DES INDUSTRIES.	EXPOSANTS			RÉCOMPENSES.						
				Grandes médailles décernées aux Français.	Médailles de prix décernées			Mentions honorables décernées		
	français.	étrangers.	TOTAL.		aux Français.	aux étrangers.	TOTAL.	aux Français.	aux étrangers.	TOTAL.
A. INDUSTRIES SE RATTACHANT À LA CHIMIE.										
1. Savons, huiles essentielles et articles de parfumerie...	14	84	98	"	7	24	31	4	15	19
2. Bougies et chandelles...	8	56	64	1	3	17	20	3	7	10
3. Ivoire et marbre artificiels...	"	1	1	"	"	1	1	"	"	"
4. Cirages et vernis...	1	12	13	"	"	"	"	"	"	"
5. Allumettes chimiques...	1	13	14	"	"	"	"	"	"	"
6. Confiserie...	13	53	66	"	7	10	17	"	5	5
B. INDUSTRIES SE RATTACHANT À L'HISTOIRE NATURELLE.										
1. Fleurs, feuilles et fruits artificiels...	16	77	93	1	8	9	17	3	7	10
2. Taxidermie...	"	26	26	"	"	4	4	"	1	1
C. COLLECTIONS POUR L'ENSEIGNEMENT OU L'ÉTUDE.										
1. Modèles pour l'enseignement...	"	1	1	"	"	1	1	"	"	"
2. Modèles ethnographiques...	"	15	15	"	"	4	4	"	1	1
3. Collections d'échantillons de produits de l'agriculture, des mines et de l'industrie...	"	5	5	"	"	5	5	"	"	"
À REPORTER...	53	343	396	2	25	75	100	10	36	46

DÉSIGNATION DES INDUSTRIES.	EXPOSANTS			RÉCOMPENSES.						
	français.	étran-gers.	TOTAL.	Grandes médailles décernées aux Français.	Médailles de prix décernées			Mentions honorables décernées		
					aux Français	aux étran-gers.	TOTAL.	aux Français	aux étran-gers.	TOTAL.
REPORT..........	53	343	396	2	25	75	100	10	36	46
D. FABRICATIONS D'OBJETS DIVERS POUR L'USAGE PERSONNEL.										
1. Nécess. de voyage, de bur. ou de toil.; boîtes à ouvrage, coffrets.	6	50	56	"	4	2	6	"	5	5
2. Parapluies et ombrelles......................	3	32	35	"	2	3	5	"	2	2
3. Cannes..............................	1	45	46	"	"	5	5	1	2	3
4. Éventails et écrans à main.....................	3	27	30	"	2	"	2	1	"	1
5. Pipes, objets divers faits d'ambre jaune ou d'écume de mer.	2	47	49	"	"	10	10	2	16	18
6. Tabatières................................	2	23	25	"	2	3	5	"	"	"
E. FABRICATIONS D'OBJETS SERVANT À L'AMUSEMENT.										
1. Jeux de paume (cricket et tennis)...............	"	10	10	"	"	4	4	"	"	"
2. Arcs et flèches........................	"	7	7	"	"	2	2	"	"	"
3. Instruments de pêche......................	1	25	26	"	"	2	2	1	3	4
4. Jouets et poupées; figures de cire...............	3	51	54	"	3	9	12	"	2	2
F. FABRICATIONS DIVERSES.										
Pierres à brunir, moules de confiseurs, lettres en relief, papiers et tissus de verre ou d'émeri, pap. découp., pains à cacheter, etc.	"	61	61	"	"	"	"	"	"	"
TOTAUX..............	74	721	795	2	38	115	153	15	66	81

LISTE DES EXPOSANTS DE TOUTES LES NATIONS

AUXQUELS LE XXIX⁰ JURY A DÉCERNÉ DES RÉCOMPENSES.

NATIONS.	VILLES.	NOMS DES EXPOSANTS.	PRODUITS EXPOSÉS.

A. INDUSTRIES SE RATTACHANT À LA CHIMIE.

1. SAVONS, HUILES ESSENTIELLES ET ARTICLES DE PARFUMERIE (98 exposants).

Médailles de prix.

NATIONS.	VILLES.	NOMS DES EXPOSANTS.	PRODUITS EXPOSÉS.
France	Paris	Allard et Claye	Savons de toilette; bonne fabrication.
Idem	Marseille	Arnavon (H.)	Savons de Marseille.
États-Unis	Philadelphie	Bazin (Xavier)	Savons de toilette.
Idem	New-York	Cadwell, Payson et Cⁱᵉ	Excellent savon pouvant servir avec l'eau de mer.
Autriche	Trieste	Chiozza (C.-L.) et fils.	Savons de tout genre.
Grande-Bretagne	Londres	Cleaver (F.-S.)	Savons de toilette.
Toscane	Leghorn	Conti et fils	Savons d'huile d'olive excellents.
Grande Bretagne	Londres	Cowan et fils	Fabrication de savons parfaite.
Villes Anséatiques	Hambourg	Douglas (J.-F.) et fils.	Savons d'huile de coco, de suif, etc.
Prusse	Cologne, vis-à-vis la pl.Juliers	Farina (Johann-Maria).	La meilleure et véritable *Eau de Cologne*[1].
France	Paris	Gellé aîné et Cⁱᵉ	Savons de toilette faits à froid, très-mousseux.
Grande-Bretagne	Londres	Gibbs (D. et W.)	Savons de toilette, de ménage et pour les fabriques de lainages et de soieries.
Idem	Idem	Grossmith (John)	Huiles essentielles artificielles pour parfumer les liqueurs, bonbons, etc.
États-Unis	Philadelphie	Hauel (Jules)	Savons divers.
Grande-Bretagne	Londres	Hendrie (Robert)	Savons de toilette et parfumerie.
Idem	Dublin	Kendall et Cⁱᵉ	Savons marbrés faits à froid.
Idem	Londres	Knight (John)	Excellents savons.

[1] Il y a à Cologne une trentaine de fabricants d'*eau de Cologne* qui ont pris le nom de *Farina;* il n'y en a que cinq qui aient exposé. Celui qui a reçu la médaille de prix est l'arrière-petit-neveu et successeur de l'inventeur. Cet inventeur était un petit marchand de quincaillerie, de soieries et de parfumerie de Santa-Maria Maggioris, dans le district de Domo d'Ossola, nommé Jean-Marie Farina, qui s'est établi à Cologne vers 1709.

NATIONS.	VILLES.	NOMS DES EXPOSANTS.	PRODUITS EXPOSÉS.
France.........	Paris........	Leistner (J.-L.).....	Eau de senteur très-agréable appelée *Eau de Paris*, vinaigre aromatisé.
Prusse.........	Cologne......	Martin (Marie-Clémentine).	Eau de Cologne tout à fait supérieure.
France.........	Marseille.....	Milliau jeune........	Savon blanc de Marseille.
Idem..........	Paris........	Oger.............	Savons de toilette et de ménage.
Prusse.........	Berlin.......	Palis (A.).........	Très-bons savons de ménage.
France.........	Paris........	Piver (L.-T.).......	Savons de toilette excellents, essences et extraits parfumés, cosmétiques : produits d'une qualité supérieure.
Prusse.........	Berlin.......	Sarre jeune.........	Savons.
Russie.........	Varsovie.....	Stier.............	Savons de toilette.
États-Unis.......	Philadelphie..	Taylor (H.-P. et W.-C.).	Savons transparents très-mousseux.
Grande-Bretagne..	Londres......	Taylor et fils........	Savons parfumés, extraits et eaux de senteur, très-bien faits.
Belgique........	Anvers......	Touche-Gilles........	Savons de toilette et de ménage.
Tunis..........	Tunis.......	Le bey de Tunis......	Collection de quatre-vingt-dix espèces d'eaux de senteur; un grand nombre d'entre elles ont un parfum très-pénétrant. Tablettes et colliers odoriférants.
Grande-Bretagne..	Londres......	Williams (John) et fils.	Savons pour l'industrie, le ménage et la toilette : très-bonne fabrication.
Prusse.........	Leignitz.....	Wunder...........	Bons savons de suif et d'huile de palme.

Mentions honorables.

France.........	Paris........	Bleuze-Hadancourt....	Savons à froid.
Australie........	Adélaïde.....	Burford...........	Savon jaune.
Zollverein......	Francfort....	Busch (P.-A.).......	Huile de Cognac rectifiée.
France.........	Paris........	Collas.............	Essences artificielles.
Espagne........	Madrid......	De Leon y Rico......	Savon d'huile d'olive.
Grande-Bretagne..	Londres......	Ede et Cie..........	Parfumerie.
Prusse.........	Cologne......	Farina (Jean-Marie)..	Eau de Cologne.
Idem..........	Idem.......	Farina (Jean-Marie)..	Eau de Cologne.
Autriche........	....	Farina (Jean-Marie)..	Eau de Cologne.
Grande-Bretagne..	Londres......	Fisher (T.-W.) et Cie.	Parfumerie.
Espagne........	Malaga......	Giro (Juan)........	Savons d'huile d'olive et de barille.

NATIONS.	VILLES.	NOMS DES EXPOSANTS.	PRODUITS EXPOSÉS.
France.........	Paris........	Landon et Cⁱᵉ,.......	Vinaigre aromatisé.
Grande-Bretagne..	Londres......	Langdale...........	Essences artificielles pour parfumer les liqueurs et la confiserie.
Prusse.........	Dusseldorf....	Lipp (Frédéric Von)..	Eau de senteur.
Autriche.......	Hermannstadt.	Melzer (D.)........	Savons.
Grande-Bretagne..	Londres......	Pears (A. et F.).....	Savons transparents. (Ces exposants ont déclaré que le savon transparent a été inventé par leur père vers 1812.)
Idem..........	Idem.......	Rimmel et Cⁱᵉ.......	Parfumerie.
France.........	Grenoble....	Thollon...........	Huiles essentielles pour donner du bouquet aux vins et aux liqueurs.
Grande-Bretagne..	Londres......	Yardley et Statham...	Savons de toilette.

2. BOUGIES ET CHANDELLES. (64 exposants.)

Grande médaille.

France..........	Paris........	De Milly (Louis-Adolphe)[1].	Bougies stéariques (*de l'Étoile*), savon de chaux, acide stéarique, acide oléique.

Médailles de prix.

Autriche........	Vienne......	Compagnie de la stéarine d'Apollon.	Bougies stéariques dont la blancheur, la dureté et la belle lumière annoncent une fabrication très-habile.
Grande-Bretagne..	Londres......	Barclay et fils........	Bougies de cire et de blanc de baleine excellentes.
Idem..........	Idem.......	Bauwens...........	Savons et bougies faits avec les acides gras extraits des déchets, eaux grasses, etc., des fabriques.
Espagne........	Madrid et Gijon.	Bert (J.-J.) et Cⁱᵉ....	Bougies d'acide stéarique et d'acide palmitique.
Hollande........	Amsterdam...	Brandon (N.-D.).....	Très-belles bougies stéariques.
Belgique........	Heusden.....	Campenhoudt (Charles Van) et Cⁱᵉ.	Bougies stéariques.

[1] « Considérant que M. de Milly est le premier qui ait résolu pratiquement le problème « d'appliquer les belles découvertes théoriques de M. Chevreul à la fabrication des bougies ; « qu'il a imaginé d'employer l'acide borique à la préparation des mèches de bougie ; et qu'il « a toujours aidé à l'introduction de cette nouvelle industrie dans les autres pays ; le jury « présente au conseil des présidents M. de Milly comme digne de la grande médaille. » Rapport du XXIX⁰ jury.

NATIONS.	VILLES.	NOMS DES EXPOSANTS.	PRODUITS EXPOSÉS.
France.........	Lyon........	Dumortier et Cie.....	Bougies stéariques blanches, dures et d'un bon usage.
Grande-Bretagne..	Londres......	Field (J.-C. et J.)...	Acide stéarique.
Idem...........	Idem.........	Freemann (E.)......	Belles bougies de blanc de baleine.
France.........	La Villette, près Paris.	Jaillon, Moinier et Cie.	Bonnes et très-blanches bougies stéariques.
Suède..........	Stockholm....	Johansson (J.).......	Les plus belles et les meilleures bougies stéariques de l'Exposition.
France.........	Neuilly, près Paris.	Masse, Tribouillet et Cie.	Corps gras extraits de débris animaux ; acides gras produits par le procédé de la distillation ; bougies belles et excellentes faites d'acide stéarique, d'acide palmitique, de paraffine, de cir-végétale, etc.
Russie..........	Saint - Pétersbourg.	Matison et Cie.......	Bougies stéariques.
Grande-Bretagne..	Londres......	Miller (T.-J.).......	Perfection du raffinage du blanc de baleine.
Autriche........	Vienne.......	Compagnie des bougies de stéarine de Milly.	Bougies fabriquées par les deux procédés (la distillation et la saponification par la chaux).
Prusse.........	Berlin.......	Motard...........	Acide stéaro-margarique, acides gras obtenus de l'huile de palme par la distillation ; belles bougies.
Grande-Bretagne..	Londres......	O'Gleby et Cie.......	Bougies stéariques, les plus blanches qui aient été exposées ; fabrication remarquable.
Russie..........	Odessa.......	Pitansier..........	Belles et bonnes bougies stéariques.
Grande-Bretagne..	Londres......	Compagnie des bougies brevetées de Price.	Perfectionnement des procédés de distillation des corps gras, application de ces produits à la fabrication des bougies. Beaux produits. Le XXIXe jury avait demandé la grande médaille pour MM. Price et Cie, la décision du conseil des présidents a été négative.
Belgique........	Cureghem....	Quanonne (G. et J.)..	Bougies stéariques.
Mentions honorables.			
Grande-Bretagne..	Dublin......	Brien (C.)..........	Chandelles de suif.
France.........	Vaugirard, près Paris.	Delacretaz et Fourcade.	Bougies stéariques.

NATIONS.	VILLES.	NOMS DES EXPOSANTS.	PRODUITS EXPOSÉS.
Grande-Bretagne..	Dublin......	Dixon (George)......	Chandelles de suif et d'acide stéarique mélangé.
France..........	Paris........	Donneaud et Cᵉ.....	Bougies stéariques.
Grande-Bretagne..	Londres......	Hale (W.-S.).......	Bougies à bon marché.
Danemarck......	Copenhague..	Holmblad (L.-P.)....	Bougies stéariques.
France..........	Paris........	Poisat oncle et Cᵉ....	Idem.
États-Sardes.....	Turin........	Rossi et Schiaparelli..	Idem.
Inde...........	Cossypore....	Sainte et Cᵉ.........	Idem.
Russie..........	Moscou......	Sapelkin...........	Bougies de cire.

3. IVOIRE ET MARBRE ARTIFICIELS (*protean stone*). (1 exposant.)

Médaille de prix.

Grande-Bretagne..	Londres......	D. Staight et fils.....	Encriers, lettres en relief, plaques et poignées de porte, etc., faits de *protean stone*. Cette composition est le résultat de la déshydratation et de la réhydratation du sulfate de chaux bi-hydraté natif (brevet de Cheverton).

4. CIRAGES ET VERNIS. (13 exposants.)

5. ALLUMETTES CHIMIQUES. (14 exposants.)

6. CONFISERIE. (66 exposants.)

Médailles de prix.

Espagne.........	Oviédo......	Alvargonzalez.......	Conserves de fruits au sirop.
France..........	Paris........	Aucler (veuve) et Ledoux.	Dragées, fruits confits, sirops.
Wurtemberg.....	Biberach.....	Baur frères..........	Pastillage.
Portugal........	Lisbonne.....	Castellar...........	Excellentes conserves de fruits au sirop ou confits.
France..........	Paris........	Chevet jeune.......	Conserves de fruits au sirop, les meilleures de l'exposition.
Portugal........	Coïmbre.....	Le couvent de religieuses.	Fruits confits préparés avec le plus grand soin et arrangés avec goût.
Grande-Bretagne..	Londres......	Fortnum, Mason et Cᵉ.	Collection curieuse de conserves de fruits de différents pays. (Angleterre, France, Italie, Espagne, Portugal, Syrie, Inde, Antilles, etc.)

NATIONS.	VILLES.	NOMS DES EXPOSANTS.	PRODUITS EXPOSÉS.
États-Unis.......	Cincinnati....	Louderback..........	Pêches de l'Ohio à l'eau-de-vie.
France..........	Paris........	Oudart fils et Bouche-rot.	Dragées, pralines, conserves de fruits au sirop; bonne fabrication. Dragées faites par moyens mécaniques de leur invention.
Grande-Bretagne..	Londres.....	Compagnie du Chocolat de Paris.	Bonbons de chocolat [1], sirops.
France..........	Paris........	Perron	Bonbons, figurines, pralines de chocolat d'excell[te] qualité.
Idem............	Nantes.......	Philippe et Cauaud.	Conserves de fruits au sirop, bien faites.
Idem............	Bordeaux.....	Rödel et fils frères....	Idem.
Espagne........	Oviédo......	Le monastère de San-Pelayo.	Marmelades et fruits confits excellents.
France..........	Paris........	Turpin (veuve)[2].... (Delafontaine et Dett-willer.)	Pralines et bonbons, figurines et imitations de fruits, en chocolat. Chocolat de bonne qualité (in the highest perfection, Rapp. du IIIe jury).
Prusse	Berlin.......	Weil..............	Conserves de fruits au sirop.
Grande-Bretagne..	Glasgow.....	Wotherspoon........	Dragées, pâtes et bonbons.
		Mentions honorables.	
Wurtemberg.....	Stuttgard....	Roth jeune..........	Bonbons à liqueur.
Grande-Bretagne..	Bethnal-Green.	Schooling..........	Idem.
Wurtemberg.....	Ulm.........	Tröglen	Pastillage.
Cap de Bonne-Espérance.	Ville du Cap..	Volsteedt..........	Fruits confits.
Grande-Bretagne..	Londres......	Weatherley.........	Bonbons parfumés avec des essences artificielles.

B. INDUSTRIES SE RATTACHANT À L'HISTOIRE NATURELLE.

I. FLEURS, FEUILLES ET FRUITS ARTIFICIELS. (92 exposants.)

Grande médaille.

France..........	Paris........	Constantin Marquès[3]..	Fleurs artificielles.

[1] La XXIXe classe n'a examiné que la confiserie de chocolat; la IIIe a jugé le chocolat en tablettes, et a récompensé six exposants français. Turpin (voir la note ci-après) et Perron, de Paris; de Sandoval et Cie, de Tarbes; Watrelot-Delespaul, de Lille, ont eu la médaille de prix; Choquart et Ménier et Cie, de Paris, la mention honorable.

[2] M. Turpin est mort le 25 décembre 1850, et Mme veuve Turpin a cédé le 1er février 1851 sa fabrique à MM. Delafontaine et Dettwiller. Ce sont donc ceux-ci qui ont exposé à Londres, et ce sont eux seuls qui ont pu être récompensés: Mme veuve Turpin a certifié elle-même l'exactitude de ces faits. D'accord avec M. le baron Ch. Dupin, président de la Commission française et M. W. de la Ruë, rapporteur du XXIXe jury, nous avons restitué la médaille de prix à MM. Delafontaine et Dettwiller.

[3] Les titres de M. Constantin à la grande médaille étaient, 1° l'invention d'une prépa-

NATIONS.	VILLES.	NOMS DES EXPOSANTS.	PRODUITS EXPOSÉS.
		Médailles de prix.	
Brésil..........	....	Adamson	Fleurs de plumes.
France..........	Paris........	Chagot aîné........	Fleurs de parure à bon mar- ché.
Grande-Bretagne..	Londres......	Dorvell (Élizabeth)...	Fleurs de cire.
Idem...........	Idem........	Foster, Son et Duncnm.	Apprêts, fleurs de percale et de mousseline.
France..........	Paris........	Fürstenhoff (Emma)..	Fleurs de crêpe, mousseline, batiste.
Idem...........	Idem........	Gaudet du Fresne....	Feuilles.
Idem...........	Idem........	Harand............	Fleurs et parures.
Idem...........	Idem........	Lefort aîné.........	Apprêts et fleurs.
Grande-Bretagne..	Londres......	Lumsden (Mlle)......	Fleurs de cire.
Idem...........	Idem........	Mintorn (John H., Ho- ratio, Élizabeth et Rébecca.).........	Idem.
France..........	Paris........	Ste Perrot, Petit et Cie.	Fleurs fines, parures et plu- mes. Beaucoup de goût.
Grande-Bretagne..	Londres......	Randolph (Mme).....	Fleurs de plumes.
Portugal (Île de Madère.)	Funchal	Le monastère de Santa- Clara.	Idem.
Grande-Bretagne..	Londres......	Strickland (Maria)...	Fleurs de cire.
Idem...........	Idem........	Sugden, Borras et Cie.	Fleurs de tissus.
France..........	Paris........	Tilman (Mme).......	Fleurs de parure.
		Mentions honorables.	
France..........	Paris........	Breteau............	Fleurs et plumes.
Autriche	Vienne.......	Bürger............	Fleurs.
Grande-Bretagne..	Londres......	Chisholme (Emma)..	Fleurs de cire.
Idem...........	Idem........	Ewart (Mme)........	Idem.
Idem...........	Idem........	Fisher (Joseph)......	Fleurs d'ornement.
France..........	Paris.......	Florimond.........	Fleurs de parure.
Grande-Bretagne..	Londres......	Gatti (A. et C.).....	Fleurs à bon marché.
Idem...........	Idem........	Makepeace (Mme)....	Fleurs de cire.
France..........	Paris........	Paroissien..........	Feuilles de tissu imprégné de cire.
Portugal	Lisbonne.....	Russel (Vicente).....	Oranger artificiel.

ration des matières employées à la fabrication des fleurs de parure telle, que ces fleurs peuvent reprendre, après avoir été froissées, leur forme et leur élégance premières ; 2° l'emploi très-habile de tissus pour imiter les fleurs destinées aux collections de botanique;
3° un degré de perfection extraordinaire dans la reproduction des plantes.

NATIONS.	VILLES.	NOMS DES EXPOSANTS.	PRODUITS EXPOSÉS.
		2. TAXIDERMIE. (26 exposants.)	
		Médailles de prix.	
Grande-Bretagne..	Camden-Town.	Bartlett (A.-D.).....	Modèle de dodo; orang-outang, renards, faisans, bien empaillés.
États-Sardes......	Turin.	Comba............	Élan empaillé ; préparation très-bien faite.
Grande-Bretagne..	Newcastle. ...	Hancock.	Groupes d'oiseaux et d'animaux; travail vraiment remarquable. (*Le faucon repu* mérite d'être cité.)
Wurtemberg.	Stuttgard....	Ploucquet..........	Animaux empaillés ; scènes et groupes.
		Mention honorable.	
Grande-Bretagne..	Douvres..	Gordon.............	Un groupe d'oiseaux empaillés.

C. COLLECTIONS POUR L'ENSEIGNEMENT OU L'ÉTUDE.

NATIONS.	VILLES.	NOMS DES EXPOSANTS.	PRODUITS EXPOSÉS.
		1. MODÈLES POUR L'ENSEIGNEMENT. (1 exposant.)	
		Médaille de prix.	
Grande-Bretagne..	Londres......	Cowper (Édouard), professeur de technologie au Collége du Roi.	Petits modèles, à bon marché, de machines, métiers et outils, exemples : coupe des organes de la machine à vapeur (toutes les parties sont mobiles de façon à montrer le jeu de chacune d'elles), modèle de 50 centimètres sur 25 ; coupe d'une pompe (61 centimètres sur 25) ; métier à tisser les lacets ; serrure, modèle de 50 centimètres carrés ; tous ces modèles sont chacun du prix de 9 fr. 35 cent.
		2. MODÈLES ETHNOGRAPHIQUES. (15 exposants.)	
		Médailles de prix.	
Espagne.........	Malaga.	Cubero............	Statuettes de terre cuite représentant les costumes de Malaga.
Inde...........	Calcutta......	L'honorable compagnie des Indes orientales.	Collection de plus de 60 figurines d'argile faites à Kishnaghur et représentant les Hindous de diverses castes et professions.

NATIONS.	VILLES.	NOMS DES EXPOSANTS.	PRODUITS EXPOSÉS.
Espagne.........	Malaga......	Gutierrez de Léon....	Statuettes de terre cuite représentant des costumes d'Andalousie.
Grande-Bretagne..	Londres......	Montanari.........	Statuettes de cire représentant des costumes et des scènes du Mexique.

Mention honorable.

Espagne.........	Madrid......	De Aquilena........	Combat de taureaux; scène exécutée avec art et dans laquelle il y a 4,000 ou 5,000 figurines de spectateurs revêtus de costumes des diverses provinces.

3. COLLECTIONS D'ÉCHANTILLONS DE PRODUITS DE L'AGRICULTURE, DES MINES ET DE L'INDUSTRIE. (5 exposants.)

Médailles de prix.

Grande-Bretagne..	Liverpool....	Archer (Thomas G.)..	Collection d'échantillons des matières premières étrangères (550 espèces différentes), qui ont été importées dans le port de Liverpool de 1846 à 1850. (Le catalogue est dans *Illustrated catalogue*, p. 802 à 815.)
Idem............	Hull........	Le comité local de Hull.	Collection d'échantillons des marchandises étrangères (120 sortes différentes) qui sont importées habituellement à Hull. (*Illustrated catalogue*, p. 816.)
Inde............	Calcutta.....	Le docteur J. Forbes Royle.	Précieuse collection de 1,100 à 1,200 substances minérales, végétales et animales, employées par les Hindous dans les arts, les métiers et la médecine. Elles ont été recueillies pour la plupart dans les bazars de la présidence du Bengale. (*Illustrated catalogue*, p. 893 à 907.)
États-Unis.......	....	Le comité de l'État de Maryland.	Collection des principaux produits de l'agriculture, des mines et des manufactures de l'État de Maryland. (Catalogue dans *Reports by the Juries*, p. 651-652.)

NATIONS.	VILLES.	NOMS DES EXPOSANTS.	PRODUITS EXPOSÉS.
Turquie.........	Constantinople	Sa Hautesse le Sultan Abd-ul-Medjid.	Collection très-intéressante de pipes, bouquins et objets d'ambre, essences et eaux de senteur, savons, confiseries, etc.

D. Fabrications d'objets divers pour l'usage personnel.

I. Nécessaires de voyage, de bureau ou de toilette; boîtes à ouvrage; coffrets.

(56 exposants.)

Médailles de prix.

France..........	Paris........	Aucoc aîné..........	Nécessaires de voyage et de toilette, riches et élégants.
Idem...........	Idem	Audot.............	Nécessaires de voyage et de toilette, faits avec beaucoup de goût et de soin, et d'un prix modéré eu égard à l'excellence du travail.
Grande-Bretagne..	Londres......	Edwards (T.-J.).....	Nécessaires d'une exécution parfaite, mais d'un prix élevé; fabrication très-remarquable.
France..........	Paris........	Laurent	Coffres, coffrets et boîtes bien faits.
Grande-Bretagne..	Londres......	Leuchars (William)..	Nécessaires de voyage et de toilette.
France..........	Paris........	Tahan.............	Nécessaires, coffrets, caves à liqueurs; dessins de goût, travail très-soigné, objets élégants.

Mentions honorables.

Grande-Bretagne..	Londres......	Asprey (Charles).....	Garniture complète de bureau en malachite et bronze doré; nécessaires et coffrets.
Idem...........	Dublin......	Austin (George)......	Nécessaires.
Belgique........	Spa.........	Marin.............	Boîtes de Spa [1].
Idem...........	Idem	Misson (E. et L.)....	Idem.
Grande-Bretagne..	Londres......	Strudwick (Thomas)..	Nécessaires de voyage et de toilette.

[1] La fabrication à Spa des boîtes dites *de Spa* était exercée en 1846 par 64 fabricants et 21 ouvriers; en outre, la peinture de ces boîtes occupait 47 petits entrepreneurs et 8 ouvriers. Voici les salaires des hommes en 1846 : 14 gagnaient moins de 1 fr. 50 cent.; 10, de 1 fr. 50 cent. à 2 francs; et 1, de 2 francs à 2 fr. 50 cent.

NATIONS.	VILLES.	NOMS DES EXPOSANTS.	PRODUITS EXPOSÉS.
		2. PARAPLUIES ET OMBRELLES. (35 exposants.)	
		Médailles de prix.	
France.........	Paris........	Cazal.............	Parapluies et ombrelles élégants et d'un travail soigné ; parapluie s'ouvrant seul ; parapluie de voyage dont le manche peut servir de canne.
Idem...........	Idem........	Charageat..........	Bonne fabrication ; parapluies s'ouvrant seuls perfectionnés.
Grande-Bretagne..	Birmingham..	Holland (Henry).....	Montures d'acier creux de forme rectangulaire ; travail conduit avec intelligence,
Idem...........	Londres.....	Morland (J.) et fils...	Parapluies et ombrelles bien faits et à des prix modérés ; emploi de tissus d'alpaca pour la couverture des parapluies.
Idem...........	Idem........	Sangster (William et John).	Ombrelles bien montées, mais de très-mauvais goût.
		Mentions honorables.	
Grande-Bretagne..	Londres......	Boss (Isaac-Abraham).	Perfectionnements des montures.
Prusse..........	Berlin.......	Wigdor.............	Poignées de parapluies et d'ombrelles, en corne, en os, en ivoire.
		3. CANNES. (46 exposants.)	
		Médailles de prix.	
États-Sardes,....	....	Ciaudo.............	Cannes de bois d'oranger et d'olivier.
Wurtemberg.....	Stuttgard....	Hedinger..........	Cannes de tous genres.
Villes anséatiques.	Hambourg....	Meyer jeune........	Collection de 500 variétés de cannes bien préparées et montées, à bon marché ; baleines. M. Meyer jeune emploie 2 à 300 ouvriers.
Grande-Bretagne..	Lond.....	Meyers (Barnett).....	Cannes, manches et branches de parapluies et d'ombrelles, etc.
Prusse..........	Essen.......	Schutz (C.)........	Cannes.

NATIONS.	VILLES.	NOMS DES EXPOSANTS.	PRODUITS EXPOSÉS.
Mentions honorables.			
France	Paris	Bagré	Cannes de cornes de bélier ou d'écaille.
Gr. duché de Hesse.	Offenbach	Frank	Cannes à bon marché.
Toscane	Florence	Tonti	Cannes de corne.

4. ÉVENTAILS ET ÉCRANS À MAIN. (25 exposants.)

Médailles de prix.

France	Paris	Alexandre (Félix)	Éventails de luxe et feuilles peintes.
Idem	Idem	Duvelleroy	Éventails de luxe et pour l'exportation.

Mention honorable.

France	Paris	Ducrot et Petit	Éventails, moules à plisser.

5. PIPES; OBJETS DIVERS FAITS D'AMBRE JAUNE OU D'ÉCUME DE MER. (49 exposants.)

Médailles de prix.

Autriche	Vienne	Astrath (Carl)	Fourneaux de pipe et becs de cigare en écume de mer sculptée; sculptures faites avec assez d'habileté; prix modérés.
Idem	Idem	Flöge (Gerhard)	Fourneaux de pipe et becs de cigare en écume de mer; bouquins d'ambre jaune.
Idem	Idem	Friedrich (Johann)	Idem.
Turquie	Constantinople	Hadji-Mihran-Duzoglou	Magnifiques *imaméh* ou bouquins d'ambre jaune enrichis de brillants; il y en a du prix de 7,700 francs la pièce.
Autriche	Vienne	Hartmann (Ludwig)	Bouquins d'ambre, de nacre, d'os ou de bois; tuyaux de cerisier et autres; tubes pour cigare; fourneaux de pipe en écume de mer.
Prusse	Dantzick	Hoffmann (C.-W.)	Objets divers en ambre.
Turquie	Constantinople	Naim-Effendi	Bouquins d'ambre, tuyaux de jasmin, chibouks ornés de pierres fines.
États-Sardes	Turin	Strauss (J.)	Fourneaux de pipe d'écume de mer sculptée avec beaucoup de délicatesse.
Prusse	Breslau	Winterfeld	Bouquins, pipes, bracelets, colliers, broches et autres objets en ambre jaune.

NATIONS.	VILLES.	NOMS DES EXPOSANTS.	PRODUITS EXPOSÉS.
Autriche.........	Vienne.......	Zeitler (Joseph)	Fourneaux de pipe et becs de cigare faits avec les rognures et déchets d'écume de mer (*massa-kopfe*).

Mentions honorables.

NATIONS.	VILLES.	NOMS DES EXPOSANTS.	PRODUITS EXPOSÉS.
Autriche.........	Vienne.......	Alba (Samuel).......	Fourneaux de pipe et tubes de cigare en écume de mer ; bouquins d'ambre.
Idem...........	Idem........	Beisiegel (Philippe)..	Pipes d'écume de mer, tuyaux de cerisier et d'ébène ; bouquins d'ambre.
France.........	Saint-Omer...	Duméril, Leurs fils et Cⁱᵉ.	Pipes d'argile dites de *Saint-Omer*, bien faites et à très-bon marché.
Idem...........	Idem........	Fiolet (Louis).......	Pipes de Saint-Omer d'une bonne fabrication et d'un prix modique.
Autriche.........	Prague.......	Grünhut jeune.......	Objets d'écume de mer sculptée.
Canada.........	Montréal.....	Henderson..........	Pipes d'argile.
Prusse..........	Dantzick.....	Hoffmann (G.-J.)....	Grains de collier en ambre jaune.
Idem...........	Stolpe.......	Jantzen (G.-E.)......	Colliers d'ambre jaune d'un grand prix ; objets divers en ambre.
Idem...........	Rhula (Saxe-Gotha.)	Lux frères..........	Fourneaux de pipe en écume de mer, et tuyaux de bois.
Idem	Königsberg...	Mannheimer (Wolff)..	Morceaux d'ambre d'une grosseur extraordinaire ; l'un, trouvé dans les puits d'ambre, pèse 2 kilogr. 725 gr. ; l'autre, trouvé sur le rivage, pèse 2 kilogrammes.
Nassau.........	Hoehr.......	Müllenbach et Thewald.	Pipes d'argile à bon marché.
Autriche.........	Theresienfeld.	Partsch jeune........	Fourneaux de pipe en argile à bon marché.
Toscane.........	Florence.....	Romoli (Luigi)......	Tuyaux de pipe en ébène.
Prusse..........	Dantzick.....	Roy (W. von).......	Collection très-intéressante de toutes les variétés d'ambre.
Turquie.........	Constantinople	Saïd-Aga...........	Bouquins d'ambre ou de bois ; tuyaux de pipe.
Prusse..........	Stolpe.......	Tessler (C.-L.)......	Objets divers faits d'ambre, entre autres colliers et bracelets.
Nassau.........	Hoehr.......	Wingender frères.....	Pipes de terre à bon marché (6 fr. 80 cent. le mille).
Villes anséatiques..	Hambourg....	Wöbecke (H.).......	Pipes faites avec de l'argile de Turquie.

NATIONS.	VILLES.	NOMS DES EXPOSANTS.	PRODUITS EXPOSÉS.
6. TABATIÈRES. (25 exposants.)

6. TABATIÈRES. (25 exposants.)

Médailles de prix.

NATIONS.	VILLES.	NOMS DES EXPOSANTS.	PRODUITS EXPOSÉS.
Bavière.........	Ensheim.....	Adt frères..........	Tabatières, porte-cigares, boîtes à gants, à cigares, etc., en papier mâché, très-bien faits et à bas prix.
France.........	Paris........	Colletta-Lefebvre.....	Tabatières d'ivoire, d'écaille, de bois, faites avec une rare perfection.
Autriche,.......	Reichenau....	Hofrichter (C.)......	Tabatières et autres petits objets en papier mâché ; bonne fabrication, prix modique.
France.........	Paris........	Mercier...........	Tabatières d'ivoire, d'écaille, de bois exotiques, du travail le plus parfait, et d'un prix modéré.
Grande-Bretagne..	Mauchline....	Smith (Will. et Andr.)	Tabatières écossaises et beaucoup d'autres boîtes et objets de bois, enjolivés de carreaux écossais, remarquables par l'éclat du vernis et le fini du travail.

E. FABRICATIONS D'OBJETS SERVANT À L'AMUSEMENT.

1. JEUX DE PAUME (*cricket* et *tennis*[1]). (10 exposants.)

Médailles de prix.

NATIONS.	VILLES.	NOMS DES EXPOSANTS.	PRODUITS EXPOSÉS.
Grande-Bretagne..	Londres......	Dark (Matilda) et fils.	Objets pour le jeu de paume (cricket).
Idem...........	Idem........	Dark (Robert).......	Idem.
Idem...........	Penshurst....	Duke et fils........	Idem.
Idem...........	Woolwich....	Jefferies (Isaac)......	Raquettes pour le jeu de paume (tennis).

[1] Le jeu de paume était, en France, dès le moyen âge, un des exercices le plus en usage ; c'était le divertissement favori de Louis X, de François Ier, de Henri II, de Henri IV, de Sully, de Bassompierre, de Condé et de Turenne. On comptait à Paris, avant 1789, vingt-deux jeux de paume ; il n'y en a plus qu'un seul, celui du cercle du passage Sandrié. Le goût de cet exercice est encore très-vif, tant à Paris que dans la Picardie, l'Artois et le pays Basque. En Angleterre, le *cricket* est beaucoup plus répandu, bien qu'il n'y ait été introduit qu'au XVIIe siècle. Dans Londres et ses faubourgs, il y a une quarantaine de jeux de paume ; le plus célèbre est *Lord's ground*, qui appartient au club de Mary-le-Bone. Plusieurs petits livres ont été consacrés en Angleterre à ce jeu ; nous citerons *The cricketer's manual*, by Bat, et *The guide to cricketers*, by Lillywhite.

NATIONS.	VILLES.	NOMS DES EXPOSANTS.	PRODUITS EXPOSÉS.
		2. ARCS ET FLÈCHES. (7 exposants.)	
		Médailles de prix.	
Grande-Bretagne..	Londres......	Ainge et Aldred......	Arcs, flèches et équipements d'archer.
Idem...........	Édimbourg...	Muir (Peter)........	Arcs *girder* et *ballance* à 52 fr. 50 c. l'arc ; arcs faits de trois sortes de bois, if, palmier et orme, à 66 fr.; d'if d'Italie, à 262 fr. Flèches *unfooted* à 22 fr. 50 c. la douzaine ; *footed* à 30 fr. la douzaine.
		3. INSTRUMENTS DE PÊCHE. (26 exposants.)	
		Médailles de prix.	
Grande-Bretagne..	Londres......	Ainge et Aldred......	Instruments de pêche faits avec beaucoup de soin et de luxe.
Idem...........	Idem........	Little et Cⁱᵉ........	Cannes et lignes de pêche, appâts artificiels.
		Mentions honorables.	
France........	Paris......	Delage-Montignac.....	Lignes de pêche.
Grande-Bretagne..	Londres......	Farlow (C.)........	Ustensiles de pêche, appâts artificiels.
Idem...........	Idem........	Farlow (J.-K.)......	Instruments de pêche.
Idem...........	Idem........	Jones.............	Idem.
		4. JOUETS ET POUPÉES; FIGURES DE CIRE. (54 exposants.)	
		Médailles de prix.	
France........	Paris........	Allix.............	Figures de cire pour les coiffeurs; bustes de poupée.
Suisse.........	Genève......	Bautte...........	Petits objets de curiosité avec mouvements d'horlogerie, d'un travail très-délicat.
France........	Paris........	Bontems...........	Oiseaux perchés sur des branches d'aubépine, sautillant de branche en branche, becquetant des insectes et gazouillant.
Bavière........	Nuremberg...	Eichneb............	Jouets de fer-blanc mécaniques, notamment voitures attelées.
Autriche........	Vienne......	Haller (veuve et gendre d')	Collection de trois cents sortes de jouets et poupées.

NATIONS.	VILLES.	NOMS DES EXPOSANTS.	PRODUITS EXPOSÉS.
France..........	Paris........	Jumeau.............	Trousseaux de poupée faits avec beaucoup de goût et de soin ; poupées habillées qui portent les modes françaises à l'étranger, et offrent en même temps des modèles pour les confectionner ; fabrication conduite avec intelligence ; produits à bon marché.
Autriche.........	Vienne.......	Kietaibl	Jouets mécaniques et automates mus par des mouvements d'horlogerie.
Grande-Bretagne..	Londres......	Mme Montanari.......	Poupées de cire d'une exécution remarquable.
Wurtemberg.....	Biberach.....	Rock et Graner.......	Jouets mécaniques et autres, de fer-blanc ou de papier mâché.
Prusse..........	Berlin.......	Söhlke.............	Jouets d'étain.
Grande-Bretagne..	Londres......	Spurin.............	Une ferme anglaise. Épisode du séjour de Gulliver dans le pays de Lilliput ; scène dans laquelle figurent un grand nombre de personnages modelés avec beaucoup d'art et d'esprit par Fleischmaun de Sonnenberg.
Wurtemberg.....	Geisslingen...	Wittich, Kemmel et Cie.	Jouets d'enfant et petits ouvrages d'os ou d'ivoire, découpés avec délicatesse.

Mentions honorables.

NATIONS.	VILLES.	NOMS DES EXPOSANTS.	PRODUITS EXPOSÉS.
Grande-Bretagne..	Londres......	Bouchet...........	Poupées, boîtes de jeux, jouets divers.
Acheutri........	Oberleutensdorf.	Müller et Cie........	Boîtes de jouets. Ces boîtes renferment des personnages, des animaux, des maisons, des arbres, etc., faits de bois ou de carton, en nombre suffisant pour représenter des fermes, des scènes de chasse, des ménageries, etc. Le prix est très-modique, exemple : 13 fr. pour une chasse au cerf, composée de soixante-quatre pièces.

F. FABRICATIONS DIVERSES.

PIERRES À BRUNIR, MOULES DE CONFISEURS, LETTRES EN RELIEF, PAPIERS ET TISSUS DE VERRE OU D'ÉMERI, PAPIERS DÉCOUPÉS, PAINS À CACHETER, ETC. (61 exposants.)

LISTE DES EXPOSANTS D'ORNEMENTS DE CARTON-PIERRE
OU DE GUTTA-PERKA,
DE MEUBLES, COFFRETS, PLATEAUX, ETC., DE LAQUE OU DE PAPIER MÂCHÉ,
RÉCOMPENSÉS PAR LE XXVIe JURY.

NATIONS.	VILLES.	NOMS DES EXPOSANTS.	PRODUITS EXPOSÉS.

ORNEMENTS POUR LA DÉCORATION INTÉRIEURE, EN CARTON-PIERRE OU EN GUTTA-PERKA.

Hors de concours.

| Grande-Bretagne.. | Londres....... | Jackson et fils....... | Ouvrages très-variés pour la décoration, en carton-pierre, en papier mâché, etc.; bons dessins, exécution habile. MM. Jackson et fils sont les premiers qui aient entrepris sur une grande échelle cette fabrication en Angleterre. (M. John Jackson était membre du XXVIe Jury.) |

Médailles de prix.

France..........	Paris........	Mme Bourgery.......	Tableaux faits en *composition*; des animaux ou des fruits sont en haut relief sur les premiers plans; le fond représente un paysage.
Idem...........	Idem.......	Gruchet (Victor).....	Groupes de nature morte, bas-reliefs, consoles, portes et lambris de salon. (Le XXVIe jury avait demandé la grande médaille pour M. Gruchet; la décision du conseil des présidents a été négative.)
Prusse..........	Berlin.......	Gropius...........	Statuettes de carton-pierre...
France..........	Paris........	Huber (C.-E.).......	Frise dans le style de la Renaissance; cariatides, médaillons, chapiteaux et portes. Beaucoup de goût dans le dessin et de fini dans le travail.

NATIONS.	VILLES.	NOMS DES EXPOSANTS.	PRODUITS EXPOSÉS.
MEUBLES, COFFRETS ET OBJETS DIVERS DE LAQUE OU DE PAPIER MÂCHÉ.			

MEUBLES, COFFRETS ET OBJETS DIVERS DE LAQUE OU DE PAPIER MÂCHÉ.

Médailles de prix.

NATIONS.	VILLES.	NOMS DES EXPOSANTS.	PRODUITS EXPOSÉS.
Chine..........	....	Braine............	Paravent de laque fait à Canton.
Grande-Bretagne..	Birmingham..	Jennens et Bettridge..	Meubles, vases, plateaux, coffrets, écrans à main, de papier mâché. La fabrication est parfaite, mais les formes des meubles et les dessins des ornements sont, en général, de mauvais goût.
Idem..........	Idem.......	Lane.............	Petits meubles, écrans montés sur pieds, écrans à main, plaques de portefeuille, plateaux, etc., de papier mâché. Peintures avec rehauts de nacre colorée, d'un effet pittoresque.
Hollande........	Amsterdam...	Zoegers (Frans)......	Paravent et écrans montés sur pieds. Imitations assez bien faites des laques japonais et chinois.

Mentions honorables.

NATIONS.	VILLES.	NOMS DES EXPOSANTS.	PRODUITS EXPOSÉS.
Autriche........	Vienne.......	Becker et Kronick....	Écrans à pieds, tables, vases, paravents de papier mâché.
Grande-Bretagne..	Londres......	Clay (Henry) et Cie...	Meubles, siéges, plateaux de papier mâché.
Idem..........	Birmingham..	Halbeard et Wellings..	Tables, plateaux, etc., de papier mâché.
Idem..........	Oxford.	Spiers et fils........	Écrans à pieds, coffrets, plaques d'album, de portefeuille, etc., en papier mâché. Fabrication et peinture assez bonnes.
Idem..........	Wolverhampton	Welton (Frédéric) et Cie.	Collection de plateaux de papier mâché. Guéridon, vases, petits meubles. La qualité du papier mâché et la vernissure laissaient un peu à désirer, mais, en général, les ornements étaient dessinés avec goût et les peintures dues à des pinceaux hardis et faciles.

TABLE DES MATIÈRES.

XXIXᴱ JURY.

SECONDE PARTIE.

SAVONS, BOUGIES, PARFUMERIE,

PAR M. WOLOWSKI,

VICE-PRÉSIDENT DU XXIXᵉ JURY, PROFESSEUR AU CONSERVATOIRE IMPÉRIAL DES ARTS ET MÉTIERS.

Le savant rédacteur de cette seconde partie a profité d'un travail technique entrepris expressément par M. Barreswil, très-habile chimiste, pour concourir, par ses connaissances spéciales en ce qui concerne les savons, aux travaux de la Commission française.

Le Président de la Commission française,

Baron CHARLES DUPIN.

Iʳᵉ SECTION.

DES SAVONS ET DE LA PARFUMERIE.

L'immense variété des objets groupés pour être soumis à l'examen du jury de la XXIXᵉ classe ne saurait faire méconnaître l'importance de certains produits qui en font partie; il nous suffira de nommer les *savons* et les *bougies,* pour faire comprendre que la grande production et la grande consommation se rencontrent ici à côté des créations multipliées de l'esprit inventif de l'homme, non moins curieux des grandes que des petites choses, de celles qui plaisent que de celles qui se recommandent par leur utilité.

Les savons et les bougies appartiennent à l'ère moderne; ils portent l'empreinte commune à tout ce que le progrès des sciences chimiques et mécaniques a enfanté de grand et de fécond; car, étant d'un usage presque universel, ils servent au plus grand nombre, ils ajoutent aux commodités de la vie et, sous une forme toute matérielle, aident au développement des idées d'ordre et de sentiments plus élevés.

Qu'on ne nous accuse point ici d'exagération : dans un siècle où tout le monde parle de démocratie, et où si peu comprennent la démocratie véritable, celle qui consiste à épurer l'âme, à élargir la sphère de l'intelligence et à mettre à la portée de tous plus de bien-être, conquis par plus de science et de sécurité, les améliorations réalisées par l'industrie portent au plus haut degré ce caractère. Ce n'est pas au profit d'un cercle restreint d'hommes placés aux degrés supérieurs de l'échelle sociale que les machines filent et tissent le coton, que les champs se couvrent de plus abondantes moissons et de plus nombreux bestiaux, que les voies rapides de communication rapprochent les éléments du travail et effacent les distances; car ces montagnes de calicot, ces masses de produits agricoles, ces immenses trains de voyageurs et de marchandises, sont une satisfaction donnée aux besoins de tous; la consommation générale peut seule en profiter. On entre ainsi dans la voie de la bonne, de la véritable égalité, la seule désirable, la seule possible, celle qui donne à tout le monde sans rien enlever à personne; celle qui élève le faible sans déprimer ceux qui ont pris les devants sur la route du progrès et de l'abondance.

Pour nous en tenir à un seul exemple qui nous ramène vers le sujet, très-modeste en apparence, que nous voulons aborder, est-ce que les moyens de remplacer par une clarté artificielle la lumière du jour ne se sont pas grandement modifiés à l'avantage général, et ne peut-on pas dire en voyant l'éclairage des plus humbles boutiques que le gaz, comme le soleil, luit pour tout le monde?

La propreté est la vertu du corps, a-t-on dit, peut-être avec une certaine prétention de style, mais non sans raison. L'homme témoigne de sa supériorité sur les autres êtres en prenant soin de l'enveloppe matérielle de son âme, et le sentiment de sa propre dignité, source de bons instincts et d'énergiques efforts, ne peut qu'y gagner.

Qu'il nous soit permis d'invoquer le grand nom de Liebig, alors que nous rattachons à des choses aussi vulgaires que le savon, la bougie et la chandelle, des considérations qui semblent tellement éloignées de notre sujet. L'illustre savant allemand dit dans une de ses lettres familières sur la chimie (lettre XI) :

« La quantité de savon que consomme une nation pourrait « presque servir de mesure pour apprécier le degré de richesse « et de civilisation auquel elle s'est élevée. Les économistes ne « se rangeraient peut-être pas à cet avis; mais qu'on le prenne « ou non au sérieux, il n'en est pas moins certain qu'entre « deux nations également peuplées, la plus riche et la plus « civilisée sera celle qui consommera le plus de savon. Il ne « s'agit pas ici de fantaisie, mais de propreté, et ce sentiment « se rattache à celui de la civilisation elle-même. Au moyen « âge, les seigneurs, qui conciliaient l'absence de toute pro- « preté dans leurs personnes et dans leurs vêtements avec la « profusion de riches parfums et d'odorantes essences, étaient « plus luxueux que nous ne le sommes pour le manger et « pour le boire, pour les ajustements et pour les chevaux; « mais combien est grande la différence entre leur époque et « la nôtre, si nous regardons l'absence de la propreté comme « un signe de misère et de dégradation. »

Sous la plume de Liebig, les aperçus les plus élevés se sont alliés au sujet le plus humble; que ce soit notre excuse.

D'ailleurs, pour les savons comme pour les bougies, la science moderne a beaucoup fait : elle a agrandi le cercle de

matières premières, elle a mis à la disposition des fabricants
et les révélations de la chimie et l'emploi des moyens mécaniques les plus puissants. Cette matière mérite donc, à tous
les titres, une étude sérieuse[1].

§ Ier. SAVONS COMMUNS.

Nous commencerons par les savons, car nous voulons suivre
l'ordre marqué par l'importance des produits.

Les indications historiques ne présentent ici que peu d'intérêt; elles sont plutôt de nature à satisfaire la curiosité qu'à
fournir quelque donnée instructive. Nous admettrions difficilement aujourd'hui, comme moyens de propreté, ceux qu'employaient les héros d'Homère, et ceux dont on s'est servi dans
des siècles moins reculés. Cependant un savon parfaitement
détersif n'eût pas été inutile alors qu'on ne connaissait ni bas
ni chemises, car tout le monde sait qu'il n'y a pas trois siècles
c'étaient presque des objets de luxe.

L'histoire du savon est des plus obscures; elle se confond
avec celle du carbonate de potasse ou du carbonate de soude.
Il semble qu'on a connu *d'abord l'usage des cendres,* et des
sels extraits des cendres de végétaux (*potasse*); puis, que l'on
a employé des *mélanges de sels de cendres et d'huile,* ou de
suif, et qu'enfin, mais beaucoup plus tard, on a *obtenu le
savon.* Il faut réellement une riche imagination ou une
grande bonne volonté pour retrouver le savon tel que nous le
connaissons, dans les indications des auteurs anciens. Les
documents certains ne datent que du xv° siècle. A cette époque,
la ville de Savone était renommée pour sa fabrication, comme
depuis l'a été Gênes, et comme le devint plus tard Marseillle.

Au commencement du xvii° siècle, l'industrie du savon
était concentrée à Gênes; les produits en étaient très-recher-

---

[1] Lors de l'examen par le jury des questions relatives aux savons et aux
bougies, nous avons été heureux de nous appuyer sur l'avis éclairé de nos
savants collègues MM. Payen et Balard. Le concours actif d'un habile chimiste, M. Barreswil, nous a également été d'une grande utilité pour la rédaction de la partie technique de ce rapport.

chés et formaient une des principales branches du commerce
de cette ville. Mais il arriva ce dont l'histoire du savon nous
offre trop souvent le triste exemple. La vente étant devenue
très-facile, et même, pour ainsi dire forcée, le fabricant di-
minua la qualité et se livra à des fraudes telles, que la confiance se perdit et que les marchés se fermèrent au savon de
Gênes.

Dans ces circonstances, vers le milieu du xviie siècle,
Colbert, dont le nom se lie à tant de souvenirs chers aux arts,
eut la pensée d'introduire et de développer en France la fabrication du savon. Une première fabrique fut établie à
Toulon, et confiée au sieur Ravel. Cette fabrique produisit
de si beaux savons, que bientôt sa marque fut connue de toute
l'Europe, où elle obtint la préférence sur celle de Gênes.

Peu après, des ouvriers de Toulon vinrent à Marseille et
proposèrent à divers fabricants d'huile de créer et d'exploiter
des usines pour leur compte; l'industrie savonnière fut ainsi
établie à Marseille.

Cette fabrication du savon fit de si rapides progrès, que les
produits de Toulon, à leur tour, ne purent plus lutter avec
ceux de Marseille qui, par son important commerce avec les
pays producteurs d'huile, était, pour cette fabrication spéciale,
dans des conditions incontestables de supériorité. En 1660,
on comptait à Marseille sept fabriques de savon; toutefois,
jusqu'en 1666, cette industrie d'origine étrangère ne fut guère
desservie que par des bras étrangers.

A cette époque, un sieur Pierre Rigat, marchand établi à
Lyon, adressa au roi une requête par laquelle il proposait de
fabriquer des savons sans aucun secours du dehors, par des
procédés de lui particulièrement connus, et en quantité
suffisante pour la consommation de tout le royaume. Cette
proposition, qui impliquait, suivant l'esprit du temps, la
concession d'un privilège fut accueillie, et Louis XIV, par des
lettres patentes signées le 11 mars 1666, accorda au pétition-
naire le privilége exclusif d'établir des fabriques de savon
blanc, marbré et de toutes autres qualités, sur tous les points

du royaume qu'il lui conviendrait de choisir, et de les exploiter pendant vingt ans. Les seules fabriques alors existantes, au nombre de six ou sept, furent conservées, mais à la condition que le nombre de leurs chaudières ne serait pas augmenté, et que leurs produits seraient versés dans les magasins du sieur Rigat, qui devait les payer à un prix convenu.

Le concessionnaire et tout le personnel dépendant de ses fabriques étaient en outre exemptés de l'obligation de fournir le logement aux gens de guerre, et de toutes autres charges imposées aux divers sujets du royaume. Un droit de 8 livres par quintal devait être perçu sur les savons importés de l'étranger.

Ce privilége suscita une opposition fort vive de la part des échevins des villes de Lyon et de Marseille, du procureur de Provence, et notamment au sein de la cour du parlement de Provence, qui refusa d'enregistrer les lettres patentes y relatives. Mais un édit rendu le 23 juillet 1666, sur le rapport du ministre Colbert, vint casser l'arrêt du Parlement, et les lettres patentes royales furent alors enregistrées. L'exécution eut lieu en vertu d'une ordonnance rendue le 27 juin 1667 par le baron Dopède, premier président au parlement de Provence à Aix.

Toutefois, ce monopole ne fut pas de longue durée; il portait en lui-même un germe de destruction. L'interruption du travail des anciennes fabriques, causée par le renchérissement excessif du savon et le délaissement des huiles de Languedoc et de Provence, que le sieur Rigat remplaçait par les similaires étrangers, sont les principaux considérants sur lesquels fut basé le retrait du privilége, que le sieur Rigat perdit par un arrêté du 10 octobre 1669.

Mais on se heurta alors contre un autre mal, dont les temps anciens ont souffert bien plus que le nôtre, nous voulons parler de la fraude. Des représentations énergiques furent faites par la chambre de commerce, et un édit du 5 octobre 1688 vint réglementer la fabrication du savon, jusque dans ses moindres détails.

Il ne sera pas hors de propos de reproduire ici les principaux passages de cet édit :

« Le roi ayant été informé que la mauvaise qualité des sa« vons qu'on fabrique maintenant en Provence, en a considé« rablement diminué le débit, qui était très-grand ; et que « l'altération qu'on y fait pour le poids, et les défauts qui s'y « rencontrent pour le peu de soins qu'on a de préparer les « matières, a pu donner lieu aux étrangers d'attirer et d'établir « cette manufacture chez eux, ce que Sa Majesté désirant em« pêcher, elle a résolu, pour remédier aux abus qui se sont « introduits, de remettre cette fabrique dans sa perfection, et « ordonner ce qui s'ensuit :

« ART. 1er. Les manufactures de savon, de quelque qualité « qu'elles soient, cesseront entièrement pendant les mois de « juin, juillet et août de chaque année, sous peine de confis« cation du savon.

« ART. 2. Les huiles nouvelles ne pourront être employées « à cette manufacture avant le 1er mai de chacune année, aussi « à peine de confiscation de la marchandise.

« ART. 3. Il est défendu de se servir, dans la fabrique du « savon, avec la *barille, soude* ou *cendres,* d'aucune graisse, « beurre ni autres matières, mais seulement des *huiles d'olive* « *pures* sans mélange de graisse, à peine de confiscation.

« ART. 13. Les communautés des villes de la province où « il y a des fabriques de savon nommeront, tous les ans, deux « des principaux négociants entendus dans cette matière pour « veiller, dans lesdites villes et dans l'étendue de leur territoire, « à l'entière exécution des articles ci-dessus ; et, lorsqu'ils trou« veront des fabricants ou marchands qui y auront contre« venu, ils les dénonceront aux juges ordinaires pour être « punis suivant l'exigence du cas. »

C'est là l'origine du conseil des prud'hommes.

Les inconvénients de ce règlement ne tardèrent pas à se faire sentir ; des plaintes s'élevèrent, on réclama la liberté de l'industrie, et on la pratiqua, puisque Savary dit dans son *Dictionnaire du commerce :*

« Il entre dans la composition des savons, suivant leurs dif-
« férentes espèces et qualités, diverses sortes de drogues et
« ingrédients, entre autres des huiles d'olive, *de noix, de chè-*
« *nevis, de lin, de navette, de colza et de poisson; les fèces ou*
« *lies de toutes ces huiles, du flambart qui se trouve sur les chau-*
« *dières des charcutiers, du suif et plusieurs autres graisses.* »

Savary nous donne une autre indication curieuse, qui
montre l'effet des anciens règlements. « Les teinturiers en soie,
« laine et fil ne pouvaient, suivant l'article 7 de leurs statuts,
« employer que du savon d'Alicante ou de Gênes; *mais*, ajoute
« Savary, il faut remarquer qu'ils ne sont point différents de
« ceux de Marseille et de Toulon, *n'étant qu'un nom qu'on leur*
« *donne pour les faire mieux valoir.* »

. On tirait alors les savons étrangers d'Alicante, de Cartha-
gène, de Venise et de Gaëte. Ils payaient à l'entrée un droit
fixé à 3 livres 10 sous par quintal par le tarif de 1664, et
porté à 7 livres par les tarifs de 1667 et de 1718. Il n'était
nullement question de prohibition.

Un arrêt du conseil d'État, du 19 février 1754, permit
de fabriquer du savon pendant toute l'année. On remarque
dans cet arrêt les articles suivants :

« ART. 6. Tous les fabricants de savon seront tenus de
« marquer lesdits savons, blancs ou marbrés, de la marque
« qu'ils auront choisie, et dont ils déposeront un double au
« greffe du juge des manufactures des lieux où leur fabrique
« sera établie.

« ART. 7. Les fabricants ne pourront s'associer au préjudice
« de la liberté et de l'intérêt public, soit pour l'achat des
« huiles et autres matières nationales servant à ladite fabrique,
« soit pour la vente des savons, sans préjudice toutefois aux-
« dits fabricants de s'associer pour l'achat des huiles et autres
« matières venant de l'étranger. »

Quelques années après on revint sur cet arrêt, et, le 28 février 1760, le conseil rétablit *les vacances* et décida que toutes
les manufactures cesseraient encore de travailler aux mois de
juin, juillet et août.

La révolution de 1789 renversa les anciens règlements, qui n'avaient point empêché la fraude.

Voici un extrait d'un écrit publié en 1790 sous ce titre : *Doléances des blanchisseuses et lavandières, pour être adressées à MM. les députés de Marseille aux États généraux, et être annexées aux autres cahiers et doléances des autres corporations.*

« C'est contre la fabrication du savon blanc que nous avons « à nous plaindre, c'est contre ces malfaiteurs qui le vicient « d'une augmentation de poids; c'est contre ces âmes intéres- « sées qui, franchissant toutes les bornes de l'humanité, ne « craignent pas *d'établir leur fortune sur le plus pur sang de la* « *plus basse population.*

« Ces déloyaux fabricants du savon blanc incorporent dans « ce savon de vingt-cinq à quarante pour cent d'augmenta- « tion de poids au moyen de l'eau empreinte de quelques sels « légers de soude, et enlèvent par ce moyen au consommateur « l'espérance du petit bénéfice qu'il peut attendre de son la- « beur, en ce qu'il ne trouve plus, dans ce savon vicié, l'u- « sage qu'il lui procurerait s'il était intact. Et le second dom- « mage, c'est qu'il en paie une livre et n'en reçoit que trois « quarts, et souvent moins. »

La municipalité de Marseille, à son tour, fit, le 14 octobre 1791, une adresse à l'Assemblée législative pour solliciter des mesures de répression contre la fraude introduite dans la fabrication du savon.

Ces plaintes furent renouvelées en 1806 par la chambre de commerce, qui demanda et obtint le rétablissement du conseil des prud'hommes.

De plus, le 18 septembre 1811, Napoléon rendit un décret qui imposa aux fabricants de savon une marque particulière pour les différents savons. Ces marques devaient porter en toutes lettres les mots : huile d'olive, huile de graines, ou suif, ou graisse, selon la composition. A la suite de cette marque, qui devait être en caractères assez gros pour être aperçus sans difficulté, le fabricant devait ajouter *son nom et celui de la ville où il faisait sa résidence.*

Un nouveau décret, du 22 décembre 1812, maintient les dispositions du décret précité, et, de plus, accorde une marque particulière à la ville de Marseille. « Cette marque, dit le dé- « cret, présente un pentagone dans le milieu duquel seront en « lettres rentrées les mots : huile d'olive, et, à la suite, le nom « du fabricant et celui de la ville de Marseille. »

L'usage de cette marque, exclusive à la ville de Marseille, était interdit aux autres fabricants, sous peine d'amende et de confiscation. Les fabricants marseillais eux-mêmes ne pouvaient l'apposer sur des produits *autres que le savon de pure huile d'olive.*

Ces règlements n'ont pas été abrogés, mais ils sont tombés en désuétude ; les fabricants soigneux de Marseille ont toute-fois conservé la marque ; ils ne l'appliquent que sur des pro-duits de belle qualité, qui pourtant ne sont pas de pure huile d'olive, mais sont du moins d'un simple mélange d'huile d'olive et d'huile de graine grasse.

L'esprit réglementaire contrariait trop le courant des idées, pour triompher sans combat.

Mais une autre révolution plus importante, et qui, chose étrange, passa tellement inaperçue, que les auteurs spéciaux qui se sont occupés de la question des savons et de l'histoire de Marseille n'en connaissent même pas la date, ou la passent sous silence, la *prohibition du savon étranger,* fut décrétée le 11 juillet 1810.

Sous l'ancien régime, le droit d'entrée était, comme nous l'avons dit, de 7 francs les 100 livres ; il fut porté à 9 francs par l'Assemblée nationale. (Décret des 2-15 mars 1791.)

Le 17 février 1803 (28 pluviôse an XI), un arrêté des consuls fixa ce droit à 12 francs par 5 myriagrammes, c'est-à-dire à 24 francs par quintal métrique.

Mais les nécessités de la guerre, qui ont fait naître de grandes et nombreuses inventions, suscitèrent la fabrication de la soude artificielle par le procédé de Leblanc, pour rem-placer celle d'Espagne et d'Italie, dont les prix avaient beau-coup haussé.

N'était-ce pas pour encourager la création des fabriques de soude, que l'Empereur prohiba l'entrée du savon étranger? Il est permis de le penser. Le même décret prononce la prohibition du savon et la prohibition de la soude. On ne voulait pas tolérer l'entrée du produit fabriqué, quand l'entrée de la matière première était proscrite.

La prohibition de la soude fut levée, mais celle du savon continua de subsister. Cependant, à l'origine même de cette mesure douanière, la concurrence étrangère n'était guère menaçante pour Marseille, siége principal de l'industrie du savon, qui avait de tout temps rencontré un large débouché sur les marchés du dehors.

La prohibition fut donc établie, sans que la fabrique ni les consommateurs en éprouvassent une vive émotion, et ce régime se maintient encore.

Quelle fut son influence sur l'industrie du savon en France?

La réponse est facile, alors que l'on entend les défenseurs les plus actifs du principe de la prohibition transporter dans ce domaine de sublimes exclamations, bien étonnées d'un pareil voisinage, et s'écrier : « La savonnerie de Marseille se meurt! la savonnerie de Marseille est morte[1]! »

A les entendre, la fraude seule aurait profité de l'absence de la concurrence.

Nous nous bornons à constater le fait, sans exagérer nos appréhensions.

L'industrie du savon n'est pas de celles qui ont le plus haut élevé la voix pour réclamer le maintien de la prohibition. Le meilleur encouragement qu'elle ait pu recevoir, lui a été donné par le décret du 20 décembre 1854, qui a réduit les droits sur l'importation des huiles, des graisses et des graines oléagineuses.

Qu'on y joigne des mesures efficaces pour réprimer la

---

[1] Voir le *Mémoire sur la ruine imminente de la savonnerie marseillaise,* par M. Rampal, fabricant de savon à Rouen, 1854.

fraude, sans gêner la liberté industrielle, et les réclamations si vivement élevées aujourd'hui n'auront plus d'objet.

Si le Gouvernement procède à une révision du tarif des douanes, dans le but de lever les prohibitions, la fabrique de savon n'aura aucune peine à se plier au régime nouveau; nos *exportations* sont de nature à nous rassurer sur le résultat.

Citons un seul chiffre.

En 1852, l'exportation totale du savon a été, en Angleterre, de 7,250,000 kilogrammes, tandis que le port de Marseille a expédié, seul, à l'étranger, plus de 8,500,000 kilogrammes. La proportion n'a guère changé depuis cette époque [1].

Ce qui est certain, c'est que la prohibition n'a pas exercé d'influence sur le développement de notre fabrique de savon. Cette belle industrie, si elle n'a pas décliné à Marseille depuis l'interdiction de l'importation étrangère, n'a pas, du moins, suivi le progrès que semblait lui imprimer l'accroissement de la population, l'augmentation de l'aisance générale et du *comfort* dans les habitudes.

Les renseignements statistiques exacts sur le développement de la savonnerie marseillaise, remontent à 1775.

D'après D. François Baudoin, savonnier qui exerçait en 1775, on peut évaluer la production marseillaise, en tenant compte de la différence des prix des matières premières comparés aux nôtres et de l'absence des droits, à 25 millions de francs.

On évaluait alors la production totale du savon en France à 40 millions, et l'exportation pour l'étranger à 8 millions.

En 1789, quoique Marseille fût en possession de fournir presque tout le savon qui se consommait en France, les produits de cette fabrication, à Marseille et dans le Midi, n'étaient plus évalués qu'à 30 millions.

D'après un mémoire déposé aux archives du ministère des affaires étrangères, la production de Marseille était alors de 725,000 quintaux table (295,000 quintaux métriques), et le

---

[1] Voir le Mémoire de M. Rampal.

prix moyen de 33 francs le quintal table (79 francs les 100 ki-logrammes), ce qui présentait une valeur de 23 millions. Il ne faut pas oublier la différence du prix des matières pre-mières, celles-ci ne payant alors qu'un droit très-léger.

L'exportation était de 3,160,370 kilogrammes, dont :

1,412,101 kilogrammes pour l'Europe, le Levant et les États-Unis ;

1,576,647 kilogrammes pour l'Amérique et les Antilles françaises ;

7,700 kilogrammes pour l'Afrique ;

163,922 kilogrammes pour les Indes, les îles de France et Bourbon.

En 1811, à l'époque qui suivit le décret de prohibition, la fabrication n'avait pas dépassé les chiffres de 1789 ; elle ne put prendre un essor plus grand qu'à l'aide des nouveaux aliments, que la soude artificielle lui permit de joindre à la base d'huile d'olives.

En 1814, le nombre des savonneries marseillaises était de 71, composées de 330 chaudières, et l'on comptait autant de fabricants que de fabriques.

En 1820, le nombre de ces dernières était de 88 ; elles con-tenaient 420 chaudières, grandes ou petites. Cependant le nombre d'ouvriers n'avait point augmenté, soit parce que toutes ces fabriques n'étaient pas à la fois en activité, soit parce que l'état de perfection auquel la fabrication était par-venue, surtout depuis la découverte de Leblanc, en avait simplifié les procédés et diminué les frais ainsi que la main-d'œuvre, tout en doublant les produits.

Un rapport fait à la chambre du commerce, en 1829, établit la statistique de cette industrie à Marseille, comme il suit :

43 fabriques en activité, exploitées par 32 fabricants, con-tiennent 208 chaudières de 100 à 110 quintaux métriques chacune ; elles consomment annuellement :

260,000 hectol. huile d'olive, d'œillette et de noix[1],
170,000 quintaux métriques soudes factices douces,
32,000 quintaux métriques soudes salées,
96,000 quintaux métriques houille,
55,000 quintaux métriques chaux,
1,200 quintaux métriques plâtre [2].

Produit :

400,000 quintaux métriques savon, dont 36,173 quintaux métriques ont été exportés, en 1828, à l'étranger, savoir :

Suisse, Italie et Allemagne........	12,316 quint. mét.
Portugal, Espagne et possessions....	4,299
Angleterre.....................	1,209
États du Nord, Hollande, Danemark, Suède, Russie..............	5,155
Colonies françaises..............	9,660
Possessions étrangères dans les deux Indes.....................	1,976
États-Unis d'Amérique...........	1,525
Levant......................	42
	36,173

Ce chiffre diffère peu de celui de 1789.

La fabrication employait 700 ouvriers directement ; elle procurait, en outre, un travail continu à une multitude d'autres ouvriers et artisans, tels que caissiers, emballeurs, charretiers, portefaix, mineurs, chaufourniers, chaudronniers, maçons, forgerons, etc.

On peut évaluer à 2 millions et demi le déboursé des

[1] La consommation de ces deux dernières qualités a été de 13,000 à 56,000 hectolitres par an, suivant le prix qu'elles ont valu.
[2] Cette matière n'entre point dans la composition du savon. Les ouvriers s'en frottent les mains pour pouvoir se servir des ustensiles que les matières savonneuses rendent très-glissants.

sommes que la.fabrication du savon versait alors annuellement sur la place de Marseille en payement des mains-d'œuvre
et fournitures faites par les diverses branches d'industrie précitées, les seuls frais de caissage s'élevant à 60,000 francs et
ceux d'emballage à 320,000.

D'après ces données, le décompte de la fabrication du
savon pouvait s'établir de la manière suivante :

400,000 quint. mét. de savon à 75 francs
les 100 kilos........................... 30,000,000^f

A déduire :

Coût de 260,000 hectol. huile à 90^f	23,400,000^f	
Coût de 202,000 quint. mét. soude à 20^f...............	4,040,000	
Coût de 96,000 quint. mét. houille du pays à 2^f,50....	240,000	
Plâtre, chaux, etc..........	100,000	29,305,000^f
Salaires d'ouvriers..........	520,000	
Transports, entretien des bâti-ments, réparations et renou-vellement des chaudières, us-tensiles, outils et autres frais non passés dans les factures.	1,000,000	

Somme restante, représentant le loyer des
locaux, l'intérêt des capitaux et le bénéfice
des fabricants........................... 695,000^f

En 1842, la savonnerie alimentait 48 usines à Marseille.

Enfin, d'après une statistique faite en 1848, ce nombre a
été successivement réduit à 40, représentant une valeur im-
mobilière de 6 millions.

Ces fabriques, qui occupent directement 700 ouvriers,
produisent annuellement de 400 à 550,000 quintaux mé-

triques de savon, qui, à 80 francs les 100 kilos, forment un total de 32 à 44 millions.

Les renseignements les plus récents donnent les chiffres suivants, bien rapprochés de ceux-ci :

> 428,000 quint. métr. de savon bleu pâle marbré;
> 24,000 quint. métr. de savon blanc ;
> 48,000 quint. métr. de savon blanc de qualité inférieure.

Total 500,000 quintaux métriques, qui représentent, à 90 francs les 100 kilos, une valeur de 45 millions.

L'importance relative du savon marbré s'explique par la nature spéciale de ce savon, qui porte avec lui l'indice de sa composition intrinsèque. La quantité d'eau de ce savon est à peu près identique, quel que soit le fabricant. La nuance seule peut être variable, suivant la nature des huiles employées. Ainsi l'huile de lin donne un savon jaune à l'intérieur, jaune rougeâtre au manteau, avec une mauvaise odeur ; mais ces savons ne sont que la très-petite exception, et l'on peut dire que l'aspect du savon dit *de Marseille* est généralement reproduit dans toutes les fabriques marseillaises.

Le chiffre encore relativement important, assigné à la production des savons blancs de qualité inférieure, s'affaiblit de jour en jour, à mesure que le public, mieux éclairé sur ses vrais intérêts, arrive à comprendre qu'il a tout avantage à payer plus cher pour obtenir une bonne qualité.

La production du savon de Marseille ne s'est donc accrue que dans une progression très-modeste, tandis que les chiffres de l'exportation ont plus que doublé.

Ce fait démontre que notre savon de bonne fabrication n'a aucune concurrence à redouter, ainsi que l'Exposition de Londres l'a d'ailleurs surabondamment prouvé, mais que d'autres industries ont dû surgir à l'intérieur pour répondre aux besoins actuels de la consommation.

En effet, de nombreuses fabriques ont été établies à Paris, à Rouen, etc., soit pour produire du savon à la manière de Marseille, soit pour en créer d'autres à base de suif, d'huile de palme, de résine, de coco, d'acide oléique, etc., ou surchargés d'eau et de matières hétérogènes.

Cette fabrication a conquis la majeure partie du marché, en soulevant des plaintes nombreuses et en induisant souvent le consommateur en erreur.

L'abaissement apparent des prix entraîna le public à se rendre trop souvent complice involontaire de la fraude. L'honorable rapporteur du jury de notre exposition de 1849, M. Balard, disait :

« Si l'on examine de près la qualité de certains produits, « on est forcé de regarder la production des savons comme « ayant fait des pas rétrogrades, et la savonnerie parisienne « comme s'engageant dans une voie mauvaise. »

Nous verrons plus loin s'il n'y a pas des moyens à prendre contre ces abus.

L'étendue de notre travail et les détails multipliés dans lesquels nous entrons se justifieront peut-être par l'importance pratique des questions à résoudre et par le sentiment de l'opportunité.

Évaluer la masse totale de la fabrication du savon en France n'est pas chose facile; mais, à nous en tenir aux probabilités les plus restreintes, ce chiffre doit s'élever à près d'un million de quintaux métriques, et Marseille ne fournirait guère, déduction faite des quantités exportées, que le tiers de la consommation totale.

En Angleterre, jusqu'à ces derniers temps, il a été facile de connaître la quantité de savon produite *officiellement*, d'après la perception du droit d'*excise* levé sur ce produit. En outre, un écrivain compétent, M. Porter (*Progress of the nation*, 1851, p. 569) l'affirme, on a fabriqué beaucoup de savon en cachette.

Voici le relevé approximatif de la production qui a payé le droit, établi en 1711, à raison de 1 denier par livre, puis élevé à 1 denier et demi en 1713, à 2 deniers un quart en 1782, porté ensuite à 3 deniers en 1816, enfin réduit à 1 denier et demi en 1833, jusqu'au moment (1853) où cette taxe a été complétement abolie, comme une de celles qui pesaient le plus sur le peuple, en créant une sorte de capitation :

ANNÉES.	LIVRES ANGLAISES (0^{kil},453).	DROIT PERÇU.	SAVON consommé par tête.	IMPÔT par tête.
1801	53 millions.	$2^d\frac{1}{4}$ (22 cent.)	4^l 84	0^s $11\frac{1}{4}$ (1^f 15°)
1811	75	$2^d\frac{1}{4}$ (22 cent.)	5 83	1^s $1\frac{1}{4}$ (1^f 36°)
1821	93	3^d (31 cent.)	6 43	1^s $7\frac{1}{3}$ (1^f 99°)
1831	103	3^d (31 cent.)	6 23	1^s $6\frac{1}{4}$ (1^f 95°)
1841	170	$1^d\frac{1}{2}$ (15 cent.)	9 20	1^s $1\frac{3}{8}$ (1^f 38°)
1845	190	$1^d\frac{1}{2}$ (15 cent.)	9 65	1^s $2\frac{3}{4}$ (1^f 52°)
1849	197	$1^d\frac{1}{2}$ (15 cent.)	9 71	1^s $2\frac{3}{4}$ (1^f 52°)

Le chiffre de la production du savon anglais a été, en 1851, de 205 millions de livres et, en 1852, de 224 millions de livres, *soumises au droit*. C'est donc, en dehors d'une nombreuse fabrication clandestine, environ 1 million de quintaux métriques.

L'exportation n'a été, comme nous l'avons déjà mentionné, que de 16 millions de livres, environ 7 millions et demi de kilogrammes, à peu près comme l'exportation française.

Nous pouvons également connaître le chiffre du savon employé dans les fabriques, puisque celui-ci profitait d'une réduction de droit. Ce chiffre a été l'équivalent du huitième au neuvième de la production (en 1849, sur 197 millions produits, 22,858,322 livres).

La consommation privée a donc absorbé en Angleterre, dans ces derniers temps, au moins 900,000 quintaux métriques.

L'impôt du savon, déduction faite du *drawback* sur les quantités exportées et de la remise faite aux fabriques, donnait un revenu net d'environ 3o millions au trésor britannique. C'était là une des taxes onéreuses au peuple, que l'augmentation du revenu public a permis de supprimer.

La production anglaise se compose de savon à base de suif, d'huile de palme, d'huile de coco et surtout *de résine,* qualité dont nos voisins font une grande consommation, et qu'ils fabriquent fort bien.

L'importation de l'huile de palme a rapidement augmenté :

1820......................	17,456 quint. métr.
183o......................	2 13,476
184o......................	3 15,5o3
185o......................	447,796

L'importation de l'huile de noix de coco a été :

1820......................	8,353 quint. métr.
183o......................	8,534
184o......................	42,428
185o......................	98,o39

En France, les entrées de ces deux matières ont été beaucoup moins considérables ; elles se sont élevées ensemble :

1827......................	3 quint. métr.
1829......................	7o
183o......................	256
1835......................	253
184o......................	4,622
1845......................	33,691
185o......................	62,61o

Plus de 5o,ooo quintaux métriques de ces huiles sont entrés en consommation en 1853.

L'*Autriche* fabrique 37,5oo quintaux métriques de savon à base d'huile d'olive de bonne qualité, principalement à

Venise et à Trieste ; le reste est à base de suif ou d'autres graisses. Le rapport du jury anglais évalue ces 37,500 quintaux de savon à l'huile d'olive à 235,000 livres sterling, c'est-à-dire 5,875,000 francs, ce qui mettrait le quintal à 157 francs, tandis qu'il se vend 93 francs à Marseille et 100 francs à Paris pour les qualités supérieures.

L'*Espagne* a conservé la fabrique du savon, reste de son ancienne splendeur industrielle ; ce produit forme un de ses articles d'exportation. Le savon de Malaga se distingue particulièrement par sa qualité ; la production de cette ville s'élève à environ 20 millions de livres, et son savon se vend à raison de 125 à 130 francs le quintal.

Tunis avait envoyé quelques échantillons de savons communs, dont on y fait grand usage, et qui se vendent à raison d'environ 40 francs les 100 livres.

Quant à la *Turquie,* elle fabrique beaucoup de savon plus que médiocre, et ses savons parfumés donnent une triste idée du sens délicat des Orientaux.

Le nombre total des exposants de savons, en y comprenant la parfumerie, dont nous parlerons plus tard, a été de 95, répartis comme il suit :

Angleterre	27
France	14
Allemagne	13
États-Unis	9
Autriche	4
Turquie	3
Canada	2
Indes	2
Côtes occidentales d'Afrique	2
Russie	2
Espagne	2
Tunis	2

La Belgique, Ceylan, le Cap de Bonne-Espérance, la Nouvelle-Galles, la Nouvelle-Écosse, la Nouvelle-Zélande, l'Australie, Van-Diemen, la Hollande, le Portugal, la Suisse et la Toscane n'avaient envoyé qu'un exposant.

Ce dénombrement montre l'universalité de ce genre de fabrication.

Mais la plupart des exposants appartenaient plutôt à la catégorie de la parfumerie qu'à celle de la grande fabrique de savon.

La France ne comptait pour celle-ci *que trois exposants*, MM. Arnavon et Milliau, de Marseille, et M. Oger, de Paris. Tous les trois ont obtenu la médaille.

Une pareille distinction a été accordée à quatre fabricants anglais, trois prussiens, un toscan, un autrichien et un américain. Deux mentions honorables ont été décernées à l'Espagne.

Le résultat du concours nous a donc été des plus favorables.

Les savons *de Marseille* ont justifié leur vieille réputation, et la collection très-variée, très-complète, comprenant également des savons de toilette, envoyée par M. Oger, a été classée au premier rang par le jury.

Les Anglais se recommandaient surtout par leur savon jaune à l'huile de palme et par leur savon de résine.

Le savon américain était à très-bas prix, 37 fr. 50 cent. le quintal, mais il était mélangé de substances terreuses, qui en augmentaient le poids; nous aurions considéré ce mode de fabrication comme étant en dehors de celle qui, exempte de toute espèce de fraude, se recommande seule aux récompenses.

Sous ce rapport, nous n'avons que des éloges à donner aux savons prussiens, à base de suif et d'huile de palme, ainsi qu'au savon de Trieste et de Toscane à l'huile d'olive.

Mais en somme, bien que notre production n'ait été que faiblement représentée, elle s'est placée au premier rang, ce qui doit nous rassurer sur les modifications que pourraient subir nos relations commerciales.

Fabrication du savon.

Les procédés suivis pour la production des diverses espèces de savon varient peu de pays à pays. Néanmoins la spécialité du *savon de Marseille,* avec les qualités qui la distinguent, demeure l'apanage de la France, et nous assure une prééminence incontestable.

Nous ne croyons pas que l'on doive ni que l'on puisse interdire aucun mode de fabrication ; chaque espèce de savon peut avoir sa valeur et son utilité relative. Mais alors qu'il s'agit d'un objet de consommation aussi vulgaire, et que l'acheteur est hors d'état de reconnaître la nature véritable de la marchandise, des dispositions fort simples pourraient être mises en œuvre afin de constater la composition du produit. Nous reviendrons sur cette importante question de police industrielle, après avoir fait connaître les procédés de fabrication aujourd'hui employés.

La fabrication du savon a, comme beaucoup d'autres industries, atteint un haut degré de perfection en devançant l'intervèntion de la science. Reléguées dans les ateliers, où elles furent sans doute longtemps tenues secrètes, se transmettant par tradition, les opérations de la savonnerie étaient encore peu connues des savants à l'époque où Macquer écrivit son Dictionnaire de chimie (1778), et pourtant la fabrication marseillaise était alors en pleine activité, et ses produits étaient déjà l'objet d'une consommation considérable. Les principes du savon étaient connus et le mode de sa fabrication à froid ou à chaud parfaitement décrit; mais sa nature chimique était ignorée.

Ce n'est réellement que depuis les admirables recherches de M. Chevreul que l'on a sur le savon des idées véritablement exactes.

Voici, en peu de mots, la théorie de la fabrication du savon :

L'huile d'olive et les autres huiles végétales, le suif, le saindoux, etc., en un mot les corps gras neutres, sont insolubles dans les lessives alcalines carbonatées et insolubles également dans l'alcool; mais lorsqu'ils ont été modifiés dans leur nature intime, soit par l'action d'un acide ou même par la simple action du feu, ils sont transformés en d'autres corps gras dits acides solubles dans les lessives alcalines carbonatées et dans l'alcool. Ces acides gras diffèrent des corps gras neutres par leur composition chimique.

Les réactions auxquelles on a soumis les graisses neutres en ont séparé un corps que les chimistes appellent *glycérine* ou principe doux des huiles. Ce corps singulier, longtemps ignoré, et découvert par Scheele, extrait des graisses neutres, peut être combiné aux acides gras pour reconstituer ces mêmes graisses neutres, ainsi que l'a indiqué M. Chevreul et que vient de le prouver M. Berthellot.

Un savon formé d'un acide gras et d'un alcali, soude ou potasse, est un SEL. Les divers acides gras isolés forment des savons purs dont les noms, comme ceux des sels, rappellent les acides employés.

Les corps gras de l'huile, *oléine, margarine,* ou du suif, *stéarine,* produisent les acides *oléique, margarique, stéarique,* et les *oléates, margarates, stéarates* de soude, potasse, etc.

Les savons formés d'huiles grasses ou de graisses, et non de principes gras chimiquement définis, sont des mélanges de ces divers sels oléates, margarates, stéarates. Les savons durs sont à *base de soude;* les savons mous, à *base de potasse.* Les meilleurs savons sont ceux dits *façon Marseille,* et parmi ceux-ci, les plus estimés aujourd'hui sont ceux de la fabrication même de Marseille.

Idée générale de la production du savon.

La méthode normale, nommée *procédé de la grande chaudière,* se pratique habituellement sur une très grande échelle: on se sert de chaudières capables de contenir plusieurs tonnes. On met dans une de ces chaudières de fer ou de cuivre une certaine quantité d'une lessive faible de soude, qu'on porte à l'ébullition; toute la quantité de graisse nécessaire est ordinairement ajoutée en une seule fois.

On continue l'ébullition pendant quelques heures; quand la lessive est épuisée, on l'enlève au moyen d'une pompe et l'on en ajoute de nouvelle. Après qu'on a plusieurs fois répété les mêmes opérations, la saponification est complète, et le savon n'a plus qu'à être épaissi par la cuisson.

Le savonnier peut avoir en vue la fabrication d'un savon blanc ou d'un savon marbré. S'il veut un savon blanc, le savon est *paré* (épuré), c'est-à-dire bouilli avec une certaine quantité d'eau ou de lessive faible, puis laissé en repos; les corps étrangers de couleur noire (*nègre*) tombent au fond de la chaudière; le savon est alors mis dans les moules (mises), où on le laisse refroidir. Ces moules sont composés de planches mobiles, pour faciliter l'enlèvement du savon. On prépare de la même manière le savon marbré; toutefois on est dispensé de le *purer,* les parties noires y sont laissées. Ces parties consistent principalement en sulfure de fer et oxydule de fer, formés par l'action qu'exerce sur les parois des chaudières le sulfure de sodium que contiennent les soudes naturelles, déjà ferrugineuses par elles-mêmes. A Marseille, et dans les autres pays où l'on fabrique du savon avec l'huile d'olive et des soudes artificielles, on ajoute à la saponification du sulfaté de fer (vitriol vert, couperose verte); dans ce cas, les marbrures sont produites par le sulfure de fer et par un véritable savon de fer.

On appelle procédé ou saponification *à froid* un autre mode de fabrication suivant lequel la combinaison a lieu à une température inférieure au point d'ébullition de l'eau. On dit aussi *procédé de petite chaudière,* parce qu'en général il est pratiqué dans des vases de dimensions comparativement peu considérables. Pour faire du savon par ce procédé, la lessive caustique est préparée avec la soude la plus pure qui existe dans le commerce, et concentrée par évaporation. Comme le chlorure de sodium et le sulfate de soude que contient toujours la soude du commerce sont peu solubles dans une solution alcaline concentrée, ces sels cristallisent, surtout si on laisse la lessive en repos pendant quelques jours;

elle est alors très-pure. On fait fondre à part un poids déterminé d'un corps gras; puis, après s'être assuré de la force de
la lessive en vérifiant sa pesanteur spécifique et son essai
alcalimétrique, une certaine quantité de cette lessive est pesée
ou mesurée, chauffée séparément, puis mêlée à la graisse
fondue. La saponification a lieu immédiatement, et le savon
se solidifie par le refroidissement. Évidemment, le savon in-
complet ou plutôt l'empâtage ainsi préparé contient de la
glycérine; en outre, il est difficile d'obtenir une neutralisation
exacte de la graisse ou de l'alcali. Quelquefois la graisse est
en excès; alors le savon ne donne pas une mousse aussi belle
que le savon parfait. Mais le plus souvent les lessives domi-
nent, et avec elles le sel et surtout l'eau, qui augmentent le rendement aux dépens de la qualité.

Propriétés et action du savon.

On aurait tort, dit le rapporteur anglais du jury, M. Warren Delarue, de considérer la propriété détergente du savon comme entièrement dépendante de la quantité d'alcali
qu'il contient, et de dire : Pourquoi l'alcali seul n'est-il pas
employé de préférence? Un obstacle principal à ce qu'il en
soit ainsi est dans la nature caustique de l'alcali, qui endom-
mage non-seulement la peau des mains de ceux qui s'en servent, mais encore les étoffes lavées, dont l'alcali, quand ces
étoffes sont teintes, détruit les couleurs.

En se combinant avec les acides gras, les alcalis sont essentiellement adoucis dans leur action, sans être privés de la
propriété de réagir sur différentes impuretés, particulièrement
sur certains corps gras. On peut se rendre aisément compte
des propriétés spéciales du savon.

Quelques-uns des principes constituants de ce mélange
tout à fait indéterminé de substances diverses ont un caractère essentiellement acide, spécialement ceux qui dérivent
de la *perspiration;* les autres deviennent acides lorsqu'ils sont
exposés sur une grande surface à l'action de l'air, par suite
d'une sorte d'oxydation spontanée. On comprend que ces

matières acides soient neutralisées par le savon. Toutefois, cette action de l'alcali ne peut pas être le seul mode d'opérer du savon; ses propriétés utiles sont dues en grande partie au pouvoir qu'il possède de dissoudre ou d'émulsionner des substances qui sont par elles-mêmes insolubles dans l'eau. On sait que tels sels minéraux exercent une action dissolvante sur certains corps d'ailleurs entièrement insolubles : ainsi, c'est un fait bien connu que le borax (borate de soude) fait dissoudre avec une grande facilité l'acide urique; les chimistes se rappelleront à ce sujet les propriétés dissolvantes remarquables que possède la bile, qui est essentiellement une combinaison d'un alcali avec des acides gras ou savon : elle dissout avec une grande facilité le corps neutre nommé *cholestérine*, qui, de même que les graisses, est insoluble dans l'eau. Outre ces deux modes d'action, le savon, sans aucun doute, produit aussi un effet mécanique. La propriété qu'il possède de rendre l'eau capable de former une écume ou mousse contribue efficacement à l'enlèvement des particules insolubles de la malpropreté; lesquelles sont entraînées par le frottement de l'eau de savon, forcée d'entrer et de sortir à travers les très-petits interstices des étoffes soumises au blanchissage; ces particules, tenues en suspension par la mousse, et comme gaufrées, ne peuvent plus rester adhérentes aux filaments de tissus.

On pourrait arriver à la détermination de la valeur réelle du savon par celle de l'eau qui en fait partie. Mais pour parvenir à une connaissance exacte et rigoureuse de cette valeur, l'analyse chimique est indispensable, surtout s'il y a lieu de soupçonner quelque falsification. Pour arriver à la détermination de l'eau, on prend un poids connu de savon réduit en râpures minces, qu'on soumet à la dessiccation à la température de 110°, jusqu'à ce qu'il ne perde plus de son poids; puis on traite le résidu sec par l'alcool à 40°, jusqu'à épuisement. On obtient ainsi l'eau et les matières insolubles. Par différence, on a le poids du savon réel. Cette opération ne suffit pas pour mettre à l'abri de tous les genres de fraudes;

elle permet seulement de se mettre en garde contre la présence du sel marin, du carbonate de soude, du kaolin, de
la fécule et du plus grand nombre des substances employées
d'ordinaire par la sophistication.

M. Darcet a proposé un moyen d'analyse fort simple : on
prend 20 grammes du savon à essayer, débité en minces co-
peaux ; on dissout dans l'eau, et on y ajoute 20 grammes de
cire blanche, séchée à l'étuve; puis on verse dans la dissolution de l'acide tartrique délayé dans l'eau, on agite et on
laisse refroidir. Le mélange de cire et d'acide gras, s'étant solidifié par le refroidissement, forme un gâteau qu'on peut séparer, laver, sécher et peser. Le poids, dont on retranche
20 grammes pour la cire, indique la proportion d'acide gras.
Quant aux liquides dont le corps gras a été séparé, ils sont
évaporés à sec ; le résidu calciné représente en carbonate de
potasse, qu'on peut doser au moyen de l'acide sulfurique
normal, la proportion de l'alcali qui était en mélange ou en
combinaison avec les acides gras.

SAVON DE MARSEILLE.

Fabrication.

La spécialité du savon de Marseille consiste dans la qualité
dite savon bleu pâle et bleu vif, marbré à gros grains, parce
que la marbrure est l'indice et le certificat d'une bonne et
loyale fabrication, et que le consommateur, sans avoir besoin
de faire un cours de chimie, peut apprécier à première vue
la valeur de ce qu'il achète. Il est bien certain que c'est à
cette condition particulière que le savon marbré doit son immense popularité, et que cet avantage essentiel le maintien-
dra longtemps au premier rang.

Les savons blancs de Marseille, lorsqu'ils sont loyalement
fabriqués, participent de tous les avantages intrinsèques du
savon marbré; mais la facilité de leur falsification par addition
d'eau, et la quantité de produits similaires de toutes nuances
et même de couleurs différentes également susceptibles d'être

fraudés, doivent rendre le consommateur plus circonspect à leur endroit.

On peut dire que les procédés de fabrication de Marseille n'ont pas varié depuis l'origine. Ils forment un ensemble tellement complet et si bien équilibré, que toutes les tentatives de changement ont échoué jusqu'à ce jour et qu'il a fallu sans cesse revenir aux principes fondamentaux.

Toutefois, l'importante découverte de Leblanc, qui a permis d'obtenir artificiellement une soude régulièrement fabriquée et exempte de toutes les impuretés que contiennent les soudes naturelles, et l'introduction de nouveaux corps gras, tels que les huiles d'œillette d'abord, puis celles de sésame du Levant et de l'Inde, les huiles d'arachide et de lin et les saindoux, ont permis de fabriquer à meilleur marché des produits excellents, *sans altérer le type primitif* des savons à l'huile d'olive. En d'autres termes, le beau savon marbré bleu pâle ou blanc des bonnes fabriques marseillaises d'aujourd'hui pourrait être comparé sans désavantage avec les anciens produits des fabricants de l'époque. Voici en quelques mots les données générales de la fabrication marseillaise, telle qu'on l'aurait décrite il y a cent ans et telle qu'elle est aujourd'hui :

Produire la lessive de soude la plus caustique pour l'empâtage (ou mélange) ;

Opérer cette pénétration du corps gras par l'alcali assez intimement pour qu'à la seconde opération, qui est le *relargage* ou départ, il ne ressorte pas à la surface des parties huileuses non combinées.

Pendant la cuisson, qui s'opère par l'action des lessives alcalino-salées, agir de telle sorte que le grain de la pâte, en se précipitant, ne soit pas trop divisé par l'excès de sel marin maintenu dans la composition des lessives. Enfin, au moment de la levée de la cuite, tuméfier le grain au point convenable sans le rompre, pour que la marbrure soit bien entière et détachée du blanc. C'est de cet état du grain, toutes les autres opérations étant faites convenablement, que dépend le rendement en poids du savon. C'est pourquoi le fabricant a tout intérêt à l'obtenir dans les meilleures conditions, et il n'y a place pour aucun genre de fraude.

Quant aux savons blancs, ils présentent la même garantie lorsqu'ils sont terminés d'après le procédé normal, ou, en termes de l'art, lorsqu'ils sont *levés sur leur gras*. La fraude commence là où finit le procédé.

Préparation du savon de Marseille.

La première phase de la saponification est l'empâtage, c'est-à-dire le mélange de l'huile avec la lessive. Une partie d'huile emploie dans cette opération deux parties de soude à 32 degrés, lavée à l'eau et convertie en une lessive à 10 degrés. On verse dans une grande chaudière les 9/10 de cette lessive; toute l'huile destinée à cette opération est ajoutée après qu'on a porté le liquide alcalin à l'ébullition. Les deux substances se mêlent bientôt et se pénètrent. L'ouvrier habile voit facilement si la réaction s'opère d'une manière normale; il a près de lui le dixième de la lessive mis de côté, et il l'emploie à empêcher la masse de brûler et de s'attacher. Quand l'empâtage est bien fait, la masse est parfaitement homogène, mais le corps gras n'est pas encore saponifié complétement; il ne l'est qu'en partie, le reste étant seulement émulsionné. C'est alors que l'on cuit le savon; quand la cuisson est complète, on procède au *relargage,* c'est-à-dire à la séparation du savon de son eau mère. Pour cela, on ajoute à la masse d'empâtage des lessives salées et on brasse; puis on laisse s'opérer la séparation du savon. Les lessives se rassemblent; on les laisse bientôt s'écouler et on les remplace par d'autres lessives fraîches.

La transformation est complète quand un peu de pâte, mise sur le doigt, résiste à la pression et présente une plaque solide et facilement pulvérisable. A cet état, le savon est parfait; seulement sa masse n'est pas compacte, et la lessive baigne ces petits fragments de nature savonneuse, comme la mélasse enveloppe les grains dans le sucre brut.

Il faut, par un lavage intelligent, enlever cette eau mère salée et la remplacer par de l'eau plus pure dans laquelle le savon soit soluble, de manière que la pâte puisse s'étendre, prendre corps en se clarifiant par le fait de la précipitation de toutes les impuretés qu'il renferme. Cette opération demande beaucoup d'habileté : si on donne trop peu d'eau à la pâte, elle manque de liquidité et le dépôt des impuretés ne se fait pas ; si on en donne trop, la pâte devient flasque et visqueuse (s'engraisse). La pratique a appris que la condition la meilleure était de combiner les lessives de manière à conserver dans la chaudière une densité moyenne de 16 degrés, c'est-à-dire qu'il faut ajouter tantôt des lessives faibles, tantôt des lessives plus fortes. Ce travail délicat de tâtonnement s'opère de la manière suivante :

On place une forte planche au-dessus de la chaudière, un ouvrier monte sur le milieu, et, armé d'un *redable,* il l'enfonce dans la pâte ; mais comme elle lui offre beaucoup de résistance, il pénètre d'abord à peu de profondeur et obliquement, ce qui se nomme *rompre la pâte ;* un autre ouvrier suit son mouvement et verse de la lessive dans le sillon qui a été tracé ; il continue ainsi jusqu'à ce que toute la lessive qu'on veut ajouter ait été versée. L'ouvrier qui est monté sur la chaudière continue toujours de *rompre,* et il ne cesse que quand les grumeaux ont disparu et que la pâte est devenue homogène. Lorsqu'on a atteint le point désiré, on entretient un peu de feu sous la chaudière, pour maintenir la pâte dans le même degré de fluidité, et on l'abandonne au repos.

Le savon ainsi obtenu est le savon blanc de Marseille ; mais ce n'est pas là le produit le plus important : le chiffre le plus considérable dans la vente marseillaise appartient au savon *marbré.*

Cette marbrure, que tout le monde connaît, est formée par un léger précipité tenu en suspension dans le savon, et dont la présence indique par conséquent un certain état de fermeté, déterminé, de la pâte, et par conséquent aussi une proportion d'eau définie.

Dans l'ancienne fabrication, cette marbrure, que sans doute le hasard a produite, était donnée par les soudes elles-mêmes, qui étaient ferrugineuses. Aujourd'hui que l'on emploie les soudes artificielles plus pures, on la développe par l'addition d'une petite quantité de sulfate de fer (vitriol). Le précipité noir bleu qui se forme est donc partie du sulfure de fer, partie du savon de protoxyde de fer. Au moment de l'empâtage, ce précipité, qui est emprisonné dans chaque grain de savon après le relargage, s'étend pendant l'opération de la liquéfaction et produit l'effet du marbre que l'on connaît. L'habileté de l'ouvrier consiste à obtenir des conditions telles que la marbrure s'épanouisse bien, et que le sel de fer qui le produit ne puisse se précipiter.

Le savon achevé, blanc ou marbré, est introduit dans les mises et abandonné au refroidissement; puis il est coupé et marqué, et livré au commerce.

Un bon savon de Marseille contient ordinairement 6 p. o/o de soude, 60 p. o/o de corps gras, 34 p. o/o d'eau. Le plus souvent, en fabrique, une millerolle d'huile (58 kilog.) donne 2 quintaux 1/2 (poids de table), soit 102 kilogrammes de savon.

L'expérience a appris qu'un savon qu'on lève sur le gras ne renferme guère au delà de 35 p. o/o d'eau.

Les cuites moyennes portent sur 110 *millerolles* d'huile, chaque *millerolle* ayant 64 litres de contenance.

Ce serait trop que de détailler ici la composition des 110 millerolles d'huile employée. Qu'il suffise de répéter que les huiles de graines y entrent dans une grande proportion, plus en hiver, moins en été. Nous nous sommes servi des mesures du pays, parce qu'elles constituent, pour ainsi dire, un langage consacré. Les nouveaux poids et mesures sont bien plus facilement adoptés dans le commerce que dans les usages de la fabrique.

Les fabricants marseillais ont tenté plusieurs modifications à leurs savons : ils ont, comme ceux de Paris, Reims, Rouen, employé le suif, la résine, les huiles de poisson, celles de graines.

Mais les savons obtenus ont tous des qualités qui les font reconnaître à l'instant, et l'on doit savoir gré à Marseille d'avoir
su conserver le type d'une fabrication normale. On distingue
cependant dans le commerce de Marseille plusieurs sortes de
savons; tous ont pour base les huiles végétales, mais les proportions diffèrent, et la manipulation subit des modifications
importantes.

Les principales sortes sont les suivantes :

Savon madré ou marbré bleu pâle, coupe grasse;
————————————————— bleu pâle, coupe ferme;
————————————————— bleu vif, coupe ferme;
————————————————— bleu vif, coupe grasse;
Savon marbré de recuit ou dur cuit;
Savon blanc.

SAVON DE SUIF, MARBRÉ.

Il se fait à peu près de la même manière que celui d'huile
d'olive; seulement, au lieu de procéder par la première
phase de l'opération que l'on nomme *empâtage*, on se sert
de suite des vieilles lessives de recuit, les plus chargées, pour
que la séparation des corps gras et de la lessive soit constante,
de manière à laver les matières, qui sont d'ordinaire des
graisses d'os, flambards ou vieux suifs, et leur enlever une
partie de l'odeur désagréable qu'elles exhalent, tout en les
disposant à un commencement de saturation.

On retire ensuite ce premier service de lessives, que l'on
jette ordinairement, après en avoir absorbé toute la partie
alcaline, parce qu'elles sont devenues infectes, et l'on continue l'opération jusqu'à l'entière saturation de la pâte (au
point où commence le grain) par un nouveau service de
lessives propres et assez fortes; arrivé ce terme, l'on *épine*,
et le reste de l'opération se poursuit avec un troisième service
par la coction, la marbrure et le coulage comme il est indiqué
pour le Marseille.

Ce produit, bien fait, ressemble par l'aspect aux sortes ordinaires de Marseille, mais il est loin d'en avoir les qualités ; l'odeur qu'il communique au linge est presque toujours repoussante, en raison de la nature des corps gras dont il est composé, qui le font devenir rance au bout de peu de temps. De plus, il est beaucoup plus pâteux et plus *fondant,* ce qui veut dire que ses molécules ne sont pas unies aussi intimement que dans une pâte de savon d'huile, de sorte qu'il est plus pénétrable à l'eau et se dissout ou se divise plus facilement.

Sa composition centésimale peut être évaluée ainsi :

Soude.................... 8 parties.
Corps gras................ 62
Eau..................... 30

SAVON D'ACIDE OLÉIQUE.

Les acides gras liquides provenant de la fabrication des bougies stéariques servent à fabriquer un savon jaunâtre qui se débite en pains cubiques d'un demi-kilogramme, c'est-à-dire *pesant à l'état frais 500 grammes* et vendus d'ailleurs au morceau sans garantie de richesse. Ce savon, introduit dans le commerce par la manufacture de l'Étoile, ne fut qu'avec beaucoup de peine adopté par la consommation, malgré la finesse de sa pâte, sa bonne apparence et les résultats pratiques de son emploi, parce que sa confection était imparfaite et qu'il devenait rance en fort peu de temps et donnait, par cette raison, au linge une odeur désagréable. On doit à un savonnier de Paris, M. Legrand, d'avoir amené ce savon à un degré de perfection qui laisse peu à désirer. Depuis les travaux de cet habile fabricant, la consommation s'est accrue avec une rapidité étonnante, et il est à supposer qu'aujourd'hui elle ne peut que continuer à s'étendre, car toute falsification est difficile avec cette matière, et par conséquent le maintien de sa pureté doit être la garantie de la durée de son succès.

Le mode de fabrication de M. Legrand ressemble en tous points à celui du savon de Marseille ; seulement l'opération de l'empâtage est évidemment beaucoup plus prompte.

On se sert à cet effet de la lessive la plus forte, de manière à saturer lestement l'acide gras sans trop emplir la chaudière dans laquelle on opère.

Le relargage se fait ensuite spontanément après la saturation, et la séparation de la lessive a lieu presque immédiatement. Le reste de l'opération se poursuit ensuite par la coction, et le savon est purgé de l'excès d'alcali par des lavages bien entendus à des degrés inférieurs et par le repos de la masse avant le coulage des mises.

Ce travail ne manque pas de difficulté, en raison des soins qu'il nécessite; car, tout en suivant dans son cours les règles de la fabrication marseillaise, il est nécessaire en outre d'y appliquer des perfectionnements qui offrent seuls le moyen de préserver de la rancissure.

Sa composition peut se résumer ainsi :

Soude...................... 7 parties.
Corps gras................ 65
Eau....................... 28

SAVON D'HUILE DE PALME.

L'huile de palme est employée à la fabrication de savons rarement à l'état pur, mais en quantité considérable, pour des savons mélangés avec le suif, l'acide oléique et la résine. Tantôt ce premier corps gras est employé à l'état brut et communique au savon la couleur jaune qui le caractérise, tantôt il est préalablement blanchi au moyen de l'acide chromique. Quelques fabricants imitent les savons de palme en ajoutant aux produits de la plus basse qualité l'huile brute odorante qu'on obtient, en faisant réagir l'acide nitrique sur les carbures d'hydrogène, de la distillation de la houille. Ce composé donne aux savons une couleur jaune qui simule celle de l'huile de palme et cache les plus mauvaises odeurs sous une sorte de parfum d'amandes *dont le consommateur doit se défier.* Si jamais le proverbe, *qui bene olet male olet,* a été applicable, c'est certainement au savon, le meilleur étant celui qui est inodore.

SAVON DE RÉSINE.

On donne ce nom à un composé de résine et d'alcali; mais c'est là un abus de langage. Lorsqu'on dénomme un produit commercial d'un nom nouveau, on est parfaitement libre dans le choix de ce nom, à la condition toutefois qu'il n'engage à rien qui ne soit *défendable.* Mais on ne devrait pas prendre pour une substance quelconque un nom appartenant à une substance déterminée.

Or, la notoriété publique et la science sont d'accord pour ne pas accorder le nom de savon au produit de la dissolution de la résine dans l'alcali.

On pourrait citer l'avis de tous les savants qui ont écrit sur cette matière. Ainsi, par exemple, M. Pelouze, décrivant le savon de résine, dit que la résine n'est pas susceptible d'éprouver une véritable saponification, et que sa combinaison avec l'alcali doit plutôt être considérée comme une *simple dissolution,* qui, tout en rehaussant, pour ainsi dire, les propriétés du savon ordinaire, qu'elle rend plus soluble dans l'eau et plus susceptible de la faire mousser, *ne peut cependant pas être considérée comme un vrai savon.* En effet, ajoute ce savant, la résine ne saturant pas l'alcali, celui-ci conserve toute son énergie et réagit trop fortement sur les corps qui sont soumis à son action : de là la nécessité d'unir cette espèce de savonule avec un vrai savon. Dans la pratique, le savon qu'on mêle ordinairement à la résine est celui que donne le suif. L'huile masque moins bien l'odeur de la résine, et l'on prétend que plus le suif est rance, et plus cette odeur se trouve neutralisée. On conçoit qu'il est au moins inutile de faire passer la résine par toutes les phases de la saponification, et cela aurait d'autant plus d'inconvénient, que la résine serait nécessairement entraînée en dissolution par les lessives.

Dans une cuite composée de suif blanc ou brun et d'une quantité d'huile de palme évaluée au tiers, que l'on amène jusqu'au point d'entière saturation, comme il est dit pour le savon de suif marbré, l'on ajoute 30 p. o/o en sus du poids du corps gras de belle résine jaune de Bayonne, que l'on concasse et que l'on fait fondre dans une chaudière à part, avec la plus forte lessive, jusqu'à l'excès de saturation; ensuite, en la faisant passer petit à petit à travers une toile métallique, on la déverse dans la pâte du savon, auquel on a fait préalablement un nouveau service de lessives neuves à 18°, et l'on continue d'arroser de temps à autre avec ces mêmes lessives, de manière à soutenir au même point que le savon sur l'eau la pâte de la résine, et l'obliger à se lier par l'ébullition prolongée à celui-là.

Dès que, au bout d'un certain temps, la combinaison est faite, on procède alors à la coction comme pour les autres sortes jusqu'à formation du grain en bonne consistance; puis, après un petit repos, on retire toutes les lessives, qui marquent alors environ 23 à 25°, et l'on purge la pâte de l'excès d'alcali par deux lavages à plus faible degré, de manière à l'amener à consistance de gelée d'abricots fort épaisse; puis, après un repos calculé, l'on tire en mises, en ayant soin de touiller la masse jusqu'à ce qu'elle fige par le refroidissement, de manière à la lisser et à prévenir toutes nuances de séparation de la résine.

Sa composition se traduit ainsi :

Soude....................... 9 parties.
Corps gras.................. 48
Résine...................... 13
Eau........................ 30

Le savon de résine ainsi fabriqué présente une pâte fine, liée, bien transparente et d'une odeur agréable ; sa mousse est d'une abondance extrême et ses résultats on ne peut plus sa-

tisfaisants. Si sa fabrication fût restée dans de telles conditions, il n'aurait certes pas manqué de marquer sa place dans
la consommation française; mais la concurrence en détruisit
l'avenir : on commença bientôt, pour offrir des avantages de
prix, à substituer la graisse d'os ou la graisse verte au suif,
puis à augmenter la proportion de résine jusqu'à l'infini, puis
enfin à y ajouter des matières étrangères solubles ou insolubles ; et du prix de 90 francs pour 100 kilogrammes qu'il
était primitivement, on le descendit peu à peu à 45 francs.
Ce fut alors le commencement de sa ruine, que l'apparition
des savons d'huile de coco a complétée chez nous, tandis qu'en
Angleterre il est fort employé.

SAVON DE COCO.

Cette sorte de marchandise a produit, lors de son apparition, une sensation très-grande dans l'industrie savonnière :
la facilité avec laquelle on peut la travailler, ce qui n'exige
presque pas de matériel ; le rendement considérable qui résulte de sa combinaison avec la soude liquéfiée, et l'apparence
favorable des produits qui en ressortent, donnèrent naissance
à une foule de petites fabriques dans toutes les provinces,
qui envahirent en peu de temps tout le domaine de la consommation, et il fallut quelques années pour convaincre ceux
qui prirent la peine de se rendre compte que le résultat ne
répondait pas aux avantages du bon marché : aussi, maintenant, ce n'est guère que dans les classes les moins aisées des
populations rurales et ouvrières, plus faciles à tromper, que
ce produit trouve encore un certain débouché.

Sa combinaison s'opère de la façon suivante :

Dans une chaudière ou chaudron en fer, dans laquelle on
a fait fondre une quantité quelconque d'huile de coco, on
ajoute peu à peu une première lessive de soude blanche et
bien caustique à 15°, en même quantité que celle du corps
gras, et l'on maintient le mélange à une légère ébullition, en
agitant fréquemment, pour opérer un commencement de

saturation ; ensuite, après une évaporation convenable, on
ajoute de nouveau la moitié de la quantité précédente d'une
autre lessive à 20°; au bout d'un certain temps d'ébullition,
on commence à voir sur une spatule le mélange se figer avec
une apparence grasse et laiteuse, et l'on poursuit alors l'opération par l'addition de nouvelle lessive à 25 à 28° jusqu'à
convenable saturation, et au point où le mélange, en se re-
froidissant, acquiert une certaine solidité. Dans cet état, ce
savon a l'apparence d'une gelée très-liquide, qui se prend
par le refroidissement en une masse compacte qui retient
dans sa composition une quantité d'eau extraordinaire : aussi
le retrait en est considérable, et il s'effleurit au contact de l'air
sec d'une manière toute particulière, par la cristallisation
du carbonate de soude qu'il rejette à mesure de son évaporation. Pour obvier à cet inconvénient, quelques fabricants ont
imaginé de forcer la pâte dans les deux derniers services avec
des lessives de haut degré et l'addition d'une proportion de
savon de suif fait sur lessives, et, après entière saturation de
la masse bien fondue et bien mélangée, de la détendre avec
des eaux chargées de chlorure de sodium, jusqu'à bonne
consistance, de manière que ce dernier, en s'appropriant dans
le savon l'humidité, le tînt constamment en état de fraîcheur
et l'empêchât de s'effleurir.

Cette propriété absorbante de l'huile de coco a permis de
lier dans ses combinaisons divers autres corps gras qui se
comportent alors comme elle, et l'on a formé ainsi des pâtes
savonneuses dont la variété a fourni bien des titres ; mais, en
définitive, toutes les applications qui en ont été faites n'ont
pu être utilisées qu'au lavage du linge, et fort peu à l'usage
de la toilette, qui a presque généralement proscrit cette matière comme nuisible à la peau, par l'excès d'alcali qu'elle
contient. Sa composition peut se formuler ainsi pour le savon
pur :

Soude...................... 10 parties.

Corps gras................. 30

Eau 60

Mais elle varie à l'infini pour les savons ordinaires du commerce, qui renferment jusqu'à 75 o/o d'eau et 10 o/o de matières insolubles dans l'eau et l'alcool, les dissolvants du savon.

SAVONS MOUS.

Le savon vert, à la fabrication duquel on applique, dans les départements du Nord, l'emploi des huiles de graines, a pris de longue date dans ces contrées une importance de production qui a pu rivaliser avec celle de tous les autres savons réunis, car, en raison de la facilité de son emploi et de la modicité de son prix, il est devenu l'agent non-seulement du blanchiment des beaux linges de table de la Flandre, mais encore de toutes les industries qui touchent à la filature, au blanchiment ou à la teinture des tissus de laine ; la souplesse que gardent après son usage les tissus blanchis le firent préférer, et bien que ce produit, en raison de la proportion considérable d'eau qu'il retient dans sa combinaison, ne fût pas véritablement économique, néanmoins sa consommation s'est constamment propagée. Depuis un certain nombre d'années l'apparition des huiles de coco dans la fabrication des savons solides a permis de présenter aux consommateurs des produits de belle apparence à des prix très-inférieurs; en même temps, la détérioration de la nature première du savon vert a porté quelque atteinte à son usage dans le blanchiment du linge. On a d'abord fait l'essai des savons de coco, puis d'autres, et l'on a réduit le préjugé et la routine qui jusqu'alors les avaient fait exclure de cet emploi dans tout le Nord, la Picardie et une partie de la Normandie.

La préparation du savon gras est très-simple : elle s'opère en faisant bouillir dans des chaudières en fer de moyenne capacité, à fond conique, les huiles, soit de chènevis, colza, navette, etc., avec des lessives de potasse caustique que l'on y introduit en trois services à des degrés différents, en commençant par les faibles. Lorsque le mélange est parvenu à consistance convenable, homogène et transparent, on le cuit pour en chasser l'excès de l'humidité, et on le coule ensuite dans des tonneaux pour l'embariller après refroidissement et le livrer au commerce.

On peut introduire dans sa composition d'autres huiles, telles que palme, coco, baleine, et même des graisses, qui, en augmentant sa consistance, ont permis à quelques fabricants d'y mélanger une petite proportion de résine saponifiée d'avance avec des lessives de soude; mais cette addition se dévoile souvent à l'odorat et même au toucher, car il arrive qu'après le rinçage de la partie savonnée, on reconnaît quelque chose de sec et roide qui dénote la présence de ce corps. On peut employer également à cette fabrication l'acide oléique, qui donne de fort beaux produits; mais tous les fabricants ne parviennent pas à l'utiliser avec le même succès, la saturation convenable de l'acide exigeant un emploi calculé des lessives et un repos nécessaire, de manière à ce que la transparence ne soit pas troublée par la présence des sels neutres qui peuvent se former dans l'opération.

Une maison, à Paris, a acquis en ce genre une supériorité incontestable, et ses produits sont les plus recherchés par les grandes filatures et teintures de laine.

La composition du savon mou peut être représentée ainsi :

Potasse...................... 9 parties.
Matière grasse............... 45
Eau 46

SAVON DE CIRE.

Le savon de cire, préparé par les fabricants de papiers de tentures avec de la cire et de la soude, est destiné à être mélangé aux couleurs à la détrempe pour les fixer; on ne saurait dire que ce soit un vrai savon, dans le sens exact de ce terme.

Dans ses recherches approfondies sur la nature chimique

de la cire (*Transactions philosophiques*, première partie, 1849)
M. Brodie prouve clairement que lorsqu'on fait bouillir de la
cire avec une lessive faible de soude une partie seulement de
la cire (l'acide cérotique libre) est saponifiée. La lessive
n'exerce aucune action sur le reste, formé d'un corps gras
neutre ou éther (palmitate d'oxyde de mélissyle). Ce reste est
mêlé au cérotate de soude, à l'état d'émulsion ; il est probable
que les propriétés du savon de cire tiennent, jusqu'à un certain point, à cette circonstance.

Plusieurs brevets, dit le rapporteur anglais du jury, ont été
pris pour des modifications dans les procédés de fabrication
du savon. L'un de ces brevets, au nom de M. Arthur Dann,
avait pour objet la saponification en vases clos, à une température très-élevée (154 centigrades, 310 Fahrenheit); toutefois, cette méthode n'a pas été généralement adoptée.

Un autre brevet a été pris par M. Hawes pour une méthode
entièrement opposée à la précédente. M. Hawes, en employant
des lessives très-fortes et opérant ses mélanges par des procédés mécaniques, saponifiait les corps gras à une température
comparativement froide. Les produits étaient mis dans une
bassine de cuivre et *purés* à la manière ordinaire.

Quelques autres brevets, pris pour de prétendus perfectionnements, n'avaient en réalité que la falsification du savon.
On peut classer au même rang la préparation du savon d'os,
du savon de poisson, etc., simples falsifications du savon par la
gélatine et le phosphate de chaux. D'autres procédés analogues consistent à introduire dans le savon de l'argile de Cornouailles, de la terre à foulon, ou d'autres substances de
même nature.

Le savon nommé *savon silicatisé*, qui se fabrique en ce
moment à Liverpool sur une grande échelle, se fait en mélangeant avec un savon solide à l'état de fusion un silicate de
soude basique, préparé en faisant bouillir dans un vase clos,
sous l'empire d'une forte pression, avec de la soude caustique,
du silex pulvérisé. Il est évident que ce savon possède des
propriétés très-énergiques pour le nettoyage; mais il fait

éprouver à la main un grattement désagréable, au linge une détérioration rapide.

DERNIÈRES CONSIDÉRATIONS. — FRAUDES.

Le tableau de la fabrication du savon que nous venons de présenter facilitera peut-être l'examen d'une question qui préoccupe en ce moment beaucoup de bons esprits, tant en France qu'à l'étranger.

La liberté de l'industrie est la plus précieuse conquête de l'époque moderne, mais elle ne doit pas dégénérer en fraude ni en tromperie, sans éveiller l'attention du législateur; des mesures simples dans leur application, équitables dans leur principe, peuvent en concilier l'exercice avec la sécurité et la loyauté des transactions.

La loi prévient et frappe la vente à faux poids; elle ne saurait tolérer davantage la tromperie *sur la nature* de la marchandise vendue. Le Code pénal la proscrit aussi comme un délit (art. 423); mais comment reconnaître la matérialité du fait incriminé?

Sans doute, tout peut être fabriqué et de toute matière. Les tissus légers et mélangés, le zinc qui supplée au bronze, la chicorée qui remplace le café, etc., constituent le régime démocratique de la production et répondent à des besoins nombreux; seulement il ne faut pas qu'ils se présentent sur le marché comme des tissus purs, comme du bronze véritable, comme du moka d'Arabie, car la liberté du commerce n'est pas la liberté du dol.

Alors surtout qu'il s'agit d'objets de consommation générale, journalière, destinés aux acheteurs les moins éclairés et les moins prévoyants, des mesures de police industrielle sont fréquemment mises en vigueur, car on reconnaît que la règle de droit pur : *caveat emptor* ne suffit pas.

Le savon ne doit-il pas rentrer dans cette catégorie de produits? Sa valeur véritable dépend d'une composition que l'analyse chimique peut seule constater, et il est possible de déterminer la limite à laquelle cette substance ne conserve

plus du savon que le nom, maintenu pour induire l'acheteur
en erreur.

Qu'on soit large pour la fixation de cette limite, afin de ne
gêner aucun progrès, aucune combinaison nouvelle, rien de
mieux; mais qu'on prenne aussi les mesures nécessaires pour
la faire respecter.

Nous avons déjà rappelé l'opinion émise par le savant rapporteur de notre jury de 1849, M. Balard; voici un autre
passage de son remarquable travail :

« ..... Si le bas prix du produit est dû à l'introduction
« de matières étrangères qui augmentent son poids sans
« augmenter sa faculté détersive, c'est là une tendance
« fâcheuse et contre laquelle le jury ne saurait trop s'élever.
« Il ne saurait aussi flétrir d'un blâme trop sévère cette substi-
« tution de fragments de 480 grammes, qui souvent n'en ont
« que 450 et quelquefois 400, à des morceaux qui sont
« cependant vendus au public comme pesant en réalité
« 500 grammes.

« La résine, qui, employée dans le savon à l'huile de palme
« à dose modérée et après une saponification complète, eût
« amélioré ce produit, a été introduite dans les savons jaunes
« dans des proportions si notables, elle y a été parfois sapo-
« nifiée d'une manière si incomplète, que les savons de cette
« teinte sont tombés dans un juste discrédit.

« Il est une matière grasse, l'huile de coco, qui semblait, au
« premier aspect, une acquisition heureuse pour l'art du
« savonnier; mais la *fraude* a su faire de son introduction dans
« la fabrication *un événement fâcheux pour cette industrie.*

« Cette huile communique en effet aux savons blancs dans
« lesquels elle entre la faculté de se charger d'une plus
« grande quantité d'eau sans perdre cette dureté qui les fait
« regarder comme ne renfermant que la *dose normale,* et l'on
« conçoit *quel abus de cette propriété ont dû faire les fabri-*
« *cants qui cherchent à donner à leurs produits l'attrait d'un bon*
« *marché que le consommateur ne sait pas n'être qu'un bon marché*
« *fictif.*

« Dans les savons faits avec des corps gras d'origine animale
« et qui se prêtaient mal à une telle surhydratation, on a ajouté
« de l'amidon, de l'argile, du kaolin, des os broyés, enfin du
« sulfate de baryte, dont l'introduction dans le savon, sous le
« nom de sel minéral, a été brevetée et présentée comme un
« perfectionnement!

« Les partisans de tous ces mélanges allèguent la préférence
« que certains blanchisseurs donnent à ces savons altérés sur
« des savons plus purs. Mais lors même que cette préférence
« serait bien constatée, tout ne serait pas dit pour cela. Il ne
« suffit pas qu'un savon soit d'un emploi économique et com-
« mode pour le blanchisseur, il faut surtout qu'il respecte le
« tissu, dont cet industriel se préoccupe généralement peu.

« .... Ce que le consommateur achète sous *le nom de savon*
« *doit n'être que du savon*, et, quelle que soit l'importance des
« établissements qui tendent à répandre ces produits com-
« plexes, le jury central ne peut, par des récompenses, les
« encourager à marcher dans cette voie.

« En présence des tendances fâcheuses que nous venons de
« signaler, le jury ne saurait non plus trop recommander aux
« consommateurs, quand ils ont à employer des savons d'origine
« douteuse, *de choisir de préférence ceux qui présentent cette*
« *marbrure grenue qui est à la fois une garantie contre la pré-*
« *sence d'un excès d'eau et contre l'introduction des matières*
« *étrangères au savon lui-même.* »

C'est en ces termes que M. Balard recommande le véritable
type du bon savon, le *savon de Marseille.*

La savonnerie de Marseille a pendant longtemps été sans
rivale. Aujourd'hui de nombreuses fabriques existent et s'é-
lèvent chaque jour, qui lui font une concurrence redoutable.

Quelques fabricants livrent au commerce des produits façon
Marseille qui, pour la qualité, la pureté, n'ont rien à envier
aux meilleurs produits de la fabrication marseillaise : ceux-ci
font à Marseille une concurrence loyale au profit de tous:
d'autres malheureusement livrent au commerce, sous le nom
de savon, des produits impurs ou frelatés.

Avant qu'on ne connût l'usage du savon, on employait le carbonate de soude : le savon a été un progrès; mais ne peut-on pas dire que peu à peu on retourne au point de départ? On trouve dans le commerce des savons tellement mêlés et sophistiqués, que c'est plutôt à l'alcali qu'au savon qu'est due leur propriété détergente. Le but est toujours le même : laisser dans le savon le moins possible de savon réel, tout en maintenant sa fermeté et sa densité. On arrive à ce résultat par deux moyens distincts : en ajoutant au savon des poudres inertes dont la valeur est inférieure à celle du savon, ou bien en introduisant dans la pâte savonneuse une substance étrangère susceptible de retenir une proportion d'eau considérable.

La fraude par les poudres insolubles est facile à reconnaître : ces poudres tombent au fond de l'eau lorsqu'on y dissout le savon. La présence de matières solubles est plus difficile à caractériser : c'est ordinairement la fécule de pomme de terre et la gélatine, et quelquefois aussi les os de toutes pièces, qu'emploient les fraudeurs.

Tous ces savons sophistiqués ne sont ni cuits, ni purgés, ni relargués, ou s'ils sont purgés, ils sont ultérieurement mêlés d'une proportion d'eau considérable et de produits étrangers, solubles ou insolubles, ou même à la fois de produits insolubles et de produits solubles.

Enfin, il est des savons qui naturellement, sans addition frauduleuse, sont chargés d'eau. Sont-ce alors de vrais *savons*? Ne doit-on pas plutôt les considérer comme de simples *empâtages*? Tel est le savon de coco, dans lequel on trouve de 40 à 75 p. o/o d'eau.

Le service des douanes n'admet au *drawback* que les savons qui ne renferment pas plus de 35 p. o/o d'eau ni plus de 2 p. o/o de *matières insolubles*. Les commissaires experts chargés de la vérification des marchandises essayent les échantillons qui leur sont présentés et signalent à l'Administration tous ceux qui, à l'étuve, perdent plus de 35 p. o/o d'eau et qui, traités par l'eau et par l'alcool, *les dissolvants* du savon, laissent plus de 2 p. o/o de matières insolubles.

Cette disposition, qui sert de garantie au Trésor, ne pourrait-elle pas être appliquée pour sauvegarder les intérêts du consommateur ?

On définirait le savon *dur* :

« Un composé salin formé d'acides gras (admettant un mé-« lange de résine), de soude et d'eau, ne renfermant pas plus « de 35 p. o/o d'eau ni plus de, 2 p. o/o de matières inso-« lubles. »

Cette limite une fois établie, il ne serait plus permis de vendre sous le nom de *savon* les produits qui ne répondraient pas à la règle établie. Un régime de *marques* rendrait facile l'exécution du principe adopté.

Ces mesures de police industrielle ne seraient pas de nature à enchaîner le progrès, mais elles arrêteraient la fraude et relèveraient le commerce des savons, au grand profit de l'hygiène et de la moralité publiques.

Commerce libre, mais commerce loyal, tel est le but de l'industrie moderne.

§ II. SAVON DE TOILETTE, PARFUMERIE.

La France peut être certainement placée au premier rang pour ce genre de production, si bien apprécié des consommateurs dans le monde entier, car nulle part on ne peut trouver des savons d'une pâte aussi fine, aussi transparente, aussi conforme aux soins absolus que réclame la délicatesse de la peau, et ayant une pureté de goût qui permet d'y développer les odeurs les plus suaves et les plus variées. Ce n'est que par des soins extrêmes et un travail intelligent que cette perfection a été obtenue, et le département de la Seine peut revendiquer à juste titre la faveur de la possession exclusive des premières fabriques en ce genre.

La nomenclature infinie des espèces de savons durs pour toilette se résume en quatre sortes :

1° Savon blanc à base de soude, au suif de mouton et axonge;

2° Savon blanc à base de soude, au suif de bœuf;

3° Savon blanc à base de soude, au suif ordinaire de boucherie et flambard (graisse provenant de cuissons de viande);

4° Savon jaune ou blanc à l'huile de palme.

Ces quatre sortes peuvent, seules ou mélangées, fournir à toutes les espèces connues, car la matière, en toutes, se ressemble; le parfum seul varie et fait la différence, quelquefois considérable, du prix qui existe entre elles, puisqu'en effet quelques-uns, comme la rose, l'ambre et le musc, valent dix, vingt ou trente fois la valeur d'autres, comme l'amande, l'oranger, le citron.

La fabrication de ces savons se fait dans les mêmes conditions que celle des savons blancs de Marseille, en commençant par l'empâtage, le relargage, la coction et le purgeage de l'excès d'alcali par des lavages bien appropriés, de manière à étendre la pâte en consistance de gelée, pour permettre aux parties impures de se précipiter et de former au fond de la cuite un lit de certaine épaisseur, que l'on nomme *culot de nègres*, et qui se travaille ensuite à part pour des sortes inférieures, lorsque la quantité ainsi amassée est suffisante.

C'est ce mode de travail que l'on nomme *tirer sur nègres*, et la beauté de la pâte dépend du point juste où doit être arrêtée l'opération, de manière à ce que la pâte ne soit ni trop molle ni trop ferme.

Il en est aussi de même dans le cours de la cuite, car des soins d'un bon grainage dépendent la bonne réussite du reste de l'opération et la saine conservation du produit; à cet effet, les lessives doivent être bien pures, blanches, caustiques et rechangées plusieurs fois, pour enlever aux graisses tout l'acide carbonique, qui développe souvent la rancissure.

La composition de suif de mouton et axonge bien frais, dans la proportion d'un tiers de ce dernier, doit être préférée pour les savons blancs, qui servent à recevoir les odeurs les plus fines. Cette sorte, d'une texture plus lisse et plus serrée, est beaucoup plus douce à la peau, et l'odeur en est bien plus délicate que lorsque le savon est seulement fait de suif; par cette raison, on peut obtenir un parfum plus agréable avec moins de dépense.

Le savon de suif de bœuf sert à la préparation des sortes fines colorées par des parfums ou des minéraux de différentes espèces;

Celui de suif ordinaire et flambard, à celle des savons communs, colorés ou non colorés, ainsi qu'au savon pour la barbe, qui se détaille chez les épiciers, et qui est plutôt du domaine de la savonnerie de ménage que de la parfumerie.

On l'utilise même dans plusieurs contrées de la basse Normandie à faciliter aux veaux en bas âge l'absorption du lait nécessaire à leur nourriture, qu'ils ne veulent se décider à boire qu'à l'état mousseux, état auquel on amène le lait par une petite dissolution de savon, qui en même temps arrête le développement de l'acide lactique.

Le savon d'huile de palme ne sert généralement que de mélange aux sortes colorées de différentes espèces qui peuvent s'approprier son parfum naturel. Ce produit, employé seul, serait moins convenable à l'usage de la toilette, en raison de l'état de dureté auquel il parvient; il est trop difficile à dissoudre pour être agréable à l'emploi. Il n'est d'un excellent usage qu'avec des corps tendres et onctueux.

La composition de ces diverses sortes se résume ainsi dans leur ensemble, à l'état frais :

Soude..................... 5 parties.
Corps gras................. 55
Eau........................ 40

Mais pour être parfumés et livrés au commerce, ils subissent un séjour dans des étuves qui peut réduire de 20 leur proportion d'humidité. Et il est hors de doute que plus ils sont secs, plus le parfum ressort en n'en employant qu'une plus petite quantité.

Le savon flottant, dont plusieurs sections étrangères de

l'Exposition contiennent des spécimens, se prépare en faisant fondre du savon ordinaire avec une certaine quantité d'eau; le tout est ensuite battu au moyen d'une palette, pour lui faire prendre la consistance d'une écume épaisse, jusqu'à ce que le mélange ait doublé de volume.

Ce savon, peu employé, se fait à Paris.

Les Américains fabriquent beaucoup de savon transparent à l'alcool. Ils l'utilisent de manière à faire preuve de plus de bizarrerie que de goût; les bustes des savants ou le vitrage de petites maisons, le tout exécuté en savon transparent, ne semblaient pas au niveau de la gravité des États-Unis.

L'Angleterre est renommée pour le savon dit *de Windsor.* On l'imite ailleurs, et on le fabrique jusqu'à Varsovie.

La préparation des savons de toilette est ordinairement du ressort exclusif du *refondeur,* qui sait parfumer et orner ces savons de diverses manières. Les veines ou marbrures se font en pétrissant les couleurs, le vermillon ou l'outremer, par exemple, avec un peu d'huile d'olives ou de savon; on en prend un peu au bout d'une lame de canif qu'on promène dans la masse de savon fondue, selon le caprice de celui qui opère. Quelques savons sont uniformément colorés dans toute leur masse, avec des couleurs minérales : le vermillon sert pour le savon rose, l'outremer pour le bleu, et diverses substances pour les nuances brunes. Les tablettes se préparent en plaçant dans des moules le savon tandis qu'il est encore mou; le moule, composé de deux pièces, le fond et le couvercle, est soumis à l'action d'une presse à levier et maintenu par un anneau lâche. Par une pression rapide, la masse sans forme prend celle de l'anneau, puis elle est immédiatement prise et moulée dans les deux parties du moule. Les tablettes ornées de camées colorés se font de la même manière, mais elles exigent l'emploi de deux presses : la première donne la forme aux tablettes et ménage à leur surface des dépressions pour recevoir des morceaux d'autres savons diversement colorés; ces creux sont remplis à la main; la seconde presse donne le relief aux portions colorées.

Parmi les exposants, il n'y avait pas moins de 12 refondeurs de savon, sur les 68 qui existent dans la Grande-Bretagne.

Les exposants de savons et de parfumeries étaient au
nombre de 95. Sur ce nombre, 62 exposaient uniquement ou
principalement des savons; 33 étaient uniquement ou principalement parfumeurs, quoique la plupart des parfumeurs
aient envoyé à l'Exposition des savons et des articles de parfumerie. Parmi ceux qui exposaient des savons, 7, dans la
section anglaise, étaient simplement *refondeurs* et parfumeurs
des savons qu'ils achètent aux fabricants; 5 préparent un
savon flottant ou *savon-écume* (*foam-soap*), et 4 ont exposé des
savons préparés par le procédé à froid.

ÉNUMÉRATION DES RÉCOMPENSES.

Sur les 95 exposants, 31 ont obtenu des médailles-prix;
18, des mentions honorables.
46 n'ont rien obtenu.
———
95

Le jury a été fort libéral pour les récompenses. Il n'y a
pas eu moins de 19 médailles et de 16 mentions honorables,
divisées comme il suit :

> ANGLETERRE, 4 médailles, 5 mentions;
> FRANCE, 5 médailles, 5 mentions;
> AMÉRIQUE, 3 médailles;
> ALLEMAGNE, 4 médailles, 5 mentions;
> RUSSIE, 1 médaille;
> BELGIQUE, 1 médaille;
> AUTRICHE, 1 mention;
> TUNIS, 1 médaille.

La parfumerie a été confondue avec les savons de toilette,
comme étant généralement produite par les mêmes fabricants.

Ici encore la supériorité de la France a paru incontestable. Le nombre des récompenses obtenues, mis en rapport avec le petit nombre des exposants (10 récompenses pour 14 exposants), en est la preuve suffisante. Et encore devons-nous ajouter que l'un de nos meilleurs fabricants, M. Mero, de Grasse, se trouve, par un oubli que nous ne savons comment expliquer, omis sur cette liste, où il méritait de figurer avec honneur, tant pour ses essences que pour son eau de fleurs d'oranger et pour ses pommades.

L'importance de notre commerce de parfumerie est fort considérable. Nos exportations sont en voie de progrès; elles se sont élevées en 1853, au *commerce spécial,* à près de deux millions de kilogrammes (1,973,511), qui représentaient une valeur officielle (à 7 francs le kilogramme) de 13,814,577 francs et une valeur actuelle (à 6 francs le kilogramme) de 11,841,066 francs. Ce dernier chiffre nous paraît trop réduit, vu la qualité supérieure des articles de parfumerie que nous envoyons à l'étranger. Nos principaux débouchés sont en Belgique (254,008 kilogrammes), aux États-Unis (187,257 kilogrammes), à Cuba (175,254 kilogrammes), en Angleterre (171,035 kilogrammes) et au Brésil (140,279 kilogrammes).

Nos parfumeurs de Paris ont tenu le premier rang à l'Exposition de Londres. Les quatre médailles obtenues pour les produits français ont été données :

1° A MM. Allard et Claye, successeurs de Violet, qui mettent un soin particulier à leur fabrication à la grande chaudière et dont les savons à la thridace, aux amandes de pêches, à l'orangine, au jasmin, aux roses d'Orient, et ceux nommés Isabelle II et bouquet de l'impératrice de Russie, ne laissaient rien à désirer.

MM. Allard et Claye avaient également envoyé un excellent vinaigre de toilette à l'acétine de thridace et de suaves *extraits* pour le mouchoir, au *jasmin,* à l'héliotrope et au Portugal.

Leurs savons sont des plus onctueux et très-peu caustiques, ce qu'ils doivent au procédé fidèlement suivi par ces excellents parfumeurs, qui tirent sur *nègres* au lieu de tirer sur *lessives*. Les essences les plus volatiles, le citron, le néroli, etc., peuvent ainsi être appliquées avec succès.

Les pâtes de savons préparées par MM. Allard et Claye et par M. Piver, dont nous allons nous occuper tout à l'heure, sont de beaucoup préférables à celles des savonniers anglais, qui sont plus dures et moins solubles à l'eau, car, au lieu de piler les savons au mortier avant que de les couler, ceux-ci les coupent simplement en morceaux pour les frapper dans les moules.

2° A M. Piver. La collection de savons qu'il a exposée était fort remarquable; ils contenaient les parfums les plus délicats et donnaient une mousse abondante. Nous croyons devoir mentionner particulièrement son *savon de laitue* et son savon à la fleur d'orange. Tous ses produits sont de premier ordre, aussi bien que ses pommades, ses huiles et ses parfums.

3° Quoique n'étant pas tout à fait au niveau des articles exposés par MM. Allard et Claye et par M. Piver, les savons et la parfumerie de M. Gellé méritaient également la médaille qui leur a été décernée.

4° La quatrième médaille française a été obtenue par M. Leistner pour son excellente *eau de Paris* (elle rivalise dignement avec l'eau de Cologne des meilleures fabriques qui aient paru à l'Exposition) et pour son *vinaigre de toilette*.

L'*eau de Paris* a été soumise par le jury, à plusieurs reprises, à un examen comparatif avec les meilleurs échantillons d'eau de Cologne, sans rien perdre à ce voisinage.

Cinq mentions honorables ont récompensé les savons de M. Bleuze (il en avait exposé qui avaient la forme des fruits dont ils empruntaient le parfum), la parfumerie de M. Rimmel, les essences de M. Thollon, le vinaigre de toilette de M. Landon et la parfumerie de M. Collas.

Parmi les exposants anglais, nous devons en signaler surtout deux, M. Cleaver, pour son savon au miel, et M. Taylor,

pour son excellent savon de Windsor et son eau de la-
vande.

L'eau de Cologne est naturellement l'apanage de cette mé-
tropole du Rhin et de la famille Jean-Marie Farina; mais un
seul Jean-Marie FARINA, dont le magasin est situé vis-à-vis la
place de Juliers, a obtenu la médaille, concurremment avec
la sœur Marie-Clémentine MARTIN, religieuse de Cologne, dont
l'*eau* a été reconnue encore plus odorante et plus agréable
dans la pureté de son parfum, sans aucun arrière-goût.

M. STIER, de Varsovie, avait envoyé de bon savon, dit de
Windsor, à l'imitation du savon anglais de cette qualité.

Nous ne saurions terminer cette rapide revue sans dire
quelques mots de l'exposition de quatre-vingt-dix flacons d'essences de *Tunis*, parmi lesquelles on distinguait celles de rose,
de pomme, de jasmin (très-odorante), d'aloès, de benjoin,
de citron, de bois de cèdre, etc.

Plusieurs de ces parfums avaient un goût particulier, *sui
generis*, qui peut plaire en Orient, mais qui nous a semblé
peu séduisant.

Cette exposition, qui a valu une médaille au Bey de Tunis,
contenait aussi de la pommade de jasmin, des pastilles et des
colliers de dames parfumés, d'un aspect et d'une odeur assez
agréables.

IIe SECTION.

CHANDELLES, BOUGIES.

Les moyens d'éclairage se sont tenus au niveau des progrès accomplis par l'industrie moderne. Sans parler du·gaz, nous voyons de plus en plus la sale et puante *chandelle* céder le pas à des produits perfectionnés qui utilisent les graisses, les huiles, etc., pour les transformer en moyens de procurer une lumière douce, égale, qui flatte l'œil sans blesser l'odorat.

Le luxe des anciens temps est devenu aujourd'hui l'apanage des plus modestes maisons, qui ont banni la chandelle, dont se servait encore la marquise de Maintenon, et l'on rencontrerait aujourd'hui peu d'exemples, parmi les plus pauvres ménages, de nature à rappeler ces magistrats d'une autre époque qui profitaient, pour leur travail du soir, du feu de la cuisine!

C'est que dans ce siècle, si vivement attaqué et tant calomnié par ceux qui ignorent le passé, le bien-être de toutes les classes de la société a fait d'immenses progrès; *la misère*, qui est une monnaie dont le titre varie sans cesse, est devenue pour ainsi dire un métal de meilleur aloi, et la production énormément accrue a sans cesse élargi les bases de cette pyramide sociale qui représente dans ses couches successives la progression rapide de ceux que le développement des richesses appelle à jouir des bienfaits de la civilisation.

Le mode primitif d'éclairage tirait parti des branches de bois résineux; l'huile d'olive fut ensuite employée. La fabrication des chandelles de cire appartient à une époque moins reculée, mais elle ne servait qu'aux riches, et les chandelles de suif ont paru un véritable bienfait quand elles ont été inventées. On s'émerveillait à les voir, comme nous à l'aspect des premières bougies stéariques. (Les statuts des *chandeliers* remontent, en France, au commencement du XIe siècle.)

On les fabriquait toutes *à la baguette*, par l'immersion de la mèche dans le suif; les chandelles moulées ne datent que du xviiᵉ siècle.

Du reste, nos bons aïeux n'avaient pas, comme nous, dérangé les heures naturelles du repos et de la veille; ils avaient beaucoup moins, besoin d'une lumière artificielle. Malgré les moyens nouveaux d'éclairage, malgré la rapide diffusion du gaz et l'économie qui résulte de l'application du double courant d'air et des moyens mécaniques, aussi simples qu'ingénieux, dont profite l'éclairage à l'huile, la consommation de ces petits cylindres de graisse ou de cire, dont la mèche consume la substance en produisant la lumière, augmente au lieu de diminuer.

Sans parler du discret *couvre-feu* du moyen âge ni du xvᵉ siècle, alors qu'il fallait un privilége spécial pour travailler *à la chandelle* (statuts des cordonniers de Troyes), ne savons-nous pas que le spectacle commençait à deux heures sous Henri IV, et que la capitale était si mal éclairée du temps de Louis XIV, que Boileau s'écriait :

> Le bois le plus obscur et le moins fréquenté
> Est, auprès de Paris, un lieu de sûreté.

Chacun de nous en a pu faire l'expérience personnelle ; il y a vingt ou trente ans, quand la nuit était tombée et qu'on traversait les faubourgs de Paris ou des villes populeuses, nous ne parlons pas des bourgs et des villages, quelle obscurité profonde! La clarté vacillante d'une petite lampe ou d'une chandelle attirait de loin le regard du voyageur. Combien cet état de choses se modifie maintenant, combien les divers modes d'éclairage se multiplient partout : c'est un mouvement qui gagne de proche en proche et qui explique l'accroissement de la consommation.

La chimie et la mécanique ont permis de substituer les bougies stéariques à la chandelle, qu'elles sont destinées, nous l'espérons, à remplacer d'une manière de plus en plus complète, à mesure que leur mode de fabrication se perfectionne et leur permet de descendre aux limites extrêmes du bon marché, en utilisant des substances plus grossières et moins chères que le suif lui-même.

Il y a plusieurs raisons pour que la chandelle soit d'un usage désagréable : elle a un toucher gras, elle brûle mal, coule facilement, demande à être mouchée et répand une forte odeur.

Il serait superflu de faire la description d'une chandelle; chacun comprend pourquoi les inconvénients mentionnés peuvent être reprochés à cet éclairage : le suif est si facilement fusible, que dans les grandes chaleurs de l'été il se ramollit à un tel point qu'à peine peut-on le toucher. Lorsqu'on allume une chandelle, la mèche, pourtant très-grosse, ne peut suffire à porter à la combustion la quantité considérable de corps fondu. Aussi au moindre obstacle, à la moindre obstruction partielle des pores de la mèche, le suif déborde, le corps gras répandu tache tout ce qu'il touche. Souvent il est possible, avec de l'éther ou des essences de citron, de térébenthine ou de l'huile de houille (benzine), de réparer le mal; mais quelquefois celui-ci est sans remède, lorsque l'objet est de telle nature qu'il est attaqué par ces dissolvants.

Le suif diffère de la cire, et surtout des acides gras, en ce qu'il laisse à la distillation sèche un résidu volumineux; la mèche charbonne facilement, elle *champignonne,* et comme elle est volumineuse, elle absorbe toute la lumière. On est obligé de la moucher sans cesse; autrement des charbons et des cendres se détachent, tombent au pied de la mèche et l'obstruent aussitôt. Ajoutez que la combustion, éparpillée sur une grande surface, se fait à une température plus basse, qui bientôt devient insuffisante pour brûler complétement le corps gras ; alors la chandelle *fume*, en répandant une mauvaise odeur.

Tant d'inconvénients, qui ne sont pas les seuls, devraient faire fuir l'emploi de la chandelle; mais la question du bon marché l'emporte, et la fabrication en est encore aujourd'hui très-considérable.

Le suif destiné à la confection des chandelles doit être pu-

rifié; la méthode ordinairement suivie est due à Darcet. Elle
consiste à traiter le suif brut, fondu par la vapeur d'eau, au
moyen de l'acide sulfurique très-étendu d'eau, dans le but
de détruire le tissu cellulaire; outre qu'elle est beaucoup plus
sûre, cette méthode donne 3 p. o/o de suif de plus que
l'ancien procédé, et sans détruire complétement la mauvaise
odeur du suif, elle la diminue sensiblement. La purification
produit en même temps une amélioration dans la flamme de
la chandelle, particulièrement au point de vue du développement uniforme de la lumière. Cet avantage est dû à ce que
cette opération a fait disparaître la cause de l'engorgement
fréquent de la mèche pendant la combustion, en réduisant
la somme des matières combustibles azotées.

Les tentatives pour supprimer les mouchettes, instrument
qui continue à être jusqu'à présent l'accompagnement obligé
du chandelier où l'on brûle de la chandelle de suif, ont été
moins heureuses. La mèche tressée, qui, comme nous le
dirons plus loin, est née à la suite de la bougie stéarique, n'est
pas applicable à la chandelle de suif sans quelque mécanisme
particulier; car, en courbant la mèche sur le côté, ce qui
l'oblige à se consumer hors de la flamme, on fait fondre à la
fois une telle quantité de suif, qu'il en résulte un coulage
considérable.

Le célèbre Guyton de Morveau (*Annales de chimie*, t. XXIV,
p. 104), en analysant le mémoire de Nicholson, caractérise
ainsi le perfectionnement à atteindre pour obtenir avec le
suif des bougies comparables à celles qu'on fabrique avec la
cire :

« Ce n'est pas de la combustibilité respective des matières
« que naît la difficulté de rendre l'usage des chandelles de
« suif aussi avantageux que celui des chandelles de cire, mais
« d'obtenir l'effet mécanique de la cavité, en espèce de coupe,
« formée par la cire à cause de sa moindre fusibilité.

« Il faudrait, par conséquent, ou brûler le suif dans une
« lampe pour rendre la progression de la flamme le long de
« la mèche plus graduelle, ou faire en sorte que la chandelle

« se mouchât d'elle-même comme la bougie, ou rendre enfin
« le suif moins fusible par quelque procédé chimique. »

De nombreux essais ont été faits pour brûler le suif dans
un récipient; le lampion est le plus ancien modèle et le seul
qui ait été conservé. Encore est-il menacé aujourd'hui par la
concurrence du gaz. Les recherches ont été plutôt dirigées
vers le moyen d'obtenir des chandelles se mouchant elles-
mêmes. Les uns ont proposé, comme Nicholson, d'augmenter
la combustibilité de la mèche en l'imbibant d'un sel très-oxy-
géné. On a indiqué, par exemple, l'addition de l'azotate
de potasse, de l'azotate d'ammoniaque, ou la conversion, en
tout ou partie, du coton en pyroxyle (poudre-coton); d'autres
ont essayé divers systèmes de nattage ou de torsion des fils;
mais tous ces moyens ont été successivement abandonnés,
et l'on en est resté à la chandelle à mèche droite et épaisse,
qu'il faut moucher périodiquement, c'est-à-dire qu'on en est
encore au point où en était la fabrication il y a plus d'un siècle.

Le troisième moyen indiqué par Nicholson a seul donné
des résultats vraiment industriels. On est parvenu à rendre le
suif moins fusible en changeant le rapport de ses principes
constituants, par son mélange avec des composés moins fusibles que lui.

BOUGIES-CHANDELLES.

Le suif commun fond à la température de 37 à 40 degrés
centigrades (99 à 104° Fahrenheit); le point de fusion de la
stéarine est à 62° centigrades (144° Fahrenheit). En en-
levant au suif une portion considérable de son oléine, on
élève son point de fusion, et l'on obvie ainsi à un grave inconvénient.

Des chandelles ont été souvent fabriquées avec du suif
pressé; on peut à très-juste titre leur donner le nom de bougies de stéarine, tandis qu'on en a récemment mis beaucoup
dans le commerce qui ne méritent pas cette désignation.

Pour préparer la stéarine, on fait fondre le suif, puis on
le laisse refroidir le plus lentement possible, en l'agitant sans

relâche, pour que la stéarine et la margarine puissent cristalliser. A la température de 35 à 38° centigrades (95 à 100° Fahrenheit), la masse devient pâteuse : elle peut alors supporter la pression dans des sacs de toile ; en répétant l'opération, on obtient la stéarine à un très-haut degré de pureté.

Ces bougies-chandelles, si perfectionnées qu'elles soient, ne sont que des produits imparfaits ; pour peu que la fabrication n'en soit pas très-soignée, elles sont aussi incommodes et désagréables que les chandelles, et lorsqu'elles sont bien faites, elles coûtent aussi cher que les bougies, qu'elles sont loin de valoir. La stéarine, même pure, ne saurait être comparée aux acides gras ; elle n'est pas, comme ceux-ci, volatile, et laisse à la distillation un charbon volumineux qui en sera toujours le plus grand inconvénient.

BOUGIES D'ACIDES GRAS PAR VOIE HUMIDE.

Le perfectionnement le plus remarquable a été celui qu'a réalisé la *bougie stéarique*. C'est à la France que revient l'honneur incontesté et de la découverte chimique qui fait briller les noms de MM. Chevreul, Gay-Lussac, Dubrunfaut et Frémy et de l'application manufacturière, due à M. DE MILLY, à qui le jury de Londres a décerné la seule grande médaille (médaille du conseil) pour cette belle et importante industrie.

Tout le monde s'accorde pour reconnaître que les travaux scientifiques qui ont été le prélude *de l'industrie stéarique,* et les efforts industriels dont ils furent suivis, lui assignent une origine essentiellement française.

Si le moindre doute eût existé à cet égard, il aurait disparu en présence de l'Exposition de Londres, offrant aux yeux de tous des bougies stéariques fabriquées sur les différents points du globe et portant les dénominations de *Milly Kersen, bougies de l'Étoile, procédé de Milly,* en rappelant le nom du manufacturier qui le premier a réussi dans la fabrication des bougies stéariques et la dénomination dont il s'est servi pour désigner ses produits dans le commerce : ceci prouve assez que la création de l'industrie stéarique appartient à la France.

C'est en 1813 que M. Chevreul commença à publier des mémoires sur les corps gras d'origine animale. Ses mémoires sont au nombre de huit et le dernier parut en 1823; on y trouve le germe fécond qui devait un jour donner naissance à l'industrie stéarique. En 1823, M. Chevreul publia son ouvrage intitulé : *Recherches chimiques sur les corps gras d'origine animale*, résumé de ses travaux antérieurs, et en 1825 il prit, de concert avec M. Gay-Lussac, des brevets en France et en Angleterre relatifs à l'application industrielle des données scientifiques dont il était l'auteur.

La lecture de ces brevets témoigne des prévisions pleines de justesse et de la sagacité ingénieuse des brevetés, qui comprirent dans leurs spécifications une foule de moyens dont certains sont restés sans applications, mais dont un grand nombre devaient un jour trouver place dans les pratiques manufacturières.

La possibilité de distiller les corps gras, à l'aide de la vapeur d'eau, n'échappa même pas aux brevetés, et ce procédé, qui n'est pas pratiqué depuis plus de douze ans, a été consigné dans un brevet pris par Gay-Lussac en Angleterre le 9 juin 1825 sous le nom de Moses Poole, son agent.

Peu après la publication de l'ouvrage de M. Chevreul, un jeune ingénieur s'inspirant des leçons de MM. Chevreul et Gay-Lussac, M. Cambacérès, s'occupa de la fabrication des bougies stéariques. Ses procédés de fabrication restèrent à l'état d'ébauche ; ils n'étaient ni assez économiques ni assez puissants.

Ce fut de la part de M. Cambacérès plutôt une tentative de fabrication établie dans de petites proportions qu'une fabrication manufacturièrement organisée. Les bougies de M. Cambacérès étaient grasses au toucher, elles étaient d'un jaune sale, elles exhalaient une odeur désagréable ; les mèches employées, ayant été imprégnées d'acide sulfurique, étaient tellement altérées et corrodées même par cet agent, que souvent elles disparaissaient en quelque sorte du sein de la bougie qui les contenait, ou du moins elles ne s'y retrouvaient plus dans leur état primitif. Le problème manufacturier était loin d'être résolu, et M. Cambacérès ne tarda pas à renoncer à son essai de fabrication; mais cet essai ne fut pas sans utilité pour l'industrie stéarique, car M. Cambacérès avait eu l'ingénieuse idée d'employer la mèche nattée dont on se sert aujourd'hui. MM. Chevreul et Gay-Lussac avaient bien, il est vrai, indiqué dans leurs brevets l'usage de mèches ou creuses, ou filées, ou tissées; mais on ne retrouve pas dans ces dénominations la natte telle qu'elle fut appliquée et est encore appliquée aujourd'hui à la bougie stéarique et à la bougie diaphane, et dont l'invention appartient à M. Cambacérès.

C'est en 1831, après de longs essais de laboratoire et à une époque à laquelle la fabrication de la bougie stéarique était abandonnée, que M. de Milly s'occupa de la fabrication de cette bougie et lui donna le nom de bougie de l'Étoile, nom emprunté à la localité où était situé le siége de la fabrique, dans le voisinage de la barrière de l'Étoile[1].

La première année fut employée en essais et en efforts de fabrication, et elle ne produisit aucun résultat manufacturier; les difficultés étaient grandes dans l'établissement d'une fabrication qui n'empruntait ses moyens à aucune autre industrie et dans laquelle tout était à créer.

M. Chevreul avait découvert l'acide stéarique; M. de Milly entreprit d'en établir la fabrication sur des bases économiques, qui firent descendre l'acide stéarique au prix actuel de 2 fr. le kilogramme, tandis qu'à cette époque il se vendait environ 60 francs le kilogramme chez les marchands de produits chimiques.

M. de Milly eut pour guide dans la partie chimique de ses travaux les précieuses et savantes découvertes de M. Chevreul et même les brevets pris en France et en Angleterre par MM. Chevreul et Gay-Lussac; voici, à cette occasion, com-

---

[1] Il est juste de ne pas omettre ici le nom de M. Motard, aujourd'hui fabricant de bougie stéarique à Berlin. Les travaux auxquels il s'est livré à cette époque ont beaucoup contribué au succès de l'entreprise.

ment s'exprime le rapporteur du jury universel de Londres :
« La fabrication des bougies stéariques est basée sur la sapo-
« nification des graisses et l'isolement des acides gras, dont les
« beaux travaux de M. Chevreul nous ont fait connaître la pos-
« sibilité.

« Ce serait cependant une erreur de supposer que ces
« recherches ont levé les difficultés de fabrication. En effet,
« sept années s'écoulèrent après la publication des découvertes
« de M. Chevreul sans que l'industrie parvînt à en tirer un
« parti utile ; mais ceci ne doit pas étonner les personnes
« familiarisées avec les applications manufacturières et qui ap-
« précient la distance immense qui sépare le laboratoire du
« chimiste de l'atelier du fabricant. Celles-ci peuvent seules
« comprendre les difficultés de toute nature qu'il faut vaincre
« pour féconder un germe purement scientifique et en faire
« naître un art nouveau plein de force et de vie......

« Un progrès considérable dans l'industrie stéarique a été
« l'usage d'une matière à vil prix, la chaux, employée comme
« agent saponifiant, le savon formé avec cet agent étant ensuite
« décomposé par l'acide sulfurique étendu d'eau. Le mérite
« d'avoir introduit dans l'industrie la saponification calcaire
« appartient à de Milly[1], à qui l'on doit en outre de grands
« éloges pour tout ce qu'il a fait dans l'industrie stéarique : il
« suivit en partie la route tracée par le brevet de Chevreul et
« de Gay-Lussac; mais ce qui lui fait beaucoup d'honneur, c'est
« d'avoir réussi là où avaient échoué ses illustres prédéces-
« seurs : la saponification par la chaux, dans le sens industriel
« du mot, date de 1831.

« Comme les mèches imprégnées d'acide sulfurique, sui-
« vant le procédé Cambacérès, étaient généralement corrodées,
« de Milly prit, en 1836, un brevet pour l'emploi des borate,
« phosphate et sulfate ammoniacaux. Ces progrès introduits
« dans l'industrie stéarique par de Milly, et les efforts qu'il
« fit pour la propager dans les pays étrangers, ont succes-

---

[1] MM. Pelouze et Frémy ajoutent le nom de *Motard* à celui de *de Milly*.

« sivemènt déterminé l'extension qui lui est acquise aujour-
« d'hui.

« Néanmoins, il restait encore de nombreuses difficultés à
« vaincre. Les limites de cette esquisse ne nous permettent pas
« de faire autre chose que de tracer les principaux traits rela-
« tifs au développement de l'industrie stéarique : nous ne pou-
« vons donc pas reproduire, année par année, les progrès suc-
« cessifs qui ont eu lieu; mais nous ne pouvons pas nous
« dispenser de mentionner ici les nombreux essais faits dans
« le but d'empêcher la cristallisation de l'acide stéarique pen-
« dant le moulage des bougies. La première tentative consista
« à introduire un autre acide, et quoiqu'elle réussît, en pro-
« curant le résultat désiré, le choix de la substance employée
« (l'acide arsénieux) avait été malheureux : il fut de nature à
« compromettre l'existence de l'industrie naissante. Il est vrai
« que cette substance délétère n'était introduite qu'en très-pe-
« tite quantité; mais elle était incompatible avec l'hygiène, et
« son usage ne tarda pas à être prohibé, en France par l'auto-
« rité, et en Angleterre par l'opinion publique, tout aussi
« puissante. Ici recommencèrent toutes les tribulations du
« manufacturier (de Milly) : de tous côtés il chercha un corps
« pouvant remplacer l'acide arsénieux et ne trouva rien;
« enfin, après des essais innombrables, et alors qu'il com-
« mençait à en désespérer, il rencontra deux expédients bien
« simples une fois trouvés! et qui réussissaient tout aussi bien
« que le procédé condamné. Les modes aujourd'hui employés
« pour empêcher la cristallisation sont l'addition dans l'acide
« stéarique d'une petite quantité de cire, ou un moyen plus
« simple encore, qui consiste à faire refroidir l'acide stéa-
« rique jusqu'à une température voisine de son point de con-
« gélation avant de le verser dans les moules qui ont été
« préalablement chauffés à la même température que les
« acides gras. Le refroidissement de la matière, pendant qu'elle
« est constamment brassée, produit une sorte de pâte liquide
« qui se congèle dans les moules sans effet de cristallisation. »

Nous croyons devoir compléter ces indications,

Voici, en peu de mots, comment on peut résumer les procédés de fabrication de la bougie *de l'Étoile*[1] :

Le suif en pains, principal élément de cette production, est introduit dans un vaste cuvier dans lequel circule un jet de vapeur. Lorsque la masse est en pleine fusion, on la brasse avec soin, soit à la main, au moyen d'un rabot, soit mécaniquement, à l'aide de palettes fixées à un arbre vertical, et on y ajoute peu à peu un lait de chaux bien délitée. Si le mélange est constamment agité et maintenu à l'ébullition, huit heures suffisent pour que la saponification soit complète, ce qu'on reconnaît lorsqu'il ne surnage plus de corps gras. 12 à 15 parties de chaux vive suffisent amplement pour saponifier 100 parties de suif. Lorsque le savon calcaire est refroidi, on écoule les eaux, qui sont le plus souvent perdues, mais dont certaines manufactures utilisent déjà une partie pour en retirer, par évaporation, la glycérine, *principe doux des huiles*, destinée à la parfumerie et à plusieurs applications de la médecine, aux beaux-arts et à l'industrie.

Le savon calcaire est brisé, soit mécaniquement, à l'aide de cylindres cannelés, soit par les ouvriers, qui le battent à la manière du plâtre. Les menus morceaux sont jetés dans une cuve de bois munie d'un serpentin amenant de la vapeur d'eau et mis en contact avec un acide qui, s'emparant de la chaux, met l'acide gras en liberté. L'acide est employé le plus généralement à 20 degrés Baumé ; on juge que la décomposition est complète quand le sulfate de chaux, qui se dépose au fond de la chaudière, présente une homogénéité parfaite. L'acide gras réuni à la surface du bain est décanté, lavé de nouveau à l'acide à 20°, puis décanté encore une fois et lavé

---

[1] Cette usine, fondée par M. de Milly pour l'exploitation du brevet de M. de Cambacérès et des importants perfectionnements apportés par MM. de Milly et Motard, a été, pendant de longues années, dirigée sous la raison sociale *A. de Milly et Cie*. M. Binet, à qui l'on doit de nombreux perfectionnements de détails, a remplacé pendant quelque temps, dans ses fonctions de directeur, M. de Milly, qui aujourd'hui est le seul propriétaire de l'établissement, auquel il vient de donner un complet développement.

à l'eau pure; puis il est versé dans des sortes de caisses faites de fer-blanc et superposées en un tel ordre qu'il suffit de verser dans les caisses supérieures pour que le liquide gras se répande par cascades uniformes dans tout le système. Les caisses ainsi remplies sont abandonnées à un refroidissement lent.

On objecte à l'emploi de l'acide sulfurique pour la fabrication des bougies que, le sel calcaire étant insoluble, la séparation complète des corps gras présente de grandes difficultés, et que de plus l'acide oléique qui provient de cette préparation est très-coloré. On obvie au premier inconvénient autant que possible en augmentant les proportions de l'acide, qui théoriquement devraient être de 12 p. o/o environ, et que l'on porte au double, et en lavant avec soin le sulfate de chaux avant de le rejeter. Quelques manufacturiers diminuent la coloration d'une partie de l'acide oléique en opérant la décomposition en deux opérations successives, l'une à froid, l'autre à chaud.

On a proposé l'emploi de l'acide acétique, de l'acide hydrochlorique et, pour certains pays, du jus acide de citron; mais aucune de ces modifications n'a reçu la sanction de la pratique industrielle.

Les acides gras, abandonnés au refroidissement, se séparent spontanément; les acides solides cristallisent et leurs cristaux s'enchevêtrent, se feutrent, au milieu du liquide, qui se trouve ainsi renfermé comme dans une pulpe et peut être dégagé par la pression. Après l'entier refroidissement, les tourteaux d'acide gras sont démoulés et enveloppés dans des tissus de laine très-grossiers et étagés par rangs alternatifs avec des plaques de tôle sur le plateau d'une presse hydraulique, où ils sont soumis à une pression très-graduée de quatre à cinq heures. L'acide liquide s'écoule bientôt; il est conduit dans des réservoirs où il abandonne par le repos, et à l'aide d'un complet refroidissement, la plus grande partie de l'acide solide entraîné ou maintenu en dissolution. L'acide qui a subi une première pression à froid est pressé une seconde fois à chaud; les tourteaux, maintenus dans leur enveloppe de laine, sont recouverts d'une nouvelle enveloppe de crin, et déposés entre des plaques creuses dans lesquelles circule de la vapeur d'eau. Le nouvel acide liquide s'écoule, mais non semblable au premier; il n'est liquide qu'à l'aide de la température élevée qu'il supporte. Après un temps de pression suffisant, les tourteaux sont dépouillés de leur enveloppe; ils présentent alors une masse blanche, sèche au toucher et friable. C'est un composé d'acides stéarique et margarique, matière de la bougie.

La stéarine, fusible à 62°, s'est transformée en acide stéarique, fusible à 70°; la margarine, qui fond à 67°, est devenue acide margarique, dont le point de fusion est 60°, tandis que l'acide oléique est resté fluide comme l'était l'oléine qui lui a donné naissance.

Ce nouveau tourteau représente 20 p. o/o des acides gras bruts; les acides solides, retirés de la pression à chaud, sont épluchés avec soin et introduits dans une cuve, où ils sont fondus à la vapeur et lavés avec de l'eau acidulée d'acide sulfurique (7 à 8 degrés) ou d'acide oxalique. Le but de ce lavage est d'enlever le fer apporté dans la manipulation par le contact des plaques. Au lavage acide succède un lavage à l'eau : les acides sont alors purs; toutefois ils ne peuvent, dans cet état, être facilement coulés en bougies. Comme dernière opération, on procède à la clarification; on ajoute aux corps gras environ cent blancs d'œufs par 1,000 kilos, et on porte à la température de l'ébullition. Le blanc d'œuf opère dans ce cas comme dans la clarification du sucre : il emprisonne les corps étrangers.

C'est en 1834 que la nouvelle bougie stéarique, désignée sous le nom de bougie de l'Étoile, parut pour la première fois dans nos expositions publiques.

Dès cette époque, la bougie de l'Étoile se recommandait au consommateur par sa sécheresse, sa blancheur et la manière dont elle brûlait; mais la complication des difficultés qui avaient entravé la marche de l'industrie naissante avait nui au développement de la fabrication; la bougie de l'Étoile, seule bougie stéarique existant dans le commerce, y était encore peu connue, et cependant le jury central, prévoyant dès lors tout l'avenir du nouveau produit, crut devoir lui accorder une médaille d'argent.

Deux ans plus tard, en 1836, les moyens de fabrication s'étant largement développés, la bougie de l'Étoile, adoptée par l'économie domestique, avait pris rang dans l'industrie, et la médaille d'or de la société d'encouragement récompensa cette création nouvelle.

En 1839, M. de Milly avait cessé d'être le seul fabricant d'acide stéarique. Ses produits, en se répandant, avaient de toutes parts éveillé la concurrence.

A l'exposition de 1839, les fabriques de bougies stéariques se présentèrent au nombre de neuf, toutes situées dans Paris ou dans la banlieue; d'autres fabriques semblables avaient, en outre, été formées dans les départements.

Le jury central, reconnaissant en M. de Milly le fondateur de l'industrie stéarique, lui décerna la médaille d'or.

A partir de cette époque, l'industrie stéarique prit un immense développement en France et dans le monde entier; chaque grand centre de population voulut avoir sa fabrique de bougie stéarique, et l'on en rencontre aujourd'hui même sur les points les plus reculés du globe, à Sydney (Nouvelle-Hollande), à Calcutta, à Lima, au fond de la Sibérie.

En 1844, onze fabricants de bougie stéarique furent admis à l'exposition française; plusieurs obtinrent des médailles d'argent, et un rappel de la médaille d'or fut accordé à M. de Milly.

En 1849, on ne comptait plus parmi les exposants que sept fabricants de bougies stéariques. Il ne faut pas en conclure que l'industrie stéarique fût en décadence; mais les circonstances politiques avaient éloigné de l'exposition un certain nombre d'industriels. On retrouvait encore parmi les exposants M. de Milly, qui, à la suite d'un rapport mentionnant, comme aux expositions précédentes, de nouveaux perfectionnements apportés par lui dans l'industrie. qu'il a fondée, obtint un second rappel de la médaille d'or qui lui avait été décernée en 1839.

C'est à cette même exposition de 1849 que la plus haute récompense dont le jury pût disposer, la médaille d'or, vint signaler à l'attention publique un nouveau procédé de fabrication, pour lequel l'Angleterre dispute à la France la priorité d'application : nous voulons parler du procédé de distillation, employé d'abord chez nous par MM. Masse et Tribouillet, et aujourd'hui pratiqué par MM. Moinier et Poisat.

BOUGIES PAR VOIE SÈCHE.

En France, le mode de fabrication des bougies d'acides gras par distillation est l'objet d'un privilége temporaire. Le brevet est aujourd'hui exploité par MM. Moinier et Cie, à la Villette, et Poisat oncle, à la Folie-Nanterre. La première fabrique a été, comme nous l'avons dit, fondée par M. Masse, et les produits français exposés à Londres ont été envoyés sous le nom de MM. Masse et Tribouillet.

Les bougies par voie sèche, que nous appellerons plus simplement bougies de la Villette, sont faites principalement en ce moment avec les produits solides de la distillation de l'huile de palme; mais on peut aussi destiner à cette fabrication les graisses de basses qualités. Le suif et l'huile de coco peuvent également bien être distillés; toutefois ils ne présentent pas d'avantage.

Les corps gras (ou l'huile de palme) sont introduits dans des bassins où ils sont traités par 6 à 15 p. o/o de leur poids d'acide sulfurique concentré, suivant la nature des graisses (10 à 12 p. o/o pour l'huile de palme).

Au moyen de la vapeur, on élève la température du bain à ·100°; par la réaction de l'acide, la graisse est décomposée, la température atteint 110°. Ainsi que nous l'avons dit, la glycérine est détruite et le corps gras prend les qualités acides; l'évaporation dure de quinze à vingt heures. Le point de fusion se relève notablement : pour les graisses d'os, il est porté à 36°, et même à 38° après le lavage à l'eau; pour l'huile de palme, il est amené à 38°, et, après le lavage, à 44° (l'huile de palme fond à environ 30 ou 31°).

Le corps gras ainsi traité par l'acide est noir et a aussi déposé un résidu charbonneux ordinairement glutineux.

On le lave à grande eau, puis on le remet dans un bac où on l'entretient à une température de 80 à 100°, et on le soumet successivement à la distillation dans de grands alambics de forme lenticulaire, contenant 1,000 à 1,100 kilogrammes. L'évaporation est facilitée par l'introduction d'un jet abondant de vapeur d'eau qui traverse la masse. Cette vapeur est surchauffée de 35 à 38°, de sorte que la distillation s'accomplit sans refroidissement intermittent à une température qui s'élève graduellement de 200 à 260°. Les acides gras se vaporisent ainsi au milieu d'un courant de vapeur qui les entraîne à mesure que se fait l'évaporation, c'est-à-dire dans les meilleures conditions possibles.

Quand la distillation est en activité, le rapport des acides gras est de 1 à 2 au commencement, et à la fin elle est de 2 à 3. Dès les premiers instants de l'opération il s'échappe un peu d'hydrogène sulfuré, d'acide sulfurique; au bout de douze heures, l'opération est terminée.

Les premiers produits qui passent à la distillation sont colorés par une sorte de mousse ou d'écume qu'entraîne le courant de vapeur d'eau; ceux qui viennent ensuite sont les plus beaux. En les fractionnant du commencement à la fin, leur point de fusion est:

	Pour l'huile de palme de la côte d'Afrique.	Pour la graisse d'os et graisses analogues.
1°................	54° 1/2	40°
2°................	52	41
3°................	48	41
4°................	46	42 1/2
5°................	44	44
6°................	41	45
7°................	39 1/2	41

Par la pression à froid, l'huile de palme ne donne que très-peu d'acide gras liquide. Les produits de la fin de l'opération peuvent cependant être pressés avantageusement.

Le résidu de la distillation, pour l'huile de palme, est de 2 1/2 à 3 p. 0/0 ; pour les graisses d'os, il est de 6 à 7.

Distillation du résidu dans les fabriques anglaises.

Quand la distillation a été continuée pendant un certain temps, ce qui reste au fond de l'alambic est transvasé dans un autre appareil distillatoire formé de tubes de fer placés dans un fourneau. Le résidu y est soumis à l'action d'une haute température et à celle d'un jet de vapeur fortement chauffée. Il reste dans les tubes de fer une sorte de goudron applicable aux mêmes usages que le goudron ordinaire. On obtient de cette opération une quantité supplémentaire de matière grasse, que néglige la maison Moinier, dont le rendement de premier jet est supérieur à celui des fabriques anglaises.

Les acides gras, tels qu'ils sortent du bec de l'alambic, sont, en grande quantité, employés à la fabrication des bougies, sans les soumettre à la pression. Ils servent à former les bougies *composites*, possédant toutes la propriété de n'avoir pas besoin d'être mouchées, mais plus fusibles et moins consistantes que les bougies des mêmes acides pressés.

Toutefois, on soumet à la pression une portion considérable des acides gras distillés, et l'on en fait des bougies de qualité supérieure. Vingt-quatre presses hydrauliques fonctionnent pour ce service à la fabrique de la Villette : aujourd'hui on n'a que 3 p. 0/0 de résidu, on ne fait plus la deuxième opération.

Les corps gras distillés sont étendus par un ingénieux mécanisme sur des nattes tissées et soumises, à froid, à une puissante pression entre des plaques de fer. Les acides oléique et métoléique s'écoulent et sont recueillis ; on les utilise dans la fabrication du savon et pour le travail des laines.

Après avoir subi la pression à froid, les acides gras sont

soumis à la pression à chaud, au moyen d'une presse hydraulique renfermée dans une chambre chauffée par la vapeur.
Les gâteaux comprimés, après qu'on en a retranché les bords,
sont fondus en contact avec une petite quantité d'acide sulfurique étendu d'eau et coulés en blocs.

On procède au moulage à la manière ordinaire.

On vend, sous le nom de bougies mixtes ou composites,
des bougies fabriquées avec des acides distillés de l'huile de
palme et non comprimés. En Angleterre, on ajoute aux acides
comprimés de l'huile de palme le produit solide obtenu par
compression de l'huile de coço. Ces bougies brûlent sans
qu'il soit besoin de les moucher, mais elles sont loin de valoir
les produits de l'Étoile ou de la Villette.

Leur confection est d'ailleurs la même que celle des chandelles et bougies ordinaires. Pourtant, quelquefois, on leur
donne un aspect plus agréable et un toucher plus sec en les
revêtant d'une mince pellicule d'acide comprimé pur pour
bougie.

A cet effet, on emplit les moules de cet acide et on les vide
presque aussitôt. Les moules se recouvrent ainsi d'acide gras,
et c'est dans cette enveloppe que l'on coule la composition
pour bougie.

Cette fabrication constitue un progrès si la marchandise
est vendue sous la mention de sa composition vraie, *et si cette
mention arrive jusqu'au dernier consommateur :* sans cette condition, elle ne peut être appelée autrement que *fraude.*

La compagnie des bougies de Price est l'établissement le
plus colossal qui existe dans le monde pour la préparation
des bougies composites : elle possède cinq fabriques séparées,
outre ses plantations de cocotiers dans l'île de Ceylan ; le tout
représente un capital qui approche d'un demi-million sterling (12,500,000 francs). Quoique ses mesures soient prises
le mieux possible pour économiser la main-d'œuvre, elle
n'emploie pas moins de 800 ouvriers.

La température de fusion des bougies stéariques est remar-
quablement uniforme, bien qu'elles soient fabriquées en dif-

férents pays et par divers industriels. Par exemple, dit le rapport anglais, celles prises dans le lot exposé par MM. Ogleby
se congèlent à 55° 25 centigrades (131,5 Fahrenheit), et une
bougie prise dans le lot de M. de Milly, à 55° 50 centigrades
(132° Fahrenheit). Cette coïncidence est très-frappante.
L'acide stéarique fond à 70° centigrades (158° Fahrenheit);
l'acide margarique, à 60° centigrades (140° Fahrenheit).

Le point de fusion des bougies de la compagnie *Price*,
obtenues de corps gras distillés pressés provenant par distillation de l'huile de palme, est de 51°,3 centigrades
(124° Fahrenheit). Les bougies préparées avec les acides
gras comprimés obtenus par distillation du suif végétal de la
Chine (provenant de la *stillingia sebifera*) fondent à la température de 57°,7 centigrades (136° Fahrenheit).

BLANC DE BALEINE.

Les Anglais fabriquent avec prédilection les bougies de
spermaceti, ou *blanc de baleine*.

Le blanc de baleine est un corps blanc, cristallin, fusible
à 40° centigrades (120° Fahrenheit); il est chimiquement
très-proche voisin de la cire. D'après les expériences de
M. Laurence Smith, c'est un éther composé dont le nom est
cétylate d'oxyde de cétyl, l'acide cétylique ayant le même
dosage pour cent que l'acide palmitique de l'huile de palme.

On extrait le blanc de baleine de l'huile de baleine ou de
cachalot; la partie solide se sépare promptement en cristalli-
sant, surtout par un temps froid. La purification de cette huile
dépend en grande partie de la séparation complète du blanc
de baleine : c'est pourquoi l'huile travaillée en hiver, ayant
fourni une plus forte proportion de blanc, est dans la suite
moins susceptible de se congeler que l'huile travaillée en
été.

Description du procédé de raffinage du blanc de baleine dans les ateliers
de MM. Ogleby et Cie, à Lambeth [1].

Pour isoler le blanc de baleine cristallisé, l'huile brute
est filtrée à travers de longs cylindres de *bagging* doublés
en toile, liés par un bout à l'ouverture d'un tuyau d'alimen-
tation communiquant avec un réservoir élevé d'environ
6 pieds (1^m,80), tandis que l'autre bout du cylindre est ratta-
ché par un lien. L'huile, pressée par le poids de sa propre
colonne, passe promptement à travers le sac de filtrage qui
retient le blanc de baleine. L'opération est nommée *bagging*
en Angleterre; elle est pratiquée très en grand en automne
et en hiver.

Le blanc de baleine est d'un brun brillant; on le retire
promptement des sacs de filtrage, qu'on ouvre par les deux
bouts : on le nomme en cet état *blanc de baleine filtré.*

Le blanc de baleine filtré est mis dans des sacs de toile de
chanvre et soumis à une pression d'environ 80 tonneaux dans
une presse hydraulique, qui en fait sortir la plus grande
partie de l'huile adhérente après lui.

Le blanc de baleine pressé est alors fondu et cristallisé par
un refroidissement lent; après quoi il est réduit en poudre,
chargé dans des pièces carrées de laine et soumis à l'action
d'une presse hydraulique beaucoup plus puissante, pouvant
agir avec une force de 600 tonneaux. L'huile qui découle de
cette presse contient une petite quantité de blanc de baleine :
c'est pourquoi elle passe de nouveau par les appareils de
filtrage.

La masse solide est ensuite fondue dans de grandes chaudières de fer, et tenue quelque temps en ébullition avec une
solution de soude caustique qui saponifie promptement l'huile
adhérente au blanc de baleine et n'a presque pas d'action sur
celui-ci. L'huile est ainsi séparée sous forme de savon.

[1] Nous empruntons cette description au rapport anglais.

Le produit purifié est retiré de la chaudière et coulé, pour cristalliser, dans des caisses plates en métal; on le pulvérise de nouveau, puis on l'enferme dans des sacs de toile enveloppés de tissu de crin de cheval, entre des plaques de fer préalablement chauffées; le tout est soumis à l'action d'une presse horizontale hydraulique chauffée par la vapeur.

La matière pressée à chaud est ensuite soumise à l'ébullition avec une forte solution alcaline, la température étant portée à 113° centigrades (235° Fahrenheit). Par cette opération finale, elle devient aussi incolore que de l'eau; il n'y a plus qu'à la casser en blocs d'un volume commode pour l'emmagasinage.

Le *spermaceti* vaut en Angleterre, *en gros,* 2 fr. 45 cent. (1ˢ 10ᵈ) la livre.

Les bougies de blanc de baleine sont moulées à la manière ordinaire; on y ajoute environ 3 o/o de cire pour empêcher la cristallisation. Elles sont souvent colorées avec du *gamboge;* elles sont, en cet état, connues sous le nom de *cire transparente.*

La mèche des bougies de *spermaceti* ou blanc de baleine est faite de coton blanchi et tressé; elle ne demande aucune préparation particulière.

APPENDICE.

Les bougies d'acides gras sont résistantes et d'une grande blancheur; on peut en rendre le blanc encore plus éclatant en azurant légèrement les acides gras avec un peu d'outremer, ou même de ce bleu qu'on obtient par l'action de l'acide chrysamique sur la résine de Dammar.

Les mèches des bougies d'acide gras ne ressemblent en rien à celles des bougies ou des chandelles; le coton en est lavé avec soin; elles sont nattées et imprégnées d'acide borique et de phosphate ammoniacal. La forme de ces mèches les dispose à s'incliner de façon que leur extrémité se trouve toujours dans la partie oxydante de la flamme. Les acides borique et phosphorique ont pour but de rassembler et fondre les cendres que laisse la combustion du coton et les impuretés accidentelles qui s'attachent à la mèche.

Ces cendres fondues forment de petites boules de matière vitreuse qui se détachent et tombent en dehors de la bougie.

C'est à M. Cambacérès, ainsi que nous l'avons dit, que la fabrication actuelle est redevable de l'invention des mèches nattées. La première idée de cet habile ingénieur fut d'employer une mèche creuse; mais au mois de mai de l'année 1825 il se fit breveter pour des mèches tressées et filées qui supprimaient l'emploi des mouchettes. La tension en sens opposé de chacun des deux fils de la mèche tressée force la partie de la mèche qui dépasse la bougie pendant la combustion à se courber, de façon à projeter hors de la flamme sa pointe, rapidement consumée par l'air qui circule librement autour d'elle.

La confection des bougies est une opération simple; on les produit par moulage. On emploie à cet effet des moules d'étain dont la température est à peu près celle du point de fusion; la mèche est préalablement tendue dans l'axe des moules. Les acides gras, maintenus fondus à la température la plus basse possible, sont soumis à une vive agitation. Cette manipulation a pour but, comme l'addition de la cire, d'entraver la cristallisation. Les bougies solidifiées par le refroidissement sont démoulées et coupées de longueur, puis exposées à la lumière qui les blanchit, enfin lavées avec de l'eau faiblement alcaline et blanchies, soit mécaniquement, soit à la main, par le frottement d'un linge de laine imprégné d'eau ammoniacale ou d'alcool.

Emploi de l'acide oléique.

L'acide oléique, liquide extrait par pression du mélange des corps gras, a été considéré longtemps comme un résidu encombrant. L'heureuse application qui en a été faite par MM. Alcan et Peligot au travail de la laine lui a donné une grande valeur. On sait que ces deux savants l'ont utilisé pour remplacer les huiles de graines et principalement d'olive.

Il présente cet avantage, qu'il est soluble dans l'eau chargée
de carbonate de soude. On emploie aussi l'acide oléique pour
la fabrication de certains savons.

Il ne faut pas confondre l'acide oléique avec l'oléine proprement dite, qui provient de la compression du suif ou autres
corps gras neutres.

La section américaine de l'Exposition contenait quelques
spécimens d'oléine obtenue du lard par la pression; ils étaient
exposés avec leur désignation commerciale d'*huile de lard*.

EXPOSANTS RÉCOMPENSÉS.

On comptait à l'Exposition universelle de Londres les produits de trente-deux fabricants d'acide ou de bougies stéariques. « La fabrication stéarique, dit le rapporteur du jury
« universel, ayant pris naissance en France, on devait s'attendre
« à ce qu'elle serait représentée par un grand nombre d'expo-
« sants (Français) et que leurs produits seraient de la plus
« belle qualité. Cette prévision a été confirmée par l'événe-
« ments, car on y trouve six exposants (Français) employant
« la saponification calcaire et un pratiquant la saponification
« sulfurique. »

En concurrence avec trente-deux exposants, nous avons
obtenu une *médaille du conseil*, la seule accordée à l'industrie
stéarique, quatre médailles-récompenses et deux mentions
honorables.

Voici comment s'exprime le rapporteur du jury de Londres au sujet de la grande médaille (*council-medal*) :

« Louis-Adolphe DE MILLY, Paris (France n° 644). *Mé-*
« *daille du conseil*. M. de Milly expose des bougies stéariques
« appelées par lui *bougies de l'Étoile,* nom qui avec celui de
« Milly (stéarine) est appliqué dans l'Europe entière sur des
« produits semblables. Il a également envoyé du savon de
« chaux, des acides gras provenant de la décomposition de
« ce savon, de l'acide stéarique pressé et de l'acide oléique,
« afin de mettre en relief les différentes phases de la fabrica-

« tion; outre ces produits, il a exposé des savons mous à base
« de potasse et des savons durs à base de soude, faits les uns
« et les autres avec l'acide oléique.

« Considérant que M. de Milly est *le premier qui ait résolu le
« problème manufacturier* relatif à l'application des belles dé-
« couvertes de M. Chevreul à la fabrication des bougies stéa-
« riques, le premier qui ait employé l'acide borique dans la
« préparation des mèches de bougies; considérant qu'il a cons-
« tamment prêté son concours à la propagation de cet art chi-
« mique dans les pays étrangers, le jury a présenté M. de Milly
« comme digne de la médaille du conseil des présidents. »

Outre la demande d'une grande médaille faite en faveur de
L.-A. de Milly, le jury de la XXIX⁰ classe fit une semblable
demande en faveur de la Société des bougies de Price, « pour
« avoir inventé des moyens perfectionnés de traiter et de dis-
« tiller les corps gras et avoir appliqué les produits obtenus à
« la fabrication des bougies. » Ces deux demandes furent con-
firmées d'une manière unanime par le groupe E des jurys;
mais le conseil des présidents, tout en adoptant la récompense
accordée à L.-A. de Milly, refusa celle demandée pour la société des bougies de Price. Le jury protesta le 23 juillet contre
la décision du conseil des présidents dans les termes suivants :
« Le jury de la XXIX⁰classe proteste respectueusement, à l'una-
« nimité, contre la décision prise par le conseil des présidents
« relativement à la demande d'une grande médaille faite en
« faveur de la société Price, et pensant que cette décision
« repose sur des documents incomplets, il espère que le con-
« seil des présidents ne refusera pas d'examiner la question de
« nouveau. »

« En conséquence de cette protestation, le comité chimique
« fut invité à assister à une séance du conseil des présidents :
« deux de ses membres, les rapporteurs, s'y rendirent et expo-
« sèrent complétement les motifs de leur demande ; mais en
« consultant le procès-verbal d'une précédente séance, il fut
« reconnu qu'en raison d'une décision prise relativement aux
« récompenses en général sur lesquelles il avait été une fois

« statué, il n'était pas possible au conseil des présidents de
« s'occuper de la protestation qui lui avait été adressée. Quoi
« qu'il en soit, les rapporteurs ne peuvent que regretter les
« obstacles qui ont empêché de revenir sur une décision que,
« après un examen approfondi, ils considèrent comme erronée. »

Voici, par extraits, les motifs qui avaient déterminé, de la
part du jury de la XXIX° classe, la demande d'une grande
médaille :

« C'est, sans aucun doute, dans le travail de Chevreul qu'il
« faut voir l'origine de ce procédé; mais à M. E. Frémy appar-
« tient l'honneur d'avoir, dans un mémoire remarquable,
« signalé avec perspicacité l'action de l'acide sulfurique sur
« les graisses. Dans un mémoire publié en 1836, il démontra
« que l'action des acides puissants sur les substances grasses
« offre une grande analogie avec celle des alcalis.

« Ces deux classes de réactifs décomposent la graisse; mais
« tandis que les alcalis se combinent avec elle en laissant la
« glycérine libre, l'acide sulfurique se combine avec les acides
« gras et avec la glycérine. On obtient ainsi réunis (conjugate)
« d'une part des sulfacides, c'est-à-dire des acides sulfo-stéa-
« rique, sulfo-margarique et sulfo-oléique, et d'autre part, de
« l'acide sulfo-glycérique. Les trois premiers ont un caractère
« tout à fait éphémère : l'eau les décompose en acide gras légè-
« rement modifiés, insolubles dans l'eau, et en acide sulfu-
« rique, qui se dissout dans l'eau avec l'acide sulfo-glycérique.

« L'honneur d'avoir décrit le premier une méthode pour
« obtenir les acides gras par la saponification sulfurique des
« graisses neutres, et de distiller ensuite les produits de l'opé-
« ration, appartient à M. Georges Gwinne. Dans un brevet pris
« par lui en mars 1840, il décrit fort en détail son procédé,
« qui consiste à distiller dans le vide[1], au moyen d'un ap-
« pareil semblable à celui dont on se sert dans les raffineries
« de sucre.

[1] La possibilité de distiller les corps gras acides dans le vide a été
signalée par M. Thénard.

« Cependant la nécessité de faire et de maintenir un vide
« exact dans un grand vase oppose un tel obstacle à l'exécu-
« tion de ce procédé, qu'il a été abandonné. M. Gwinne pro-
« pose de distiller de la même manière les acides gras obtenus
« de la saponification par la chaux, et même d'extraire ces acides
« par la distillation des graisses neutres.

« Georges Clarke dirigea aussi son attention vers les appli-
« cations pratiques des expériences de Frémy. Il prit, le 5 no-
« vembre 1840, un brevet pour l'utilisation des propriétés de
« l'acide sulfurique, quant à la décomposition des graisses,
« mais sans recourir ultérieurement à la distillation. Toutefois,
« l'obstacle résultant de l'élévation des frais de purification de
« la graisse après sa décomposition fit échouer cette tentative;
« cependant la quantité d'acide sulfurique que comporte ce
« procédé n'était pas de plus du quart du poids de la graisse,
« tandis que, dans ses expériences de laboratoire, Frémy en
« employait une quantité double................... »
Plus loin nous trouvons le passage suivant :

« ....Dans le brevet dont nous avons parlé plus
« haut, pris en Angleterre par Gay-Lussac, *et qui se distingue*
« *par la clarté avec laquelle la question y est traitée,* la distilla-
« tion des corps gras est mentionnée avec cette remarque
« accessoirement présentée, qu'il y a possibilité d'accélérer la
« marche de l'opération par l'emploi de la vapeur; quoi qu'il
« en soit, cette partie de la spécification ne fut pas exploitée.
« Environ seize ans plus tard, le 22 août 1841, Dubrunfaut
« obtint un brevet en Angleterre, et vers la même époque en
« France, pour la purification des corps gras et leur distilla-
« tion. Le procédé proposé par M. Dubrunfaut était de
« chauffer les huiles ordinaires à une température élevée et
« de les faire traverser par de la vapeur, dans le but de leur
« enlever leur mauvaise odeur. La distillation des corps gras
« fut également indiquée par Dubrunfaut, mais le principal
« objet de sa patente était évidemment la purification des
« huiles communes; en décomposant les corps gras neutres
« de cette manière, il se produit de l'acroléine, dont la vapeur

« est si piquante et si irritante pour les yeux et la gorge,
« qu'aucun ouvrier ne put la supporter : c'est ce qui fit que
« cette patente ne fut jamais exploitée; cependant elle con-
« tient un germe qui, dans les mains de Jones Wilson et de
« Gwinne, conduisit à l'établissement du procédé maintenant
« pratiqué. Dans une patente anglaise datée du 8 décembre 1842
« et accordée à William Coley et à Georges Wilson, on
« trouve la première application d'un procédé pratiqué avec
« le concours simultané de la *saponification sulfurique* et de la
« *distillation à l'aide de la vapeur*. On décompose les graisses
« avec l'acide sulfurique sous l'influence de la chaleur, et une
« fois décomposées on les distille au moyen de la vapeur qui
« sort par petits jets d'un serpentin percé de trous fixé au
« fond de l'alambic.

« La combinaison de la saponification sulfurique et de la
« distillation subséquente résolurent les conditions fondamen-
« tales du succès. »

Cet historique de la distillation des corps gras tend à
prouver que c'est dans les travaux de MM. Chevreul et Frémy
qu'il faut chercher l'idée qui a conduit à l'acidification industrielle des corps gras;

Que Georges Gwinne a, le premier, réuni dans un brevet
la saponification sulfurique et la distillation des produits
acidifiés par ce moyen, la distillation s'opérant dans le vide;

Que Gay-Lussac a, le premier, parlé dans son brevet, pris
en Angleterre en 1825, de la distillation des corps gras à
l'aide de la vapeur, mais sans y joindre la saponification sulfurique;

Que Dubrunfaut, dans son brevet de 1841, réclama également la distillation des corps gras à l'aide de la vapeur,
mais, comme Gay-Lussac, sans la faire précéder de la saponification sulfurique;

Que c'est dans une patente prise en 1842 par William
Coley, Jones et Georges Wilson, patente exploitée par la
société Price, que pour la première fois on trouve la description d'un procédé réunissant tout à la fois et faisant marcher

concurremment *la saponification sulfurique et la distillation des corps gras aidée de la vapeur;*

Que c'est à la réunion de la *saponification sulfurique* et de la *distillation aidée de la vapeur* qu'est dû l'établissement du procédé de distillation des corps gras.

Nous avons reconnu le mérite de la fabrication de la société Price; mais tout en concourant au vote de la *grande médaille* en sa faveur, nous avons cru devoir réclamer la même récompense pour les représentants de l'industrie française, et cela à un titre d'autant plus équitable, que le procédé manufacturier employé chez nous n'est pas moins recommandable, et que c'est à nos savants qu'est due l'invention première et la série des perfectionnements de cette belle industrie.

Nous nous bornerons, sans autre commentaire, à reproduire textuellement le brevet Gay-Lussac dont parle le rapport du jury anglais :

« Je déclare que l'invention pour la préparation de certaines « substances propres à la fabrication des chandelles. ainsi que « la mèche construite d'une manière particulière pour cet « objet, consiste dans la manière ou les manières de raffiner « le suif ou la graisse de quelque animal que ce soit. Afin « d'effectuer cela, il faut d'abord convertir les parties com- « posant le suif ou la graisse en acides, et après séparer un « de ces acides, qui est à l'état liquide, de l'autre, qui est à « l'état solide. Le premier de ces acides est propre à tous les « usages pour lesquels l'huile ordinaire est employée, et le « second est la substance avec laquelle on fabrique les chan- « delles.

« Il y a deux procédés à l'aide desquels les deux acides « peuvent être extraits, l'un par la saponification et l'autre par « la distillation du suif ou de la graisse.

« Le premier, la saponification, peut être employé avec la « soude, la potasse ou tout autre alcali, comme par exemple « la chaux; le savon ainsi obtenu doit être décomposé par un « acide selon la base alcaline dont on s'est servi. Cette dé- « composition doit être pratiquée dans une grande quantité

« d'eau, *continuellement agitée pendant la durée de l'opération*
« *et chauffée par le moyen de la vapeur que l'on fait passer à*
« *travers.* Lorsqu'on abandonne la matière à elle-même, l'acide
« du suif ou de la graisse monte à la surface, tandis que l'eau
« s'écoule en emportant avec elle les matières salines; on
« verse de l'eau nouvelle si cela est nécessaire pour laver
« complétement les sels qui pourraient encore exister.

« Quand cela a été suffisamment lavé, si on laisse refroidir,
« le tout forme une masse solide que l'on soumet à l'action
« d'une presse puissante; l'acide liquide en découle sous la
« forme d'une substance semblable à de l'huile, et il reste
« une matière solide, semblable en tous points au blanc de
« baleine et qui est propre à fabriquer des chandelles.

« Le procédé par distillation s'effectue en soumettant le suif
« ou la graisse à la chaleur dans un alambic ou dans tout
« autre appareil à distillation; pour faciliter l'évaporation,
« une petite quantité de vapeur d'eau est introduite dans
« l'alambic; cette vapeur est condensée avec les autres pro-
« duits dans le serpentin ou tout autre réservoir réfrigérant.

« L'opération peut être prolongée en ajoutant continuelle-
« ment du suif ou de la graisse dans l'alambic; mais les pro-
« duits doivent être soigneusement surveillés, et au fur et à
« mesure qu'ils deviennent colorés, le réservoir doit être
« changé, de manière à séparer les différentes qualités.

« La substance contenant les deux acides, une fois obtenue
« par cette distillation, est purifiée par un lavage à l'eau
« chaude, comme dans l'opération précédente; l'exposition à
« l'air libre et au soleil, l'usage de l'alcool comme il est em-
« ployé pour la cire, peuvent aussi être utiles. Le liquide et
« le solide sont alors séparés par le moyen de la presse, ainsi
« que cela est décrit plus haut. Ces deux opérations peuvent
« être combinées de manière à extraire les acides plus purs
« des matières salines; c'est-à-dire, après les avoir obtenus par
« le procédé de la saponification, ils peuvent être distillés et
« alors séparés par le moyen de la presse ci-dessus.

« Je ne réclame pas comme m'appartenant les procédés de

« saponification ni de distillation, mais seulement l'usage de
« la presse, pour l'importante opération de la séparation, com-
« biné avec l'un ou les deux procédés en question.

« La mèche que je propose pour les chandelles faites de la
« substance susdite se compose d'un fil de coton ou de laine
« filée assez étroitement cordé, comme le mince fil de fer sur
« certaines cordes d'instruments, et pour ce, je propose de
« contourner le fil de coton autour d'un fil de fer bien droit,
« de dimensions convenables, en longueur et en diamètre,
« comme on le fait ordinairement pour la fabrication des
« cordes d'instruments. Le fil de fer ainsi couvert par le coton
« est mis dans le moule, comme l'on fait pour les mèches
« ordinaires, et quand la chandelle est tout à fait solidifiée,
« le fil de fer est enlevé. »

Si l'on ajoute à ce travail mémorable de MM. Chevreul et
Gay-Lussac les mèches tressées de Cambacérès, la saponification à la chaux de Berthollet, si heureusement appliquée
par MM. de Milly et Motard, les mèches nattées et imprégnées
d'un fondant de la cendre dues également à ces deux habiles
praticiens, et l'emploi de la vapeur d'eau surchauffée pour
la distillation, n'obtient-on pas l'ensemble de la fabrication
actuelle de la bougie d'acides gras?

La décision définitive du concours de Londres a donc
attribué de simples médailles (*price-medal*) aussi bien à la
société *Price* qu'à MM. Masse et Tribouillet.

Nous avons déjà dit que la société *Price* était l'établissement le plus colossal qui existe au monde pour la production des bougies. Elle possède cinq fabriques et de vastes plantations de cocos à Ceylan, et distribue au delà d'un million de
francs de dividende annuel à ses actionnaires. En dehors du
mérite des articles similaires à ceux des autres exposants, nous
rappellons que la société *Price* s'est distinguée par ses bougies
composites à base d'huile de palme, qui sont destinées à chasser de plus en plus la chandelle du marché.

La collection envoyée par MM. Masse et Tribouillet était
très-complète et témoignait d'une fabrication soignée.

Le nombre total des exposants a été en tout de 66, dont 6
pour la chandelle, 21 pour la bougie de cire, 4 pour la
bougie de *spermaceti* et 32 pour l'acide et la bougie stéariques.

Les récompenses accordées ont été, pour les bougies stéariques et de *spermaceti* :

Une grande médaille (France);

19 médailles (dont 6 pour l'Angleterre, 3 pour la France,
2 pour l'Autriche, 2 pour la Belgique, 2 pour la Russie,
1 pour l'Espagne, 1 pour la Prusse, 1 pour la Hollande, 1 pour
la Suède);

8 mentions honorables (dont 3 pour la France, 2 pour l'Angleterre, 1 pour le Danemark, 1 pour la Sardaigne, 1 pour
les Indes).

Nous reviendrons tout à l'heure sur les principaux exposants.

BOUGIE DE CIRE.

Quant aux *bougies de cire*, il nous a semblé inutile d'en
parler avec détail; ce n'est pas de ce côté que le progrès s'est
produit. Le jury n'a accordé qu'une seule médaille, pour cette
nature de produit, à M. BARCLAY (Angleterre), et une mention
honorable à M. SAPELKIN (de Moscou, Russie), pour des
cierges de cire décorés d'une spirale d'or et destinés au service divin.

CHANDELLE.

Les meilleures chandelles étaient celles d'Irlande : ce sont
les seules qui aient obtenu des mentions honorables, accordées l'une à M. BRIEN (de Dublin), pour des chandelles remarquables par leur blancheur et par leur dureté, et l'autre
à M. DEXON (de Dublin), qui en a produit de fort bonnes, à
l'aide d'un mélange de suif purifié et d'acide stéarique.

Malgré le développement de la bougie *nouvelle,* la fabrication de la chandelle constitue toujours un article très-impor-
tant de la production.

En Angleterre, le droit sur les chandelles de suif, de spermaceti et de cire a été perçu à raison d'un denier par livre
sur les premières et de trois deniers 1/2 pour les autres jusqu'en 1831. Les chiffres de la production, officiellement
relevés, fournissent un renseignement intéressant.

Voici les chiffres donnés par M. PORTER :

ANNÉES.	SUIF. (Millions de livres.)	CIRE. (Mille livres.)	SPERMACETI. (Mille livres.)
1801...............	66 4	549	47
1811...............	77 9	644	103
1821...............	93 8	697	165
1829...............	115 1	746	303
1830...............	155 5	1,265,113	

L'accroissement de la population et l'augmentation du
bien-être font estimer aujourd'hui à plus de 80,000 tonnes
(80 millions de kilogrammes), d'une valeur de 5 à 6 millions sterling (125 à 150 millions de francs), la consommation
totale de toutes les espèces de chandelles et de bougies dans le
Royaume-Uni.

C'est à un chiffre presque analogue que nous avons été
amené par nos recherches sur la production de la France.

Dans cet ensemble, la part de la bougie stéarique devient
de plus en plus considérable.

BOUGIE STÉARIQUE.

Notre fabrication marche au premier rang, de l'aveu de
tous.

Sans parler de la grande fabrique *de l'Étoile*, dirigée par
M. de Milly, celles de M. DUMORTIER à Lyon et de M. MOINIER

à la Villette ont envoyé des produits excellents. La blancheur et la dureté de leurs bougies, sèches au toucher, ne laissaient rien à désirer. Leur flamme, égale, bien nourrie, n'était point exposée à vaciller ou à faire couler la matière : aussi, d'après les essais comparatifs auxquels nous nous sommes livrés, ces bougies ont été, pour un poids égal, celles qui ont duré le plus longtemps, en fournissant le plus de lumière.

Les médailles unanimement accordées à ces fabricants ont donc été bien méritées.

Nous en dirons autant des mentions honorables décernées à trois de nos producteurs de stéarine, MM. Poisat oncle , Delacretaz et Fourcade et Donnaud, qui avait également exposé des bougies de sa fabrication, dénommées *bougies du Phare.*

Parmi les six producteurs anglais qui ont obtenu la médaille, deux seulement, la *Société Price* et M. Ogleby, avaient envoyé des bougies stéariques.

M. Ogleby livre au commerce des produits d'une grande perfection. Sa fabrique, montée sur une échelle considérable, s'assimile toutes les améliorations, et méritait une distinction particulière.

M. Bauvens utilise avec succès les eaux grasses des fabriques, et M. Field produit de bon acide stéarique.

Deux fabricants, MM. Freeman et Miller, ont été récompensés pour leur *spermaceti*, cette *cire diaphane* que les Anglais aiment beaucoup.

La grotte de spermaceti de M. Miller, a été une des curiosités de l'Exposition. Il n'avait pas fallu moins de trois tonnes de matière pour fondre ce bloc énorme, dont la blancheur et la pureté attiraient tous les regards.

Deux mentions honorables ont récompensé des *bougies composites* de M. Hall et des bougies stéariques bien fabriquées, envoyées des Indes, par M. Sainte.

Presque tous les pays participent aujourd'hui à la production de la bougie stéarique. La fabrique de M. de Milly a fondé de *nombreuses colonies*, et de tous côtés la dénomination de *bougie de l'Étoile* vient témoigner de l'origine française de cette fabrication.

Au milieu de l'exposition turque, organisée comme un vaste bazar, on remarquait les inscriptions suivantes, que nous reproduisons littéralement :

« Fabrique de bougies stéariques de Nicolas DE BALLIANO, en « Valachie.

« Fabrique de bougies stéariques privilégié epar Son Altesse « le prince de Moldavie.

« Fr. IBI, collaborateur de DE MILLY, recommande ses bougies « par lui perfectionnées, et ose se flatter que ses bougies sont « supérieures et préférables à toutes celles qui ont paru dans « le commerce, tant par leur qualité que par leur beauté. »

Le nom de M. de Milly a été naturalisé en Belgique, en Autriche, en Suède, en Espagne, et même en dehors du continent européen.

L'Autriche mérite que nous en parlions immédiatement après la France et l'Angleterre. Deux médailles ont été attribuées à ses grandes fabriques de Vienne, établies par la compagnie APOLLON et par la compagnie DE MILLY.

Deux médailles ont été également obtenues en Belgique par les bougies de l'Étoile de M. VAN CAPPEHOULDT (très-blanches et d'un moulage soigné) et par celles de M. QUANONNE.

M. BRANDON, d'Amsterdam (Hollande), a également obtenu une médaille.

Mais l'exposition qui a particulièrement fixé l'attention du jury a été celle de M. JOHANNSON, de Stockholm, non-seulement à cause de la blancheur du produit, mais surtout à cause du moule particulier employé dans la fabrication.

La Russie a tenu une place honorable pour cette nature d'envois ; deux médailles ont été données : l'une à M. MATISSEN, de Saint-Pétersbourg; l'autre à M. PITANSIER, d'Odessa. Les produits de ce dernier étaient surtout d'une bonne qualité.

Il ne nous reste plus à mentionner que les médailles de

M. Motard [1], de Berlin (Prusse), et de M. Bert (Espagne). Ce dernier a monté son établissement avec le concours de M. de Milly; il a dû vaincre de nombreuses difficultés locales.

La bougie de M. Holenblad (de Copenhague) n'a eu qu'une mention favorable, bien qu'elle fût d'une très-belle apparence. C'est que la fabrique n'est montée que sur une faible échelle et qu'elle vend ses produits à un prix exorbitant, qui ne peut s'expliquer que par l'élévation du droit *protecteur* perçu par la douane du Danemark.

---

[1] M. *Motard* (nous l'avons dit plus haut) a concouru avec M. *de Milly* à la création de la bougie stéarique.

FIN.

TABLE DES MATIÈRES

DE LA SECONDE PARTIE DU XXIXe JURY.

www.ingramcontent.com/pod-product-compliance
Lightning Source LLC
Chambersburg PA
CBHW031720210326
41599CB00018B/2455